冯伟刚　编著

PVC塑料型材
及门窗应用技术

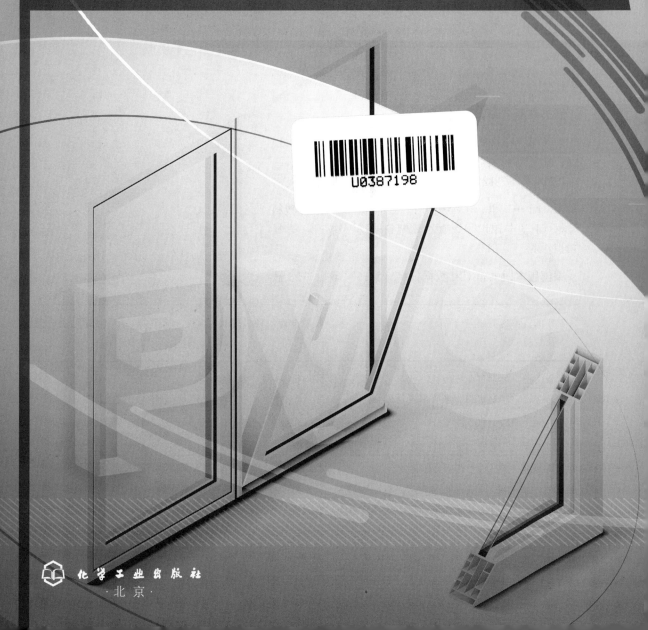

化学工业出版社
·北京·

该书主要对 PVC 型材及门窗的生产技术进行了介绍。具体包括原材料、生产设备、生产工艺和质量管理、PVC 型材塑化质量、PVC 型材老化、PVC 型材表面彩色化、PVC 型材与铝塑复合型材；塑料门窗的节能与应用、彩色塑料门窗、PVC 塑料门窗在严寒地区的应用等。可为塑料型材企业相关人员快速掌握相关知识提供参考依据。

图书在版编目（CIP）数据

PVC 塑料型材及门窗应用技术/冯伟刚编著 . —北京：化学工业出版社，2016.5
ISBN 978-7-122-26831-0

Ⅰ. ①P… Ⅱ. ①冯… Ⅲ. ①聚氯乙烯塑料-塑料型材-门-基本知识②聚氯乙烯塑料-塑料型材-窗-基本知识 Ⅳ. ①TU532

中国版本图书馆 CIP 数据核字（2016）第 080758 号

责任编辑：赵卫娟　　　　　　　　　装帧设计：张　辉
责任校对：宋　玮

出版发行：化学工业出版社（北京市东城区青年湖南街 13 号　邮政编码 100011）
印　　刷：北京永鑫印刷有限责任公司
装　　订：三河市宇新装订厂
787mm×1092mm　1/16　印张 21½　字数 553 千字　2016 年 8 月北京第 1 版第 1 次印刷

购书咨询：010-64518888（传真：010-64519686）　售后服务：010-64518899
网　　址：http://www.cip.com.cn
凡购买本书，如有缺损质量问题，本社销售中心负责调换。

定　　价：88.00 元

前　言

　　PVC塑料型材从它诞生之日起就与PVC塑料门窗紧密联系在一起，PVC塑料型材生产与质量管理关系到PVC塑料门窗的生产与质量管理。PVC塑料型材及门窗在我国已经有三十多年的历史，经历了从单纯引进、模仿、消化吸收到自主创新的发展过程，已经成为国家鼓励的新型节能化学建筑材料发展行业，被列入国家节能发展的战略目标中。PVC塑料型材及门窗生产与质量管理涉及高分子化学、高分子物理、有机化学、无机化学、塑料加工流变学、建筑学、美学、力学、金属和非金属材料学、机械原理、门窗制作等诸多专业和学科，涉及相关质量标准100多个，其中国家标准50多个、行业标准50多个。随着PVC型材行业的发展，有关PVC型材生产与技术方面的书籍出版得比较多，但是从PVC型材及门窗实用技术方面谈论的比较少。笔者在10多年的PVC塑料型材及门窗生产与质量管理实践过程中，遇到了许多问题或难题，有针对性地进行了研究与探讨，积累了大量的试验数据，利用工作或业余时间，翻阅和学习了大量的技术文献和书籍，写了许多学习心得笔记。本书是以PVC塑料型材生产与质量管理为源头，以PVC塑料门窗应用为目的，将试验数据和心得笔记进行归纳、整理而形成的。主要针对PVC塑料型材企业中生产与质量管理方面进行讨论，为原材料质量控制、生产设备的使用与工艺控制、塑料型材结构设计与生产质量、PVC塑料门窗的制作与安装等提供可借鉴的实用技术，也为PVC塑料型材企业相关人员能够快速掌握相关知识提供参考资料。希望本书能够为行业有关人员乃至高分子材料专业本科生提供PVC塑料型材生产与质量管理学习和研究的参考材料。

　　本书编写过程中得到了老前辈龚浏澄先生指导以及化学工业出版社的帮助，相关试验得到了哈尔滨中大型材科技股份有限公司的大力支持，哈尔滨理工大学材料科学与工程学院、哈尔滨理工大学电气与电子工程学院及哈尔滨哈普电气技术有限责任公司给予作者支持并提供了相关的试验设备及仪器，家人对本人在业余时间学习、编辑工作方面给予了充分的理解和支持，在此一并向他们表示衷心的感谢。由于本人水平有限，书中如有不当之处，恳请有关专家及业内人士批评指正。

编者
二〇一六年四月于哈尔滨

目 录

第三章　生产设备

第四章　生产工艺与质量管理

第五章　PVC 塑料型材塑化质量的研究

第六章　PVC 型材老化现象分析

附录　相关标准

参考文献

第一章 概　述

　　PVC 塑料型材及塑料门窗在 20 世纪 50 年代中期由德国成功开发。1955 年诺贝尔（Dynamit Nobel）公司生产出了第一樘 PVC 塑料样窗。之后，1959 年在德国杜塞尔多夫举行的世界展览会上赫斯特公司首先展出了 PVC 门窗样品，从此世界上第一批塑料门窗开始推广应用。但种种原因致使塑料门窗没有大面积推广开来，一直到 20 世纪 70 年代，在欧洲各国政府的大力支持下，才使塑料门窗得到了迅猛的发展。其中德国是世界上开发最早、发展速度最快和使用量最大的国家。德国由于纬度较高，冬季较长，供暖占德国能源消耗总量约 40％，德国是一个能源匮乏的国家，除煤炭资源较丰富外，其余几乎全靠进口。1973 年爆发全球石油危机，德国开始大力发展可再生能源，也更加重视节能工作。多年来，德国政府通过制定有针对性的政策措施，提高建筑节能标准，发展先进节能技术，大幅降低了建筑物能耗。自 20 世纪 70 年代以来，德国出台了一系列建筑节能法规，对建筑物保温隔热、采暖、空调、通风、热水供应等技术规范做出规定，违反相关要求将受到处罚，德国目前已成为塑料门窗的生产和应用大国。加拿大和北美诸国也开始推广使用塑料门窗，尤其加拿大使用比例已高达 40％以上。PVC 塑料型材与门窗在亚洲相对开发较晚，于 20 世纪 80 年代引入到日本、新加坡、韩国和我国。出于保温、节能的需要，日本的普及率已达 40％以上，韩国的沿海城市普及率已达 70％。

　　在我国，经过三十多年的发展，以 PVC 塑料门窗为最终产品的年产值及相关产品的年产值超过 1000 亿元人民币，从业人员超过 100 万，形成由原料厂、型材厂、门窗厂、设备厂、模具厂、五金配套材料厂组成的巨大产业链，迈入了产业化发展阶段。到 2014 年底，年生产 PVC 塑料门窗超过 3.5 亿平方米，耗用 PVC 塑料型材接近 300 万吨。目前塑料门窗在全国的平均市场占有率接近 50％以上。

第一节　PVC 塑料型材及门窗发展过程

　　谈论 PVC 塑料型材及门窗发展过程，必须首先谈德国。在德国，世界上 PVC 塑料门窗用型材和板材生产的佼佼者——维卡集团（VEKA）在近半个世纪的生产经营中一直名列同行业前茅，在德国、英国、美国、法国、西班牙等地区拥有 18 家全资子公司。据资料介绍，维卡集团是德国市场 PVC 型材销量最大的生产企业，在德国 PVC 塑料门窗市场占有率近 40%，成为全球最大的 PVC 塑料型材市场供应商。成立于 1948 年的德国瑞好（REHAU）公司自 1957 年第一根塑料型材诞生至今，半个多世纪以来致力于节能门窗系统的发展，打造世界上顶尖的门窗系统，凭借在原材料研发及生产方面的综合优势，秉承坚固、美观、节能、舒适的理念，形成了多系列的全面解决方案。在德国门窗市场，PVC 塑料门窗占有率由过去较稳定的 55% 左右提升到 2013 年近 65% 的水平。意大利也曾于 1956 年研制成塑料卷帘百叶窗，1960 年开始研制塑料窗框型材，其发展速度和技术水平居欧洲第二。英国是塑料门窗开发使用的后起之秀，虽起步较晚，但在 20 世纪 80 年代中期就迅猛发展起来了，现在已成为欧洲 PVC 塑料型材与塑料门窗第二大生产使用国。与此同时，PVC 塑料型材和门窗在法国、奥地利、比利时、西班牙、瑞士等国也都得到了快速的开发和应用。美国的塑料门窗生产技术早期是从德国和意大利引进的，后来根据自己的国情研制开发了"美式"门窗体系，并于 20 世纪 80 年代以每年 20% 的增长速度得到了迅速的发展。表 1-1 列举了部分国家 PVC 塑料门窗发展情况。

表 1-1　部分国家 PVC 塑料门窗发展情况

国　　家	德国	英国	美国	俄罗斯	韩国	法国
外窗 U 值/[W/(m² · K)]	1.0	1.4	—	1.4～1.8	1.0～1.4	1.6
塑窗占有率/%	65	60	64	70	62	56

我国是在 1964 年由北京化工研究院开始研制 PVC 门窗的。但真正意义上的 PVC 塑料型材与塑料门窗行业起步还是在 20 世纪 80 年代，是在引进国外技术、设备的基础上发展起来的。引进初期也走了一段弯路，即过分强调适应当时的市场消费能力，降低造价，如简化门窗型材断面乃至仿木窗型材，门窗的性能很低，又在型材中大量填充碳酸钙，结果做成窗后，很短的时间就变色、脆裂。加上当时的设计和生产技术不成熟，经验不足，配套产品性能水平低，因此在工程中出现了许多问题，在一些地区产生的不良影响用了很长时间才完全消除，推广应用十分困难。在这样一个局面下，有关部门组织了大量的对引进技术和设备的消化吸收工作，并有针对性地组织开展了一系列的科研技术攻关活动，开始逐步掌握了塑料门窗的型材配方、挤出的工艺技术、门窗设计和组装的工艺技术。在 20 世纪 80 年代后期开始生产门窗组装设备，90 年代初又逐渐形成了塑料门窗异型材挤出机械和模具的生产能力。1988 年开始实施型材的国家标准，1992 年编制完成第一本全国通用的塑料门窗的建筑设计标准图集，随后又出台了 22 个有关产品标准和规范。此后塑料门窗的技术发展走上规范的道路，应用量逐步上升。

1993 年成立了由建设部、化工部、轻工部、国家建材局、石化总公司五部委组成的全国化学建材协调组以推动我国化学建材的发展。塑料门窗是其中一项重要产品，协调组成立后，在广泛调研的基础上，印发了《关于加快我国化学建材生产和推广应用的若干意见》，制订了《国家化学建材推广应用"九五"计划和 2010 年发展规划纲要》，提出明确的发展目标和工作要求。明确规定：新型节能建筑和现有住宅节能改造工程，要优先使用 PVC 塑料型材与塑料门窗。由于我国地域辽阔，东西南北全年气温差异很大，国家建设部 1993 年颁布的 GB 50176《民用建筑热工设计规范》将我国分为五个建筑热工设计分区，即严寒、寒冷、夏热冬冷、夏热冬暖、温和。针对不同地区的节能要求开发平开窗、推拉窗，以满足我国不同地区的建筑节能要求。1997 年原国家建设部、原国家计划委员会、原国家经济贸易委员会、原国家税务总局下发了建科［1997］31号文，关于实施《民用建筑节能设计标准（采暖居住建筑部分）》的通知中，全面贯彻实施新的国家行业标准《民用建筑节能设计标准（采暖居住建筑部分）》(JGJ 26—95)，该标准针对严寒地区和寒冷地区，要求被列为国家和地方的各类示范小区、安居工程、城市住宅试点小区等试点建设项目和各级政府或国家的有关工程项目，都必须率先执行新标准，否则将不办理施工许可、竣工验收、固定资产投资方向调节税零税率等手续。随后国家及地方政府和建设主管部门相继出台了许多政策，塑料门窗开始进入快速健康的发展时期，1997年北京、天津、上海、陕西、甘肃、青海、宁夏、新疆、山西、河北、内蒙古、浙江等十几个省市地区的塑料门窗应用量比上年增长超过100%，1998年发展更为迅猛，型材厂和组装厂纷纷上马，打破了以往人们对塑料门窗的疑虑和推广不力的局面。房地产商和普通百姓已切实认识到塑料

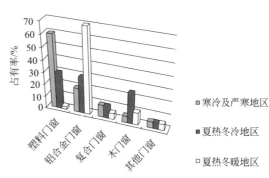

图1-1　各种门窗在不同地区的市场占有率

门窗的优越性，塑料门窗已成为建筑门窗的首选产品。与此同时，为门窗生产配套的各类原辅材料、机械设备、模具五金、检测仪器设备等基本实现国产化，形成规模化生产，并与国外先进水平迅速缩小差距。许多大中城市的成片小区，全部使用塑料门窗，如图1-1所示，塑料门窗在严寒和寒冷地区市场占有率比例提高。

国外PVC塑料型材企业关注国内PVC塑料型材与塑料门窗行业的发展，看好中国PVC塑料型材与塑料门窗发展前景，先后有多个PVC塑料型材生产企业纷纷在中国落地。在推动国内PVC塑料型材行业发展同时，也向国内PVC塑料型材行业提出了挑战。1994年德国维卡（VEKA）在行业内率先进入中国市场，经过一段时间的市场开拓和实践，最后选定在中国经济发展的热点城市上海创建VEKA在亚洲唯一的生产、销售和产品研发基地——维卡塑料（上海）有限公司。公司于1998年完成一期开发建设，并正式向国内和全亚洲市场供应优质的PVC塑料型材产品。2002年公司又完成了二期扩产建设，2008年8月维卡上海再次出资完成了三期厂房扩建，新建生产车间10000平方米。扩建后的维卡塑料（上海）有限公司，其厂房面积已扩大至初期的三倍多，并由德国进口了年混料能力为50000t最先进的全封闭、全自动混料系统，全套德国制造大能量、电脑控制的动力装置，将最大程度地满足型材生产线对冷却系统、定型系统和产品稳定性的更高工艺需求，已形成年产20000t高档PVC塑料型材的生产能力。德国瑞好公司将PVC塑料型材生产工厂设立在江苏省太仓市经济开发区，并注册了瑞好聚合物（苏州）有限公司，为中国地区的众多客户与合作伙伴提供及时与便捷的服务。1995年德国柯梅令公司在天津津南经济开发区成立柯梅令（天津）高分子型材有限公司，以其高档门窗型材系统进入中国新兴的PVC塑料型材与门窗市场。1999年日本YKK集团带着在世界各地积累的丰富的海外经验正式进入中国，先后于大连、深圳、苏州、上海设立生产建材基地和销售公司。

目前，国内正在打造以塑料门窗为终端制品产业链的系统工程，建立以塑料门窗为终端制品产业链的相关制品间的战略合作伙伴关系，促进塑料门窗产品步入世界领先行列。

第二节 PVC 塑料型材与门窗国内外差距

目前，国际上 PVC 塑料型材与塑料门窗有两大体系，主要有以德国为代表的欧洲体系和美国、加拿大的北美体系，其中普遍认为德国门窗技术最为成熟，并且适合中国国情。因此，主要介绍与德国比较的差距。

1. 在基础研究和管理方面有差距

欧洲的塑料门窗生产始于 20 世纪 50 年代末，历史较长，标准体系比较完善，标准要求严格，国际标准也倾向于以欧洲标准为基础。在德国的企业里大多都有门窗物理性能检测设备，自己开展研究，也积累了大量数据。在标准编制时，关键数据都是经过大量实验后分析得出来的。据法国建筑技术研究中心（CSTB）介绍，该中心设有一个组织专门负责对塑料门窗的认证，内容包括混合原料的认证、型材的认证、门窗设计的许可和门窗企业及其产品的认证。反观我国相应标准许多数据虽然也是来自于欧洲标准，但却往往不知数据来源。此外，标准体系不完整，比如说在室内外温差大的情况下，没有检测外窗变形后的物理性能指标的标准和外窗防盗标准等。型材和门窗标准分别又由原轻工部和建设部组织制定，标准之间不协调，也给质量监督造成一定难度。在我国，大多数 PVC 塑料型材和门窗企业没有门窗物理性能检测设备，开展的研究不够深入，缺少门窗使用数据的积累。

2. 在设计力量，产品水平方面相差较大

建筑设计缺乏新颖性和创造性。欧式建筑在设计方面非千篇一律，有法式房屋、意大利式房屋等，美式建筑也有南美、北美之分，使塑料门窗型设计与房屋外立面相协调。这种多体系建筑样式与民族、历史、文化、气候等条件有关，是在长期发展过程中形成的。而国内产品趋向类同，缺乏新颖性，在数量大增的塑料门窗市场中，其品种并没有相应增加，反而有渐趋单一的倾向，绝大部分生产厂照搬欧式体系，型腔互相模仿，缺乏新颖性和创造性，从而转化为同一型腔、同一窗型的价格竞争，这必将阻碍今后的塑料门窗市场发展。

成立于 20 世纪 50 年代末期的股份制的德国门窗研究院，检测设备齐全，几十年积累了大量的数据，可以作为企业开发的数据库。每一个大型企业都自主进行研发，针对每一种新窗型从型腔设计、五金件配套、物理机械性能均在设计时统一考虑，每一个企业的产品都有自己技术上的特色，不抄袭。我国生产的平开下悬窗、下悬推拉门、折叠门、提升推拉门等全部技术源自于德国。而我国企业在进口设备和技术时，往往请对方设计门窗，一旦在市场上推开，其余没有设计能力的企业纷纷要求模具厂模仿开模具生产，产品雷同。由于都不是自己的技术，缺乏对门窗工程上需要的二次设计的指导。此外塑料门窗开发成本高，周期长（一般一个系列的模具费用要几十万元或上百万元，制作调试成功要近半年的时间，一般企业承担不起），这就制约了中国体系塑料门窗的发展进程。近几年国内一些企业也发生了一些可喜的转变，在门窗技术上进行了研究，相继自主开发了一些新产品，但从行业整体看还是不能满足行业的发展需要。我们必须瞄准建筑节能的发展方向，才能保证企业和行业的持续健康发展。

从外窗节能标准要求层面看，德国的外窗传热系数 $K \leqslant 0.6 \sim 1.1 \mathrm{W}/(\mathrm{m}^2 \cdot \mathrm{K})$，主要技术手段是在 PVC 塑料型材方面，加大型材厚度，增加保温腔室，一般为 5～7 个保温腔室，有的保温腔内填充聚氨酯泡沫，开发能够代替增强型钢的改性 PVC 塑料型材；在玻璃方面，使用充惰性气体 Low-E 中空玻璃，真空与中空复合玻璃；在密封方面，采用三元乙丙密封胶条或硅橡胶密封胶条。由于我国建筑节能标准还不高，只有部分严寒地区规定了外窗传热系数 K 值要小于 $2.0\mathrm{W}/(\mathrm{m}^2 \cdot \mathrm{K})$，2014 年有些城市才提出外窗传热系数 K 值要小于 0.8～

1.0W/(m^2·K) 设计要求。国内技术措施为采用四腔型材、三道密封，因为价格原因，很少采用 Low-E 中空玻璃，普遍使用的是三层玻璃的双中空玻璃。由于国内型材厚度小，多数中空玻璃中空气层多数为 6mm 或 9mm，中空玻璃性能发挥不佳（理论上中空玻璃空气层厚度在 12mm 时较好），创新水平明显要低于国外。

3. 企业的差别（人员、设备、管理）

在德国的门窗组装厂工人许多是来自技工学校的学生，素质较高，工人的流动性小，工作认真。产品质量好。我国的工人一般未经过正规培训。工作质量低，除少数厂外，产品质量一般达不到德国水平。

除工人技术素质外，国内门窗厂组装设备精度差别很大。一些欧洲跨国公司的型材厂使用的机械设备大部分为 20 世纪 80 年代产品，但生产出的型材无论从质量还是外观上都比我国装备国外 90 年代中后期更先进的机械设备的企业产品还要好。主要原因是在生产和质量管理上的区别。如：连续生产的型材厂，检查的项目和次数要高于我国企业；门窗企业普遍装备了门窗物理性能检测设备，而我国的门窗企业一直靠卡尺、卷尺和钢板尺检测。

在德国，近年来由于信息化的发展和集成制造系统的应用，门窗组装厂集中度增加，工厂数量减少。现在组装厂规模很大，生产能力可达百万平方米以上，一些原来的小型企业成为大企业的经销商。直接的效果是降低了产品成本，提高了产品质量。我国门窗厂普遍偏小，一般大城市中的门窗厂年生产规模可达 10 万～30 万平方米，小城市则只有 5 万平方米或更少的组装厂，应用集成制造系统才刚刚起步，集成制造系统的应用装备水平低，绝大多数是单机生产，效率低质量差。在发达国家中，使用高性能系统门窗的比例已达门窗使用总量的 70%，而在我国，高性能系统门窗只占门窗总量的 0.5%。

第三节 建筑节能与 PVC 塑料门窗

能源是国民经济的基本支撑，是人类赖以生存的物质基础，能源安全既关系国家的经济发展，又影响到国家安全。在建筑节能中，建筑门窗的节能占有重要地位。门窗是建筑外围护的重要组成部分，人们可根据需要通过门窗得到太阳的热和光，也可以通过门窗进行通风换气、观光景物，以满足人们日常生活的需要。尽管窗的面积一般只占建筑围护结构表面积的 1/8～1/6，但在多数建筑中，通过窗损失的能量，往往占到建筑围护结构能耗的 50% 左右。因此抓建筑节能，必须把门窗节能作为关键来抓，与传统的木窗、钢窗以及铝合金窗相比，PVC 塑料门窗具有绝对的优势，主要表现在气密性、水密性、传热系数等指标。

针对世界性能源日益紧张，我国国民经济快速发展要求，人民生活水平的不断改善和提高需求，居住建筑高能耗和节能现状的矛盾日益突出，我国政府主管部门不断调整居住建筑节能的相关标准，在不同阶段制订了相关建筑节能标准。在第一阶段为 1986～1996 年，实施了中国第一个建筑节能标准《民用建筑节能设计标准》，规定将采暖能耗在当地 1980～1981 年住宅通用设计的基础上节能 30%，并通过加强围护结构保温和门窗的气密性以提高采暖供热系统运行效率来实现。第二阶段为 1996～2010 年，于 1996 年 7 月 1 日实施，执行的《民用建筑节能设计标准（采暖居住建筑部分）》（JGJ 26—1995）标准，规定在当地 1980～1981 年住宅通用设计的基础上节能 50%，具体是指建筑物的热能耗从原基础上再降低 35%，节约 50% 的采暖煤和空调耗电用煤。在实施第二阶段节能 50% 期间，为了加大节能力度，2008 年 4 月 1 日开始实施《中华人民共和国节约能源法》，2008 年 10 月 1 日开始实施国务院令《民用建筑节能条例》。第三阶段为现阶段（自 2010 年 8 月起），严寒和寒冷地区建筑物节能执行《严寒和寒冷地区居住建筑节能设计标准》（JGJ 26—2010）标准，将采暖能耗在当地 1980～1981 年住宅通用设计的基础上节能 65％，即在第二阶段的节能目标基础上再节能 15％。2013 年 1 月 1 日国办发［2013］1 号文件，发展改革委、住房城乡建设部提出《绿色建筑行动方案》，要求紧紧抓住城镇化和新农村建设的重要战略机遇期，树立全寿命期理念，全面推进绿色建筑行动，加快推进建设资源节约型和环境友好型社会。第一次从国家层面以 1 号文件形式提出加快建筑节能建设步伐。可以看出，建筑节能已经与节约资源、保护环境和减少污染，为人们提供健康、适用和高效的使用空间，与自然和谐共生的建筑结合在一起。

国内一些省、市政府主管部门结合本区域气候特点，在建筑节能的国家行业标准的基础上，制订了高于国家行业标准的相应地方标准。如黑龙江省建设厅从 2008 年 6 月 1 日起实施了地方标准 DB 23/1270—2008《黑龙江省居住建筑节能 65％设计标准》，在国内率先提出了由当时的第二阶段节能 50％提高到 65％要求。2013 年 1 月起实施的 DB 11/891—2012《北京居住建筑节能设计标准》、2013 年 7 月 1 日起实施的《天津市居住建筑节能设计标准》，将居住建筑节能提高至 75％，由正在实施的第三阶段节能 65％提高到 75％。各级政府重视建筑节能的新局面，充分反映了建筑节能的紧迫性、必要性，反映了作为建筑节能围护结构重要部分的门窗节能的开发、设计、应用的迫切性，凸显了严寒地区开发、设计、应用节能塑料门窗是建筑节能的关键、重要环节，推动了节能塑料门窗健康发展。

我国现在执行的节能设计标准是按照建筑热工设计分区制定的，它们是《严寒和寒冷地区居住建筑节能设计标准》（JGJ 26—2010）和《夏热冬冷地区居住建筑节能设计标准》（JGJ 134—2010）、《夏热冬暖地区居住建筑节能设计标准》（JGJ 75—2003）、《公共建筑节能设计标准》（GB 50189—2005）。按照不同气候分区、建筑层数、窗墙面积比，将原有所规定的外窗传热限值进一步降低，不同地区外窗传热系数见表 1-2。明确提出新建民用建筑应当按照民用建筑节能强制性标准进行设计、施工、监理，并对门窗等材料查验。对违反者，要进行处分、罚款，甚至追究法律责任。其中要求"房地产开发企业销售商品房，应当向购买人明示所售商品房的能源消耗指标"。《建筑节能工程施工质量验收规范》（GB 50411—2007），该规范也将修订，对于门窗节能工程将提出需要提供门窗热工计算报告。

表 1-2 不同地区外窗传热系数

气候区域	外窗传热系数限值范围/[W/(K·m²)]
严寒地区	1.5～2.5
寒冷地区	1.8～3.1
夏热冬冷地区	2.3～4.7

德国在建筑节能方面的很多做法值得我国学习和借鉴。自 20 世纪 70 年代以来，德国出台了一系列建筑节能法规，对建筑物保温隔热、采暖、空调、通风、热水供应等技术规范做出规定，违反相关要求将受到处罚。1977～2013 年德国门窗节能设计要求变化反映了德国政府在建筑节能方面的工作力度（见图 1-2）。1977 年德国第一部节能法规《保温条例》（WSchV77）正式实行，提出新建建筑的采暖能耗限额为每平方米楼板面积每年消耗能源 250kW·h，即 250kW·h/(m²·a)。2002 年，为贯彻欧盟对建筑节能的要求，开始实施新的《能源节约条例》（EnEV2002），采暖能耗限额调整为 70kW·h/(m²·a)，2009 年提出的采暖能耗限额为 45kW·h/(m²·a)。目前，该条例又在修订（EnEV2014），关于被动式建筑（即超低能耗建筑）的采暖能耗限额将下降到 15kW·h/(m²·a)，这是目前环保节能建筑的最高标准，基本实现建筑的"零能耗"。建立财税激励机制，既有可再生能源的市场激励计划，也有德国复兴信贷银行（KFW）专为建筑节能改造推出的多项资助计划（提供超低利率贷款，年利率不会超过 2％）。以达到 EnEV-2009 德国节能标准 100（KFW100）

为基本要求，达到 KFW85 标准的建筑，每套 150m² 的建筑改造完成后，联邦和地方政府各奖励 5250 欧元，共计 10500 欧元（奖励标准为 70 欧元/m²）。达到 KFW55 标准的建筑，每套 130m² 的建筑改造完成后，联邦和地方政府各奖励 15700 欧元，共 31400 欧元（奖励 241.5 欧元/m²）。另外，从 1999 年起，德国实施生态税改革，一方面提高能源价格，另一方面将征收税费的 90% 通过降低退休金交费重新返还给居民和企业，不增加民众负担，大大提高了社会节能意识。推行建筑物的能源认证证书，自 2009 年 1 月 1 日起，所有新建、出售或出租的居住建筑都必须出具能源证书，以便购房者或租房者了解在房屋能源消费方面可能支出的费用。由此看出，德国政府不断提高建筑节能标准，倒逼 PVC 塑料型材企业与门窗制造企业不断创新，不断开发新产品，以适应与满足不同阶段的建筑节能要求。

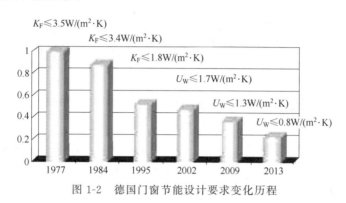

图 1-2　德国门窗节能设计要求变化历程

第四节　被动式建筑与 PVC 塑料门窗

按照欧盟委员会支持的欧洲被动房建筑促进项目（Promotion of European Passive Houses）中对被动房建筑的定义，被动房建筑是指不通过传统的采暖方式和主动的空调形式来实现舒适的冬季和夏季室内环境的建筑。各国研究者比较一致的观点认为被动房建筑最大特点在于通过被动式设计，使得建筑对采暖和空调的需求最小化。而由于被动房建筑的研究与实践始于德国，根据德国的气候条件，目前欧洲大多数的被动房建筑的技术措施着眼于冬季采暖需求的最小化。被动式节能建筑是基于被动式设计而建造的节能建筑物。被动式建筑物可以用非常小的能耗将室内调节到合适的温度，非常环保。被动式节能屋不需要主动加热，它基本上是依靠被动收集来的热量来使房屋本身保持一个舒适的温度。使用太阳、人体、家电及热回收装置等带来的热能，不需要主动热源的供给。具有建筑结构无热桥、超级节能窗系统、良好的密封系统、新风换气系统、建筑遮阳系统、污水处理系统等特点。被动式住宅起源于 20 世纪 90 年代的德国著名金融中心城市法兰克福，这类住宅使用超厚的绝热材料和复杂的门窗结构，通过住宅本身的构造达到高效的保温隔热性能，并利用太阳能和家电设备的散热为居室提供热源，减少或不使用主动供应的能源。世界上第一栋"被动房"就是由沃尔夫冈·费斯特博士在 1991 年于德国达姆施塔特建造的，该房的热能平均消耗仅为 $10kW \cdot h/(m^2 \cdot a)$。作为德国著名物理学家和结构工程师，费斯特博士本人也被誉为被动房能源标准的创始人，称为"被动式建筑之父"。

根据德国"被动房"研究所公布的案例资料，在德国一套新建成的 100m² 的"被动房"住宅，增加的额外投资为 7669 欧元，另一套新建成的 130m² 的"被动房"住宅，增加的额外投资为 13140 欧元。而它们每年节省的能耗费用在 511～1023 欧元之间。以"布鲁克"项目为例，仅保温系统一项就比普通住宅增加了约 500 元/m^2 的建筑安装成本。在德国，"被动房"技术成熟，因此成本只增加 5％，却产生了强大的节能效果。由图 1-3 可以看出，德国经过了五个阶段的建筑节能标准的修订，从当初的一次能源消耗 100％、采暖能耗 75％降到现在一次能源消耗 30％、采暖能耗 15％的高节能建筑标准。

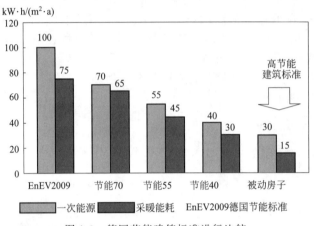

图 1-3　德国节能建筑标准进行比较

被动式建筑的节能关键之一则是超低 K 值的围护结构。因为建筑围护结构（门窗、墙体、屋顶等）能耗是建筑整体能耗的主要组成部分，尤其是门窗，往往占了围护结构能耗的 50％以上。就被动式建筑节能设计而言，窗户成为其节能减排的关键，在满足室内采光、得热和自然通风的前提下，应关注窗户的密封设计、窗户开启方向和窗户材料的选择。PVC 塑料平开窗的窗扇与窗框间有良好的密封压条，窗扇关闭时能将密封条压紧，密封性好，在德国新建建筑和改造建筑中普遍使用。

新风换气系统和遮阳系统是被动式节能建筑中不可或缺的。新风换气是指在密闭室内的一侧通过专用设备向室内输送新风（新鲜空气），在另一侧由专用设备向室外排出空气，在室内形成新风流动场。送风设备还可对进入室内的新风进行过滤、灭毒、杀菌、增氧、预热（冬天）；排风设备在空气排出前可进行热回收交换，减少能量损失。使用新风换气系统，既可保持室内温度稳定，也可隔绝室外噪声，还能节约能源。研究结果表明，使用不带换热功能的新风换气系统，可以节能 30％，如果带换热功能，节能高达 80％以上。在德国，新风换气系统已经与建筑物融为一体，成为不可缺少的重要组成部分。

建筑遮阳系统一般分为外遮阳、内遮阳和位于两层玻璃之间的中置遮阳。外遮阳应用最广泛，它适用于朝南、朝东、朝西的大面积窗户及天窗处，既防止阳光直射，也阻挡室内温度上升；内遮阳主要以防眩为主、遮阳为辅，适合于冬季采暖地区，在防止阳光直射的同时，可以让阳光进入室内提高温度；中置遮阳兼有内外遮阳的特点，一体性较强，不易损坏，但造价较高。通过不同遮阳装置的组合使用，在夏季可以大大降低空调负荷，在冬季可以节省取暖能源。研究结果表明，利用遮阳技术，建筑物可节省约 40％的能源。

2015 年以后，德国所有建筑将按照"被动式建筑"标准建造。从低能耗建筑到被动式建筑和零能耗建筑，德国在建筑节能上积累了丰富的经验。

表 1-3 列举了德国被动房与中国节能 65％房屋各项指标对比，可以看出中国建筑节能与德国有很大差距。

表 1-3　被动房与节能 65% 房屋各项指标对比

各 项 指 标	德国被动式房屋标准	国内 65% 房屋标准
外墙、屋顶、地面传热系数	$K \leqslant 0.15 W/(m^2 \cdot K)$	$K \leqslant 0.4 \sim 0.6 W/(m^2 \cdot K)$
窗传热系数	$K \leqslant 0.8 W/(m^2 \cdot K)$	$K \leqslant 2.5 W/(m^2 \cdot K)$
体型系数	$A/V \leqslant 0.4$	$A/V \leqslant 0.26$
气密性	$N_{50} \leqslant 0.6$ 次/h	无要求
室内温度	20～25℃	18℃
空气湿度	相对湿度 40%～60%	无要求
空气流速	平均室内空气流速小于 0.15m/s	无要求
房间表面温度	不低于室内温度 3℃	无要求
室内二氧化碳含量	≤0.1(1000ppm)	无要求
废气热量回收率	≥75%	无要求
室内噪声控制	卧室、客厅≤25dB	昼间≤45dB
		夜间≤37dB
采暖一次性能源需求量	$\leqslant 15 kW \cdot h/(m^2 \cdot a)$	$\leqslant 120 kW \cdot h/(m^2 \cdot a)$
制冷一次性能源需求量	$\leqslant 15 kW \cdot h/(m^2 \cdot a)$	无要求
采暖(制冷)、生活热水和家庭用电的年一次能源消耗量	$\leqslant 120 kW \cdot h/(m^2 \cdot a)$	无要求
超温频率	≤10%	无要求
标准煤	1.84kg/m²	12.25kg/m²(未节能时 35kg/m²)
燃气消耗量	2m³/m²	16～17m³/m²

下面两组照片是 2015 年初在德国海德堡市拍摄的被动式节能建筑物。图 1-4 是带有巨大的特殊结构外遮阳板的被动式节能建筑物，该遮阳板在阳光强烈时能够放下来，各个房间均可以单独调整，当遮阳板全部放下来，该建筑物被遮阳板全部盖住，看不到窗户。建设过程中的海德堡市被动式节能住宅，从每个建筑物外形都有独特的造型，给人以赏心悦目的感觉。图 1-5 是外形各异的被动式节能建筑住宅及庭院建设，所使用的门窗均是 PVC 塑料门窗，而且大型窗比较多，采光面积大。

图 1-4　有巨大的特殊结构外遮阳板的被动式节能建筑物

中国每年的新建建筑量排在世界第一位，建筑耗能极大，既浪费资源又污染环境，建筑节能已经到了刻不容缓的地步，窗户作为建筑的主要构件，在被动式房屋建设中发挥着非常重要的作用。人的生命在白日和晚上也主要是在房间中度过的。被动式节能建筑的功能完全满足了我们健康生活的需要。因此，在我国开发满足被动式建筑节能要求的 PVC 塑料型材及门窗刻不容缓。被动式房屋虽然在中国的推广意义重大，但目前被动式房屋在中国推广遇到两个主要难点，一是认知不够，二是没有配套原材料。

在被动房节能建筑方面，我国一些城市正在进行尝试。瑞好成功地将欧洲之星 GENEO® S980 PHZ 门窗系统应用到了中国幸福堡项目，幸福堡项目是中国西部地区被动式建筑的里程碑。"幸福堡"是瑞好公司在中国将欧洲之星 GENEO® S980 PHZ 门窗系统

图 1-5　外形各异的被动式节能建筑住宅

$[U_w \leqslant 0.8W/(m^2 \cdot K)]$ 应用于被动式建筑的首个项目。于 2014 年 8 月 21 日成功通过德国被动式建筑专家的气密性测试（$N_{50} = 0.2$ 次 $\cdot h^{-1}$），并于 9 月 28 日获得德国被动式建筑研究院认证。瑞好凭借在被动式建筑领域的丰富经验，并与德国能源署及被动式研究院专家多次探讨，为"幸福堡"项目度身定制解决方案，确保高效节能特性，使其成为西部地区被动式建筑的里程碑。中国首栋被动房节能建筑，由南京房企朗诗集团、德国被动房研究所、德国能源署，在浙江长兴联合建成"布鲁克"被动房项目。这栋建筑面积约 2.5 万平方米被动房，将作为绿色精品酒店，共有标准房间 48 间、套房 4 套。朗诗地产的"被动房"并没有采用原来的地源热泵、恒温恒氧恒湿等"主动节能"技术，而是根据中国地区冬冷夏热的气候特点，使用超厚的绝热材料和优质的门窗结构，通过住宅本身的构造达到高效的保温隔热性能，并利用太阳能和家电设备的散热为居室提供热源，减少或不使用"主动"能源。

目前，可喜的现象是，国家住房和城乡建设部为贯彻落实党中央、国务院推进生态文明和新型城镇化建设的战略部署，进一步提高建筑节能与绿色建筑发展水平，在充分借鉴国外被动式超低能耗建筑建设经验并结合我国工程实践的基础上，于 2015 年 10 月制定了《被动式超低能耗绿色建筑技术导则（试行）（居住建筑）》，并且在 2015 年 11 月 10 日发出通知，要求建筑设计部门抓好贯彻落实。

该导则借鉴了国外被动房和近零能耗建筑的经验，结合我国已有工程实践，明确了我国被动式超低能耗绿色建筑的定义、不同气候区技术指标及设计、施工、运行和评价技术要点，为全国被动式超低能耗绿色建筑的建设提供指导。导则分为总则、技术指标、设计、施工与质量控制、验收与评价、运行管理六章。

被动式超低能耗绿色建筑的定义（简称超低能耗建筑）是指适应气候特征和自然条件，通过保温隔热性能和气密性能更高的围护结构，采用高效新风热回收技术，最大程度地降低建筑供暖供冷需求，并充分利用可再生能源，以更少的能源消耗提供舒适室内环境并能满足绿色建筑基本要求的建筑。主要技术特征为：保温隔热性能更高的非透明围护结构；保温隔热性能和气密性能更高的外窗；无热桥的设计与施工；建筑整体的高气密性；高效新风热回收系统；充分利用可再生能源；至少满足《绿色建筑评价标准》（GB 50378）一星级要求。提出了超低能耗建筑能耗指标及气密性指标（表1-4），提出了超低能耗建筑进行外窗设计的传热系数和太阳得热系数参考值（表1-5）。

表 1-4　能耗指标[①]及气密性指标

气候分区		严寒地区	寒冷地区	夏热冬冷地区	夏热冬暖地区	温和地区
能耗指标	年供暖需求/[kW·h/(m²·a)]	≤18	≤15	≤5		
	年供冷需求/[kW·h/(m²·a)]	≤3.5+2.0×WDH₂₀[②]+2.2×WDH₂₀[③]				
	年供暖、供冷和照明一次能源消耗量	≤60kW·h/m²·a				
气密性指标	换气次数 N_{50}[④]	≤0.6次/h				

① 表中 m² 为套内使用面积，套内使用面积应包括卧室、起居室（厅）、餐厅、卫生间、过厅、过道、储藏室、壁柜等使用面积的总和。

② WDH_{20} 为一年中室外湿球温度高于20℃时刻的湿球温度与20℃差值的累计值。

③ WDH_{20} 为一年中室外干球温度高于28℃时刻的干球温度与28℃差值的累计值。

④ N_{50} 即在室内外压差50Pa的条件下，每小时的换气次数。

表 1-5　外窗传热系数（K）和太阳得热系数（SHGC）参考值

外窗	单位	严寒地区	寒冷地区	夏热冬冷地区	夏热冬暖地区	温和地区
K	W/(m²·K)	0.7~1.2	0.8~1.5	1.0~2.0	1.0~2.0	≤2.0
SHGC		冬季≥0.50 夏季≤0.30	冬季≥0.45 夏季≤0.30	冬季≥0.40 夏季≤0.15	冬季≥0.35 夏季≤0.15	冬季≥0.40 夏季≤0.30

此外，由国家住房和城乡建设部科技发展促进中心、河北省建筑科学研究院和河北五兴能源集团秦皇岛五兴房地产有限公司主编的河北省工程建设地方标准，河北省《被动式低能耗居住建筑节能设计标准》，编号为 DB13(J)/T 177—2015，自 2015 年 5 月 1 日起实施。此标准是首部国内被动式房屋标准，也是继瑞典 2012 年 9 月 27 日《能耗被动屋低能耗住宅规范》之后，在世界范围内第二本有关被动式房屋的标准。必将推动中国被动式低能耗居住建筑的发展。该标准的主要技术内容包括：总则，术语和符号，被动式房屋的定义和规定，被动式房屋的基本设计原则，被动式房屋的热工和能耗计算规定，热工计算，采暖负荷和能耗计算，冷负荷和空调能耗计算，房屋一次能源计算项目和计算方法，围护结构设计，照明和遮阳设计，通风系统设计，关键材料和产品性能，防火设计，施工工法，被动式房屋的测试，被动式房屋的认定条件，各种建筑能耗转化成一次能源和 CO_2 排放量的计算方法，运行管理，以及附录和条文说明。

河北省《被动式低能耗居住建筑节能设计标准》主要内容如下。

1. 提出了明确的室内环境指标规定

被动式房屋首先是一个舒适度很高的房子，居住建筑的室内环境应全年处于舒适状态，河北标准对室内环境规定如下：

（1）室内温度为 20~26℃；

（2）超温频率≤10%；

（3）室内二氧化碳浓度≤1000mg/g；

（4）围护结构非透明部分内表面温差不超过 3℃，围护结构内表面温度不低于室内温度 3℃；

（5）门窗的室内一侧无结露现象；

（6）室内相对湿度宜全年处于 35%~65%；

（7）通过管网和辅助通道传递的声音，应符合机房：≤35dB、功能房≤30dB、起居室

≤30dB 和卧室≤30dB。

2.对房屋能源消耗需求进行了规定

被动式房屋首先应该是能耗需求极低房屋。能耗需求规定使得被动房从源头设计就必须使房屋本身对能耗的需求极低。

（1）房屋单位面积的年采暖需求 Q_h≤15kW・h/(m²・a)。

（2）房屋单位面积的采暖负荷 q_h≤10W/m²。

（3）房屋单位面积的年制冷需求，Q_c≤15kW・h/(m²・a)。

（4）房屋制冷的冷负荷 $q_{c,max}$≤20W/m²。

3.对房屋的实际能源消耗进行了规定并提出了一次能源和一次能源系数概念

被动式房屋不但是能耗需求极低的房屋，最终反映到实际能源消耗上也同样是极低的。河北标准对被动式居住建筑能源消耗规定如下。

（1）采暖的房屋单位面积年一次能源需求 E_{ph}≤20kW・h/(m²・a)。

（2）制冷的房屋单位面积年一次能源需求 E_{pc}≤20kW・h/(m²・a)。

（3）房屋单位面积年一次能源总需求 E_{pt}≤120kW・h/(m²・a)。

4.提出了完整的计算方法

我国已经建立了完整的热工和能耗计算理论。河北标准规定应按照《民用建筑热工设计规范》（GB 50176）规定的计算方法进行热工计算，其中包括冷凝受潮计算和隔热计算。这一部分计算往往被工程技术人员忽略，也造成了一些节能建筑设计就是有隐患的设计。譬如，某些建筑的设计方案本身就注定外围护结构出现结露，或是不能够满足隔热要求。被动式房屋设计时严禁出现冷凝受潮并对隔热性能提出了更为严格的要求，否则被动式房屋随着使用年限的增加会逐渐丧失性能。

河北标准依据《民用建筑供暖通风与空气调节设计规范》（GB 50736）规定，提供了完整的计算方法。被动式房屋的能耗计算必须为设计人员提供逐项能耗，即：

（1）围护结构传热引起的房屋单位面积耗热量；

（2）通风引起的房屋单位面积耗热量；

（3）透明围护结构通过太阳辐射获得的房屋单位面积得热量；

（4）建筑物内部得热引起的房屋单位面积得热量。

5.提出了完整的数据库

河北标准提供了被动式房屋的计算涉及所用到的数据库。包括河北省主要城市全年逐时计算温度、河北省太阳总辐射照度、人体显热散热系数、照明散热系数、家用电器、炊事及其他内部热源散热系数和河北省主要城市日平均相对湿度等。河北省区域较广，地理气候差异较大。为了使计算结果尽可能地符合实际情况，河北标准提供了丰宁、承德、张家口、秦皇岛、唐山、廊坊、保定、沧州、石家庄、衡水、邢台 11 个城市的气象数据库。

6.提出了透明外围护结构的控制性指标

透明外围护结构对最终实现被动式房屋的性能起了至关重要的作用。我国目前市场普遍供应的外门窗与被动房所用门窗相差较远。在现有国家标准中，有些关键性能指标的缺失。河北标准对其进行了明确规定。

（1）房屋外门窗的透明材料应选用 Low-E 中空玻璃或真空玻璃，其性能应符合 K≤0.8W/(m²・K)；玻璃的太阳能总透射比 g≥0.35；玻璃的选择性系数 S≥1.40。

（2）屋外门窗框的型材宜选择木材或塑料，其传热系数 K≤1.3W/(m²・K)。

（3）外门窗的传热系数 K≤1.0W/(m²・K)。

（4）外窗应采用三道耐久性良好的密封材料密封，每扇窗至少有两个锁点，并尽可能减少窗框对透明材料部分的分隔。

（5）玻璃间隔条应使用耐久性良好的暖边间隔条。

7. 关键材料性能指标规定

被动房必须采用性能指标合格的产品。河北标准中对涉及被动式房屋的一些关键材料的性能进行了规定，如屋面和外墙用防水隔气层、防水透气层的性能指标、外墙外保温系统及其材料的性能指标、外围护门窗洞口的密封材料、屋顶金属扣板和窗台金属板的性能指标、基础和地下室外保温材料的性能指标等。

8. 提出了被动式房屋的检测认定方法

被动式房屋必须进行气密性测试。应抽检位于不同楼层的不同户型作为测试样本。首层、顶层的抽检样本不得少于 1 套。抽检样本量不得小于整栋建筑住宅总量的 20%，且不应少于 3 套住宅；楼梯间必须做气密性测试。被动式房屋竣工后，应按本标准的规定进行气密性测试。如果测试结果全部符合 $N_{50} \leqslant 0.6$ 次/h 的规定，则可判定该建筑的设计、施工符合对被动式房屋的要求；如果有不满足 $N_{50} \leqslant 0.6$ 次/h 的样本，则必须对此样本进行整改使之满足要求，且应重新抽样，直至抽样样本全部满足该规定为止。在房屋投入正常使用后，应对室内环境和实际能耗进行测试。当室内环境测试结果满足全部规定，且采暖、制冷和总一次能源消耗均符合本标准的规定时，则可判定该建筑在使用阶段符合被动式房屋要求。

9. 提出了各种建筑用燃料的 CO_2 排放量计算方法

河北标准给出了各种建筑用燃料的 CO_2 排放量折算系数，包括标准煤、原煤、天然气、液化石油气、人工煤气、汽油、煤油、柴油、木材和固体生物质燃料（秸秆）。并且给出了集中供热耗热量每"kJ"和"kW·h"时，煤、天然气、固体生物质能（秸秆）的 CO_2 排放量。

因此，要实现河北省《被动式低能耗居住建筑节能设计标准》的要求，门窗方面只有 PVC 塑料门窗具有独特的性价比优势。

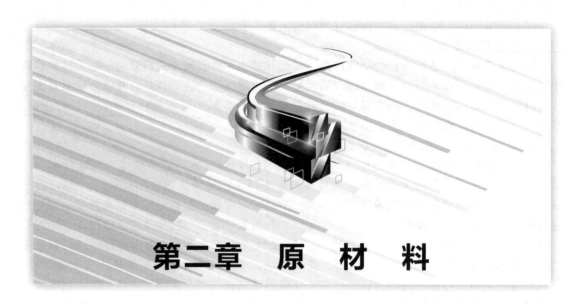

第二章 原 材 料

PVC塑料型材属于硬聚氯乙烯塑料制品。生产PVC塑料型材的原料有十余种，主要有聚氯乙烯、抗冲剂（氯化聚乙烯）、稳定剂、加工助剂、内外润滑剂、填充剂（碳酸钙）、钛白粉等。稳定剂、抗冲剂、填充剂三种助剂直接关系到型材是否符合国家型材标准 GB 8814—2004 的技术指标，加工助剂、润滑剂主要满足树脂塑化、成型、焊接工艺性能的要求。因此，掌握生产PVC塑料型材的原材料性能是进行生产与质量管理的必备条件。

第一节 聚 氯 乙 烯

聚氯乙烯是以氯乙烯单体制得的聚合物，它的缩写代号为PVC。在工业上，把氯乙烯的均聚物和共聚物总称为氯乙烯树脂，其产量仅次于聚乙烯树脂而居第二位。

1. 氯乙烯单体

氯乙烯是乙烯分子中一个氢原子被氯原子取代而生成的化合物，分子式为 $CH_2 = CHCl$。它是无色易液化的气体，具有醚类气味，沸点-13.4℃，难溶于水，可溶于乙醇、乙醚、丙酮等。氯乙烯是一种致癌物质。

工业上生产氯乙烯单体的方法有：乙炔法、乙烯法、联合法、乙烯氧氯化法和乙烷一步氧氯化法等。乙炔法是乙炔与氯化氢气相合成氯乙烯，在氯化汞作为催化剂时才能完成，氯化汞与乙炔生成了中间配合物，再由中间配合物进一步生成氯乙烯单体。现在国内大部分厂家使用的氯化汞多以活性炭为载体。由于乙炔法生产聚氯乙烯树脂的主要原材料来源于电石，故又称为电石法。乙烯法是乙烯加氯制得1,2-二氯乙烷后，再于高温下脱去一分子氯化氢得氯乙烯。联合法亦称乙烯、乙炔并用法。乙烯氧氯化法是将氯化氢和氧在催化下与乙烯作用，制得1,2-二氯乙烷，再经高温裂解制得氯乙烯，这是工业生产氯乙烯的主要方法。乙烷一步氧氯化法是采用特制的熔盐为催化剂，使石油裂解气中的乙烷在反应器中进行氧氯化和裂解反应，制得氯乙烯。乙烯氧氯化法、电石法和二氯乙烷/氯乙烯（EDC/VCM）单体法作为PVC生产的三大技术，乙烯氧氯化法是世界聚氯乙烯工业发展的潮流与方向，世界上发达的国家或地区，全部采用乙烯氧氯化法生产聚氯乙烯。我国目前普遍采用乙烯氧氯化法和电石法生产PVC树脂，国内 PVC 扩产大部分采用电石法。我国氯碱工业大部分采用乙炔法生产聚氯乙烯。电石法生产聚氯乙烯树脂的主要原材料是电石。电石是由碳（焦炭等碳素材料）和氧化钙（生石灰）在电阻电弧炉内于高温条件下化合而成的，所以它的化学名称叫碳化钙。由电石生产乙炔，按照乙炔生产工艺有湿式发生、干式发生、煤裂解制得、天然气制取。湿式乙炔发生工艺是国内常常采用的方法。在引发剂的作用下，氯乙烯单体进行聚合。

2. 聚合反应

氯乙烯单体经自由基加成聚合成为聚氯乙烯，其反应如下：

$$n CH_2 = CHCl \longrightarrow -(CH_2-CHCl)_n$$

n 为结构单元（或重复单元）数，称为聚合度。氯乙烯聚合是一种连锁聚合反应，它包括链引发、链增长、链转移和链终止几个阶段。

聚合方法不同，制得的树脂性能有差异，其用途与加工方法亦随之改变。因此，加工者必须了解聚合方法对树脂性能的影响，才能合理地选用树脂。

氯乙烯聚合基本配方是：VCM、软水、PVA、NaOH、引发剂等。

氯乙烯聚合工艺路线：软水放入釜中—加入分散剂和其他助剂—搅拌—抽真空—加入 VCM—搅拌—升温—保温—终止聚合（同时脱去残留的 VCM）—聚合物浆料（含 60%～70%的水分）—离心机脱水（紧密型含湿量小于 20%、疏松型含湿量 20%～28%）—沸腾床干燥（含水分 0.4%～0.45%）。

常用的聚合方法有悬浮、本体、乳液和微悬浮等，但以悬浮法为主。

（1）悬浮法　在搅拌和分散剂的作用下，溶解有引发剂的单体分散成液滴状悬浮在水中聚合。聚合结束后，淤浆液经汽提脱出残留单体、离心、洗涤、干燥，即得树脂成品。对食品包装用聚氯乙烯树脂，单体残留量应≤5mg/kg。树脂颗粒形态对吸收增塑剂和塑化有显著影响。其形态可从球形到多孔疏松型，疏松型的表面积比球形高十倍，其吸收、增收增塑剂能力大，加工性能好。

（2）本体法　单体在引发剂作用下聚合，不用水介质和分散剂，产品比较纯净。这种树脂的性能和用途与悬浮法树脂相同。

（3）乳液法　用乳化剂在水中分散成乳液状态进行聚合。聚合结束，脱除单体后，进行喷雾干燥，即得粉状树脂，其初级粒子在 0.2μm 以下。电石法、乙烯氧氯化法生产聚氯乙烯工艺流程见图 2-1、图 2-2。

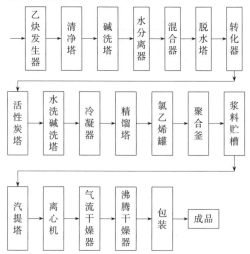

图 2-1　电石法生产聚氯乙烯工艺流程示意图

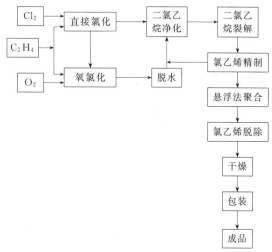

图 2-2　乙烯氧氯化法生产聚氯乙烯工艺流程示意图

3. 氯乙烯（VCM）悬浮聚合过程

先将去离子水加入聚合釜内，在搅拌下继续加入分散剂水溶液和其他助剂，后加引发剂，密闭，抽真空，必要时以氮排除釜内空气。最后加入单体，升温至预定温度进行聚合。为了缩短聚合时间，也可将排气后的釜内物料加热至预定温度，而后进行单体聚合。采用这一加料方案易使引发剂分散不匀，局部过浓，部分易形成透明塑化粒子，加工时产生鱼眼。为了克服这一缺点，可将引发剂配成溶液或乳液，在 VCM 加入后，再加入釜内。氯乙烯聚合系放热反应，聚合温度要求控制得十分严格（±0.2℃）。悬浮法又有疏松型树脂、紧密型树脂之分。

生产疏松型树脂时，压降 0.1～0.15MPa（1.0～1.5kgf/cm²）（<85％转化率），即可加入双酚 A 一类终止剂停止聚合。压降过多，将不利于疏松树脂的形成。PVC 浆料经后处理、汽提脱除残留单体、离心分离、洗涤干燥等工序，即可包装成 PVC 产品。PVC 生产过程中重要质量指标是 PVC 的聚合度或黏度、颗粒特性、热稳定性等。影响上述指标的主要因素有：配方（水比、引发剂、分散剂、缓冲剂、链转移剂、防粘釜剂等），工艺条件（聚合温度、后期压降），聚合釜结构和工程。悬浮或本体聚合选用油溶性引发剂。聚合温度是控制 PVC 分子量的主要因素，一般氯乙烯悬浮聚合的温度在 45～65℃，应选用半衰期适当的引发剂。

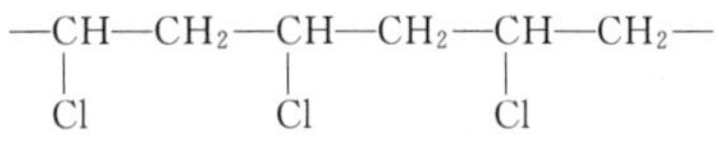

图 2-3　PVC 树脂的分子结构

4. PVC 树脂的分子结构特征

PVC 是以有规则的头-尾结合方式构成的（图 2-3）。

在聚合过程中，PVC 分子内部也存在着一些双键，这些双键是 PVC 热分解的"弱点"。从分子量角度看，PVC 是不同分子量的同系聚合物的混合物。对于商品树脂，其分子量通常是通过测定其溶液的黏度来表征的。

聚氯乙烯树脂在 0～85℃温度范围内属于玻璃态，85～175℃属于弹性态，175～190℃为熔融范围，无明显熔点，190～200℃属于热塑性黏流态，200℃以上分解。未加入稳定剂的树脂在高于 100℃的温度下易发生脱 HCl 反应并导致连续降解和变色现象。

5. 分子量及其分布对加工和制品性能的影响

（1）分子量对玻璃化温度的影响　见表 2-1。

表 2-1　分子量对玻璃化温度的影响

相 对 黏 度	玻璃化温度/℃	相 对 黏 度	玻璃化温度/℃
0.5～0.8（低分子量）	75	1.0～2.0（高分子量）	81
0.8～1.0（中分子量）	79	1.2～1.4（超高分子量）	84

（2）分子量对加工流动性的影响　不同分子量的 PVC 达到同一表观黏度所需要的加工温度不同，分子量高的树脂加工温度高，同一树脂加工温度提高，熔体的表观黏度值低，流动性好。

（3）分子量对制品性能的影响　随着树脂分子量的增大，制品的机械强度增加，耐热变形温度上升，耐低温性能提高，然而成型加工性能降低，加工温度提高，流动性降低。分子量以 K 值表示，耐热性以维卡软化点（℃）表示，力学性能以冲击强度和拉伸强度表示。所以，综合平衡各项性能，制造薄壁硬质 PVC 塑料型材，通常选用悬浮法聚合 K 值为 62～65 的 PVC-SG6 型树脂；制造厚壁窗框用硬质 PVC 塑料型材，选用悬浮聚合的 K 值为 65～68 的 PVC-SG5 型树脂，也有采用 K 值为 68～70 的 PVC-SG4 型树脂。

6. PVC 结构

（1）聚集态结构　聚合物的聚集态是指聚合物材料本身内部大分子链之间的几何排列。普通 PVC 是非晶态聚合物，PVC 含有 5％～10％的结晶，其结晶度与含立构规整聚合物百分率有关。普通 PVC 的玻璃化温度为 80～85℃。在玻璃化温度以上退火会提高结晶度，也会升高结晶的熔化温度。高结晶度的 PVC 树脂用以制造纤维、薄膜。结晶聚合物的熔点 265～273℃，普通 PVC 的熔点 210℃。对于硬 PVC，它的加工温度一般为 160～200℃。因此，PVC 是在它的结晶熔化范围加工的，在这些温度范围内未熔化的结晶是可能存在的，甚至残留粒子也会进入产品中。

（2）粒子结构

① 悬浮聚氯乙烯成粒过程。用显微镜观察聚氯乙烯粒子外观，发现有亚颗粒（单细胞粒子）和颗粒（多细胞粒子）两种。从颗粒疏松程度看，则有紧密型和疏松型之分。PVC 不溶于 VCM 之中，PVC 链自由基长到一定的程度（例如聚合度 10～30），约 50 个链自由基线团缠绕聚结在一起，沉析出来，形成最原始的相分离物种，尺寸 0.01～0.02μm。这是能以独立单元被鉴别出来的原始物种，特称做原始微粒或微区。许多原始微粒二次絮凝，聚结成 0.1～0.2μm 的初级粒子核或小区。初级粒子核成长分为初级粒子、初级粒子絮凝成聚结体，以及初级粒子的继续成长等三步。搅拌强度、分散剂保护能力、温度等对初级粒子和聚结体的堆砌情况颇有影响。悬浮法搅拌强度增加，可使初级粒子变细，使颗粒结构变得疏松一些。微观层次颗粒结构的变化对 PVC 颗粒特性有显著的影响，如表面积、孔隙率、增塑剂吸附率、单体脱吸性能、塑化难易等均受其控制。

影响聚氯乙烯颗粒形态的因素有：搅拌、分散剂、转化率、聚合温度、水比。增加搅拌强度将使液滴变细；为了制得颗粒疏松匀称、粒度分布窄、表观密度合适的 PVC 树脂，往往两种以上的分散剂复合使用，分散剂有明胶（常用在紧密型树脂）、聚乙烯醇（常用在疏松型树脂）；要获得疏松型树脂，最终转化率控制在 85% 以下；氯乙烯聚合温度在 45～65℃ 范围内，但温度对 PVC 孔隙率有影响，随着温度的增加，初级粒子变小，熔结程度加深，粒子呈球形；生产疏松型，水比在 1.6～2.0。

② PVC 颗粒的结构模型。肉眼可见的 PVC 颗粒，其直径约 100μm，通常有皮膜包覆（皮膜由分散剂与氯乙烯接枝共聚而成）。每个颗粒是由次级粒子（又称二次粒子）松散地堆砌在一起的，而每个次级粒子是由无数个 10～100nm 卷曲着的聚氯乙烯长链分子团［即初级粒子（又称一次粒子）］所构成的，图 2-4(a) 是 PVC 树脂颗粒结构模型的粒子模型。一些学者从"宏观"（>10μm）、"微观"（10～0.1μm）及"亚微观"（<0.1μm）来观察聚氯乙烯颗粒形态，提出图 2-4(b) 是 PVC 树脂颗粒结构模型的亚粉粒模型、图 2-4(c) 是 PVC 树脂颗粒结构模型的初级粒子模型。PVC 树脂的结晶度为 5%～10%，大部分有序结构在微区结构的中心。悬浮法树脂的皮膜厚度、敞开程度、强度、韧性以及内部空隙均会影响树脂的加工性能，这就是疏松型树脂加工性能比紧密型（球形）树脂好的原因。如果颗粒内部的初级粒子相互挤出很紧密，并形成没有空隙的初级粒子黏弹体（称为玻璃珠粒子），这种粒子表面比较光滑而致密，内部结构比较紧密而坚硬，吸收增塑剂和稳定剂等物质比较困难，

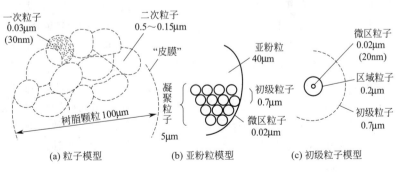

(a) 粒子模型　　　(b) 亚粉粒模型　　　(c) 初级粒子模型

图 2-4　PVC 树脂颗粒结构模型

因而是一种难塑化的树脂颗粒,在加工中容易形成"鱼眼",它的存在会影响制品性能。PVC的分子取向及其结构各向异性,对制品(特别是硬PVC)也有重要影响,挤出制品在加热时的拉伸强度和收缩受到生产时所产生的纵向分子取向的影响。

③ 聚氯乙烯的颗粒特性。聚氯乙烯的颗粒特性非常重要,因为加工性能、甚至使用性能与之密切有关。与PVC颗粒特性直接有关的有平均直径和粒度分布、形态(显微照片)、孔隙率、孔径和孔径分布、比表面积、密度分布等。与PVC颗粒特性间接有关的有表观密度、干流性、粉末混合性、增塑剂吸收率、VCM脱吸性能等。悬浮法树脂希望有较窄的粒度分布。粒度太细,易引起粉尘,并使增塑剂吸收不匀;颗粒太大,则吸收增塑剂困难,易产生鱼眼或凝胶粒子。一般要求100~140目或100~160目,有较高的集中率,例如90%~95%以上(粒度在70~250μm)。聚氯乙烯的粉体性质有表观密度(小于0.55g/cm³为疏松型树脂、大于0.55g/cm³为紧密型树脂)、粉体干流性(湿度在0.3%~0.5%以下)。

高表观密度PVC树脂,表观密度在0.58~0.67g/m³(美国PVC树脂特征SPV65表观密度0.51g/m³)。

7. 聚氯乙烯的性能

(1) 热稳定性 树脂在100℃以上或受到紫外线照射,会引起降解脱氯化氢(HCl)。在氧或空气存在下降解速度更快。温度越高,受热时间越长,降解现象越严重。HCl、铁、锌对PVC脱HCl有催化作用。PVC受热分解析出HCl,形成具有共轭双键的多烯结构,PVC脱HCl所形成的共轭双键数在4个以上时即出现变色,并随着共轭双键的增加,PVC树脂及其制品的色泽由浅变深,即由无色变成淡黄色、黄橙色、红橙色、棕褐色及黑色,变色会影响制品的性能。PVC脱HCl所显示的不稳定性,是与树脂分子结构中存在某些"弱点"密切相关的。在PVC大分子末端及其内部的双键结构,支链处不稳定的叔氯原子,以及大分子中的含氧基团等"活化基团"(脱HCl就是从这里开始的)。研究表明,在所有查明的基团中,内部的丙烯基氯是最不稳定的(易被取代),依次是叔氯、末端的烯丙基氯、仲氯。

PVC脱HCl反应是一种进行极快的"拉链式"反应。如果不将这种反应终止,不仅PVC变色而且无法加工成有用的制品。因此,PVC的稳定技术是极为重要的。除从树脂合成着手外,更多的是从整个PVC塑料组成的稳定作用入手,在混合、配料和加工时实现稳定的目的。实际上,这是一种阻止技术,它是在PVC中加入一些化学添加剂以阻止PVC的降解。所谓添加剂是指用机械方法将其分散或溶解于(通常借助于加热)需要稳定的聚合物体系内的物质,其用量很少,在10%以下。作为PVC的稳定剂,既要保持配方原来的色泽,也要保持物理、化学和电性能不变。它应有以下功能:①中和HCl;②置换不稳定的取代基(如叔氯、烯丙基氯);③钝化稳定剂的降解产物;④阻断链反应。

(2) 溶解性 PVC的溶解度参数为$19.8×10^3 (J/m^3)^{1/2}$,因而它不溶于溶解度参数较低的非极性溶剂中,但能溶于环己酮[$20.3×10^3 (J/m^3)^{1/2}$]、四氢呋喃[$19.8×10^3 (J/m^3)^{1/2}$]、二氯乙烷[$20.1×10^3 (J/m^3)^{1/2}$]等溶剂中。与PVC溶解度参数相近的有邻苯二甲酸二丁酯[DBP为$18.3×10^3 (J/m^3)^{1/2}$]、邻苯二甲酸二辛酯[DOP为$17.8×10^3 (J/m^3)^{1/2}$]、磷酸三甲苯酯[TCP为$17.2~18.3×10^3 (J/m^3)^{1/2}$],这些物质加入到PVC中能够降低玻璃化温度而使可塑性变大,这些物质称为增塑剂。关于增塑机理,一般认为是由于增塑剂的加入,使分子链间的相互作用减弱,表现为玻璃化温度降低。用极性增塑剂对极性聚合物进行增塑时,其玻璃化温度的降低正比于增塑剂的摩尔分数;对于非极性聚合物的增塑作用,聚合玻璃化温度的降低,正比于增塑剂的体积分数。实际上,聚合物的增速效果,往往介于两种情况之间。

(3) 熔融特性 硬PVC在加工过程中,它的粒子结构将发生重要变化:在较低的加工温度下，由于热和剪切力的作用，颗粒崩解成初级粒子；随着温度的升高，初级粒子会部分被粉碎；当加工温度更高时，初级粒子可全部粉碎，晶体熔化，边界消失，形成三维网络。这一过程称为熔融或凝胶化，一般称为"塑化"。对于PVC熔融过程的解释是：首先，颗粒破裂而释放出初级粒子，这种粒子受到热、剪切作用而进一步被粉碎或变形和压实；然后，借助分子缠结提供的连接点或借助熔化晶粒冷却时的再结晶，将初级粒子连接在一起形成三维的网络。PVC粒子结构的变化影响到制品性能。随着加工温度的升高，硬PVC的强度和刚度逐渐提高而达到最高值，但是缺口冲击强度则经过最大值后下降。PVC管材的综合性能最佳值是在熔融度为60%～70%时得到的。测定熔融度的方法有溶剂法、显微镜法、热分析法、流变法，以流变法用得最广。实验表明，塑炼过的PVC的流动性随着加工温度的提高而急剧降低。这种现象可以用毛细管流变仪在恒定流速下的挤出压力增大，或用熔体指数仪在恒定负荷下熔体指数值的降低来表示。

（4）熔体黏度　在较低的温度挤出时熔体中含有粒子；当挤出温度提高时则丧失粒子特性，而"熔体黏度"也显著增大。这两个流动状态之间的转变温度为180～200℃。除了树脂的形态外，间同立构规整度、润滑剂、加工助剂、增塑剂、稳定剂、熔融度和温度等都会影响熔体黏度。增塑剂可以使熔体黏度大大降低，但力学性能随之变化。

（5）成型性能　PVC是非结晶型塑料，挤出成型温度应在熔融温度以上。由于它的熔融温度高于分解温度，因此难以成型，需要加入加工助剂降低熔融温度、加入稳定剂提高热分解温度使其易于成型加工。尽管如此，PVC塑料的熔融温度仍接近分解温度，使成型温度范围较窄，机头温度应严格控制。因为PVC熔融黏度较大、流动性差，要求成型设备表面光滑、模具流道无死角，以防物料停滞分解。

（6）力学性能　PVC的力学性能受分子量、增塑剂、熔融温度和退火温度等因素的影响。力学性能随着分子量的增加而显著提高，但当分子量达到某一值后力学性能的提高则变得缓慢，可是流动性则大大降低。增塑剂能溶解PVC，降低玻璃化温度，并使PVC的刚性和拉伸强度降低而变成橡胶状的材料。如果在硬PVC中加入少量增塑剂，由于反增塑作用，结果使冲击强度下降。熔融温度对软、硬PVC的力学性能都是重要的。但对硬制品尤为重要，并用以控制混合和制品质量。退火对PVC的力学性能有影响，玻璃化温度以上进行退火，可以提高PVC的结晶度，使PVC的模量增加、伸长率降低。

连续法乳液聚氯乙烯树脂（EPVC）在国外广泛应用，它的一次粒子分布状况，与悬浮法PVC树脂分布相同均呈单峰分布，其熔融温度低、物料在成型过程中的流动性好、塑化充分，在薄壁制品如型材等方面应用尤其显著。

（7）PVC树脂的流变性能　熔融PVC是属于非牛顿型流体，它的表观流动黏度较通用的热塑性塑料高1～2个数量级，并随剪切速率的增加而降低。

（8）PVC树脂的特性　塑化后透明，易着色；通过添加剂，可以调节软、硬程度和力学性能；难燃、自熄、电绝缘性好；耐酸碱；在潮湿条件下易受细菌的侵蚀；对热、光、紫外线不稳定。

8. 分类

聚氯乙烯树脂按聚合物结构分成均聚和共聚两大类；按用途和生产方法分成通用树脂和糊用树脂；按聚合度、颗粒特性等性质分成型号或等级。

对悬浮法疏松型均聚树脂，按聚氯乙烯稀溶液（100mL环己酮溶液中含0.5g树脂）的黏数分为七个型号，即 SG-1（144～154）、SG-2（136～143）、SG-3（127～135）、SG-4（118～127）、SG-5（107～117）、SG-6（96～109）、SG-7（85～95），硬聚氯乙烯塑料制品宜采用树脂 SG-5、SG-6、SG-7。

对悬浮法疏松型均聚树脂按聚合温度分为六个型号［SG-2（51℃）、SG-3（53℃）、SG-4（55℃）、SG-5（57℃）、SG-6（60℃）、SG-7（61～62℃）］。

9. PVC平均分子量表示方法

表示聚氯乙烯树脂的平均分子量主要有四种方法：黏数、K值、ISO 174标准、聚合度。黏数是中国国家标准规定的，即25℃下，100mL环己酮溶液中含0.5g树脂的黏数，与ISO标准相当；K值是英国ICI公司制定的，即25℃下，0.5g/100mL二氯乙烷溶液；ISO 174标准是国际标准；聚合度是高分子重复链节数目的平均值。

2007年2月1日实施的国家新标准GB/T 5761—2006《悬浮法通用型聚氯乙烯树脂》代替了国家标准GB/T 5761—93。

《悬浮法通用型聚氯乙烯树脂》国家标准平均分子量对应值见表2-2。

表2-2　悬浮法PVC树脂（GB/T 5761—2006）

型　　号	黏数/(mL/g)	K值	平均聚合度
SG1	156～144	77～75	1785～1536
SG2	143～136	74～73	1535～1371
SG3	135～127	72～71	1370～1251
SG4	126～119	70～69	1250～1136
SG5	118～107	68～66	1135～981
SG6	106～96	65～63	980～846
SG7	95～87	62～60	845～741
SG8	86～73	59～55	740～650

PVC塑料型材生产采用悬浮法疏松型SG5型PVC树脂。《悬浮法通用型聚氯乙烯树脂》新旧国家标准SG5优等品、一等品技术指标对比值见表2-3。

表2-3　聚氯乙烯树脂SG5技术指标对比值

技　术　指　标		优等品		一等品	
		GB/T 5761—93	GB/T 5761—2006	GB/T 5761—93	GB/T 5761—2006
黏数/(mL/g)		118～107	118～107	118～107	118～107
（或K值）		68～66	68～66	68～66	68～66
（或平均聚合度）		1100～1000	1135～981	1100—1000	1135～981
杂质粒子数/个	≤	16	16	30	30
挥发物/%	≤	0.40	0.40	0.40	0.40
表观密度/(g/mL)	≥	0.45	0.48	0.42	0.45
筛余物/%	0.25mm 筛孔 ≤	2.0	2.0	2.0	2.0
	0.063mm 筛孔 ≥	90	95	90	90
鱼眼数/(个/400cm²)	≤	20	20	40	40
100g树脂的增塑剂吸收量/g	≥	20	19	19	17
白度(160℃，10min后)/%	≥	74	78	—	75
残留氯乙烯含量/(μg/g)	≤	8	5	10	10

从优等品来看，平均聚合度由旧标准1100提高到新标准1135；老化后白度由旧标准74%提高到新标准78%；残留氯乙烯含量由旧标准≤8μg/g降低到新标准≤5μg/g。目前，新标准是通用型的，不是型材专用的。所以，从PVC型材生产与使用实际情况来看，平均聚合度在1000～1135比较好，有利于保证型材产品的力学性能；老化后白度和残留氯乙烯含量将影响型材的户外老化性能，一般老化后白度在85%～90%、残留氯乙烯含量在5μg/g以下有利于提高型材的耐老化性能。这些应该引起PVC塑料型材生产企业的注意。

PVC树脂国内外标准中产品指标的比较见表2-4。

表 2-4　PVC 树脂国内外标准中产品指标的比较

项　　目		ГОСТ143327095	信越 TK1300	古德里奇 K-70	GB/T 5761—93SG3
黏数/(mL/g)					127～135
K 值		70～73		70～72	
聚合度			1250～1350		
杂质粒子数/(个/900cm²) ≤		6	50 个/100g	10	20
挥发物含量/% ≤		0.3	0.3	0.3	0.3
增塑剂吸收量/% ≥		24	27	24～36	26
增塑剂吸收时间/min ≤		10	—	—	—
"鱼眼"数 ≤		2 个/0.03cm²	50 个/cm²	20 个/10in²	20 个/400cm²
筛余物/%	315μm ≤	0.5	0.1		
	250μm ≤			5.0	2.0
	149μm ≤		40～95	25	
	63μm ≥	95			90
表观密度/(g/mL)		0.45～0.55	0.42～0.52	0.50±0.03	＞0.45
干流量/s ≤		20	—	15～25	—
水萃取液电导率/(μS/cm) ≤					5×10⁻³
体积电阻率/Ω·cm ≥		5×10¹³	1×10¹²		
残留 VCM/(mg/kg) ≤		10	5	2	8
空隙率/(mL/g)		—	—	0.2～0.3	—

硬聚氯乙烯配方设计要点：硬聚氯乙烯的弹性模量大于 1400MPa。树脂的选择，从加工观点看，大多数硬 PVC 挤出加工是采用中等分子量的树脂，其黏数为 105～117mL/g，如 SG-5。

10. PVC 降解的机理

分子结构聚合过程中产生副反应、脱 HCl、氧化反应等因素造成头-头连接，产生不饱和双键，产生带氯原子的叔碳原子形成各种长度的支链和含氧基团（过氧化氢、—OH 等）。悬浮法聚合的 PVC 大分子链上有 30～50 个支链，这些是导致 PVC 稳定性差的主要原因，因大分子的分解会形成活性中心产生生色基团，使 PVC 树脂变色。PVC 降解是在多个方向上同时进行各种化学转化的复杂综合过程。它们是脱 HCl、烃类 C—C 键断裂、长链的交联。还可能进行二次反应，促进生成新的生色基团，使聚合物具有黄-红色、红色和其他颜色。

PVC 分解时发生的反应有：脱 HCl；生成苯和乙烯（烃类）；PVC 大分子之间形成桥键，并支化，最终交联成不溶的聚合物产物。

PVC 分解脱 HCl 机理有两种：自由基机理、离子和离子-分子机理。

聚氯乙烯在聚合过程中由于配方和工艺因素的影响会产生副反应，即存在有缺陷的基团，这种缺陷基团来源于大分子上氯原子的位置及其相邻的基团：生成氯原子连位；导入引发剂链段；局部脱 HCl 生成不饱和 $\diagdown C = C \diagup$；带氯原子的叔碳原子；各种长度的支链；各种含氧基团——氧化氢基、羟基、羰基。不适当的工艺条件下聚合，内部 $\diagdown C = C \diagup$ 增多；体系除气不充分时，热稳定性能下降、热分解温度降低。

11. PVC 树脂的检测内容

PVC 树脂共有 10 个检测项目，应着重检测 8 个项目。"黏数"按照 GB/T 3401—2007《用毛细管黏度计测定聚氯乙烯树脂稀溶液的黏度》进行检测；"白度"按照 GB/T 15595—2008《聚氯乙烯树脂热稳定性试验方法 白度法》进行检测；"挥发物含量"按照 GB/T 2914—2008《塑料 氯乙烯均聚和共聚树脂 挥发物（包括水）的测定》；"杂质与外来物粒子数"按照 GB/T 9348—2008《塑料 聚氯乙烯树脂 杂质与外来粒子数的测定》进行检测；"表观密度"按照 GB/T 20022—2005《塑料 氯乙烯均聚和共聚树脂表观密度的测定》进行检测；"筛余物"按照 GB/T 2916—2007《塑料 氯乙烯均聚和共聚树脂 用空气喷射筛装置的筛分析》进行检测；"增塑剂吸收量"按照 GB/T 23653—2009《塑料 通用型聚氯乙烯树脂 热增塑剂吸收量的测定》进行检测。此外还有"静态热稳定时间"，虽然《悬浮法通用型聚氯乙烯树脂》中没有规定此项指标，但是国内许多 PVC 塑料型材生产企业将该指标列为采购的主要技术指标之一，参照 GB/T 2917.1—2002（2004）《以氯乙烯均聚和共聚物为主的共混物及制品在高温时放出氯化氢和任何其它酸性产物的测定 刚果红法》进行检测。

对于 PVC 树脂静态热稳定时间，检测时的加热温度的设定国内没有统一规定，有的 PVC 塑料型材生产企业要求加热温度 180℃检测，有的 PVC 塑料型材生产企业要求加热温度 195℃检测，有的 PVC 塑料型材生产企业要求加热温度 140℃检测，而且静态热稳定时间要求也不尽相同，这些规定（要求）都是 PVC 塑料型材生产企业根据企业自身生产设备、配方设计提出的。有人进行过专门的研究，PVC 树脂静态热稳定时间与 PVC 树脂热老化白度无确定关系，与终止剂类型和聚合工艺控制不当产生过多低聚合度聚合物及过多的不稳定基团有关。

不同生产厂家的 PVC 树脂（一级品）质量指标见表 2-5，不同生产厂家的 PVC 树脂的白度值见表 2-6。

表 2-5　不同生产厂家的 PVC 树脂（一级品）质量指标

指标 \ 生产厂家		山东某厂	天津某厂	辽宁某厂	河北某厂 1	吉林某厂	河北某厂 2
平均聚合度（黏数）		1000～1100	1024	114	115	112	112
增比黏度		0.355～0.38					
杂质粒子数/个	≤	50	2	16	12	26	4
挥发物/%	≤	0.3	0.06	0.24	0.18	0.23	0.087
表观密度/(g/mL)	≥	0.47～0.57	0.52	0.57	0.55	0.51	0.526
筛余物	0.25mm 筛孔/% ≤	2	0.29	20	0.4	2	0.04
	0.063mm 筛孔/% ≥	90	98		99	92	95.6
鱼眼数/(个/400cm²)	≤	10	12	15	18	37	2
100g 树脂的增塑剂吸收量/g	≥	22	21		22	21	
白度（160℃，10min 后）/%	≥	74	90		84	81	93
残留氯乙烯含量/(μg/g)	≤	10	0.07	10	6	4	0.1

注：数据来源于厂家某个批号的检验单。

表 2-6　不同生产厂家的 PVC 树脂的白度值

参　数	天津某厂	辽宁某厂	吉林某厂	河北某厂 1	河北某厂 2
W_r	92.49	93.96	92.86	95.76	94.38
a[①]	0.39	0.35	0.61	1.13	0.48
L[①]	97.45	97.84	97.73	98.15	97.9
b[①]	1.08	0.73	1.3	0	0.54

① 数据来源于某个批号的检测结果。

12. 电石法与乙烯法两种工艺路线发展现状

长期以来，我国 PVC 市场一直是以电石法与乙烯法两种工艺路线并存现状发展，电石法 PVC 行业是凭借丰富的资源优势和乙烯法 PVC 无法比拟的成本与价格优势获得了迅猛发展。2001 年，电石法 PVC 产量仅 160 万吨，占当年国内 PVC 总产量的 53.7，到 2006 年底，我国 PVC 总产能已达 1158 万吨，其中电石法 PVC 产能超过 810 万吨。2013 年我国电石法 PVC 产能 1996 万吨，占总产能的 81.3%，而乙烯法、单体法及混合法共占 18.7%。据不完全统计，截至 2014 年底，国内电石企业 290 余家，产能达到 4183 万吨/年，与 2010 年相比产能几乎翻了一番，但是 2014 年电石产量 2548 万吨，明显产能过剩。

技术经济指标方面，电石法是最早工业化生产 VCM 的方法，由于电石生产能耗高，成本高，污染严重，因而处于逐步淘汰阶段。随着石油化工技术的发展，用乙烯做原料生产

PVC 的工艺，因耗能少，环境污染轻，传播低廉，更适合规模化生产而取得长足发展。目前全世界采用乙烯氧氯化法生产 VCM 占世界总产量的 90％以上。

综合能耗方面，按 2013 年全国 PVC 产量推算，电石法 PVC 产量约 1330 万吨，多耗煤约 3420 万吨。随之而来的是大量 CO_2、SO_2 的排放，废水、废渣、废气的排放量也是相当巨大的，与节能减排的大方向相违背。《2011 产业结构调整指导目录》（2013 修订版）中已明确将 20 万吨/年以下电石法 PVC 列为化工限制类项目。

在环保方面，电石法 PVC 工艺每生产 1t PVC 产生 20kg 电石粉尘，排出 14t 含水 85％左右的电石浆和 10t 含硫碱性废水，同时耗电约 5500kW·h，这就是国外企业放弃这种工艺的原因之一。如何有效处理电石法生产 PVC 工艺中产生的电石泥废渣环境污染，一直是困扰我国聚氯乙烯行业发展的一大难题。目前，电石法 PVC 占我国产量的 60％，按每生产 1t PVC 产生 1.59t 电石泥废渣计算，我国每年产生的电石泥总量达到 1000 万吨左右，而传统的主要处理方法为掘坑填埋或生产水泥等，不仅需要投入大量资金用于建设环保处理设施，还需占用大量土地用于存放废渣。此外，电石法 PVC 的单体 VCM 在制作过程中使用氯化汞作为催化剂，是国内汞消耗最大行业（占全国总消耗量的 60％）。2012 年的数据显示，全国汞产量达到 1347t，每年向大气排放的汞量为 500～700t，给环境和健康造成了严重威胁。2013 年 10 月 12 日，中国政府等 92 个国家政府签署了《关于汞的水俣公约》，并且于 2015 年在我国正式生效，对国内电石法 PVC 提出了有法律约束力的控制措施，PVC 电石法是本次公约监管的重点用汞工艺之一，电石法 PVC 生产中使用氯化汞向低汞（无汞）催化剂或乙烯法转型。据国家工信部和环保部的要求，2015 年将禁止氯化汞含量 6.5％以上的高汞催化剂生产，电石法 PVC 行业将采用低汞催化剂生产。虽然也开发出了无汞催化剂产品，由于成本较高、寿命较短等原因未能实行产业化推广，因此，在以盈利为主要目的企业越来越多的情况下，推广无汞催化剂的路线在国内很难行得通。

长期以来，国内 PVC 制品主要采用共混的方法进行增韧，存在品种少、质量良莠不齐等局限性。同时，PVC 制品的抗冲击性能和刚性模量不能同时兼顾，对共混加工条件有很强的依赖性。目前，国内一些大型 PVC 生产企业开始加大在特种、专用 PVC 树脂领域的研发投资力度，如针对国内通用 PVC 树脂抗冲击性能差开发高抗冲 PVC 复合树脂，形成集抗冲、耐磨、耐老化、耐腐蚀、阻燃等优异性能于一身的一种新型复合材料。

第二节　冲击改性剂

PVC 树脂是一个极性非结晶型高聚物，分子之间有较强的作用力，是一个坚硬而脆的材料，冲击强度较低。硬质 PVC 塑料对缺口冲击很敏感，其值 $2.0kJ/m^2$，低温冲击性能差。所以，能够提高塑料冲击强度的添加剂称为冲击改性剂。加入冲击改性剂后，冲击改性剂的弹性体粒子可以降低总的银纹引发应力，并利用粒子自身的变形和剪切带，阻止银纹扩大和增长，吸收掉传入材料体内的冲击能，从而达到抗冲击的目的。像硬聚氯乙烯（PVC）玻璃态聚合物在室温和低温下具有良好的冲击强度的条件是：玻璃状聚合物必须由引入橡胶状聚合物的多相（它必须含有两种性质不同的聚合物相）所组成；橡胶相必须是分散相，同时还必须注意调节其尺寸；玻璃状连续相和橡胶分散相间应有良好的黏合作用。在选择冲击改性剂时，冲击强度当然是主要矛盾，也要考虑其他性能和经济性。对于一定类型的冲击改性剂来说，冲击强度也随 PVC 分子量（K 值）的增大而提高。

硬 PVC 塑料型材和门窗，由于加工、运输和使用条件的要求，不仅需有较高的刚性，也需要良好的耐冲击韧性。硬 PVC 树脂是硬脆性材料，冲击强度低，一般为 $3～5kJ/m^2$。国家对型材的配方冲击强度要求大于 $20kJ/m^2$。硬 PVC 型材生产中常用的抗冲击改性剂有 CPE、EVA、ACR。

一、冲击改性剂按其分子内部结构分类

1. 预定弹性体(PDE)型冲击改性剂

它属于核-壳结构的聚合物，其核为软状弹性体，赋予制品较高的抗冲击性能，壳为具有高玻璃化温度的聚合物，主要功能是使改性剂微粒子之间相互隔离，形成可以自由流动的组分颗粒，促进其在聚合物中均匀分散，增强改性剂与聚合物之间相互作用和兼容性。此类结构的改性剂有 MBS、ACR、MABS 和 MACR 等，这些都是优良的冲击改性剂。

（1）MBS 是甲基丙烯酸甲酯、丁二烯及苯乙烯三种单体的共聚物。MBS 的溶解度参数为 $9.4 \sim 9.5$ $(J/cm^3)^{1/2}$，与 PVC 的溶解度参数接近，因此同 PVC 的兼容性较好。它的最大特点是：加入 PVC 后可以制成透明的产品。一般在 PVC 中加入 $10 \sim 17$ 份（质量份），可将 PVC 的冲击强度提高 $6 \sim 15$ 倍，但 MBS 的加入量大于 30 份时，PVC 冲击强度反而下降。MBS 本身具有良好的冲击性能、透明性好、透光率可达 90% 以上，且在改善冲击性同时，对树脂的其他性能，如拉伸强度、断裂伸长率等影响很小。MBS 价格较高，常同其他冲击改性剂，如 EVA、CPE、SBS 等并用。MBS 耐热性不好，耐候性差，不适于做户外长期使用制品，一般不用做塑料门窗型材生产的冲击改性剂使用。

（2）ACR 为甲基丙烯酸甲酯、丙烯酸酯等单体的共聚物。ACR 为近年来开发的最好的冲击改性剂，它可使材料的冲击强度增大几十倍。ACR 属于核-壳结构的冲击改性剂，甲基丙烯酸甲酯-丙烯酸乙酯高聚物组成的外壳，以丙烯酸丁酯类交联形成的橡胶弹性体为核的链段分布于颗粒内层。尤其适用于户外使用的 PVC 塑料制品的冲击改性，在 PVC 塑料门窗型材使用 ACR 作为冲击改性剂与其他改性剂相比具有加工性能好、表面光洁、耐老化好、焊角强度高的特点，但价格比 CPE 高 1/3 左右。国外常用的牌号如 K-355，一般用量 $6 \sim 10$ 份。目前国内生产 ACR 冲击改性剂的厂家较少，使用厂家也较少。

2. 非预定弹性体型（NPDE）冲击改性剂

它属于网状聚合物，其改性机理是以溶剂化作用（增塑作用）机理对塑料进行改性。因此，NPDE 必须形成一个包覆树脂的网状结构，它与树脂不是十分好的相容体。此类结构的改性剂有 CPE、EVA。

（1）氯化聚乙烯（CPE），是利用 HDPE 在水相中进行悬浮氯化的粉状产物，随着氯化程度的增加使原来结晶的 HDPE 逐渐成为非结晶的弹性体。作为增韧剂使用的 CPE，含 Cl 量一般为 25% ～ 45%。CPE 来源广，价格低，除具有增韧作用外，还具有耐寒性、耐候性、耐燃性及耐化学药品性。氯化聚乙烯是一种常用的抗冲改性剂。目前在我国，CPE 是占主导地位的冲击改性剂，尤其在 PVC 管材和型材生产中，大多数工厂使用 CPE，加入量一般为 $5 \sim 15$ 份。CPE 可以同其他增韧剂协同使用，如橡胶类、EVA 等，效果更好，但橡胶类的助剂不耐老化。

（2）EVA 是乙烯和醋酸乙烯酯的共聚物，醋酸乙烯酯的引入改变了聚乙烯的结晶性，醋酸乙烯酯含量大，而且 EVA 与 PVC 折射率不同，难以得到透明制品，因此，常将 EVA 与其他抗冲击树脂并用。EVA 添加量为 10 份以下。

3. 过渡型冲击改性剂

其结构介于两种结构之间，如 ABS。

ABS 为苯乙烯（40% ～ 50%）、丁二烯（25% ～ 30%）、丙烯腈（25% ～ 30%）三元共聚物，主要用做工程塑料，也用做 PVC 冲击改性，对低温冲击改性效果也很好。ABS 加入量达到 50 份时，PVC 的冲击强度可与纯 ABS 相当。ABS 的加入量一般为 $5 \sim 20$ 份，ABS

的耐候性差，不适于长期户外使用制品，一般不用做塑料门窗型材生产的冲击改性剂使用。

SBS 为苯乙烯、丁二烯、苯乙烯三元嵌段共聚物，也称为热塑性丁苯橡胶，属于热塑性弹性体，其结构可分为星形和线型两种。SBS 中苯乙烯与丁二烯的比例主要为 30/70、40/60、28/72、48/52 几种。主要用做 HDPE、PP、PS 的冲击改性剂，其加入量 5～15 份。SBS 主要作用是改善其低温耐冲击性。SBS 耐候性差，不适于做户外长期使用制品。

4. 橡胶类抗冲击改性剂

此类是性能优良的增韧剂，主要品种有：乙丙橡胶（EPR）、三元乙丙橡胶（EPDM）、丁腈橡胶（NBR）及丁苯橡胶、天然橡胶、顺丁橡胶、氯丁橡胶、聚异丁烯橡胶、丁二烯橡胶等，其中 EPR、EPDM、NBR 三种最常用，其改善低温耐冲击性优越，但都不耐老化，塑料门窗用型材一般不使用这类冲击改性剂。

二、冲击改性剂在 PVC 型材中按作用原理分类

1. 按分散原理进行分类

PVC 抗冲改性剂分为两类：一类为局部相溶分散型，它是依靠加工机械的混炼作用局部地相溶分散于 PVC 树脂中，可以使 PVC 的加工熔融黏度降低，但影响折射率，不能生产透明产品，如 EVA、CPE 等；另一类为粒子分散型，它与加工机械的混炼能力大小无关，在保持粒状形态下分散与 PVC 树脂中，可以生产透明产品，但是使 PVC 的加工熔融黏度变高，影响加工性能，如 MBA、ABS 等。

2. 按增韧原理进行分类

PVC 抗冲改性剂分为两类：一类是网络聚合物，另一类是"核-壳"结构共聚物。网络聚合物这类橡胶弹性体改性机理是在 PVC 材料中形成网络。CPE 和 EVA 属于这类聚合物，通过控制 CPE 中的 Cl 含量及 EVA 中 VA 含量，可以使其具有与 PVC 接近的溶解度参数。这些无定形聚合物，只有在相对窄的加工范围内才能获得最佳抗冲击改性效果，此时必须是 PVC 初级粒子包围在弹性体形成的网络中。"核-壳"结构共聚物是特殊的丙烯酸酯类弹性体（ACR）。它由两部分组成，其核是一类低度交联的丙烯酸酯类橡胶聚合物，壳是甲基丙烯酸甲酯（PMMA）等接枝聚合物，这类特殊的高分子聚合物包围的圆形橡胶体形成"核-壳"结构。

关于"核-壳"类改性剂增韧机理论点很多，通常以银纹-剪切带理论解释较为普遍。"核-壳"类橡胶粒子的作用一方面充作应力集中中心，诱发大量银纹成剪切带，其银纹或剪切带的产生和发展，需消耗大量能量，因而显著提高材料的抗冲击性能。同时，通过在银纹和橡胶分界面承担部分三轴向应力强化了银纹，控制了银纹的发展，因而，可阻碍裂纹扩展。"核-壳"结构改性剂，常通过加入典型的交联单体的共价键进行交联，其核芯具有很好的弹性。壳是具有较高玻璃化温度（T_g）的高聚物，粒子间容易分离，可均匀地分散至 PVC 基材中，并能和 PVC 基材相互作用，因而这类橡胶粒子除可改进抗冲击性能外，还起类似 ACR 加工助剂的作用，促进 PVC 树脂凝胶化和塑化。

三、生产 CPE 的方法

将高密度聚乙烯经氯化而得的产物称为氯化聚乙烯（CPE），1950 年实现工业化生产，聚乙烯氯化后，破坏了它的结晶性，使玻璃化温度降低，但在 CPE 中含氯量超过 40% 以后，玻璃化温度又升高。CPE 的拉伸强度亦随氯含量而变化。当含氯量为 30%～40% 时，CPE 为弹性体，可作为 PVC 树脂的抗冲击改性剂。

高密度聚乙烯质量好坏对 CPE 的性能有重要的影响。HDPE 分子量高，所得到的 CPE 强度高，弹性也好，通常采用分子量 10 万～30 万的 HDPE 原料。分子量低的 HDPE 流动

性好，易于分散，弹性差。HDPE是结晶聚合物，随着氯原子的取代破坏了它的分子结构的结晶性，增加了分子间的距离，使HDPE由高度聚集状态变为松散的无定形结构。玻璃化温度降低，变得柔软而富有橡胶状弹性体性质。氯原子的存在也使CPE成为极性聚合物，结构上与PVC很相似，具有相同的极性基团，为此CPE与PVC相容性较好。CPE性能取决于原料HDPE的分子结构、分子量及分子量分布、氯化程度、氯化方法、CPE残留结晶度的高低、氯含量，还有CPE表面游离氯的含量高低。这些因素的改变可得到软性、弹性、韧性、刚性不同的CPE材料。分子量大的CPE，与PVC共混强度高；分子量小的CPE，与PVC共混加工流动性好。残留结晶度大的CPE，与PVC共混物刚性比较强，残留结晶度小的CPE，与PVC共混物柔性较好。CPE残留结晶度超过5%～10%时，则可能在加工过程中难以塑化而在制品表面上形成麻点。含氯量高的CPE与PVC共混物的阻燃性、耐油性好，但型材受热后，生成的游离HCl增多，降低其稳定性。含氯量低的CPE与PVC共混物的耐寒性、发泡弹性、耐压缩弯曲性能好。

CPE基本上是一种线型饱和结构的大分子，有两种典型结构，一种为氯原子在分子链无规则地均匀分布，另一种为不均匀嵌段分布。由于分布不同，性能完全不同，都是含氯量36%的产品，分布不同，其抗冲性能完全不同。

PE-C135牌号就是一种抗冲击改性剂，其氯含量为35%，残余结晶度在5%以下，邵尔硬度65，挥发分小于0.3%。

聚乙烯合成CPE的分子结构示意图如图2-5所示。

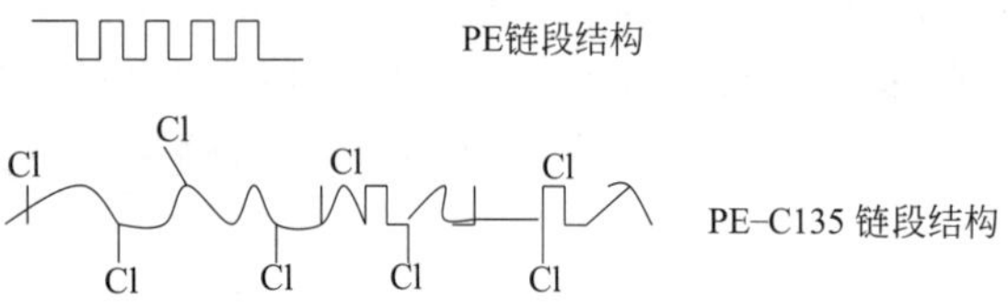

图 2-5　CPE 分子结构

CPE的生产工艺有悬浮氯化法（包括水相悬浮法和酸相悬浮法）、固相氯化法、气相氯化法、溶液氯化聚合法。

1. 生产工艺

生产工艺：PE粉与助剂一起在悬浮水中，通入氯气，经过气、液、固的三相反应产生氯化产物，经过水洗、中和、干燥、过筛就成为产品。

工艺流程：原材料检验—聚乙烯氯化—脱酸—中和—脱碱—离心脱水—沸腾干燥—均化—检验入库。

生产设备：搪瓷反应釜（K-5000）；空气压缩机（V10.5-12.5）；压缩空气贮罐，氯气缓冲罐；离心机；气流干燥机及沸腾干燥机；振动筛；粉碎机；混合机。

2. CPE生产过程的反应机理

生产过程的反应机理见图2-6。

$$Cl_2 \xrightarrow{\text{引发剂}} 2Cl\cdot$$

$$\text{-(}CH_2—CH_2—CH_2—CH_2\text{)-} + Cl\cdot \longrightarrow \text{-(}CH_2—CH_2—\dot{C}H—CH_2\text{)}_n\text{-} + HCl$$

$$\text{-(}CH_2—CH_2—\cdot CH—CH_2\text{)}_n\text{-} + Cl_2 \longrightarrow \text{-(}CH_2—CH_2—\underset{\displaystyle Cl}{\underset{|}{C}H}—CH_2\text{)}_n\text{-} + Cl\cdot$$

图 2-6　CPE 生产过程的反应机理

少量O_2与自由基链或自由基氯反应形成比较不活泼的过氧自由基（见图2-7）。

$$Cl + O_2 \longrightarrow Cl—O—O\cdot$$

$$\text{-(}CH_2—CH_2—\dot{C}H—CH_2\text{)}_n\text{-} + O_2 \longrightarrow \text{-(}CH_2—CH_2—\underset{\displaystyle O\cdot}{\underset{|}{\underset{\displaystyle O}{\underset{|}{C}H}}}—CH_2\text{)}_n\text{-}$$

图 2-7　过氧自由基生成过程

这些基团易形成不稳定端基或不饱和键，所以，氯化开始时，用氯气将釜内 O_2 驱出干净。

3. CPE 的特性与技术指标

（1）CPE 的优点　　CPE 加入到 PVC 中不迁移、不挥发、不萃取、能耐高温。CPE 具有润滑性好的优点，可以少加润滑剂。使用硬脂酸作为润滑剂效果好于石蜡。CPE 具有相当好的耐化学性和耐候性，并对热稳定性有一点影响，但它对透明度和抗弯曲/起皱发白则有不良影响。在硬制品中 CPE 用量为 5～10 份或 5～12 份。在软制品中 CPE 用量为 0.5 份。CPE 性能与氯含量的关系见表 2-7。

表 2-7　CPE 性能与氯含量的关系

氯含量/%	0	30	40	50	55	60	70
玻璃化温度/℃	−79	−20	10	20	35	75	150
形态	塑料	橡胶状	橡胶状	皮革状	硬塑料	硬塑料	硬塑料

（2）CPE 的性能的决定因素

a. HDPE 的分子构型。由于 PE 在聚合反应时的不同工艺条件，其聚合物 HDPE 的分子构型有一定的差异，性能也不相同，不同性能的 HDPE 氯化后的 CPE，其性能也有所不同。CPE 生产厂商必须选用合适的 HDPE 专用粉状树脂，才能生产出合格的 CPE 树脂。

b. 氯化条件（即氯化工艺）。作为 PVC 加工改性剂的 CPE，通常是采用水相悬浮氯化法进行氯化反应而成的，这种氯化工艺的关键条件是光照能量、引发剂的剂量、反应压力、反应温度、反应时间及中和反应条件等。PE 氯化的原理较简单，但氯化机理却较复杂。

由于生产 CPE 的设备投资较小，简陋的小型 CPE 生产厂在国内已是星罗棋布。这不仅造成了生态环境的污染，同时也是造成 CPE 质量不稳定的重要原因之一。目前市场上已出现大量劣质的 CPE，通常情况下，劣质 CPE 有两种原因，一种是由于一些生产厂不具备技术条件，氯化工艺落后而造成的；另一种是在 CPE 中掺和一定量的碳酸钙或滑石粉，以进行不正当竞争而造成的。对于前一种劣质产品，使用者只要认准生产厂商即可防止使用，但对于第二种劣质 CPE，很多人对它认识不够。

（3）技术指标　　CPE 有两种结构形式，即通用型 CPE 和橡胶型 CM。目前执行的行业标准是 HG/T 2704—2010，其中用于 PVC 塑料型材抗冲剂的 CPE 的技术指标如下。

型号：PE-C135

氯的质量分数：33%～37%

外观：白色弹性颗粒（即白色细粒状无定形固体）

筛余物：0.9mm 孔径≤2.0%　　挥发物的质量分数：≤0.4%

杂质粒子数：≤50 个/100g　　熔融焓：≤2.0J/g

灰分的质量分数：≤4.5%　　拉伸强度：≥8.0MPa

邵尔 A 硬度：≤65

CPE 树脂的检测内容：CPE 树脂共有 8 个检测项目，着重检测 7 个项目。检测执行标准：氯的质量分数按照 GB/T 7139—2002（2004）《塑料 氯乙烯均聚物和共聚物 氯含量的测定》；熔融焓按照 GB/T 19466.3—2004《塑料 差示扫描量热法（DSC）第 3 部分：熔融和结晶温度及热焓的测定》；挥发物的质量分数按照 GB/T 2914—2008《塑料 氯乙烯均聚和共聚树脂 挥发物（包括水）的测定》；筛余物按照 GB/T 2916—2007《塑料 氯乙烯均聚和共聚树脂 用空气喷射筛装置的筛分析》；灰分的质量分数按照 GB/T 9345.1—2008《塑料 灰分的测定 第 1 部分：通用方法》；拉伸强度按照 GB/T 528—2009《硫化橡胶或热塑性橡胶拉伸应力应变性能的测定》；邵尔硬度按照 GB/T 531.1—2008《硫化橡胶或热塑性橡胶 压

入硬度试验方法 第1部分：邵尔硬度计法（邵尔硬度）》。

（4）CPE产品行业标准三个版本的差异对比，见表2-8。

表 2-8　HG/T 2704 行业标准三个版本的差异

项目	HG/T 2704—1995 内容	章节	HG/T 2704—2002 内容	章节	HG/T 2704—2010 内容	章节
发布单位	原国家化学工业部		原国家经济委员会		工业和信息化部	
实施日期	1996年1月1日		2003年6月1日		2011年3月1日	
提出单位	原国家化学工业部		原国家石油和化学工业局政策法规司		中国石油和化学工业协会	
归口单位	原全国塑料标准化技术委员会聚氯乙烯产品分会		原全国塑料标准化技术委员会聚氯乙烯产品分会		全国塑料标准化技术委员会聚氯乙烯产品分技术委员会	
产品名称	由聚乙烯熔体流动速率、残余结晶度、氯含量组成；PEC-H135 或 CPE-H135，应用在塑料加工	3.1	由通用型或橡胶型氯化聚乙烯、熔融焓、氯含量组成；CPE135，应用在塑料加工	3	由通用型或橡胶型氯化聚乙烯、熔融焓、氯的质量分数组成；PE-C135，应用在塑料加工	
产品分类	按照聚乙烯熔体流动速率分高、低两类；熔体流动速率≤0.5g/10min 为 H，熔体流动速率>0.5g/10min 为 L	3.2.1	通用型氯化聚乙烯（CPE）、橡胶型氯化聚乙烯（CM）两类	3	通用型氯化聚乙烯（CPE）、橡胶型氯化聚乙烯（CM）两类	3
	残余结晶度含量分为低结晶、半结晶；1 表示残余结晶度在 1%～20%；2 表示残余结晶度>20%	3.2.2	用"熔融热"代替"残余结晶度"；1 表示熔融热≤2.0J/g；2 表示熔融热≤5.0J/g	3	用"熔融焓"代替"熔融热"；1 表示熔融焓≤2.0J/g；2 表示熔融焓≤5.0J/g	3
	按氯含量分为三类；30 表示氯含量28%～32%；35 表示氯含量33%～37%；40 表示氯含量38%～41%	3.2.3	氯含量 35 表示氯含量33%～37%；40 表示氯含量38%～41%	3	"氯含量"修改为"氯的质量分数"	3
型号	H 类有三个型号，L 类有一个型号；每个型号有优等品、一等品、合格品三种等级划分	4.2	CPE 有三个型号，CM 有两个型号；取消产品等级划分；PEC-H130、PEC-H140、增加了 CPE230、CPE235、CM135	4.2	PE-C 有四个型号，CM 有两个型号；增加了 PE-C130	4.2
筛余物/%	0.315 孔径≤4.0 0.9mm 孔径≤0.5～2.0	4.2	0.9mm 孔径≤2.0	4.2	0.9mm 孔径≤2.0	4.2
杂质	杂质粒子数，个/(25×60)cm²		有色粒子数，个/100g	4.2	杂质粒子数，个/100g	4.2
杂质检测	压片方法	5.5	直接目测方法	5.6	直接目测	5.6
硬度	邵氏硬度（A）≤57～75	4.2	邵尔硬度，shore A ≤65	4.2	邵尔硬度，shore A ≤65	4.2
热分解温度	≥165℃	4.2	—		—	
表观密度	≥0.52	4.2	—		—	
门尼黏度	—		橡胶型氯化聚乙烯（CM）有此指标	4.2	橡胶型氯化聚乙烯（CM）有此指标	4.2
拉伸强度	≥6.5MPa	4.2	≥6.0MPa	4.2	≥8.0MPa	4.2
拉伸强度检测	GB/T 1040《塑料拉伸试验方法》	5.9	GB/T 528《硫化橡胶或热塑性橡胶拉伸应力应变性能的检测》，CPE 用 I 型、CM 用 II 型	5.9.2	GB/T 528《硫化橡胶或热塑性橡胶拉伸应力应变性能的检测》，均用 I 型	5.9
灰分的质量分数	—		—		≤4.5%	4.2
检验	质量检验报告单内容包括：企业名称、产品名称、型号、批号、批量、质量指标、等级、生产日期，并且有检验章	6.3	出厂检验的质量指标	6.1	质量检验报告单内容包括：企业名称、产品名称、型号、批号、批量、质量指标、防黏剂名称及含量、生产日期，并且有检验章	6.3.1

一些 PVC 塑料型材生产厂家，结合企业型材产品质量的要求，制定了高于行业标准的企业标准，下面是某 PVC 塑料型材生产厂家对 CPE-135 的企业内控技术指标（表 2-9）。

表 2-9　型材生产企业 CPE-135 内控检测标准

序号	项目		单位	要求	备注
1	挥发物含量		%	≤0.4	
2	筛余物（孔径 0.9mm）		%	≤2.0	
3	Ca^{2+} 含量	常规产品	%	≤2.1	
		高钙产品		≤6.0	
4	氯含量		%	33～37	
5	表观密度		g/mL	≥0.45	
6	热稳定时间		min	≥8.0	
7	燃烧残余物	常规产品	%	≤6.0	
		高钙产品		≤16.0	
8	白度		度	≥80	
9	熔融热		J/g	≤0.7	
10	有色粒子数		个/200g	≤40	

应该注意：一些 CPE 原材料生产厂家利用技术原因允许加入一定量碳酸钙规定，出于商业利益考虑加入过量的碳酸钙。CPE 材料颗粒具有一定黏性，容易结块而不便使用。为防止 CPE 颗粒结块，需在 CPE 中加入防黏剂（通常为轻质碳酸钙）。HG/T 2704—2010《氯化聚乙烯》行业标准中规定灰分质量分数≤4.5％时，CPE 的韧性高，不易产生结块，但一些厂家 CPE 中碳酸钙灰分质量分数高达 17％，远远超过材料防黏技术的需要。

四、CPE 抗冲改性原理

CPE 高分子弹性体加入到 PVC 树脂中，并使其均匀分布。当弹性体受到外部冲击时，在由于冲击能造成变形的瞬间，分散粒子表面将产生微细的裂痕，从而将冲击能吸收后加以分散，以提高冲击强度。

未改性 PVC 的引发银纹的临界应力小于剪切带的引发应力，在断裂过程中所发生的不可逆变形主要是由银纹引起的。银纹是由沿外力方向排列的取向分子链束所组成，银纹构造不同于空隙造成的裂缝。银纹是由高度取向的聚合物纤维束和空穴组成，密度比材料本体的密度低。

当加入 CPE 时，可降低剪切带的引发应力，含有 2％CPE 的共混物，其银纹引发应力与剪切带引发应力相当，因而使屈服区域加宽。这时在断裂过程中既引发了银纹，又形成了剪切带。剪切带发生的形变也要吸收大量的能量，加入 CPE 引发形成剪切带也可提高材料低抗破坏能力。加入 7％的 CPE 可使剪切带的引发应力低于银纹引发应力，使之主要形成剪切带，可使共混合物的变形过程中产生空穴，且空穴的密度随 CPE 的加入量增多而增大，从而导致变形后的共混物体积胀大，密度降低。因此，CPE 含量较高的共混物中，空穴的形成 CPE 相的黏弹性变形是主要的能量吸收来源。

由于 CPE 改性效率较低、加工范围狭窄、生产中常不稳定、制品表面光洁度低、离模膨胀及热收缩率较高，对于高速挤出不是理想的抗冲击改性剂，因而正在逐步地被 ACR 类抗冲击改性剂所代替。ACR 类具有"核-壳"结构抗冲击改性剂的优点是改性效率高、加工范围宽、操作稳定、低膨胀率、尺寸稳定、适合型材高速挤出，兼有加工助剂特点，和各稳定剂之间有良好的兼容性，制品无毒、表面有较高光泽、焊角强度高、耐候性好。国外，ACR 类抗冲击改性剂正在取代 CPE 类抗冲击改性剂。目前，中国已经开发适合国内市场要求的 ACR 类抗冲击改性剂。

国内生产 CPE 用于塑料加工的牌号 PE-C135（人们仍然习惯称呼 CPE135）的工厂有：山东潍坊亚星化工有限公司（引进德国 DOECHST 公司技术、酸相悬浮法生产）、山东威海永利化工有限公司（金泓化工集团、水相悬浮法生产，产量 1000t）、江苏东台天腾化工厂（水相悬浮法生产，产量 1000t）、河北精信化工有限公司（水相悬浮法及酸相悬浮法）、辽宁盘锦化工有限公司等。CPE 各种技术指标见表 2-10～表 2-12。

表 2-10　PE-C135 标准（HG/T 2704—2010）

序号	项目		指标	序号	项目		指标
1	氯的质量分数/%		33～37	5	杂质粒子数/(个/100g)	≤	50
2	熔融焓/(J/g)	≤	2.0	6	灰分的质量分数/%	≤	4.5
3	挥发物的质量分数/%	≤	0.4	7	拉伸强度/MPa	≥	8.0
4	筛余物(0.9mm 筛孔)/%	≤	2.0	8	邵尔硬度(邵尔 A)	≤	65

表 2-11　威海金弘化工有限公司 CPE 技术指标

指标		牌号			
		135A	130B	135B	135C
氯含量/%		35±2	30±2	35±2	35±2
熔融热/(J/g)	≤	2.0	2.0	2.0	5.0
挥发分/%	≤	0.4	0.4	0.4	0.4
有色粒子数/(个/100g)	≤	50	—	—	60
邵尔硬度(邵尔 A)	≤	65	70	60	70
筛余物(0.9mm)/%	≤	2.0	—	—	2.0
热分解温度/℃	≥	170	170	170	170

注：数据来源于生产厂家的材料（参照 HG/T 20704—2002 标准比较）。

表 2-12　国内外 CPE 技术指标对比

技术指标		美国道化学公司 3614	国内厂家 1	国内厂家 2	国内厂家 3	国内厂家 4
氯含量/%		35.5	34～36	35.2	35.4	36.2
残余结晶度/%	≤	4.5	5	7.6	5.5	5.2
热分解温度/℃		167	165	170	171	177
挥发物含量/%	≤	0.42	0.3	0.23	0.23	0.35
表观密度/(g/mm³)		0.56	0.48～0.52		5.2	0.53
邵尔 A 硬度		58	57～59	59		59
拉伸强度/MPa	≥	6.2	6			7.5
断裂伸长率/%		770		665		790
杂质粒子数				10		
筛余物	≤0.315mm		40～60	35		
	≥0.9mm		0～0.5			

注：数据来源于生产厂家的材料（参照 HG/T 20704—1995 标准比较的）。

国外生产 CPE 公司有：Alied chemical 美国联合化学公司、Elfatochem 美国埃尔夫阿托化学公司、HULS 德国赫斯特公司、Bayer 拜耳公司等。

国外生产抗冲 ACR 公司有：Bohm and Hass 美国罗门哈斯公司、Dupont 美国杜邦公司、Hoeshst 德国赫斯特公司、Barlocker 德国熊牌、日本吴羽化学、日本钟渊化学等。ACR 主要商品牌号见表 2-13。

表 2-13　国外抗冲 ACR 类（丙烯酸酯类）的主要商品牌号

商品名称	制造厂家	产品形式	应用范围
FM-21	日本钟渊化学公司	丙烯酸烷基酯	挤出、压延加工
HIA25、28	日本吴羽化学公司		管材、型材
Mctabin W	日本三菱大造丝公司	MMA/BA	各种耐候、抗冲击

第三节　热　稳　定　剂

聚氯乙烯树脂在加工的过程中最大的缺点是成型温度和树脂本身的分解温度很接近，所以在加工过程中必须加入热稳定剂。因为聚氯乙烯加热到130℃以上就开始分解出氯化氢，分解的表面特征是由白色变成褐色。即聚氯乙烯树脂对热不稳定，没有添加剂，特别是没有热稳定剂存在是无法加工的。所以，热稳定剂在聚氯乙烯树脂加工过程中占有很重要的地位，它能在PVC加工及使用过程中抑制制品变色、性能变坏。聚氯乙烯的稳定剂可分为铅盐类、金属皂类、有机锡类、复合稳定剂及其他辅助稳定剂等。目前，世界上产量最多的热稳定剂是铅盐类与金属皂类，我国热稳定剂也以盐类系列及金属皂类为主。所以，能够防止PVC树脂在热作用下所引起的破坏和进一步降解的物质称为热稳定剂。

PVC在加工过程中受热会脱出氯化氢，其降解分3个阶段：早期着色降解（90～130℃）、中期降解（140～150℃）、长期受热降解（190℃以上），产品的颜色变化为黄色—棕色—黑褐色。稳定剂可以通过取代不稳定的氯原子、中和氯化氢、与不饱和部位发生反应等方式抑制PVC的降解。理想的PVC稳定剂应是一种多功能物质，或者是一些材料的混合物，它们能够实现以下功能。

① 固化HCl。PVC分解后有HCl析出，对分解有催化作用，用热稳定剂将HCl形成氯化物而固着；置换PVC不稳定的氯原子。

② 抑制羰基的形成和破坏羰基，抵抗氧化。因为羰基是变色基。

③ 在成型加工过程中避免树脂分解；能与树脂互溶；在使用环境和介质中稳定。常用的稳定剂有铅盐类、金属皂类、有机锡类及环氧酯等。

一、热稳定剂的分类

铅盐系列、有机锡系列、稀土系列、钙锌系列、复合稳定剂，还有金属皂类、硫醇锑等。用量最大的是有机金属盐，占40%～45%，这些金属包括Ba、Cd、Ca、Zn、K、Na，有机部分包括脂肪酸、取代酚和二烷基羧酸酯。铅盐大量用于电线电缆。有机锡是一类重要的热稳定剂，其优点是效率高、兼容性好、不会损伤制品的透明性，可以单独使用。一般认为热稳定剂应具有中和氯化氢（HCl）、取代不稳定的氯原子、与不饱和部位反应以及钝化杂质等功能。

稳定反应表明：所生成的金属氯化物，由于性质不同，对HCl的催化作用亦异，其强弱次序为$Zn > Cd \gg Ba$，因此硫醇锑的热稳定性最好，钙皂最差。由于稳定剂的存在，破坏了多烯结构的形成，因而抑制了PVC的变色。

二、各种热稳定剂性能

1. 铅盐稳定剂

铅盐稳定剂的热稳定作用较强，具有良好的介电性能，且价格低廉，与润滑剂配比合理时可使PVC树脂的加工温度范围变宽、加工及后加工的产品质量稳定，故应用广泛。但铅盐有毒，不能用于接触食品的制品，也不能制得透明的制品，而且易被硫化物污染生成黑色的硫化铅。主要的铅盐稳定剂见表2-14。

铅盐稳定剂可分为3类：①单纯的铅盐稳定剂，多半是含有PbO的碱式盐；②具有润滑作用的热稳定剂，首推脂肪酸的中性碱式盐；③复合铅盐稳定剂，以及含有铅盐和其他稳定剂与组分的协同混合物的固体和液体的复合稳定剂。

表 2-14　主要铅盐稳定剂

名　称	化 学 组 成	状　态	PbO 或 Pb 质量分数/%	H_2O 质量分数/%	200 目过筛率/%
三碱式硫酸铅	$3PbO \cdot PbSO_4 \cdot H_2O$	白色粉末	89±1	<0.4	<0.5
碱式亚硫酸铅	$nPbO \cdot PbSO_3$	白色粉末	—	—	—
二碱式亚磷酸铅	$2PbO \cdot PbHPO_3 \cdot 1/2H_2O$	白色粉末	90±1	<0.4	<0.5
二碱式邻苯二甲酸铅	$2PbO \cdot Pb(C_8H_4O_4)$	白色粉末	81.5±1.5	<0.5	—
三碱式马来酸铅	$3PbO \cdot Pb(C_4H_2O_4) \cdot H_2O$	黄色粉末	—	—	—
硬脂酸铅	$Pb(C_{17}H_{35}COO)_2$	白色粉末	—	—	—
二碱式硬脂酸铅	$2PbO \cdot Pb(C_{17}H_{35}COO)_2$	白色粉末	53±2	<1.0	—
硅胶共沉淀硅酸铅	$PbSiO_3 \cdot mSiO_2$	白色粉末	—	—	—
铅白	$2PbCO_3 \cdot Pb(OH)_2$	白色粉末	—	—	—

常用的铅盐类稳定剂有三碱式硫酸铅（简称三盐）、二碱式亚磷酸铅（二盐）、无尘复合铅盐稳定剂等。三盐的热稳定效率高，无润滑性，分散性差，容易在型材上硫化污染。二盐热稳定性好，耐热性不如三盐，但抗老化性能强，是户外型材中必不可少的稳定剂。无尘复合铅盐稳定剂是从中间体的制备到成品的复合，均在水相中进行，并经过表面处理，阻绝了铅尘飞扬，提高了稳定剂的分散性和加工性能，因为含有润滑剂，所以在使用该稳定剂可以不加入润滑剂。三盐、二盐的技术指标见表 2-15、表 2-16。

表 2-15　三碱式硫酸铅（三盐）HG/T 2340—2005 的技术指标

项　目	优等品	一等品	合格品
外观	白色粉末 无明显机械杂质	白色粉末 无明显机械杂质	白色至微黄色粉末 无明显机械杂质
铅含量(以 PbO)/%	88.0～90.0	88.0～90.0	87.5～90.5
三氧化硫/%	7.5～8.5	7.5～8.5	7.0～9.0
加热减量/% ≤	0.30	0.40	0.60
筛余物(0.075mm)/% ≤	0.30	0.40	0.80
白度/% ≥	90.0	90.0	—

表 2-16　二碱式亚磷酸铅（二盐）HG/T 2339—2005 的技术指标

项　目	优等品	一等品	合格品
外观	白色粉末 无明显机械杂质	白色粉末 无明显机械杂质	白色至微黄色粉末 无明显机械杂质
铅含量(以 PbO)/%	89.0～91.0	89.0～91.0	88.5～91.0
亚磷酸(H_3PO_3)/%	10.0～12.0	10.0～12.0	9.0～12.0
加热减量/% ≤	0.30	0.40	0.60
筛余量(0.075mm 筛)/% ≤	0.30	0.40	0.80
白度/% ≥	90.0	90.0	—

2. 金属皂类稳定剂

金属皂是高级脂肪酸金属盐的总称，品种极多。作为聚氯乙烯热稳定剂用的金属皂中，金属基一般是 Ca、Ba、Cd、Zn、Mg，脂肪酸基有硬脂酸、C_8～C_{16} 饱和脂肪酸、油酸等不饱和脂肪酸、蓖麻油酸等置换脂肪酸，此外还有非脂肪酸的烷基酚等。

按照金属皂的稳定功能可分为两大类，即 Cd、Zn 类和 Ba、Ca、Mg 类。

Cd 皂和 Zn 皂的主要功能是：①捕捉 PVC 释放的 HCl，因而对 PVC 有长期稳定作用；②Cd 皂和 Zn 皂通过置换烯丙基氯抑制多烯链的生长，使 PVC 稳定。Ba 皂、Ca 皂、Mg 皂类同样能捕捉 PVC 释放的 HCl，但不能置换烯丙基氯，因此，它们单独使用时，缺乏阻止多烯链成长的能力，不能抑制初期着色。两大类金属皂的稳定机理各不相同，若将它们配合使用，则可显示协同效应，大幅度提高效能，达到对 PVC 良好的热稳定效果。主要金属皂类稳定剂见表 2-17。

表 2-17　主要金属皂类稳定剂

类别	名　　称	状　　态	熔点/℃	密度/(g/cm³)	金属含量/%
铬类	硬脂酸铬	白色粉末	103～110	1.28	16.56
	辛酸铬	淡黄褐色粉末	37～74	—	28.2
	蓖麻油酸铬	白色粉末	90～104	—	15.5～16.5
	月桂酸铬	白色粉末	94～102	1.23	20.51～21.5
	苯甲酸铬	白色粉末	—	—	3.17
	石油酸铬	淡黄褐色固体	97～103	—	18.5～19.5
钡类	硬脂酸钡	白色粉末	＞225	1.29	19.51
	月桂酸钡	白色粉末	＞230	1.24	25.63
	蓖麻油酸钡	微黄白色	116～124	—	18.5～19.9
	烷基酸钡	—	—	—	—
钙类	硬脂酸钙	白色粉末	148～155	1.08	6.5～7.0
	月桂酸钙	白色粉末	150～158	1.04	8.5～9.5
	蓖麻油酸钙	淡黄褐色粉末	74～82	—	6.0～6.5
	苯甲酸钙		—	—	14.21
锌类	硬脂酸锌	白色粉末	117～125	1.16	10.35
	月桂酸锌	白色粉末	110～120	1.02	13.5～14.5
	辛酸锌	无色黏稠液体	—	—	18.6

　　由不同金属离子与酸根所组成的皂类，其性能也不相同。当酸根结构不同时，皂类稳定剂的润滑性及兼容性大小顺序如下。

　　润滑性：硬脂酸＞月桂酸＞蓖麻油酸；兼容性：蓖麻油酸＞月桂酸＞硬脂酸。

　　值得注意的是，Cd 皂及 Zn 皂虽然通过置换烯丙基氯抑制多烯链的生长，使聚氯乙烯稳定化，但由于同时还生成金属氯化物，该氯化物是路易斯酸，对聚氯乙烯脱氯化氢有催化作用，能促进塑化，特别是氯化锌的催化作用尤为显著，因此使用时应综合考虑。

　　常用的金属皂类有硬脂酸钡、硬脂酸锌、硬脂酸钙、硬脂酸镉等，用量一般在 0.5～1.5 份。

　　3. 复合铅盐稳定剂

　　铅盐稳定剂价格低廉，热稳定性好，一直被广泛使用，但铅盐的粉末细小，配料和混合中，其粉尘被人吸入会造成铅中毒，为此，科技人员又研究出一种新型的复合铅盐热稳定剂。这种复合助剂采用了共生反应技术将三碱式硫酸铅、二碱式磷酸铅和金属皂在反应体系内以初生态的晶粒尺寸与内外润滑剂等助剂进行混合，以保证热稳定剂在 PVC 体系中的充分分散，同时由于与润滑剂共熔融形成颗粒状，也避免了因铅粉尘造成的中毒。它除了保持单体铅盐优越的稳定性能外，还有良好的加工性能。所以，复合铅盐稳定剂包容了加工所需要的热稳定剂组分和润滑剂组分，被称作为全包装热稳定剂。它具有以下的优点。

　　① 复合热稳定剂的各种组分在其生产过程中可得到充分混合，大幅度改善了与树脂混合分散的均匀性。

　　② 配方混合时，简化了计量次数，减少了计量差错的概率及由此所带来的损失。

　　③ 简便了辅料的供应和贮备，有利于生产、质量管理。

　　④ 提供了无尘生产产品的可能性，改善了生产条件。

在复合铅盐稳定剂中，除了上述无机铅复合盐稳定剂外，还有有机铅复合盐稳定剂（表2-18），这种有机铅盐稳定剂采用氰尿酸铅与其他助剂反应而成。

表 2-18　有机铅复合盐稳定剂技术指标

项　　目		有机铅盐稳定剂-1	有机铅盐稳定剂-2	有机铅盐稳定剂-3
PbO/%	≥	50	55	60
密度/(g/mL)	≥	1.8	1.9	2.0
水分/%	≤	0.8	0.8	0.8
热稳定性试验(200℃±2℃)/min	≥	30	40	80

总之，复合热稳定剂有利于规模生产，为铅盐热稳定剂的发展提供了新的方向。复合铅盐稳定剂一个重要指标是铅的含量，目前所生产的复合铅盐稳定剂含铅量一般为20%～60%；在PVC塑料门窗型材生产上的用量为3.5～6份。

4. 有机锡类稳定剂

有机锡类稳定剂是聚氯乙烯最佳的热稳定剂之一。商品化的锡类稳定剂都是4价锡的衍生物，它可分为含硫化合物和无硫化合物两大类。有机锡化合物按普遍机理对聚氯乙烯发挥稳定作用，效率是其烷基长度的函数，即甲基＞正丁基＞正辛基，其毒性也是如此。特别值得注意的是，三烷基锡剧毒，不能广泛应用。

锡类稳定剂的特点为：①出色的热稳定性和耐光、耐候性；②适用于透明制品，与聚氯乙烯兼容性好；③耐硫且不吸水。但锡类稳定剂价格较高，无自润滑性，因含硫等使产品有不适气味。

有机锡类稳定剂主要是双烷基有机锡 R_2SnX_2，其中 R 为甲基、丁基、辛基；X 为月桂酸系、马来酸系、硫醇系或马来酸酯系。由于 R 及 X 基不同，它们的热稳定作用也不同。热稳定性比较如下：R 相同时，马来酸锡＞硫醇锡＞马来酸酯锡＞月桂酸锡；X 相同时，甲基锡＞丁基锡＞辛基锡。

润滑性比较如下：R 相同时，月桂酸锡＞硫醇锡＞马来酸酯锡＞马来酸锡；X 相同时，辛基锡＞丁基锡＞甲基锡。

硫醇锡具有抑制初期着色和长期受热时的稳定作用，应用越来越广泛，但它具有臭味、与加工设备及铅盐稳定剂相互污染的缺点。辛基锡硫醇盐主要用于无毒配合，三（巯基乙酸异锌酯）单辛基锡与二（巯基乙酸异锌酯）二辛基锡并用，可得到比单独使用时更优良的耐热性和抑制着色性。表2-19给出了一些有机锡稳定剂的性能。

表 2-19　有机锡稳定剂的性能

项　　目	硫醇锡盐	马来酸锡盐	羧酸锡盐	项　　目	硫醇锡盐	马来酸锡盐	羧酸锡盐
透明性	⊙	○	○	压析结垢性	△	—	×
初期着色性	⊙	○	×	耐候性	×	⊙	△
耐热性	⊙	○	○	臭味	×	△	○
润滑性	△	×	○				

注：⊙最好；○较好；△差；×最差。

5. 有机助稳定剂

(1) 环氧增塑剂　按用量来说，环氧增塑剂是最重要的助稳定剂。环氧增塑剂是环氧大豆油、亚麻籽油和环氧化油酸子等天然植物油。当与金属复合稳定剂和金属皂配合使用时，环氧增塑剂是作用显著的助稳定剂。但环氧增塑剂不能提高有机锡或铅盐的稳定作用。由于环氧增塑剂能起到增塑剂和稳定剂的双重作用，且价格便宜，因此环氧增塑剂用途广泛。

环氧大豆油：组成是甘油的混合不饱和脂肪酸酯，是将精制的豆油在酸存在下用双氧水环氧化即可制得环氧大豆油。浅黄色油状液体，平均分子量950，在水中的溶解度小于0.01%。为PVC的增塑剂兼热稳定剂，挥发性低、迁移性小，具有优良的热稳定性和光稳定性。

（2）有机亚磷酸盐　用作PVC助稳定剂的有机亚磷酸盐是烷基、芳基、烷芳基等有机基团通过氧桥与三价磷形成的化合物。有机亚磷酸盐可以改善PVC制品的透明性和光稳定性，降低熔融黏度，提高PVC混配料的加工性能，可用于食品制品。

（3）多元醇　多元醇化合物是诸如三羟甲基丙烷、二聚三羟甲基丙烷、季戊四醇、二聚季戊四醇、山梨醇等多元醇。它们能改善PVC制品的早期变色和色牢度。但当用于户外制品时，多元醇会在水中溶解，导致褪色。另外，季戊四醇的高熔点可能会导致分散困难，在制品上形成色斑。

（4）β-二酮化合物　β-二酮化合物价格较高，一般只用做助稳定剂。它主要通过其配位能力使氯化盐钝化，能够取代不稳定的氯原子，改善早期着色和色牢度，用量一般为主稳定剂用量的$1/10 \sim 1/5$。

6. 稀土稳定剂

（1）稀土稳定剂分类　按照形态有固体和液体两种。其热稳定效果优于铅盐及钡锌稳定剂，其特点低毒、透明、耐候性好。在镧、铈、镨、钕中，镧的化学性质是最活泼，但三价镧与Cl只能生成$LaCl_3$正络合物，而且此络合物不稳定，而铈、镨这些高价的稀土离子与Cl生成络合物的能力比三价的镧要强，它们与Cl配体能生成稳定的负络离子，因此，在稀土热稳定剂的选材上要综合镧、铈、镨、钕的各自优点，在不同的应用范围，用其高纯单一体、混合体或合理搭配。

稀土稳定剂也可分为低毒和无毒两类。低毒复合物含有一定的铅盐，以补充有机稀土对耐热性的不足。无毒复合物是稀土与钙锌或有机物的复合，属于完全无铅化，绿色环保型稳定剂。

（2）稀土稳定剂的作用机理　稀土元素为过渡元素，其电子层结构有较多的未被电子充满的空轨道，它们之间能级相差较小，倾向于形成高配位数的离子型化合物，稀土镧系元素的特殊电子结构最外层2个电子、次外层8个电子结构，有许多空轨道，在外界热力氧作用下或在极性基团作用下，外层或次外层电子被激化，与PVC加工中分解出来的氯化氢形成配位络合物，同时稀土元素与氯元素之间有较强的吸引力，可起到控制游离氯元素的作用，从而能阻止或延缓氯化氢的自动氧化连锁反应，起到热稳定作用。

稀土离子为典型的硬阳离子，即不易极化变形的离子，它们与金属硬碱的配位原子，如氧的络合能力很强。稀土化合物对$CaCO_3$的偶联作用，由于稀土离子和PVC链的氯离子之间存在强配位相互作用，有利于剪切力的传递从而使稀土化合物能有效地加速PVC的凝胶化，既可促进PVC塑化，又可起到加工助剂的作用。同时，稀土金属离子与CPE中的Cl配位，可使CPE更加发挥其增韧改性的作用。这些效能发挥的充分与否、平衡与否，与稀土复合物中的复配助剂有着相当大的关系，复合物中的润滑体系、加工改性体系都至关重要，因此复配工艺的好坏直接影响着稀土多功能复合稳定剂的效能。

（3）稀土稳定剂的功能

a. 优异的热稳定性能。静态动态热稳定性，好于铅盐及金属皂类，是铅盐的三倍及Ba/Zn复合稳定剂的4倍。可复配成为无毒、透明的，还可部分代替有机锡类稳定剂而广泛应用。稀土稳定剂的作用机理为捕捉HCl和置换烯丙基氯原子，与环氧类的辅助稳定剂具有较好的协同作用。

b. 偶联作用。具有优良的偶联作用，与铅盐相比，与 PVC 有很好的相容作用，对于 PVC-CaCO$_3$ 体系偶联作用较好，有利于 PVC 塑料门窗用型材强度的提高。用稀土稳定剂加工的 PVC 型材的焊角强度比铅盐稳定剂的 PVC 型材焊角强度要高，原料价格也高一些。

c. 增韧作用。与 PVC 树脂和增韧剂 CPE 的良好的兼容性以及与 CaCO$_3$ 的偶联作用，使 PVC 树脂在加工中塑化均匀，塑化温度低，型材的耐冲击性能较好。技术指标见表 2-20。

表 2-20　稀土稳定剂的技术指标

项　　目	指　　标	项　　目	指　　标
外观	灰白或微黄色粉末	机械杂质粒数/(个/g)	<20
金属氧化物/%	21～55	热失重/%	8～10
水质量分数	<2.0%	热稳定性/min(190℃)	>90
熔点/℃	108～183		

稀土稳定剂的复合过程是：稀土元素首先与某些物质结合成稀土稳定剂，这个稀土化合物作为一个单体的组分再与铅盐等其他助剂复合成稀土稳定剂。

稀土稳定剂的生产工艺流程：有机酸加碱皂化、加稀土盐溶液复分解、加添加剂复合、脱水、洗涤、干燥、粉碎过筛、成品。

稀土稳定剂无润滑作用，应与润滑剂一起加入。但是，目前我国生产的稀土复合稳定剂都是将稀土、热稳定剂和润滑剂复配而成的，在制订 PVC 型材生产配方时不加润滑剂或少加，加入量一般为 4～6 份。

需要注意的是，单体铅盐中的有效成分和含量是行业标准规定的，它应该成为衡量一切新型稳定剂稳定力量的最低标准。一切新型稳定剂只有达到或超过单体铅盐配方中的稳定力量之后，再谈绿色环保功能。另外，还有一个问题应该注意，有的稳定剂生产厂家为了销售的需要，加入微量稀土材料或根本没有加入就称为稀土稳定剂。

使用稀土稳定剂与铅盐稳定剂对 PVC 型材的影响见表 2-21。

表 2-21　稀土与铅盐 PVC 型材对比性能表

项　　目	铅 系 配 方	稀 土 配 方
外观	符合国标	
拉伸强度/MPa	39.2	41.8
断裂伸长率/%	152	146
弯曲弹性模量/MPa	2300	2410
简支梁冲击强度/(kJ/m^2)	65	67
低温落锤冲击破裂个数	0	0
维卡软化点/℃	84	89
加热后尺寸变化率/%	-1.5	-1.4
高低温反复尺寸变化率/%	-0.1	-0.1
氧指数/%	45	44
硬度(HRR)	89	90
耐候性冲击强度/(kJ/m^2)	48	55
加热后状态	符合国标	符合国标

7. 钙/锌复合稳定剂

钙/锌复合稳定剂由钙盐、锌盐、润滑剂、抗氧剂等为主要组分采用特殊复合工艺合成。它不但可以取代铅镉盐类和有机锡类等有毒稳定剂，而且具有相当好的热稳定性、光稳定性和透明性及着色力。实践证明，在 PVC 树脂制品中，加工性能好，热稳定作用相当于铅盐类稳定剂，是一种良好的无毒稳定剂。

（1）钙/锌复合稳定剂分类　钙/锌复合稳定剂通常分为：液体钙/锌复合稳定剂、固体钙/锌复合稳定剂、其他钙/锌复合稳定剂。

液体钙/锌复合稳定剂外观主要呈浅黄色油状液体。粉体与液体的稳定性差别不大，液体钙/锌复合稳定剂通常具有较大的溶解度，并且在 PVC 树脂粉中有良好的分散性，对透明度的影响也远远小于粉体稳定剂，但是液体稳定剂存在析出的风险较大。液体钙/锌复合稳定剂通常用于增塑剂总量大于 10～20 份的 PVC 制品，需要选择适合的溶剂。液体钙/锌复合稳定剂的特点是无毒，但钙/锌羧酸盐的相互缔合性弱，稳定体系的效果不如钡/锌和钡/镉/锌稳定体系，因而在合成过程中通常要添加辅助稳定剂，此外，还应添加亚磷酸酯、润滑剂、抗氧剂、光稳定剂、溶剂等。通常，金属皂类稳定剂的含量（以含金属离子质量分数计）2%～15%、亚磷酸酯 10%～50%、润滑剂 10%～50%、抗氧剂 1%～4%、光稳定剂0.1%、溶剂 20%～40%。

固体钙/锌复合稳定剂从外观看，主要有白色粉状、片状、膏状三种。粉状的钙/锌复合稳定剂是作为应用最为广泛的无毒 PVC 稳定剂使用，最早常用于食品包装、医疗器械、电线电缆料等。目前，国内已经出现可用于硬质 PVC 塑料管材、PVC 塑料型材的钙/锌复合稳定剂。粉状钙/锌复合稳定剂的热稳定性不如铅盐，自身具有一定的润滑性，具有透明性差、易喷霜等特点。为了提高其稳定性及透明性，常常加入受阻酚、多元醇、亚磷酸酯与 β-二酮等抗氧剂来改善。固体钙/锌复合稳定剂以 ACR、CPE、EVA 等做载体，控制金属盐含量 10%～50%、辅助热稳定剂 5%～10%、润滑剂 5%～15%。硬脂酸钙除具有热稳定作用外还具有内润滑性，硬脂酸锌则可作外润滑剂。辅助稳定剂可改善钙/锌体系的稳定效果，常见的辅助热稳定剂有环氧大豆油、亚磷酸酯、多元醇、抗氧剂、水滑石、沸石等有机化合物。固体钙/锌复合稳定剂优点：润滑性优良，不降低 PVC-U 的维卡软化温度。也有人将固体钙/锌复合稳定剂的两大体系主要分为水滑石体系和沸石体系。

在国内，粉状钙/锌复合稳定剂的价格参差不齐，目前还没有一个规范的国家标准加以规范。

其他钙/锌复合稳定剂有：大分子、高含锌复合热稳定剂，锌含量 15.8%；环氧脂肪酸钙/锌复合稳定剂；稀土钙/锌复合稳定剂；水滑石/钙/锌复合稳定剂；锌基无毒热稳定剂。

（2）钙/锌复合稳定剂的优点　与 PVC 树脂加工过程中有很好的分散性、兼容性、加工流动性，适应性广，制品表面光洁度优；热稳定性优良，初期色相小，无析出现象；不含重金属及其他有毒成分，无硫化现象；刚果红测试时间长，具有优良的电绝缘性，无杂质，具有高效耐候性；适用范围广，实用性强，用量少，具有多功能性；在白色制品中，白度较其同类产品更佳。

三、热稳定剂的作用机理

聚氯乙烯树脂分解的原因有：脱去氯化氢降解；两个高分子交联；高分子环化；由于树脂分子的构型而引起降解；高温或受热时间长引起氯化氢分解。所以，热稳定剂作用机理有两种稳定功能，预防功能与钝化功能，即预防或钝化脱 HCl 的现象产生。

（1）预防功能主要表现

a. 吸收 HCl。金属羧酸盐稳定剂和有机锡硫醇盐稳定剂可以与 HCl 发生取代反应，反应式如下：

$$Cd(OCOC_{17}H_{35})_2 + HCl \longrightarrow ClCdOCOC_{17}C_{35} + HOCOC_{17}H_{35}$$

$$ClCdOCOC_{17}H_{35} + HCl \longrightarrow ClCd_2 + HOCOC_{17}H_{35}$$

$$(C_4H_9)_2SnCl(SCH_2COO\text{-}i\text{-}C_8H_{17})_2 + HCl \longrightarrow$$

$$(C_4H_9)_2SnCl_2(SCH_2COO\text{-}i\text{-}C_8H_{17}) + HSCH_2COO\text{-}i\text{-}C_8H_{17}$$

环氧化脂肪酸酯能与 HCl 进行加成反应，也能起到吸收 HCl 的作用，反应式如下：

$$CH_3(CH_2)_7CH\overset{\displaystyle O}{\frown}CH(CH_2)_7COOC_8H_{17} + HCl \longrightarrow CH_3(CH_2)_7\underset{OH}{CH}-\underset{Cl}{CH}(CH_2)_7COOC_8H_{17}$$

一般的稳定机理如下：

$$PbO + 2HCl \longrightarrow PbCl_2 + H_2O$$

$$(RCOO)_nM + nHCl \longrightarrow MCl_n + nRCOOH$$

$$\begin{matrix} R & OOCR \\ & Sn \\ R & OOCR \end{matrix} + 2HCl \longrightarrow \begin{matrix} R & Cl \\ & Sn \\ R & Cl \end{matrix} + 2HCOOR$$

b. 除脱 HCl 的引发点。将不稳定的氯原子从聚氯乙烯大分子主链上消除，这是一种最为重要的预防性稳定化反应。

具有特定配位化学功能的金属化合物，如金属皂类和有机锡类热稳定剂都能发生取代反应。有机锡、铅、镉和锌这类化合物的第二价态特征虽然有明显的区别，但它们均有配位功能。

非金属稳定剂，如 β-氨基丁烯酸酯，可以发生类似模式的反应。

c. 预防自动氧化。在稳定剂中添加酚类抗氧剂，可以推迟脱 HCl 反应的发生，有利于提高 PVC 的热稳定性能。

有机锡硫醇盐类热稳定剂具有抗氧化反应能力如下：

$$(AlK)_2Sn(SCH_2COO\text{-}i\text{-}C_8H_{17}) + (CH_3)_3CH_2COOH（叔丁基过氧化氢）\longrightarrow$$
$$(AlK)_2SnO + (C_6H_{17}\text{-}i\text{-}C_8H_{17}OCOCH_2S)_2 + (CH_3)_3COH$$

很多稳定剂并不具有抗氧化能力，但同酚类抗氧剂或者磷酸酯类化合物并用，即可以起到抗氧化反应作用。

(2) 钝化作用　按照钝化稳定功能分为两大类：与多烯序列的加成反应和碳鎓盐发生转化。

多种稳定剂都可以与多烯序列发生加成反应。例如，有机锡硫醇盐稳定剂除与氯化氢反应生成硫醇基化合物外，还能与对应的双键加成，发生如下的反应：

$$i\text{-}C_8H_{17}OCOCH_2SH + \begin{matrix}CH\\\\CH\end{matrix}=\begin{matrix}CH\\\\CH\end{matrix}=\begin{matrix}CH\\\\CH\end{matrix}=\begin{matrix}CH_2\\\\\end{matrix} \longrightarrow \underset{\begin{matrix}S\\CH_2COO\text{-}i\text{-}C_8H_{17}\end{matrix}}{CH}=CH=CH=CH_2$$

所以，用硫醇基乙酸异辛酯处理由于热老化而变色的 PVC，我们会发现，PVC 的颜色变浅了，这就是长的多烯序列链变短而引起的。此外，锌、镉或铅的羧酸盐与 HCl 反应放出的羧酸，也会与多烯序列发生加成反应。

PVC 受热时的变色还与碳鎓盐有关，消去通过脱 HCl 的而消除鎓盐的反应会增加 PVC 的光泽。

原则上讲，所有的稳定剂或稳定体系均能和 HCl 作用，都有这种反应的能力。

理论上，PVC 热稳定剂应具有预防和钝化两种功能。但实际上，只有有机锡硫醇盐类稳定剂的分子上同时具有两种功能。其余稳定剂体系，仅仅由于不同组分的协同而具有这两种功能。

(3) 钙锌稳定剂作用机理

a. 金属皂类热稳定剂作用机理。钙/锌复合稳定剂的组成千差万别，其组成一般不公开，但是基本构成包括稳定剂主体（即硬脂酸钙和硬脂酸锌）、溶剂（有机溶剂、增塑剂、液态非金属稳定剂等）、功能助剂（辅助稳定剂、透明改良剂、光稳定剂、润滑剂）。金属皂类热稳定剂能与 PVC 热分解产生的 HCl 反应，从而抑制了 PVC 的热分解。

$$(RCOO)_n Me + nHCl \longrightarrow MeCl_n + nRCOOH$$

式中，R 为烷基；Me 为金属原子；n 为金属的化合价。

由于硬脂酸钙和硬脂酸锌单独使用时热稳定性很差，通过调整钙/锌配比和添加辅助稳定剂可以满足不同制品的加工工艺要求。

常见的水滑石的化学组成包括层板内原子以共价键（离子键、氢键）连接并具有可交换的阴离子（CO_3^{2-}、Cl^-），其最基本的性能是碱性，特殊的化学组成和晶体结构使其具有一系列独特、优异的性能和功能。这类材料中 CO_3^{2-} 可以有效地吸收 PVC 降解时脱出的 HCl，减缓对 PVC 树脂的自催化作用，起到酸吸收剂的作用，从而提高 PVC 的热稳定性。

b. 钙/锌稳定剂各物质组分综合作用机理。环保钙锌稳定剂主要是由锌盐、钙盐（包括脂肪酸、芳香酸锌盐和钙盐）为主体材料，碱式碳酸镁铝（水滑石）、碱式碳酸钙铝等为吸酸性材料，还有抗氧剂、光稳定剂、紫外线吸收剂等为功能助剂，环氧化合物、多元醇酯、β-二酮、亚磷酸酯、二氢吡啶衍生物、氨基尿嘧啶等有机辅助热稳定剂，硅铝酸盐（沸石），高氯酸盐，润滑剂等组成。因此，按照钙/锌稳定剂所含物质组分分别论述其热稳定机理。

硬脂酸锌：既能中和吸收 HCl，又能通过置换 PVC 分子上的烯丙基氯，稳定 PVC 分子，起到抑制初期着色作用，但生成的 $ZnCl_2$ 对 PVC 脱 HCl 有催化作用，能促进 PVC 降解。

硬脂酸钙：能捕捉 PVC 释放的 HCl，但不能置换烯丙基氯，因此不能抑制初期着色，硬脂酸钙与 $ZnCl_2$ 反应生成 $CaCl_2$，重新生成硬脂酸锌，$CaCl_2$ 对 PVC 脱 HCl 无催化作用。

亚磷酸酯：兼具有吸收 HCl，取代不稳定氯原子、与共轭多烯序列加成以及与 Zn^{2+} 金属离子形成稳定配合物，钝化其对 PVC 降解的催化作用等热稳定功能。

环氧化合物：既能中和吸收 HCl，也能在 Zn^{2+} 催化下置换 PVC 中的不稳定氯原子，还能与双键加成。

多元醇：可与 Zn^{2+} 形成稳定的螯合物，钝化其对 PVC 热降解的催化作用。

β-二酮：能在 Zn^{2+} 催化作用下有效地置换 PVC 中的不稳定氯原子。

含氮化合物（二氢吡啶衍生物、氨基尿嘧啶等）：在 Zn^{2+} 催化下置换不稳定氯原子，改进抑制初期着色能力。

吸酸性材料（碱式碳酸镁铝、碱式碳酸钙铝等）：吸收 HCl，改进长期热稳定性。

硅铝酸盐：通过离子交换吸收 Zn^{2+}，抑制锌烧，改进长期热稳定性。

高氯酸盐：改进抑制初期着色能力。

所以，钙/锌稳定剂作用机理是各物质组分综合作用的结果。

（4）钙/锌稳定剂替代铅盐所必须解决的问题　在 PVC 塑料型材的实际生产中，传统钙/锌稳定剂存在析出现象、加工温度窄、耐高温性略差的缺点。应考虑选用熔点较高的 PE 蜡，尽量不用硬脂酸，生产配方适当调整，耐热允许的条件下，尽量少用润滑剂。针对析出现象，合理调整生产配方和工艺，确保物料达到的一定的塑化度。稳定剂厂家在开发产品时尽量寻找具有更好吸酸性的材料，剔除一些在高温条件下易变色的材料，适当调整润滑体系，确保合适的剪切，严格控制材料的品质。

四、常用的国内稳定剂厂家

（1）内蒙古皓海化工有限责任公司

a. 复合铅稳定剂　牌号 XG-502F。技术指标如下：外观为片状；氧化铅含量 35.7%；

相对密度 1.91g/cm³；熔点 81℃；水分 0.27％。

b. 复合铅稳定剂　牌号 WG-400V。技术指标如下：外观为片状；氧化铅含量 22.4％；相对密度 1.91g/cm³；熔点 81℃；水分 0.27％。

c. 二碱式亚磷酸铅　技术指标如下：外观为白色粉末；铅含量 89％～91％；亚磷酸 10％～12％；加热减量≤0.4％；筛余物（0.075mm 筛)≤0.4％。

（2）南京协和塑胶有限公司

a. 复合（有机铅盐）稳定剂　牌号 CH505。技术指标如下：外观为白色或微黄色不规则固体；氧化铅含量 22.0％～25.0％；加热减量（90℃）1.0％；稳定性 40min（200℃）。

特点：采用低铅配方、钙锌铅复合设计，具有优良的初、长期稳定性，适合紫外线强度高，温差较大地区型材的生产和使用。

b. 改制剂　牌号为 XH-CR55。技术指标如下：外观为白色或淡黄色固体；羟值≥150mgKOH/g；酸值≤10mgKOH/g；熔融温度≤60℃。

特点：在深入研究塑料加工配方及改性处理技术的基础上，率先提出了功能性改质剂的概念，并针对聚氯乙烯加工行业需要，"湿法＋干法"的组合处理工艺，对润滑、增强、增韧等有突出效果。直接添加型改质剂不易水解，偶联效果明显，且有极好的相容性和分散性，不会与含羟基或羧基的助剂和树脂发生反应，生产稳定。

（3）广东若天新材料科技有限公司　环保钙/锌稳定剂，牌号 RT-800A。技术指标如下：外观为白色或微黄色粉体；锌含量（3.5±0.5)％；松散密度（25℃）（0.50±0.05)g/cm³；挥发分≤5.0％；稳定性刚果红时间（75±5)min。

产品特点：采用耐热性能高、耐候性能好的杂环有机化合物作为环保热稳定剂的核心材料，保证产品具有优良的初期着色和长期稳定性，以及优良的耐候性能。可与铅系、有机锡并用，不会产生交叉污染。高效，用量少，性价比高。具有优良的加工性能，加工周期长，加工速度快，并赋予制品表面光亮度。

（4）硬脂酸钙（轻质）

用途：聚氯乙烯塑料制品的稳定剂和润滑剂。

质量标准：化工行业标准 HG/T 2424—2012《硬脂酸钙（轻质）》。

技术规格：钙含量（6.5±0.7)％；游离酸（以硬脂酸计)≤0.5％；加热减量（水分）≤3.0％；熔点≥125℃；细度（通过 0.075mm 筛)≥99.0％。

硬 PVC 塑料型材最好不加增塑剂，加入 1 份增塑剂，其耐热性降低 2～3℃，加入 10 份增塑剂，维卡软化点只有 50℃左右。

第四节　加工助剂

能够显著改进 PVC 树脂的加工性能而不至于严重损害制品的其他性能的助剂称为加工助剂。ACR 是一种常用的硬聚氯乙烯加工助剂，其重要作用是促进 PVC 的塑化、缩短塑化时间、提高熔体塑化的均匀性、降低塑化温度。ACR 由 MMA（甲基丙烯酸甲酯）与多种丙烯酸酯接枝共聚而成，是甲基丙烯酸甲酯和丙烯酸酯、苯乙烯等单体的共聚物。由于其组成成分不同，而形成不同牌号：ACR201 由 MMA 与 EA（丙烯酸乙酯）组成；ACR301 由 MMA 与 EA 和 BA（丙烯酸丁酯）组成；ACR401 由 MMA 与 BA、BMA（甲基丙烯酸丁酯）和 EMA（甲基丙烯酸乙酯）组成。一般，ACR401 常用在 PVC 塑料门窗型材的加工改性。ACR 的分子结构式见图 2-8。目前，正在

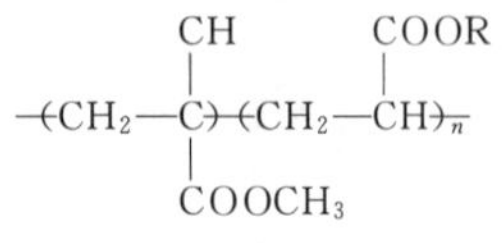

图 2-8　ACR 的分子结构式

研究 ACR 的新发展，如在 ACR 中有目的地引入一些活性单体，则可使 ACR 具有更好地改善 PVC-U 加工性能的作用，且使 PVC-U 产品具有更优良的抗冲性及其他综合性能。我国的 ACR 可分为 ACR201、ACR301 和 ACR401、ACR402 几种，国外的牌号有 K120N、K125、K175、P530、P501、P551、P700、PA100 等。

一、ACR 生产流程

加工助剂工艺流程见图 2-9。

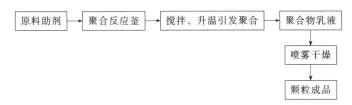

图 2-9　ACR 加工助剂工艺流程

生产工艺对 ACR 产品质量有很大的影响。ACR 的生产中工艺参数对相应的指标的影响见表 2-22。

表 2-22　工艺参数对 ACR 指标的影响

工艺参数	指标
加料步骤、原料配比、反应温度与时间	黏数、结构
原料纯度、系统纯度	杂质含量
压力泵的压力和流量	颗粒细度、颗粒形态
进出风口温度、热风流量	挥发分

二、ACR 物理性能与技术指标

加工助剂按使用功能又分为促熔型和润滑型（表 2-23）。丙烯酸加工助剂属于促熔型，如 ACR 201 单体为 MMA-EA；润滑型加工助剂具有加工助剂与外润滑剂两种功能，如单体为 MMA-BA-S 等。

表 2-23　ACR 物理性质和特征

项目		ACR201	ACR401
外观		白色自由流动粉末	白色自由流动粉末
细度(80 目通过率)/%		≥98.0	≥98.0
特性黏度 η(25℃)/(100mL/g)		2.5～3.5	3.5～4.5
表观密度/(g/mL)	≥	0.3	0.3
挥发分/%	≤	1.0	1.0
改性类型		赋予润滑型	促进熔融型

ACR401 的技术指标：外观为白色的粉末，含水量小于 1%，玻璃化温度 54℃，热分解温度 268℃，不溶于水。是由甲基丙烯酸甲酯、丙烯酸乙酯、丙烯酸丁酯、苯乙烯四种单体共聚而成，其分子结构为核-壳结构，分子量为 25 万～75 万。是以甲基丙烯酸甲酯-丙烯酸乙酯共聚物为壳层，以丙烯酸丁酯类交联形成的橡胶弹性体为核的核-壳结构。

ACR 加工助剂主要是改进聚氯乙烯的加工性能，加速聚氯乙烯的熔融过程，改进熔体的流变性和力学性能。通常用特性黏度来表征 ACR 分子量的高低。只有一定范围内的特性黏度的 ACR 才能与 PVC 的熔体黏度相匹配，才能有效地起到加工助剂的作用。特性黏度 4.0~5.0 比特性黏度在 2.5~3.5（分子量分布较宽）的分子量高，与 PVC 的熔体黏度相匹配。

三、ACR 在 PVC 加工过程中的作用

PVC 在加工过程中，ACR 是应用最多的加工助剂，它在挤出、注塑、吹塑、吸塑和压延等 PVC 的主要加工方法中得到了极为广泛的应用。聚氯乙烯在加工过程中加入少量加工助剂能促进物料的熔融，缩短熔融时间，熔体的拉伸强度也显著提高，抑制了熔体破裂，使产品具有较好的内在质量和面光泽性。但剪切黏度和离模膨胀也会增加。对于润滑型加工助剂，除促进 PVC 熔融外，主要起到外润滑作用，对黏度也有降低作用。在 PVC 塑料门窗型材加工中，添加 PVC 树脂量的 1%~5% 的加工助剂，即用量为 1.5~3 份。总之，它具有以下几点作用。

① 促进 PVC 加工时的塑化性能，改善其流动性。

② 改进 PVC 热塑态的流变行为，提高熔体强度，避免熔体破裂，提高了制品的内在质量和表面光泽。ACR 对熔体强度影响结果见表 2-24。

表 2-24   ACR 对熔体强度影响结果对照表

名　　称	添加量/份数	拉伸力/N	添加量/份数	拉伸力/N
ACR 401	1	7	2	10
国外 K125	1	8	2	12

③ 具有长时间成型加工的稳定性。

④ 有效防止在挤出和注塑时由于挤压成型所产生的压力波动和流动伤痕而产生银纹等表面缺陷。

⑤ 促进发泡制品的泡孔均匀和细化。

⑥ 提高 PVC-U 制品质量的一致性，如外观光泽、拉伸强度、冲击强度及断裂伸长率等。

四、ACR 的功能

对于硬聚氯乙烯，增塑剂会降低热变形温度、冲击强度和拉伸强度。加工助剂也与润滑剂不同，尽管两者有时会碰在一起。在配方中必须把润滑剂和加工助剂考虑在一起，因为它们对 PVC 混合料的熔融特性有相反的效应。真正的加工助剂是能与 PVC 高度兼容的高分子材料，其分子量一般比 PVC 高得多，它能降低熔融温度（在给定温度下可更快熔融）、增进热强度和均匀性，降低熔体破裂和积垢，并赋予更大的延性。

对于加工 ACR 的采购与使用，型材生产厂家要对其产品质量应加以注意。一段时间，市场上曾出现过劣质的 ACR。通过分析，这些劣质 ACR 是将废有机玻璃，即聚甲基丙烯酸甲酯（PMMA）经过土法裂解后再加上废聚苯乙烯（PS）制成的，其中 PS 的含量超过 50%。有些 ACR 的生产厂家将 ACR-201 标识成 ACR-401 出售，并声称无 ACR-201。合格的 ACR 产品的价格相对较高，一般 ACR-201 的市场价格应在 13000 元/t，ACR-401 的市场价格应在 14000~14500 元/t。而劣质 ACR 的市场价格一般为 10000~10500 元/t，更有甚者竟以低达 8500~9000 元/t 的价格出售，而一些标识为 ACR-401 的产品价格只相当于 ACR-201 的价格。

五、生产厂家

国内生产厂家有苏州安利化工厂、沂源瑞丰高分子材料有限公司,技术指标见表 2-25、表 2-26。

表 2-25　安利公司产品物性检验结果对照表

项　目	标　准	检验结果	国外同类产品 K-125 检测值
外观	白色自由流动粉末	白色自由流动粉末	白色自由流动粉末
表现密度/(g/cm³)	0.35～0.50	0.36	0.43
特性黏度/(100mL/g)	3.5～4.5	4.33	4.56
含水量/% ≤	1.0	0.78	0.88

表 2-26　沂源瑞丰高分子材料有限公司 ACR 产品质量指标

指标 ＼ 产品名称	LS-01	LS-02	LS-120
外观	白色流动粉末		
粒度(40 目通过率)/%	≥98		
挥发分/%	≤1.0		
特性黏度 η/(100mL/g)	3.0～4.0	2.0～3.0	3.8～4.5

六、主要指标对 PVC 型材制品生产的影响

① ACR 指标对 PVC 型材生产的影响见表 2-27。

表 2-27　ACR 指标对型材生产的影响

项　目	指　标	对型材生产的影响
杂质含量	≤50 个/100g	超标时型材表面有黑点,影响外观
挥发分/%	≤1	严重时高搅机内水气较多,升温慢;型材挤出时,挤出机真空口水汽多;型材内腔易出现气孔、麻点或气泡
黏数	3.5～5.0(不同厂家的产品指标有所差异)	虽然略高的黏数有利于提高塑化性能和熔体强度,提高型材物性指标,但对于型材高速挤出生产线来说,还要求熔体流动性好、离模膨胀率小,ACR 过高的黏度并不总是有益的。ACR 黏数的选用应根据挤出机、模具、配方等多方面因素综合考虑;对于 ACR 的黏数指标,黏数值的稳定性有时是更重要的。若黏数值波动过大,熔体塑化性能、流变性能就会发生显著变化,从而引起工艺参数(如转矩、料压、料温)的波动,严重时甚至会影响到成型。当然型材性能也会随之变得不稳定
热稳定性	相对比较	型材挤出后外观发黄
成分组成	通常为丙烯酸酯类	若掺入苯乙烯、丙烯腈等成分,塑化性能降低、型材发脆,物性指标(如焊角强度、低温落锤性能)降低。特别是对老化性能影响很大,因而不宜用于门窗型材等有耐候性要求的制品

② 影响 ACR 生产成本的因素见表 2-28。

表 2-28　挥发分指标对生产成本的影响

挥发分指标	生产能力/t	能耗/kW·t⁻¹	总成本/元·t⁻¹
1%	100	100	100
3%	120	90	94
5%	130	80	87
7%	140	70	83

表 2-28 中数据表明,产品中挥发分的含量对生产成本影响较大。这一点很容易理解。

表 2-29 中的数据说明了原料成分对配方成本的影响，不同配方的 ACR 生产成本相差很大，ACR-401 的成本比 ACR-201 约高 10%，而比纯 AS 树脂高 50% 以上。普遍认为 ACR-401 促进塑化的效果要高于 ACR-201 20% 以上，因此具有较好的性价比。而 AS 树脂尽管成本低很多，但不宜在性能要求比较全面的型材上使用。

表 2-29 ACR 配方中原料成分对配方成本的影响

原材料种类	价格/(元/t)(2001 年平均价格)	ACR-401	ACR-201	AS 树脂
MMA	10000	√	√	
EA	9500	√	√	
BMA	17000	√		
EMA	19000	√		
ST	6000			√
AN	7500			√
主要原料配方成本		10800	9900	6200

总之，虽然 ACR 在配方中的加入量较少，但对 PVC 的加工性能影响较大，可靠的质量保证是十分必要的。有的加工厂家由于对 ACR 性能了解不够，采购上仅仅以价格为参考，随意性比较强，结果给生产带来一些麻烦，如生产工艺或产品质量的波动。所以，对 ACR 的生产、性能与应用有更全面、更深入的认识，从而引起必要的重视，对生产中出现的问题能够做出及时准确的判断。

第五节 润 滑 剂

能够降低熔体黏度或防止聚合物与加工设备之间的黏着而改进可加工性的物质称为润滑剂。大多数润滑剂用于聚氯乙烯加工。常用的润滑剂有金属皂类；硬脂酸铅、硬脂酸钡、硬脂酸镉、硬脂酸钙等；固体石蜡；硬脂酸；复合脂肪酸酯、聚乙烯蜡。

一、分类

从功能的角度，润滑剂可分为内润滑和外润滑，也可兼有内、外润滑两种功能的。可作内润滑剂的有：硬脂酸、硬脂酸钙、硬脂酸铅、硬脂酸丁酯、单脂肪酸甘油酯、脂肪醇等。可作为外润滑剂的有：聚乙烯蜡、氧化聚乙烯蜡、石蜡等。

二、润滑剂的作用

内部润滑剂的主要作用：能够使粉末树脂平稳地凝胶化，防止凝胶化时转矩急剧上升；通过降低树脂熔融黏度，使流动性上升，螺杆转矩下降，增大挤出和产出量；提高加工能力，减少加工成型设备负荷，提高能量效率。

外部润滑剂的主要作用：防止由于树脂与加工机械金属表面摩擦热所引起树脂分解与着色；防止在加工机械金属表面烧结；提高辊筒的剥离性能；提高制品表面光滑性。外润滑剂有：石蜡、聚乙烯蜡、氧化聚乙烯蜡。

润滑剂的选择、用量、内外润滑的平衡效果，往往会影响到产品的加工性能、表面质量和低温冲击强度。

三、润滑原理

润滑剂加入聚氯乙烯中，在熔融前是降低树脂粒子之间的摩擦，熔融后是降低树脂分子之间的摩擦，以及降低熔体与加工设备之间的黏附。在硬聚氯乙烯中，摩擦小、黏度降低和金属剥离这三大功能是重要的，而适当的润滑是关键，但是，不是所有产品都要执行这个功能。润滑剂在熔融前在粒子之间和熔融后在聚合物熔体与金属之间所起作用都可看作外润滑作用，而在熔融后树脂分子之间的润滑效应，则认为是内润滑作用。外润滑剂与PVC的兼容性是很小的，它可以渗出，在PVC熔融前涂布在整个颗粒上，从而与金属剥离、降低粒子之间的摩擦而延迟熔融，直至温度和剪切增加至颗粒破裂为附聚物、初级粒子时为止。低分子聚乙烯蜡是典型的外润滑剂。内润滑剂与PVC是相容的，它先被吸收，并在熔融后起作用，这种在分子水平上所起作用，会降低黏度，促进流动，或者至少降低流动阻力，从而减少摩擦热。与外润滑剂作用相反，内润滑剂由于与PVC兼容性好，分散充分，而起到假增塑剂作用，能促进熔融过程。必须注意，润滑剂不是只具内润滑或外润滑的作用，往往兼具内、外润滑的特性。PVC配方合理润滑体系的选择是困难的，不仅考虑加工因素，还要考虑配方中其他组分（如填充剂、稳定剂、着色剂）。

润滑剂不仅能促进物料从设备的金属表面脱离，还能降低熔体黏度，影响物料的熔融时间。内润滑剂能促进熔融过程，而外润滑剂将推迟熔融。对于给定的加工类型，可能需要缓慢熔融或加速熔融。在对熔融的影响方面，一般选择润滑剂的原则是设法得到受控的熔融速率。因此，选用内、外润滑剂的组合物时应当能得到最佳的平衡。润滑剂的用料可低至0.25份（当使用有润滑性的稳定剂时），也可以高至3～4份。挤出加工对润滑剂的需要量随挤出机的类型、螺杆的结构以及由最终产品所决定的口模结构而定。一般双螺杆挤出机熔融时间用比单螺杆挤出机长一些。

值得指出的是，在不同温度下，内、外润滑剂的作用会发生变化。以硬脂酸为例，加工温度低时，其与PVC兼容性差，主要起外润滑作用；但温度升高，其与PVC兼容性增强，内润滑作用增大。因此，型材配方设计要根据工艺调整。表2-30列出了几种常用润滑剂的效能。PVC挤出成型中加润滑剂的目的是降低体系的黏度，提高流动性及易于脱模。润滑剂一般以内润滑剂为主，主润滑剂一般以酯、蜡配合使用。稳定剂的润滑性大小如下：金属皂＞液体复合金属皂类＞铅盐＞月桂酸锡＞马来酸锡。国内稀土稳定剂中一般加有润滑剂。很多种复合稳定剂中已含有润滑剂。因此，对于热稳定剂有润滑作用的，在其配方中可相应减少润滑剂的用量。

表2-30　几种常用润滑剂效能参考

品　　种	内润滑作用比例/%	外润滑作用比例/%	品　　种	内润滑作用比例/%	外润滑作用比例/%
HSt	20	80	PE蜡（未氧化）	20	80
CaSt$_2$	100	0	石蜡	0	100
PbSt$_2$	50	50	褐煤酸酯	50	50
PE蜡（轻度氧化）	20	80			

四、新型润滑剂

润滑剂的发展方向是：高效化、功能化、低污染、复合型，适于高速、高温加工成型，具有无粉尘污染、低毒性、精细化的特点。

复合润滑剂种类有：金属皂类和石蜡烃类复合润滑剂，脂肪酰胺与其他润滑剂复合物，稳定剂与润滑剂复合体系，以褐煤蜡酯型为主体的复合润滑剂，石蜡烃类复合润滑剂等。

五、润滑剂的技术指标

1. 硬脂酸

外观有块状、片状、珠状,纯品为带有光泽的白色柔软小片。熔点 69.6℃。沸点 376.1℃(分解)。相对密度 0.9408 (20/4℃)。折射率 n_D (80℃) 1.4299。在 90～100℃下慢慢挥发。微溶于冷水,溶于乙醇、丙酮,易溶于苯、氯仿、乙醚、四氯化碳、二硫化碳、醋酸戊酯和甲苯等。工业品呈白色或微黄色颗粒或块,为硬脂酸与软脂酸的混合物,并含有少量油酸,略带脂肪气味。硬脂酸广泛应用于 PVC 塑料管材、板材、型材、薄膜的制造。是 PVC 热稳定剂,具有很好的润滑性和较好的光、热稳定作用,用量在 0.5％以下。

(1) 分子式　$CH_3(CH_2)_{16}COOH$

(2) 工业硬脂酸的生产方法　主要有分馏法和压榨法两种。硬脂酸是组成油脂的几种主要长链脂肪酸之一,以甘油酯的形式存在于动物脂肪、油以及一些植物油中,这些油经水解即得硬脂酸。在硬化油中加入分解剂,然后水解得粗脂肪酸,再经水洗、蒸馏、脱色即得成品,副产物为甘油。国内大部分厂家采用动物油脂生产,有些生产工艺技术会造成脂肪酸蒸馏不完全,在塑料加工及高温使用时,产生带刺激性气味,虽然这些气味无毒,但会对工作条件和自然环境产生一定影响。进口硬脂酸大部分以植物油为原料生产而成,生产工艺也较先进,硬脂酸的性能稳定、润滑性好,在应用中气味较小,型材使用比较好。

硬脂酸分一级、二级、三级酸,其中一级酸又叫做化妆品级硬脂酸,三级酸是橡胶级硬脂酸,介于两者之间的就是二级酸了。一级硬脂酸是可以用于食品行业的,如 1838 和 1840 主要使用的是植物原料,又称植物酸。

1801、1810 三级酸是动物原料,一般称动物酸。植物酸每吨比动物酸贵几百元钱。在原料杂质甘油含量等差不多的情况下,C_{18} 含量高的价格就高。

一般看 C_{18} 酸含量和碘值。碘值越低颜色就越白,稳定性也更好。C_{18} 酸含量越高就润滑越好。

(3) 质量标准　现行执行质量标准为国家标准《工业硬脂酸》(GB/T 9103—2013),由中国轻工业联合会、国家质量监督检验检疫总局和国家标准化管理委员会发布,发布日期 2013 年 12 月 31 日,实施日期 2014 年 12 月 1 日,见表 2-31。

表 2-31　GB/T 9103—2013

项　　目		指　　标						橡塑级
		1840 型		1850 型		1865 型		
		一等品	合格品	一等品	合格品	一等品	合格品	
C_{18} 含量/％		38～42	35～45	48～55	46～58	62～68	60～70	—
皂化值(以 KOH 计)/(mg/g)		206～212	203～215	206～211	203～212	202～210	200～210	190～225
酸值(以 KOH 计)/(mg/g)		205～211	202～214	205～210	202～211	201～209	200～209	190～224
碘值(以 I_2 计)/(g/100g)	≤	1.0	2.0	1.0	2.0	1.0	2.0	8.0
色泽(Hazen)	≤	100	400	100	400	100	400	400
凝固点/℃		53.0～57.0		54.0～58.0		57.0～62.0		≥52.0

(4) 生产厂家

① 沈阳三威油脂有限公司

酸值:207.3mgKOH/g;皂化值:210mgKOH/g;碘值:1.45gI$_2$/100g;凝固点:55.8℃;水分:20％;无机酸:0.001％。

② 丰益油脂化学(天津)有限公司

型号 SA-1838;外观:珠状;酸值:205～212mgKOH/g;皂化值:206～213mgKOH/g;

碘值：≤1gI$_2$/100g；凝固点：54～56℃；水分：≤0.3%；脂肪酸 C$_{18}$含量：37%～43%。

2. 硬脂酸盐系列产品及生产新工艺

硬脂酸盐是聚氯乙烯（PVC）加工助剂的主要品种之一。它可作为 PVC 的热稳定剂和润滑剂，广泛地用于各种软质和硬质制品。硬脂酸盐中的金属离子常由下列几种组成：ⅠA 族元素中的 Li、ⅡA 族元素中 Mg、Ca、Sr、Ba，ⅡB 族元素中的 Zn、Cd，ⅢB 族元素中的 Sn、Pb。硬脂酸盐可以单独或两种以上复合使用，具有良好的稳定性和润滑性，除用做 PVC 的稳定剂，在其他方面也有广泛应用。例如用做塑料加工的润滑剂、脱模剂、颜料分散剂、涂料和油墨的凝胶剂。除此之外，还可以用于化妆品、纤维、造纸、医药、炸药等方面。

目前，国内生产硬脂酸盐的工艺大多采用传统的复分解工艺，该工艺首先将硬脂酸和氢氧化钠起皂化反应生产硬脂酸钠，然后再跟相应的可溶性金属盐反应制备硬脂酸盐；新的工艺是将硬脂酸和相应的金属化合物原料在催化剂的作用下，一步生产硬脂酸盐，催化剂循环使用（催化中和法）。两者对比如表 2-32 所示。

表 2-32　两种工艺方法比较

比较内容	生产方法	
	复分解法	催化中和法
工艺路线	工艺路线长	工艺路线短，控制方便
污染情况	有污染	滤液可循环使用，无废液排放，无三废。尤其是生产硬脂酸铅和二碱式硬脂酸铅时解决了传统工艺的硝酸污染
生产成本	成本高	低成本或持平
产品质量	有离子性杂质	无离子性杂质，产品质量高、热稳定性好。该方法生产出硬脂酸锌除了有上述优点外，可跟国外进口产品相媲美

硬脂酸盐系列产品执行标准：

《硬脂酸钙》执行 HG/T 2424—2012 标准，该标准由国家工业和信息化部发布，发布日期 2012-12-28，实施日期 2013-06-01。

《硬脂酸锌》执行 HG/T 3667—2012 标准，该标准由国家工业和信息化部发布，发布日期 2012-12-28，实施日期 2013-06-01。《硬脂酸铅》执行 HG/T 2337—92；《硬脂酸钡》执行 HG/T 2338—92；《硬脂酸镁》符合企标（暂无行标）；《二盐硬脂酸铅》符合企标（暂无行标）（铅含量：50%～53%）。

3. 低分子量聚乙烯

低分子量聚乙烯也叫聚乙烯蜡，是以各种聚乙烯（均聚物或共聚物）为原料，经裂解、氧化而成的一系列性能各异的橡胶、塑料加工助剂。其分子量在 1000～12000，是一种高效能的润滑。低分子量聚乙烯的加工方法有：裂解釜法和挤出法。作为 PVC 的润滑剂，加入量 0.5%，由于低分子量聚乙烯的加入，PVC 挤出物清澈透明，使型坯稳定而且强度提高、变形小，产量高。作为浓色母粒中分散剂，加入量 5%～15%。表 2-33 是各种低分子量聚乙烯的物理性能对比。

表 2-33　各种低分子量聚乙烯的物理性能对比

种　类	熔点/℃	黏度/Pa·s
均聚物类	92～110	200～250
氧化均聚物类	102～110	180～600
乙烯/丙烯酸共聚物类	92～108	500～650
乙烯/醋酸乙酯共聚物类	95	600～610

① 聚乙烯蜡，又称 PE 蜡，是低分子量聚乙烯，分子量在 1500～2500 之间，熔点为 107℃，熔融黏度为 290cP（140℃），其黏度和硬度接近石蜡。

PE 蜡是 PVC 加工中常用的外润滑剂，并有一部分内润滑作用，优质的 PE 蜡用量一般不超过 0.5Phr，即可满足 PVC 的加工成型。

② 氧化聚乙烯（氧化聚乙烯蜡，代号 OPE）

化学组成：含羟基、羧基的低分子聚乙烯

分子量：3000～4000；软化点：100～107℃；酸值（mgKOH/g）：7、13、15、20、25（可按客户要求）；性质：白色或微黄色粉粒状，无毒，无腐蚀性，具有良好的化学稳定性，能溶于芳香烃，与橡胶、塑料、石蜡等材料有很好的兼容性。该产品热稳定性好，分散性强，同大多数树脂有极好的相容性，且熔化后是透明的。由于氧化聚乙烯蜡是聚乙烯蜡的部分氧化产物，因其分子链上带有一定量的羧基和羟基，所以与极性树脂的相容性得到显著改善，品性明显优于聚乙烯蜡，对于 PVC 的内外润滑作用比较平衡，其润滑性和透明性优于其他润滑剂。能提高塑料制品的韧性使表面光滑、平整，提高成品率。

氧化聚乙烯由于与 PVC 兼容性很低，一般归为外润滑剂，加入量在 0.01～0.05 份。然而，当硬聚氯乙烯配方铅盐稳定体系中加入了抗冲改性剂如 CPE 和丙烯酸类 ACR 等，氧化聚乙烯与 CPE 和 ACR 具有很大的兼容性，所以在这种改性 PVC 中，氧化聚乙烯也起到内润滑剂作用。由此可见，在 CPE 和 ACR 存在下，氧化聚乙烯兼有内、外润滑剂作用，加入量可在 0.05 份以上，且能改善 PVC 的低温韧性，冷却定型时的析出物大大减少，提高焊接强度。表 2-34、表 2-35 列举了一些型号。

表 2-34　国内外氧化聚乙烯蜡对比

型　号	软化点	黏　度	酸值/(mgKOH/g)	产　地	状　态
EO42	95～100℃	300mPa·s	20	德国	微粒状
N201	105℃	200mPa·s	15	自产	粉状
N221F	80℃	500mPa·s	20	自产	片状

表 2-35　国内氧化聚乙烯蜡

项　目	软化点/℃	密度(25℃)/(g/cm³)	平均分子量	酸值/(mgKOH/g)	物理特性
YL-90	100±3	0.94±0.01	2500	16±2	珠状(60目)
YL-80	102～105	0.94±0.01	2500	20±2	粉状(60目)
LC-301E	103	0.93	3000	16	粉状(100目)

注：LC-301E 是高档裂解法生产的氧化聚乙烯蜡。

一段时间，市场上曾出现了大量的伪劣 PE 蜡，经分析，这种 PE 蜡是用废弃的聚乙烯（PE）加上石蜡制作而成的，而在废 PE 料中有高分子量的 HDPE，也有 LLDPE 及 LDPE，甚至还有少量的工业或生活垃圾。伪劣 PE 蜡的黏度远大于正规的 PE 蜡，用这种伪劣 PE 蜡加工 PVC 产品，不但润滑效果差，还会在加工过程中产生严重析出并黏附在口模（芯棒）的出口处或定径套的内径处，尤其在锥形双螺杆挤出机的生产过程中不仅产生黏附，还会促使产品变色甚至分解，使正常的生产运行中断，造成厂家的损失。

一般情况下，市场上销售的优质 PE 蜡的价格一般在 7000 元/t 左右，而伪劣 PE 蜡的价格仅为 4500～5000 元/t。由于其用量较少，使用优质 PE 蜡并不会使每吨产品的成本增加很多，但如果使用了廉价的劣质 PE 蜡而使生产不正常，其所造成的损失将远大于优质 PE 蜡与伪劣 PE 蜡之间的差价。

常用的氧化聚乙烯蜡或聚乙烯蜡的生产厂家：青岛邦尼化工有限公司、上海华溢塑料助剂合作公司（表 2-36）。

表 2-36　上海华溢塑料助剂合作公司的产品技术指标

产品名称	型　号	外　观	软化点（环球法）	酸值/（mg KOH/g）
聚乙烯蜡	CH-2A	白色粉末	≤103℃	≤0.05
聚乙烯蜡	CH-4A	白色粉末	≤103℃	≤0.05
聚乙烯蜡	CH-6A	白色粉末	≤107℃	≤0.05
氧化聚乙烯蜡		白色至淡黄色粉粒物	92～102℃	≥10

高酸值的氧化聚乙烯蜡，牌号 XH-205；外观为黄色、淡黄色或浅灰色粒状；软化点：85～100℃；酸值 34～45mgKOH/g。

青岛邦尼化工有限公司产品如下。聚乙烯蜡，型号 BN-200；外观为白色片状；分子量 2300～3000；软化点 110～113℃；黏度 1535；密度 0.95g/cm³；酸值 0mgKOH/g。

聚乙烯蜡，型号 BN-100C；化学组成为低分子量烃类聚合物；外观为珠状、灰白色；软化点为（110±5）℃；黏度（140℃）为 8.0～15.0mPa·s；平均分子量为 1500～2000。

特点：PVC 型材，管件，塑胶成型加工过程中作外润滑剂，能提高塑料制品的韧性，使制品表面光滑，合格率高，塑化程度更快更高。

第六节　填　充　剂

填充剂（填料）是一种比较惰性的材料，加入塑料内可增进某些性能，或者可降低成本。门窗型材使用的填料有碳酸钙、高岭土、硫酸钡、滑石粉。碳酸钙是最常用也是最重要的无机矿物填料。碳酸钙俗称灰石、石灰石、石粉、大理石、方解石，是一种化合物，化学式是 $CaCO_3$，呈中性，基本上不溶于水，溶于酸。它是地球上常见物质，存在于霰石、方解石、白垩、石灰岩、大理石等岩石内。碳酸钙按表观密度分类，分为轻质和重质，轻质是由化学法合成的碳酸钙也叫沉淀碳酸钙；重质是非化学法生产的碳酸钙，目前多用机械方法直接粉碎天然的方解石、石灰石、白垩等，再经（干燥）分级筛分而制得，产品的白度和粒度随原料和粉碎程度的不同而各异，一般其表观密度比沉淀碳酸钙大，故重质。碳酸钙按生产方法分类，分为轻质碳酸钙、重质碳酸钙、胶质碳酸钙和晶体碳酸钙。碳酸钙按细度分类，分为活性碳酸钙、超细碳酸钙、微超细碳酸钙。

在填充 PVC 时，碳酸钙的表面处理也很重要。由于碳酸钙粉体是一种极性无机物，表面有许多羟基，呈现亲水疏油性，再加上粒子表面的静电作用，易形成聚集体，分散性差，如果不经处理直接作为填充剂，往往只能起到增容、增重作用，而且会损害材料的综合性能。因此，需要对碳酸钙粉体进行表面处理，使其表面能降低，形成新的表面层，改善它与有机高聚物基体的相容性，提高界面结合力。碳酸钙粉体的表面改性是通过物理或化学等方法将表面改性剂物理吸附或反应吸附在碳酸钙表面，形成表面改性层，即双层包覆结构。常用的表面改性助剂主要是各种偶联剂、有机酸及其盐等，如钛酸酯偶联剂、铝酸酯偶联剂、硼酸酯偶联剂、磷酸酯偶联剂、硬脂酸及其钠盐等。因此，表面处理要选择适当的偶联剂。为了增强聚合物与填充剂的界面结合，加入偶联剂。偶联剂是在无机材料和有机材料或两种不同的有机材料复合系统中，通过化学作用，把二者结合起来，或者通过化学反应，使二者的亲和性得到改善，从而提高复合材料功能的物质，即能够增强聚合物与填充剂或增强剂界面结合力的物质，如硅烷和钛酸酯等偶联剂。钛酸酯偶联剂用于无硅物料，如炭黑、碳酸钙、金属氧化物、颜料。

钛酸酯偶联剂分为四种基本类型：单烷氧基型、单烷氧基焦磷酸酯基型、螯合型、配位体型。

表面处理方法有三种，干法、湿法和"湿法＋干法"的组合，常用的工艺可分为干法和湿法两种，其中干法多采用立式高搅或卧式低混的方式进行，可采用大多数种类的改性助剂；湿法多应用在活性轻钙及超细活性重钙的制备中，多采用硼酸酯及硬脂酸钠等具有一定水分散性的改性助剂。这些助剂和工艺已经采用多年，工艺技术也比较成熟，在此统称为传统表面改性助剂及工艺。"湿法＋干法"的组合处理工艺由南京协和化学有限公司提出，克服了干法和湿法单一工艺的局限性，比如说干法改性具有改性技术简单，适用助剂种类繁多等优点，但同样存在着生产工艺不稳定，产品质量容易波动等不足，湿法处理具有处理工艺稳定，产品质量可靠等优点，但也存在着适用助剂种类少等致命的缺陷。"湿法＋干法"的组合处理是首先在湿法工艺中赋予碳酸钙粉体良好的表面活化度以及偶联、分散等效果，然后在干法工艺中再赋予其更多的润滑、增强、增韧等功能性，从而结合了干法和湿法各自的优点，经这种工艺制备的功能性粉体，其性能更稳定，效果更明显。

一定量的填料加入到PVC树脂中实际起到了补强的作用，同时，加入填料可以降低成本。但是，填料过多影响到低温冲击强度，冲击强度永远是随着填料用量的增加而降低的。

1. 重质碳酸钙

重质碳酸钙简称重钙，是用机械方法直接粉碎天然的方解石、石灰石、白垩、贝壳等而制得的。由于重质碳酸钙的沉降体积（1.1～1.4mL/g）比轻质碳酸钙的沉降体积小，所以称为重质碳酸钙。

重质碳酸钙的原料以软体动物化石最好，直接粉碎可得到白度高、粒度好、硬度低的重质微细碳酸钙；结晶型石灰石、白垩型石灰石也比较好；差一点的是方解石型和大理石型，一般的石灰石为原料粉碎的碳酸钙一般白度较低，故作为普通的重质碳酸钙。

（1）分类　重质碳酸钙按粉碎的细度不同，工业上分为四种不同的规格：单飞、双飞、三飞、四飞。三飞粉用做塑料、涂料及油漆的填料，四飞粉用做电线绝缘层的填料。

塑料工业用重质碳酸钙按表面处理分为两类：Ⅰ类为普通，Ⅱ类为活性。

按照重质碳酸钙粒径分：Ⅰ型，目数≥2500；Ⅱ型，2500＞目数≥2000；Ⅲ型，2000＞目数≥1500；Ⅳ型，1500＞目数≥1000；Ⅴ型，1000＞目数≥800；Ⅵ型，800＞目数≥400。

（2）质量标准　用于塑料工业的重质碳酸钙执行化工行业标准《塑料工业用重质碳酸钙》（HG/T 3249.3—2013）部分技术指标见表2-37。

表 2-37　《塑料工业用重质碳酸钙》技术指标（HG/T 3249.3—2013）

指标项目			Ⅰ型	Ⅱ型	Ⅲ型	Ⅳ型	Ⅴ型	Ⅵ型
碳酸钙质量分数（以干基计）/%	普通	一等品	96.0	96.0	96.0	96.0	96.0	96.0
		合格	94.0	94.0	94.0	94.0	94.0	94.0
	活性	一等品	95.0	95.0	95.0	95.0	95.0	95.0
		合格	93.0	93.0	93.0	93.0	93.0	93.0
细度	D90/μm		4.5	6	13			
	D50/μm		1.6	2.2	4.5			
白度/%	≥		95	95	94	94	94	93
比表面积/(cm²/g)	≥		19500	16000	11500			
吸油值/(g/100g)	≤		30	25	23	23	22	20
活化度/%	≥	一等品				95		
		合格				90		

指 标 项 目		Ⅰ型	Ⅱ型	Ⅲ型	Ⅳ型	Ⅴ型	Ⅵ型
铅的质量分数/%	≤				10		
六价铬的质量分数/%	≤				5		
汞的质量分数/%	≤				3		
砷的质量分数/%	≤				10		
镉的质量分数/%	≤				3		

2. 轻质碳酸钙

轻质碳酸钙又称沉淀碳酸钙，简称轻钙，是将石灰石等原料煅烧生成石灰（主要成分为氧化钙）和二氧化碳，再加水消化石灰生成石灰乳（主要成分是氢氧化钙），然后再通入二氧化碳碳化石灰乳生成碳酸钙沉淀，最后经脱水，干燥和粉碎而制得。由于轻质碳酸钙的沉降体积（2.4～2.8mL/g），比重质碳酸钙的沉降体积大，所以称为轻质碳酸钙。

（1）质量标准 粒子呈仿锤形、棒状和针状，粒子较细，粒径范围在 1～16μm，相对密度 2.65，折射率 1.65，碳酸钙含量大于 98%，水分小于 0.3%，120 目筛余物 0%。

（2）执行标准 HG/T 2226—2010《普通工业沉淀碳酸钙》。产品指标见表 2-38。

表 2-38 普通工业沉淀碳酸钙（HG/T 2226—2010）产品指标

项 目		指 标					
		橡胶和塑料用		涂料用		造纸用	
		优等品	一等品	优等品	一等品	优等品	一等品
碳酸钙($CaCO_3$)的质量分数/ %	≥	98.0	97.0	98.0	97.0	98.0	97.0
pH 值(10%悬浮液)	≤	9.0～10.0	9.0～10.5	9.0～10.0	9.0～10.5	9.0～10.0	9.0～10.5
105℃挥发物的质量分数/%	≤	0.4	0.5	0.4	0.6	1.0	
盐酸不溶物的质量分数/%	≤	0.10	0.20	0.10	0.20	0.10	0.20
沉降体积/(mL/g)	≥	2.8	2.4	2.8	2.6	2.8	2.6
铁(Fe)的质量分数/%	≤	0.05	0.08	0.05	0.08	0.05	0.08
锰(Mn)的质量分数/%	≤	0.005	0.008	0.006	0.008	0.006	0.008
细度(筛余物)的质量分数/% 125μm		全通过	0.005	全通过	0.005	全通过	0.005
45μm	≤	0.2	0.4	0.2	0.4	0.2	0.4
白度/%	≥	94.0	92.0	95.0	93.0	94.0	92.0
吸油值/(g/100g)	≤	80	100	—	—	—	—
黑点/(个/g)	≤			5			
铅的质量分数/%	≤			0.0010			
铬的质量分数/ %	≤			0.0005			
汞的质量分数/ %	≤			0.0002			
镉的质量分数/ %	≤			0.0002			
砷的质量分数/ %	≤			0.0003			

3. 超细碳酸钙

超细碳酸钙采用连续喷雾碳化和喷雾干燥工艺（即双喷工艺）。

质量标准：表观团粒微细化，平均粒径 0.012μm。

执行标准：HG/T 2776—2010《工业微细沉淀碳酸钙和工业微细活性沉淀碳酸钙》，本标准替代 HG/T 2776—1996《工业超细碳酸钙和工业超细活性碳酸钙》。具体比较见表 2-39。

表 2-39　工业微细沉淀碳酸钙和工业微细活性沉淀碳酸钙（HG/T 2776—2010）

项　目		指　标			
		工业微细沉淀碳酸钙		工业微细活性沉淀碳酸钙	
		优等品	一等品	优等品	一等品
碳酸钙（CaCO$_3$）的质量分数/%	≥	95.0	97.0	95.0	94.0
pH 值（10%悬浮液）		8.0～10.0			
105℃挥发物的质量分数/%	≤	0.4	0.6	0.3	0.5
盐酸不溶物的质量分数/%	≤	0.1	0.2	0.1	0.2
铁（Fe）的质量分数/%		0.05	0.08	0.05	0.08
白度/%		94.0	92.0	94.0	92.0
吸油值/(g/100g)	≤	100		70	
黑点/(个/ g)	≤	5			
堆积密度（松密度）/(g/cm^3)		0.3～0.5			
比表面积/(cm^2/g)	≥	12	6	12	6
平均粒径/μm		0.1～1.0	1.0～3.0	0.1～1.0	1.0～3.0
铅的质量分数/%	≤	0.0010			
铬的质量分数/%	≤	0.0005			
汞的质量分数/%	≤	0.0001			
镉的质量分数/%	≤	0.0002			
砷的质量分数/%	≤	0.0003			
活化度/%	≥	—		96	

4. 活性轻质碳酸钙

活性碳酸钙又称改性碳酸钙、表面处理碳酸钙、胶质碳酸钙（湿法改性），简称活钙，是用表面改性剂对轻质碳酸钙或重质碳酸钙进行表面改性而制得的。由于经表面改性剂改性后的碳酸钙一般都具有补强作用，即所谓的"活性"，所以习惯上把改性碳酸钙都称为活性碳酸钙。活性轻质碳酸钙是轻质碳酸钙粒子表面经过偶联剂（钛酸酯或硅烷）处理的。

工艺流程

助剂 增白剂
轻质碳酸钙浆液→反应釜→脱水→破碎→干燥→筛分→包装→产品

质量标准：粒子平均粒径 0.03～0.08μm，水分小于 1%，氧化钙含量在 52%～54%，视密度 1～1.7mL/g。

现行标准为 HG/T 2567—2006《工业活性沉淀碳酸钙》，见表 2-40。

表 2-40　工业活性沉淀碳酸钙（HG/T 2567—2006）

项　目		指　标	
		一等品	合格品
主含量（以 CaCO$_3$ 计）/%	≥	96.0	95.0
pH 值		8.0～10.0[1]	8.0～11.0
105℃下挥发物含量/%	≤	0.4[1]	0.6[1]
盐酸不溶物含量/%	≤	0.15[1]	0.3
筛余物（125μm 试验筛）/%	≤	0.005[1]	0.001[1]
筛余物（45μm 试验筛）/%	≤	0.2[1]	0.3[1]
铁（Fe）含量/%	≤	0.08[1]	0.08[1]
锰（Mn）含量/%	≤	0.006	0.008
白度/%	≥	92[1]	90[1]
吸油值/(g/100g)	≤	60[1]	70[1]
活化度/%	≥	96[1]	90

① 表示该标准比 HG/T 2567—94 版标准修改提高的技术指标。

目前，$CaCO_3$ 在 PVC 加工过程中作为填充剂应用已十分普遍，并已成为降低制品成本的主要手段。型材配方体系中常用的填料是活性轻质碳酸钙，这是因为针对 PVC 树脂与 $CaCO_3$ 兼容性差，为了消除在它们的结合面上产生的空穴及新的应力集中点，采用 $CaCO_3$ 的活化处理，有效提高了 PVC 树脂与 $CaCO_3$ 的兼容性，通过粒子表面科学处理和合理应用使 $CaCO_3$ 能够提高 PVC 制品的强度、耐热性和尺寸稳定性。

常见活性碳酸钙活化方法有：HSt 处理法和偶联剂处理法。

① HSt 处理法。

配方：$CaCO_3$ 100 份，Hst 1～3 份。

生产工艺方法：在常规的高速混合机中混合 5～8min，混合温度为 HSt 的熔点温度 ±10℃，处理后的 $CaCO_3$ 提高了与 PVC 树脂的兼容性。

② 偶联剂处理法。采用钛酸酯、铝酸酯或硅烷对轻质碳酸钙颗粒进行表面处理。

5. 纳米活性轻质碳酸钙

GB/T 19590—2011《纳米碳酸钙》技术指标见表 2-41，纳米活性轻质碳酸钙产品指标见表 2-42。

表 2-41 纳米碳酸钙技术指标

项　目	指标	项　目	指标
外观	白色粉末	pH 值	8.5～10.5
$CaCO_3$ 含量/%	≥98.0	盐酸不溶物/%	0.20
MgO 含量/%	≤0.50	密度/(g/cm³)	2.60～2.75
Fe_2O_3 + Al_2O_3 含量/%	≤0.20	游离碱/%	≤0.10
白度/%	≥92.0	折射率	1.5～1.7
水分/%	≤0.50		

表 2-42 纳米活性轻质碳酸钙产品指标

项　目	指标	项　目	指标
外观	白色粉末	pH	8.7～9.5
相对密度	2.55	水分	≤1%
平均粒径	30～200nm	$CaCO_3$	≥96.5%
比表面积	>50	MgO	≤0.85%
长径比	>10	Al_2O_3 + Fe_2O_3	≤0.30%
白度	≥98%	SiO_2	≤0.30%
晶型	球霰石	活化率	≥95%

活性轻质碳酸钙生产厂家不同，生产工艺也不同。表 2-43、表 2-44、表 2-45 是不同厂家报告单提供的活性轻质碳酸钙技术指标。表 2-46 是三家生产厂家活性轻质碳酸钙比较，表中可以看出产品是有区别的。表 2-47 是普通轻质碳酸钙与活性轻质碳酸钙的指标对比。

表 2-43 河北省厂家 1 生产活性轻质碳酸钙技术指标

项　目			执行标准指标	企业内控指标
主含量(以 $CaCO_3$ 计)/%		≥	96.0	97.5
pH 值(10%悬浮液)			8.0～10.5	8.0～10.5
105℃下挥发物含量/%		≤	0.50	0.30
盐酸不溶物含量/%		≤	0.20	0.15
吸油值/(g/100g)		≤	70	70
铁(Fe)含量/%		≤	0.10	0.08
锰(Mn)含量/%		≤	0.006	0.005
筛余物	125μm 试验筛/%	≤	0.01	全通
	45μm 试验筛/%	≤	0.3	0.1
白度/%		≥	90.0	91.0
活化度/%		≥	95	98

表 2-44　河北省厂家 2 生产活性超细碳酸钙技术指标

项　目		指标	项　目		指标
主含量(以 CaCO₃ 计)/%	≥	95	白度/%	≥	91～92
水分/%	≤	0.2	活化度/%	≥	97

表 2-45　超细轻质活性碳酸钙技术指标

项　目		Ⅰ 型	Ⅱ 型	Ⅲ 型
主含量(CaCO₃ 计)/%	≥	97.5	97.5	97.5
pH 值(10%悬浮液)		8.0～10.5	8.0～10.5	8.0～10.5
105℃下挥发物含量/%	≤	0.3	0.3	0.3
盐酸不溶物含量/%	≤	0.15	0.15	0.15
吸油值/(g/100g)	≤	85	75	75
铁含量/%	≤	0.08	0.08	0.08
锰含量/%	≤	0.005	0.005	0.005
筛余物	75μm 试验筛/% ≤	全通	全通	全通
	45μm 试验筛/% ≤	0.1	0.1	0.1
白度/%	≥	93.0	92.0	94.0
活化度/%	≥	98	98	98
平均粒径/μm	≤	3.0	3.0	3.0

河北某公司生产：Ⅰ 型，脂肪酸活化处理；Ⅱ 型，偶联剂活化处理；Ⅲ 型，高聚物活化处理。

表 2-46　三家生产厂家活性轻质碳酸钙比较

项　目	河北厂家 1	河北厂家 2	吉林某厂
白度/%	90.7	90.0	92.8
沉降体积/(mL/g)	1.9	3.0	2.3
325 筛余物/%	0.036	0.059	0.035
视比容/(mL/g)	1.4	2.2	1.4
盐酸不溶物/%	0.13	0.08	0.09
改性剂含量/%	1.12	0.88	1.15
活化度/%	94.7	99.3	99.2
碳酸钙含量/%	95.9	95.72	97.4
粒径 d97/μm	5.97	7.49	3.18

表 2-47　活性轻质碳酸钙与普通轻质碳酸钙指标对比表

项　目	普通轻质碳酸钙	活性轻质碳酸钙
白度/%	89～90	≥93
沉降体积/(mL/g)	2.4～2.8	≥3.0

　　活性轻质碳酸钙采用的标准是化工行业标准 HG/T 2567—2006《工业活性沉淀碳酸钙》，但是应该注意，这些标准应用范围比较广泛，如塑料、橡胶、有机树脂的填充剂，不是型材生产专用的。实践已经证明，碳酸钙 pH 值（10%悬浮液）应控制在下限（8～9）比较好，有利于型材的稳定生产，如果 pH 值（10%悬浮液）大于 10，将成倍地加快 PVC 干混料的塑化速度，严重影响型材稳定生产。

要注意劣质碳酸钙。劣质碳酸钙在PVC加工中将造成损失。通常情况下，一些厂家或经销商会将轻质碳酸钙与重质碳酸钙混合在一起以轻质碳酸钙的价格出售，这种现象可出现在各种细度的轻质碳酸钙中。另外，一些小厂的原料来源及生产工艺均无严格的要求，导致了质量较差现象。

生产厂家有：吉林磐石化工有限公司、唐山天盈化工有限公司、长春大力纳米技术开发有限公司。

第七节　钛　白　粉

钛白粉学名二氧化钛（TiO_2），是继合成氨和磷酸盐之后的全球第三大无机化工产品，也是地球上最白的化合物，号称白色颜料之王。广泛用于涂料、塑料、橡胶、油墨、造纸、搪瓷、化纤、医药、皮革、化妆品等领域，与人民生活息息相关，所以也被人称作国民经济的晴雨表。

1. 分类

（1）按用途分　涂料用钛白粉；化学纤维用钛白粉；搪瓷工业用钛白粉；电焊条用钛白粉；电容器用钛白粉；试剂用钛白粉；显像管用钛白粉；橡胶工业用钛白粉；油墨工业用钛白粉；造纸工业用钛白粉；塑料工业用钛白粉；冶金工业用钛白粉；化妆品用钛白粉。

（2）按级别分　通用级和颜料级。涂料、橡胶、塑料、造纸、油墨、化妆品都采用颜料级的钛白粉。生产ＰＶＣ型材必须采用颜料级钛白粉。

（3）按结晶形态分　金红石型（R型）、锐钛型（A型）、板钛型。板钛型是不稳定的晶体没有工业用途。PVC型材采用颜料级金红石型钛白粉。不同钛白晶型的晶胞见图2-10。

（4）按照国际惯例分类　金红石型称为R型（Rutile）、锐钛型称为A型（Anatase）、未经后处理的金红石型称为R1型；未经后处理的锐钛型称为A1型；经过后处理的金红石型称为R2型、R3型；经过后处理的锐钛型称为A2型。

我国的型号与国际惯例有所不同，涂料用钛白粉分三种型号。

BA01-01型：未经后处理的锐钛型钛白粉；BA01-02型：经过后处理的锐钛型钛白粉；BA01-03型：经过后处理的金红石型钛白粉。B代表"白"。塑料用的锐钛型钛白粉称为AP型；化学纤维用的锐钛型钛白粉称为AH型。

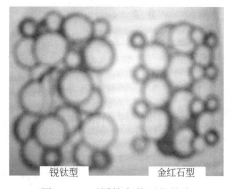

锐钛型　　金红石型

图2-10　不同钛白晶型的晶胞

2. 钛白粉的性质

无臭无味的白色粉末，分子量79.9，R型相对密度4.26，折射率2.72，A型相对密度3.84，折射率2.55。熔点1560～1580℃，平均粒径0.3～0.5μm。铁含量小于0.5%，水溶物含量小于0.5%，不溶于水、有机酸、有机溶剂等。TiO_2是多晶型化合物，根据结晶形态不同可以分为金红石型（R）、锐钛型（A），它们都是属于四方晶系，R型的晶型是晶胞含有两个TiO_2分子以两个棱边相连，A型的晶型是晶胞含有四个TiO_2分子以八个棱边相连。由于R型晶体结构比A型更紧密，R型耐候性好。二氧化钛的结晶特征及物理常数见表2-48。

表 2-48　二氧化钛的结晶特征及物理常数

物　　性	金红石型	锐钛型
晶系	正方	斜方
晶型	针形	锥形
相对密度	4.2～4.3	3.8～3.9
折射率	2.71	2.52
莫氏硬度	6～7	5.5～6
介电常数	114	48
熔点	1858℃	转变成金红石型
沸点/K	3200±300	
比热容(25℃)/[J/(g·K)]	0.71	0.71
热导率/[W/(cm·K)]	0.619	1.797
标准热容/[J/(mol·K)]	56.384	56.890
标准热焓/[J/(mol·K)]	50.16±1.46	49.87±0.42

　　钛白粉的化学性质十分稳定。但它的光化学性质却非常活泼，在紫外线的照射下，钛白粉粒子的晶格中的氧离子会失去两个电子而变成氧原子。失去的电子被四价钛离子吸收而成三价钛离子，形成灰色的三氧化二钛。由于金红石型钛白粉的结晶比锐钛型钛白粉的结晶紧密，使金红石型钛白粉的结晶比较稳定，晶格缺陷较少，并且对紫外线的吸收比较大。因而金红石型钛白粉的光化学活泼性比锐钛型钛白粉弱，金红石型钛白粉的抗粉化性能就比较强。针对钛白粉具有光活泼性，在钛白粉生产过程中一定进行钛白粉粒子表面后处理，以提高钛白粉抗粉化性和保色性，改善其分散性。通过表面处理加入无机处理剂来提高耐候性和保色性。通过加入有机处理剂来提高分散性。与其他白色颜料对比，钛白粉具有最好的遮盖力，消色力高和抗粉化性能强等优点。常见白色颜料的遮盖力相对值见表 2-49，白色颜料主要性能对比见表 2-50。

表 2-49　常见白色颜料的遮盖力相对值

颜料名称	遮盖力相对值	颜料名称	遮盖力相对值
金红石型钛白粉	100	三氧化二锑	14
锐钛型钛白粉	78	碳酸铅	10
硫酸钡	38	硫酸铅	9
立德粉	18	硅酸铅	8
氧化锌	14		

表 2-50　白色颜料主要性能比较表

白色颜料种类	折射率	相对消色力	遮盖力/(g/m²)	密度/(g/cm³)	吸油量/(g/100g)
金红石型钛白粉	2.61	1500～1650	40	4.26	25
锐钛型钛白粉	2.56	1150～1200	40～45	3.88	30
锌白	2.05	210	110～140	5.5	15～25
锌钡白	1.84	280	130～140	4.3	14～16
铅白	1.94～2.09	120～220	130～200	6.4～6.8	8～15

　　金红石型钛白粉具有较高的硬度，对杂质的影响较为敏感。在钛白粉中有害杂质的含量即使甚微，对白度也会产生明显的影响。杂质的有害作用，不仅由于混入杂质本身的显色作用，而且由于杂质离子的存在，使钛白粉晶格扭曲或变形失去对称性而发生作用。影响钛白粉白度的各种杂质的极限值见表 2-51。

表 2-51　杂质影响钛白粉白度的极限值

氧化物	相应颜色	目测可见色光时杂质的极限值 /$\times 10^{-6}$	氧化物	相应颜色	目测可见色光时杂质的极限值 /$\times 10^{-6}$
Cr_2O_3	棕带微黄	1.5	Fe_2O_3	浅黄	30
CoO	灰带微黄	7	MnO	灰	30
CeO_2	黄	15	V_2O_5	灰带浅蓝	70
CuO	灰带浅黄	30	PbO	灰	100

对于 PVC 塑料型材配方来说，R 型钛白粉屏蔽紫外线的作用强；A 型钛白粉有促进 PVC 光老化的作用。钛白粉质量不好（钛白粉杂质中含有氧化铅等氧化物过多）或钛白粉用量不够会造成钛白粉中的钛把铅盐体系配方中的铅还原出来，以致型材变成灰褐色甚至黑色。所以在 PVC-U 型材生产配方中均采用 R 型钛白粉。

钛白粉粒子表面包覆处理的意义：如果钛白粉粒子表面包覆不均，在光的作用下容易出现变色现象。原因是钛白粉颗粒晶格缺陷，使其表面存在许多光活化点，它在紫外线作用下会引起化学反应，颗粒越小，光活化点越多，其老化性能差。这是因为 TiO_2 晶体粒子表面有少量的晶格缺陷形成的光活化点，在阳光的紫外线照射下，其晶格上的氧离子能失去两个电子变成氧原子，而放出来的电子被四价 Ti 离子所捕获，还原成 3 价 Ti 离子，发生如下化学反应：

$$TiO_2 + hr \longrightarrow Ti_2O_3 + [O]$$

该反应中 Ti_2O_3 很不稳定，在空气中又被氧化成 TiO_2，生成新生态氧原子化学活性很高，很容易导致和 TiO_2 相接的高分子材料氧化降解，TiO_2 这种光化学活性，锐态型钛白粉的表现比金红石型钛白粉高 10 倍，因此，锐态型 TiO_2 即使粒子经过表面包覆处理，型材也禁止使用。TiO_2 表面处理一般是三层包覆，先经 SiO_2 处理，其次经 Al_2O_3 和 ZnO 处理，最后经有机物分散处理。这样不仅光泽度高，还具有很好的老化性能。所以，TiO_2 晶格缺陷是用包覆处理来弥补的，其中 SiO_2、Al_2O_3 如能均匀包覆于钛白粉粒子周围，则对钛白粉老化性能有非常好的保护作用。而 SiO_2、Al_2O_3 如不能紧密包覆在钛白粉粒子周围，在挤出过程中或在剪切作用下被破坏，钛白粉粒子包覆的好坏及其均匀性，是评价钛白粉质量的重要因素。所以，型材用钛白粉质量要求：粒子细，分散性能好；耐热性和耐旋光性好，在型材成型加工的加热过程和加工后产品在日光暴晒和使用不变色。

伪劣钛白粉，达不到型材使用要求，或者钛白粉用量不足都会造成钛白粉中的钛白粉把铅盐体系配方中的铅还原出来，以致型材变成灰褐色甚至黑色。

$$TiO_2 \longrightarrow Ti_2O_3 \qquad Ti_2O_3 + PbO \longrightarrow 2TiO_2 + Pb（呈黑色）$$

目前，型材生产厂家在确认钛白粉用量时，往往根据型材应用的特点，一般在 3～6 份。

用于 PVC 型材生产的国外钛白粉的牌号有 R696、R2220、R826、R90-2、R-105。美国杜邦公司 Ti-pure R-105 专门用于塑料制品中，特别是 PVC 型材。它是一种氯化法制得的金红石型二氧化钛颜料，R-105 使用了二氧化硅包膜技术，最大程度地降低了二氧化钛表面与周围环境的相互作用，可以减少一般户外塑料制品中常见的"粉化"、开裂和其他表面退化；同时也使干粉流动性和在塑料中的分散性达到了优化。能够提供户外塑料制品杰出的保旋光性、抗褪色性，使铅系 PVC 体系的发灰问题最小化。基本性质：TiO_2 93%，Al_2O_3 2.5%，SiO_2 3%，C 0.2%，平均粒径 0.31μm。

四川龙蟒钛业股份有限公司生产 R996 高档通用级金红石型钛白粉，R108 等专用级金红石型钛白粉，广泛应用于涂料、塑料、油墨、造纸、橡胶等行业。R996 是经锆、铝包膜和特殊有机处理，同时具有亲水和亲油功能，是一种多功能、高耐候性通用级金红石型钛白粉，基本特性见表 2-52。

表 2-52　R996 产品基本特性

特　性	指　标
生产工艺	采用硫酸法生产的金红石型颜料
表面处理	锆、铝、特殊有机物包覆处理
标准分类(ISO 591-1)	R2
密度(ISO 787-10)	4.0g/cm³
TiO₂ 含量(ISO 591-1)	≥93.5%
包装时 105℃挥发物(ISO 787-2)	≤0.5%
水溶物(ISO 787-2)	≤0.5%
筛余物(45μm)(ISO 787-18)	≤0.1%产品应用条件
挤压白度(L^*)	98.0～99.0
色相,黄色(b^*)	2.0～3.0
相对散射力(ISO 787-24)	与商定标样相近(95～105)%
在本色体系中的颜色(ISO 787-25)	与商定标样的颜色相近 $\Delta E \leq 0.3$
在(23±2)℃和相对湿度(50±5)%下预处理 24h 后 105℃挥发物(ISO 787-2)	≤1.5%
水悬浮液 pH 值(ISO 787-9)	6.0～8.5
吸油量(ISO 787-5)	≤21g/100g
水萃取液电阻率(ISO 787-14)	≥200Ω·m
醇酸体系高搅分散性	≤35μm

几种钛白粉及干混料表观密度对比见表 2-53、图 2-11。

表 2-53　钛白粉及干混料表观密度对比

项目	R105	R2220	R696	FK-3	R90-2	中核	龙蟒 R996	CR826
钛白粉	0.98	1.05	0.88	0.91	0.82	0.65	0.75	0.86
干混料	0.63	0.63	0.62	0.63	0.62	0.62	0.63	0.65

注：数据来源于检测结果，干混料采用同一个配方更换钛白粉。

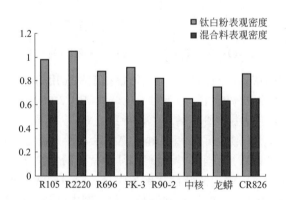

图 2-11　不同牌号钛白粉及干混料的表观密度对比

第八节 颜 料

颜料的加入目的是改善型材表面色泽。

1. 群青

群青是含多硫化钠而具有特殊结构的硅酸铝，分子式 $Na_6Al_4Si_6S_6O_{24}$，折射率 $2.35\sim$ 2.74，产品游离硫小于 0.3%，易受酸或空气作用而变色，在 PVC 型材中可酌情使用，产品耐酸性差，群青颜料着色的产品不宜接触酸，含有硫，与铅作用易污染制品。进口群青产品游离硫小于 0.05%。

(1) 国内生产厂家的技术指标 水溶物≤1%、游离硫≤0.3%、挥发物 1%、筛余物（325 目）≤0.5%。

(2) 西班牙 NUBIOLA 公司生产的群青蓝 筛余量<0.1%，游离硫<0.05%，水分< 1.3%，可溶盐<0.7%。

(3) 西班牙 NUBIOLA 公司生产的颜料蓝 牌号为 EP-25，相对密度 2.35，吸油量 23%～40%，使用该颜料用量比国内颜料少。

(4) 群青批次技术指标的认定 群青批次技术指标不同直接影响到型材的表面颜色差别，所以，应该对于群青批次质量技术指标认定后才能使用。

一般情况下，PVC 塑料型材企业在生产配方设计中，通过加入一定量的群青，调整 PVC 塑料型材颜色。然而，在实际生产过程中，常常遇到群青批次不同 PVC 塑料型材颜色有变化，这就要求我们在采购群青时，先进行其检测报告单中技术指标的确认。首先认定 PVC 塑料型材颜色及群青的用量，然后确认标准色板，每个批次的群青检测报告单与标准色板比较，群青检测报告单中技术指标包括 ΔL^*、Δa^*、Δb^* 等值，挑选 ΔL^* 值、Δa^* 值、Δb^* 值接近标准色板的作为 PVC 塑料型材生产用。这里，L 值为明度，a 值为红绿色光值，b 值为黄蓝色光值，明度指数 L^*（亮度轴），表示黑白，0 为黑色，100 为白色，0～100 之间为灰色。色品指数 a^*（红绿轴），正值为红色，负值为绿色。ΔL^* 为正，说明试样比标样浅；为负，说明试样比标样深。Δa^* 为正，说明试样比标样红（或少绿）；为负，说明试样比标样绿（或少红）。Δb^* 为正，说明试样比标样黄（或少蓝）；为负，说明试样比标样蓝（或少黄）。比如：如果 PVC 塑料型材生产企业认可的群青标准样的技术指标是 L 值 80.48，a 值 -2.47，b 值 -22.11，进行二个批次的群青技术指标比较，一个是 ΔL^* 0.34、Δa^* 0.05、Δb^* 0.38，另一个是 ΔL^* -0.16、Δa^* 0.02、Δb^* -0.14，显然，第二个批次接近于标准样，可以生产使用。

2. 荧光增白剂 KP（耐热温度为 300℃）

以前可以应用到 PVC 型材，可以遮盖钛白粉的红光。但是从使用情况看，荧光增白剂容易引发或促进型材变色。许多 PVC 塑料型材厂家不再使用荧光增白剂。

第三章　生产设备

挤出成型也称为挤压模塑或挤塑，它是在挤出成型机中通过加热、加压而使物料以流动状态通过机头口模成型的方法。挤出成型加工过程是物料在一定的温度和一定的压力条件下熔融塑化，并连续地通过一个型孔，成为特定断面形状的产品。聚氯乙烯塑料型材挤出成型加工的主要生产设备有双螺杆挤出机和辅助生产设备，辅助生产设备有冷却定型装置、牵引装置、切割锯及型材堆放装置等。作为生产 PVC 塑料型材的生产机组设备还有混料机（系统）、上料系统、下料机、水泵系统、气泵系统、加热冷却系统、电控系统、模具等。

第一节　混合设备

一、混合设备种类

制备 PVC 干混粉料（PVC 物料）的设备，主要是采用附有蒸汽夹套或电加热的机械搅拌机（也称捏合机）。常用的干混合设备大致可分为低速搅拌机、高速搅拌机和管道式搅拌机三种。目前多采用由高速转动的热混合机（图 3-1）和低速转动的冷混合机（图 3-2）组

图 3-1　热混合机

成的热冷混合机组。低速搅拌机（混合机）有 Z 形搅拌机、Σ 形搅拌机、螺带式搅拌机等；高速搅拌机（混合机）主体由一个圆筒形混合室和一个设在混合室底部的高速转动的叶轮组成，夹套可用蒸汽或电加热，分高速和低速两挡，高速为 750～1100r/min；管道式搅拌机（混合机）主体由两段混合管串联组成。高速混合机是一种高强力、非熔融的混

图 3-2 冷混合机

合机，它可以在较短时间（8～10min）内将聚氯乙烯与各种添加剂制成干混料，这种物料的塑炼时间可以大为缩短，也可将这种干混合料直接用于挤出。冷混机在使用过程中注意冷却水温度不宜过低，一般为 15℃左右，水温过低可导致冷混合机内壁上结露。热冷混合机组中冷混合机有立式和卧式之分（见图 3-3、图 3-4）。热混合机型号见表 3-1、冷混合机型号见表 3-2、热冷混合机组型号见表 3-3。

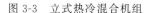

图 3-3 立式热冷混合机组

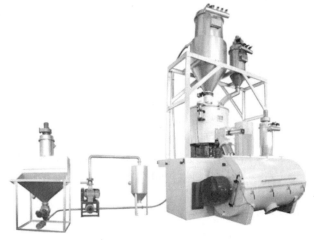

图 3-4 卧式热冷混合机组

表 3-1　热混合机型号和主要技术参数

总容积/L	有效容积/L	电机及加热功率/kW	主轴转数/(r/min)	加热方式	卸料方式
5	3	1.1	1400		
10	7	3	2000	自摩擦	手动
25	20	5.5	1440		
50	35	7/11	750/1500		
100	75	14/22	650/1300		
200	150	30/42	475/950		
300	225	40/55	475/950	电气	气动
500	375	47/67	430/860		
800	600	60/90	370/740		
1000	750	83/110	350/700		
200	150	40/55	650/1300		
300	225	47/67	475/950	自摩擦	气动
500	375	60/90	500/1000		

表 3-2　冷却混合机型号和主要技术参数

机组型号	总容积 /L	有效容积 /L	电机功率 /kW	主轴转数 /(r/min)	冷却方式	卸料方式
SHL-100A	100	65	5.5	200	水冷	气动
SHL-200A	200	130	7.5	200	水冷	气动
SHL-500A	500	320	11	130	水冷	气动
SHL-800A	800	500	15	100	水冷	气动
SHL-1000A	1000	640	18.5	70	水冷	气动
SHL-1600A	1600	1050	30	50	水冷	气动

表 3-3　热冷混合机组型号和主要技术参数

机组型号	总容积 /L	有效容积 /L	电机功率 /kW	桨叶转数 /(r/min)	加热方式	冷却方式
SRL-300/1000W	300/1000	225/660	40/55/11	480/964/60	自摩擦	水冷
SRL-500/1600W	500/1600	375/1024	55/75/18.5	441/886/51	自摩擦	水冷
SRL-800/2000W	800/2000	560/1280	83/110/18.5	330/660/51	自摩擦	水冷
SRL-800/2500W	800/2500	560/1600	83/110/22	330/660/51	自摩擦	水冷
SRL-1000/3500W	1000/3500	750/2240	110/16/30	330/660/51	自摩擦	水冷

国内混合机厂家多采用 1Cr18Ni9Ti（奥氏体不锈钢）桨叶，这种桨叶耐腐蚀能力好，但硬度低、耐磨性差。当塑料填充物硬度较高（如高浓度 $CaCO_3$），桨叶的耐用度仅为 3~4 个月。桨叶耐磨性差不仅影响使用寿命，磨损的重金属微粒掺入混合料中还能造成塑料污染，从而加速塑料降解老化。国内厂家生产缸筒采用 1Cr18Ni9Ti 材料，但采用 MC 尼龙材料比 1Cr18Ni9Ti 材料提高耐磨性 2 倍。

（1）提高桨叶耐用度采取的主要技术措施如下。

① 在摩擦表面上喷涂耐磨合金。

② 采用双金属复合材料，如高铬硬质不锈钢材料，Cr 含量 25%~27%。

（2）高速混合机缸筒耐磨性提高方法如下。

① 淡化处理；

② 低温碳渗；

③ 低温碳氮硫共渗；

④ 复合热处理。

二、混料设备的评价

用三项指标来评价混合机的混合质量：混合均匀度，热混大分子化效果，热混预塑化效果。

混合均匀度：混合物料各组分经混合后达到动力学平衡的程度。在现代工程中常用变塑料系数"CV"来表征混合均匀度。

PVC 大分子化效果：是指 PVC 树脂及稳定剂、增塑剂、辅料等各组分物料经高速热混合后 PVC 粒子尺寸增大的效果。PVC 粒子尺寸 0.13~0.15mm，经混合后需求其粒子尺寸要大于 0.2mm，大尺寸 PVC 粒子有利于挤出机挤出过程的充分塑化。在混合过程中 PVC 树脂粒子变大的原因有两个：一是粒子在机械力的作用下产生变形，粒子变得扁平，表面积增大；二是 PVC 粒子与其他元素进行化学反应，产生膨化效应及扩散混合，引起粒子变大。

热混预塑化效果是指 PVC 树脂在低温（<120℃）条件下与稳定剂、增塑剂等完成初步化学反应的结果。

预塑化效果判断：用手捏混合料，松手后轻拍手掌，若手上不粘粉末，说明效果较好。

第二节 挤 出 机

挤出机种类较多，按有无螺杆，可分为螺杆挤出机和无螺杆挤出机；根据挤出机螺杆数量，塑料挤出机可分为单螺杆挤出机、双螺杆挤出机和多螺杆挤出机；按可否排气分为排气式挤出机和非排气式挤出机；按螺杆在空间的位置可分为卧式挤出机和立式挤出机；按挤出机的用途分为成型用挤出机、混炼造粒用挤出机和供料用喂料挤出机；按加热过程可分为外部加热式和绝热式挤出机。

单螺杆挤出机、双螺杆挤出机、多螺杆挤出机特点比较：单螺杆挤出机无论作为塑化造粒机械还是成型加工机械都占有重要地位，其应用最为广泛，适宜于一般材料的挤出加工。双螺杆挤出机喂料特性好、由摩擦产生的热量较少、物料所受到的剪切比较均匀、螺杆的输送能力较大、挤出量比较稳定、物料在机筒内停留长，混合均匀，同时比单螺杆挤出机有更好的混炼、排气、反应和自洁功能，特点是加工热稳定性差的塑料和共混料时更显示出其优越性，适用于粉料加工。多螺杆挤出机是在双螺杆挤出机的基础上开发出来的，更容易实现热稳定性差的共混料加工。

挤出机选择原则：生产效率；挤出质量（熔融性能、熔融作用过程、物料在机内的塑化、混合和分散性能）；能量消耗；使用寿命；通用性和专用性。挤出机选择的方法是按三步进行的：类型的选择、螺杆形式的选择、用户生产规模和产品质量要求来确定挤出机的主要技术参数。生产每米 400g 以下的小型材，多选用卧式排气单螺杆挤出机，硬质聚氯乙烯粉料挤出和硬质大型塑料型材挤出成型，则选用啮合塑料向外旋转双螺杆挤出机。

在挤出硬聚氯乙烯干混粉料时，有两种挤出机：单螺杆挤出机和双螺杆挤出机。单螺杆挤出机挤出熔融物的塑化及温度均匀性不足。硬质聚氯乙烯塑料采用挤出成型作为主要成型方法之一。各种塑料的流动性、热稳定性、润滑性、熔融程度及原料颗粒程度都不一样，因此对挤出机，特别是螺杆的要求也不相同。这里主要介绍适应于硬质聚氯乙烯塑料加工的挤出机、螺杆及附属设备。

一、挤出机挤出原理

塑料挤出机的成型原理是利用塑料的热塑性，在 200℃ 左右的高温下使塑料熔解，熔解的塑料在通过模具时形成所需要的形状。挤出成型要求具备对塑料特性的深刻理解和模具设计的丰富经验，是一种技术要求较高的成型方法，也称为"挤塑"。与其他成型方法相比，具有效率高、单位成本低的优点。挤出法主要用于热塑性塑料的成型，也可用于某些热固性塑料。挤出的制品都是连续的型材，如管、棒、丝、板、薄膜、电线电缆包覆层等。此外，还可用于塑料的混合、塑化造粒、着色、掺和等。

挤出过程就是利用特定螺纹形状的螺杆在加热的料筒中旋转，使从料斗中送进的热塑性塑料熔化，并将塑料向前推进，通过不同形状的机头和模具，将塑料连续成型为需要形状的制品。如果有足够的功率可以使物料料温达到挤出所要求的温度，那么就不必再从外部加热器提供热量，这个挤出过程就叫绝热挤出。挤出机挤出量与螺杆的速度平方成正比，因此当螺杆速度增加时，供给每千克材料的能量也增加，直至螺杆达某一速度时，物料所需的全部能量由螺杆提供。挤出机热效率高、使压料物料加热和塑化更均匀，特别对容易分解的聚氯乙烯塑料有更明显的优点。绝热操作挤出机用于生产直径较小的各种硬管和较小而形状复杂的塑料型材料是相当成功的。为了减少挤出机特有的脉动现象、使挤出出料均匀、并增加物料的塑化程度，可以通过增加螺杆长度 L 与直径 D 的比例来达到。一般螺杆长度达 30D 还是可能的。

二、单螺杆挤出机

1. 单螺杆挤出机基本结构

主要由挤出系统、传动系统、加热冷却系统、控制系统、机头和口模等五部分组成。挤出系统由螺杆、机筒和成型机头组成；传动系统由电动机、减速机构和轴承组成；加热冷却系统由加热器、冷却水夹套组成。单螺杆挤出机虽然经过种种改进，但它的容量效率总是低的，而且产量很大程度上决定于挤出压力。单螺杆挤出机随螺杆速度的增加压力也增加，从而使回流压力也相应增加，这样如果采用粉状或表面非常润滑的粒状材料喂料时，向前的推力就很小，以致回料压力接近于先前推力而发生打滑。单螺杆挤出机基本参数见表3-4。

表3-4　单螺杆挤出机基本参数

螺杆直径/mm	螺杆转速/(r/min)	长径比	产量/(kg/h)	电动机功率/kW	加热功率/kW
30	20～120	15～25	2～6	3/1	3～5
45	17～102	15～25	7～18	5/1.67	5～7
65	15～90	15～25	15～33	15/5	10～16
90	12～72	15～25	35～70	22/7.2	18～30
120	8～48	15～25	56～112	55/18.3	30～50
150	7～42	15～25	95～190	75/25	45～7

2. 螺杆的结构

类型有七种：等距渐变螺杆、等距突变螺杆、等深变距螺杆、变深变距螺杆、销钉型螺杆、DIS型螺杆、屏障型螺杆。螺杆主要参数有螺杆直径（挤出量与螺杆直径的三次方成正比）；长径比（20～25）；压缩比（2～2.8）；螺杆的分段（加料段、压缩段、计量段）；螺槽深度（硬质聚氯乙烯加工时用深螺槽螺杆0.03～0.06倍的螺杆直径）；螺距（它是1.5倍的螺杆直径）；螺旋升角 ϕ（粉料30°、方块料15°、圆柱料17°）；螺棱宽；螺纹头数；螺纹断面；螺杆头部形式（半圆头、锥头、尖头，尖头适用聚氯乙烯）；螺杆的冷却。

3. 机筒

机筒的结构形式有两种：整体式和分段组合式。加料口按俯视图形状有圆形、正方形、矩形、三角形，一般用矩形。机头和机筒的连接方式有四种：螺纹连接、法兰连接、螺钉连接、铰状螺钉连接，铰状螺钉连接拆装机头快速、方便。机筒与螺杆材料选用38CrMoAl氮化材料，调质硬度HB＝260～290，机筒的耐磨性（表面硬度HRC＞65）要比螺杆的耐磨性（表面硬度HRC＝60～65）高，表面氮化层深度为0.4～0.7mm。螺杆与机筒的配合间隙在0.1～0.6mm，根据螺杆直径不同间隙不同，随着直径增大间隙增加，但是间隙不能过大，否则，挤出量下降。挤出机的螺杆和机筒的间隙及装配不垂直度见表3-5、表3-6。

表3-5　挤出机的螺杆与机筒的间隙

螺杆直径/mm	Φ30	Φ45	Φ65	Φ90	Φ120
最小间隙/mm	0.15	0.2	0.25	0.3	0.35
最大间隙/mm	0.3	0.35	0.45	0.5	0.55

表3-6　挤出机螺杆与机筒装配不垂直度

螺杆直径/mm	Φ30	Φ45	Φ65	Φ90	Φ120
不垂直度Ⅰ	＜0.006	＜0.006	＜0.01	＜0.01	＜0.01
不垂直度Ⅱ	＜0.01	＜0.01	＜0.01	＜0.016	＜0.016

注：不垂直度Ⅰ——螺杆推动面对螺杆中心线的不垂直度；不垂直度Ⅱ——机筒法兰对机筒轴线的不垂直度。

在螺杆与机头中间装有过滤网或过滤板，它的作用是增加料流的反压力，使制品压得密实；提高塑化效果，常常采用的是平板式过滤板，在挤出硬聚氯乙烯等黏度大、热稳定性较差的塑料时不放过滤网，只放过滤板，过滤板孔眼的排列为同心圆或六角形，开孔面积为总面积30%～70%，孔径在3～7mm，螺杆直径大取大值。过滤板与螺杆头部的距离一般为0.1D。机筒的加热和冷却一般是分段控制的，每段长度为4～7倍螺杆直径，机头和口模单独控制。机筒加热有三种方法：热载体（油、蒸汽）加热、电阻加热和感应加热，广泛使用后两种。机筒冷却常采用水冷却和鼓风机鼓风冷却。

4. 挤出机传动系统

挤出机的传动系统一般由原动机、调速装置、减速装置和轴承组成。调速装置有机械变速（定速电动机）装置和电动机变速装置。定速电动机装置又分机械无级变速器、机械有级变速器、液压电机无级变速器。变速电动机又分交流整流子电动机无级变速、可控硅直流电动机无级变速、滑差电动机无级变速。电动机转速一般在470～1410r/min，挤出机的转速在4～300r/min。目前广泛使用的减速箱有齿轮减速箱、摆线针轮减速箱或行星齿轮减速箱。轴承是止推轴承，挤出机螺杆轴承部分的结构、轴承的选择合理与否，会影响挤出机的强度和使用寿命。

挤出机驱动功率的确定：

$$W = KDDn$$

式中　W——挤出机电动机消耗功率，kW；

　　　D——螺杆直径，cm；

　　　K——系数，$D \leqslant 90mm$，$K = 0.00354$；$D > 90mm$，$K = 0.008$；

　　　n——螺杆转速，r/min。

挤出机机筒加热功率的确定：

$$H = (1/100)\pi DD(L/D)A$$

式中　H——机筒加热功率，kW；

　　　L/D——螺杆长径比；

　　　A——单位面积的加热功率，W/cm^2。

5. 挤出机加料装置

加料斗的形状一般做成对称形的，有圆锥形、圆柱形、圆柱-圆锥形、方形-圆锥形。送料方式有人工上料和自动上料，自动上料又有鼓风送料装置、弹簧自动送料装置、真空加料装置。加料方式有重力加料和强制加料。

JB/T 8061—2011《单螺杆塑料挤出机》标准发布日期2011年8月15日，实施日期2011年11月1日。

三、双螺杆挤出机

双螺杆挤出机按两根螺杆的相对位置，可以分为啮合型和非啮合型。按两根螺杆的结构形状可分为平行双螺杆挤出机和锥形双螺杆挤出机。按两根螺杆相互啮合的螺杆的相对旋转方向不同，分为同向旋转和反向旋转两大类。在PVC塑料型材生产中，大多数厂家使用的是啮合型锥形反向双螺杆挤出机。在双螺杆挤出机中，物料的停留时间通常仅为同直径、同转数的单螺杆挤出机的一半，而热量的传递效率却要提高4倍。因而为了保证相同的塑化质量，双螺杆挤出机所需的长度比单螺杆挤出机短得多。

另外，适应不同混合工艺要求的混炼设备除了双螺杆挤出机外，还有盘式挤出机、行星螺杆挤出机、往复式单螺杆混炼挤出机、三螺杆挤出机（图3-5）。

1. 基本结构和类型

双螺杆挤出机的结构：由机筒、双螺杆、传动装置（包括电动机、减速箱和止推轴承）、

(a) 北京化工大学三螺杆

(b) 日本三螺杆

图 3-5   三螺杆挤出机示意图

加料装置、机筒加热装置、机筒冷却装置、真空排气装置等部件组成。类型：双螺杆挤出机按两根螺杆的相对位置，可以分为啮合型和非啮合型。非啮合型主要用于混料，没有自洁作用，在功能上像单螺杆挤出机，啮合型有较好的自洁作用，目前广泛使用的是啮合型双螺杆挤出机。

啮合型双螺杆挤出机还可以进行以下分类：按螺杆压缩物料的结构可以分为三种型号，螺杆外径和螺纹导程变化型；螺杆外径不变，螺纹导程变化型；螺杆外径和螺纹导程不改变型。按两根螺杆的结构形状可分为平行双螺杆挤出机和锥形双螺杆挤出机。按使用功能分为通用型、混炼型、排气和脱水型、挤出造粒型、粉料直接挤出成型等。按两根螺杆相互啮合的螺杆的相对旋转方向不同，分为同向旋转和反向旋转两大类。同向旋转双螺杆挤出机适用于加工颗粒料。反向旋转双螺杆挤出机又分为平行反向双螺杆挤出机和锥形反向双螺杆挤出机（表 3-7）两种，平行反向双螺杆挤出机还分为向里旋转和向外旋转之分。

表 3-7   锥形异向（反向）双螺杆挤出机的基本参数

型 号	KMD 50K	KMD 60K	CM 55
螺杆直径/mm	50/93	60/125	50/110
螺杆长度/mm	1060	1300	1050
螺杆转速/(r/min)	7.7～35	7～32	10～36
螺杆驱动功率/kW	3.4～15	5～22	7～23
机筒加热功率/kW	10.85	13.4	18
挤出机产量/(kg/h)	110～120	200～240	150～163

注：螺杆直径说明：60/125 代表锥形螺杆计量段直径 60，加料口下方螺杆直径 125。

2. 双螺杆挤出机的组成

双螺杆挤出机（见图 3-6）由机身部件、驱动减速部件、分配箱部件、挤出系统部件、定量给料部件、冷却油箱部件、恒温油温部件、真空排气部件、电气驱动部件、附件等组成。

图 3-6   双螺杆挤出机

3. 双螺杆挤出机的工作原理

物料在单螺杆挤出机中的输送主要是依靠物料与机筒内壁及物料与螺杆表面的摩擦作用，双螺杆挤出机则为"正向输送"，具有将物料强制推向前进的作用。双螺杆挤出机中物料由加料斗加入机筒经过螺杆到达口模，在这一过程中，物料的运动情况和受到的混炼情况因螺杆是否啮合、是同向回转还是异向回转、通过不同形状和尺寸的螺杆区段而各不相同。

非啮合型双螺杆挤出机没有自洁作用，一般用于混料。啮合型同向旋转双螺杆挤出机具有自洁作用，但物料受过度剪切作用而导致局部过热，一般用于混料。啮合型异向（反向）旋转双螺杆挤出机的挤出建立在类似于齿轮泵的原理上，物料在双螺杆内的流动不是由于摩擦牵引作用，而是靠机械的强制输送，这种输送是等量的，减少了逆流，物料在机筒内停留时间短、温度波动小，剪切、辊压和捏合都起促进物料混合作用，主要用于硬质 PVC 干混粉料直接挤出成型加工。

4. 双螺杆挤出机的特点

加料容易、挤出量高；物料在双螺杆挤出机中停留时间短；排气性能好；物料的分散、均化、混合、塑化效果好；自洁效果好；单位输入功率产量高；容积效率高。PVC 塑料塑料型材生产多采用锥形反向双螺杆挤出机。

锥形反向双螺杆挤出机比平行反向双螺杆挤出机有以下优点：螺杆的强度高；螺杆前端截面积小、轴向力是平行双螺杆一半；分配传动齿轮的使用寿命是平行双螺杆的四倍；挤出段直径比平行双螺杆直径小；喂料段加大了螺杆直径。反向旋转双螺杆挤出机适用于加工硬聚氯乙烯干混料。在双螺杆挤出机中，螺杆和机筒的磨损现象要比单螺杆挤出机严重得多。为此，国外均采用耐磨、耐腐蚀的高强度合金镀层的金属机筒，以及用氮化钢来制造螺杆。螺杆经氮化后，还需在螺槽底部及周边镀硬铬或镀镍，以利于物料流动及抗腐蚀，螺棱顶背可堆焊耐磨合金或渗氮处理。对螺杆进行恒温也是进行恒温的有效措施之一，在应用载热体的同时，其流道的结构应能保证螺杆温度均一，以利于消除料温的波动，稳定产品质量。过高的螺杆转速会加速螺杆和机筒的磨损。双螺杆挤出机适宜硬聚氯乙烯塑料型材的成型，因它能在较大的机头阻力情况下高效地生产优质制品。挤出机的加热通过外部电加热来实现，用热电偶来测量和控制温度，塑料在螺杆槽中运动，借助外加热及塑料旋转的摩擦热而熔化，经过滤板或滤网以及机头而被挤出成需要的形状。

5. 螺杆

螺杆是挤出机的主要构件，可以说是挤出机的心脏。主要对塑料起塑化作用。螺杆的技术特性：螺距越小，则螺杆的正推力越大，塑料流量越少。目前，大部分单螺杆挤出机中螺杆都采用单头螺纹。螺纹槽深对剪切速度和热传导性能有很大影响。对于聚氯乙烯塑料来说，由于它在熔融状态下的黏度对温度非常敏感，因此加工时需采用螺槽较深的螺杆，软质聚氯乙烯采用的螺槽比硬质聚氯乙烯采用的螺槽深度更大一些。一般长径比为（20～24）:1时压缩比选取 2～2.8；而长径比为 18:1 时压缩比常选用 3。长径比越大，物料在螺杆中的搅拌越完全，塑化程度越好。螺杆的冷却装置：挤出工艺要求料筒对物料的摩擦力大于螺杆对物料的摩擦力，因此，需要使螺杆所保持的温度较料筒为低。螺杆的头部：由于聚氯乙烯塑料的熔融温度与加工温度比较接近，因此，合理地选择螺杆头部对挤出成型聚氯乙烯塑料（特别是硬聚氯乙烯塑料）保持正常操作是很重要的。塑料头部的设计都必须力求熔融的塑料流从螺杆平滑地进入成型机头内。一般螺杆头部与过滤板之间的容积接近挤出段一个螺槽的容积。螺杆头部与过滤板之间的距离一般取 $(0.07～0.1)D$（D 为螺杆直径）。

双螺杆的结构类型很多，有普通型螺杆、排气式螺杆及无压缩比螺杆等。螺杆的结构有整体的和组装的两种。

6. 机筒

机筒是挤出机中重要构件，它和螺杆一起是实现塑料塑化和输送作用的关键部件。一般机筒用碳素钢或铸钢制成，在机筒内部镶上合金钢衬套。当塑料自料斗落到螺杆上时，为了防止塑料粘住螺杆一起旋转，采用控制塑料和螺杆以及塑料和机筒之间的摩擦系数的办法来解决。如果塑料与螺杆之间的摩擦系数较小，而塑料和机筒之间的摩擦系数较大，这样在螺杆旋转时产生的轴向推力的推动下，塑料便会沿螺杆轴向移动。控制摩擦系数的方法有：螺杆的表面光洁度高于机筒的表面光洁度；在机筒表面开设纵向沟槽。在机筒的加料部分中的塑料，温度不宜太高，以免物料粘住螺杆难于前进，同时使物料堵塞在加料口内造成加料困难。机筒和机头的连接方式多是铰状螺钉连接。双螺杆挤出机的机筒结构有整体式和组合式两种。

7. 加热及冷却系统

挤出机的加热形式有三种：蒸汽加热、液体加热、电加热。加工聚氯乙烯塑料都是采用电加热。电控制方法有三种：变压器控制、自动控制、比例控制。比例控制是温度控制的最好方式。硬聚氯乙烯在挤出温度下具有低比热容及高黏度，因此，产生的摩擦量也大，为避免聚氯乙烯塑料的分解，就需要进行冷却。机头是成型制品的重要部件，在机头的流道，必须使塑料形成一定的压力，这一压力在通过机头时，逐渐下降，当物料在口模挤出时，则降为零。机头的内断面自始至终应该是连续缩小的，并尽可能使物料易于通过。机头内凡是与物料接触的表面（熔融料通道），都应加工成光滑流线型的，以减少阻力，不能有明显的滞区。

四、挤出机的一般操作方法

开机前应换上洁净的筛板和滤网，安装好机头和口模，随后对挤出机需要加热部分进行加热，并开通料斗底部的冷却夹套。当各部达到规定温度时，对机头部分的衔接处、螺栓均应检查并趁热拧紧，以免在运转时发生漏料。而后开动挤出机并开始加料，其速度不宜过快，料也不用加足，并时时注意电流计、压力表和加料情况。停车时，一般都要将挤出机内物料挤完，以便下次操作。遇热稳定性差的塑料时，一定要将机内物料挤出机完。必要时可用软聚氯乙烯（或清洗料）或含填料较多的聚苯乙烯和聚乙烯等塑料通过最后挤出来清理料筒和螺杆。

五、双螺杆挤出机操作要点

以加工硬聚氯乙烯为例，说明反向转动啮合型双螺杆挤出机的操作要点。

（1）温度设定 一般按"马鞍"形分布，即两端高、中间低，口模温度可达 190℃ 左右。对新设备开机时，当设定温度已达到规定值并保温一定时间后，加入清洗料，在低速下运转，待物料从口模流出后，再加入干混料进行运转。在停机前，用清洗料取代干混料，将螺杆清理。可在口模中保留清洗料，下次生产可直接加热；也可拆口模，清理熔融料。

（2）定量加料 加料速度应与挤出速度匹配，可从排气孔处观察主螺杆中装料情况来判断。例如，锥形双螺杆在排气孔螺槽以装至 1/2 为宜。

（3）抽真空的条件 在塑炼过程中抽真空，可以去掉挥发物及水分，有利于提高制品质量。抽真空的时候，可从排气孔观察，如果物料已部分熔融或达可黏结状态，则可开真空泵，否则会将粉料抽入真空系统，甚至堵塞。

PVC 塑料型材生产线是由双螺杆挤出机（主机）、型材口模、定型、冷却装置、牵引及切割装置等组成。主机采用反向啮合型锥形（或平行）双螺杆挤出机，口模和定型装置是设备中影响型材质量和产量的很重要的部分，要审慎选用。

六、挤出机的维护和保养

开车前应将挤出机各部分加热道比正常生产时温度稍高出 5～10℃，然后再降温，回复到正常生产时的温度。恒温一定时间再开车，以免仪表温度已达到要求温度，而实际温度却偏低。

七、挤出机寿命的界定

判断的办法有三：一是产品的内在质量上，物理性能大都不能达到；二是设备运行上，主机负荷增高，机筒排气口冒料情况严重；三是产品外观上，型材表面出现黑线、暗纹，而且无论是调整螺杆与机筒间隙，还是调整配方，都不能消除。

对于设备的磨损，可以分为正常磨损和非正常磨损。正常磨损下，螺杆机筒磨损极限公差：螺杆压缩段和排气段为 0.8mm/半径，均化段最末端 0.1mm/半径；机筒压缩段和排气段局部凹陷深度为 1.5mm/半径，均化段最末端 0.1mm/半径。非正常磨损下，螺杆机筒磨损极限公差：螺杆均化段最末端 0.3mm/半径，其他部位为 0.1mm/半径；机筒均化段最末端 0.3mm/半径，其他部位为 0.1mm/半径。非正常磨损达到极限时，设备基本上接近报废。

螺杆机筒采用 38CrMoAlA 渗氮钢，要求氮化层深度为 0.5mm 以上，氮化过程从装炉到出炉需要 6～7d，每小时耗电 60～70W，如果时间短，氮化层就薄，设备寿命短，而使用户看不出来。

八、设备技术参数简介

以国内某公司生产的 65 型锥形双螺杆塑料挤出机为例。挤出量在 225kg/h。

（1）螺杆　直径：65/120（mm）；有效长度：1440mm；转速：1～34.7r/min；转向：反向向外；总转矩：10.4kN·m。

（2）螺筒　料筒形式：三段组合；加热方式：电阻；加热段数：4；加热功率：总24（12/4/4/4）kW；机头连接套：2kW；温控范围：50～100℃；冷却段数：3；冷却控制：电磁阀；介质：油冷或风冷。

（3）排气系统　真空泵式样：水环式真空泵；真空泵电机功率：0.81kW；真空度：-0.075MPa。

（4）定量给料系统　给料方式：螺杆给料；给料螺杆转速：6～123r/min。

（5）恒温油箱系统　直流电机功率：0.75kW；油加热温控范围：50～200℃；螺杆加热功率：6kW；齿轮泵流量：10L/min；工作压力：0.3MPa；热交换介质：水。

（6）机筒冷却系统

油冷型：电机功率：0.75kW；齿轮泵流量：20L/min；工作压力：0.3MPa；热交换介质：水。

风冷型：电机功率：3（550）kW；热交换介质：水。

（7）传动减速及分配系统　直流主驱动电机功率：37kW；直流主驱动电机转速：1500r/min；分配齿轮箱：斜齿油浸式。

双螺杆塑料挤出机行业标准有：JB/T 6492—2014《锥型异向双螺杆塑料挤出机》，2014 年 5 月 12 日发布，2014 年 10 月 1 日实施；JB/T 6491—2001《异向双螺杆塑料挤出

图 3-7　标准型锥形双螺杆挤出机

图 3-8　人机界面型锥形双螺杆挤出机

图 3-9　国内科贝隆（南京）机械有限公司
开发的全新的双螺杆挤出机

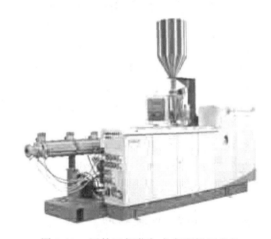

图 3-10　国外巴顿菲尔辛辛那提开发的
全新锥形双螺杆挤出机

图 3-11　国外巴顿菲尔辛辛那提开发的
全新的双螺杆挤出机

机》，2001 年 5 月 23 日发布，2001 年 10 月 1 日实施；JB/T 5420—2014《同向双螺杆塑料挤出机》，2014 年 5 月 12 日发布，2014 年 10 月 1 日实施。

目前，随着科技进步与发展，以及新技术、新材料、智能化的采用，锥形双螺杆塑料挤出机已经由标准型锥形双螺杆塑料挤出机（图 3-7）向人机界面型锥形双螺杆塑料挤出机转换（图 3-8），国内科贝隆（南京）机械有限公司开发出全新的双螺杆塑料挤出机（图 3-9），改变了原有传统挤出机结构形式，国外巴顿菲尔辛辛那提开发的全新的双螺杆挤出机（图 3-10、图 3-11），实现了人机界面、智能化操作。

第三节　挤出成型辅机

挤出成型辅机包括定型台、牵引机、切割机、下料架等。

一、塑料型材挤出冷却定型装置（定型台）

1. 定型台的组成

塑料型材挤出冷却定型装置由六个部件组成。即水环式真空泵系统、水箱系统、水冷却系统、真空定型台面的三维方向调节机构、移动机构、电气控制系统（图3-12）。为了适应高速挤出的要求，定型台长度应该不小于4m；2SK-3水环式真空泵（2～4台）的真空抽气量大于 $0.09m^3/h$；水温保证在 $10℃$ 以上，$20℃$ 以下。

2. 冷却和定型装置的作用

在定型台上配置真空定型模和冷却装置后，能对塑料型材进行真空定型和冷却，以获得一定精度的型材尺寸和截面。这是因为从机头口模出来的熔融型坯温度高达 $190℃$，离开口模后必须立即冷却和定型，通过冷却和定型装置才能保证塑料型材正确的几何形状、尺寸精度和光洁度。

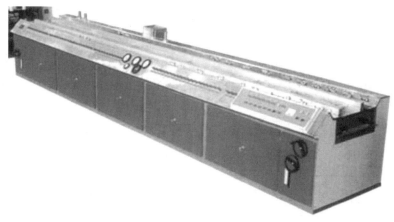

图 3-12　定型台

3. 定型方法

塑料型材挤出冷却定型装置有六种：板式定型装置、加压定型装置、真空定型装置、内冷却定型装置、滑移定型装置、辊筒定型装置。板式定型装置适用于形状对称的带状型材和没有加强筋的中空塑料型材。滑移定型装置适用于成型敞口塑料型材，滑移定型分固定式和伸缩式两种。加压定型装置广泛用于管材和塑料型管材。辊筒定型装置适用于聚氯乙烯横向波纹板。内冷却定型装置适用于中空塑料型材制品内径的定型。

真空定型装置是塑料型材常用的一种方式，它是以间接水冷的定型模使从机头口模挤出的高温熔融PVC塑料型材冷却成型。基本结构是真空定型器由内壁有吸附缝的真空定型区和冷却区两部分组成，两个区域是交替的。真空区周围产生负压区，使型材的外壁与真空定型器的内壁紧密接触，以确保型材冷却定型。它分3～5个真空区段，以达到冷却定型的目的。真空定型的真空眼，一定要设在型腔凹处最深的尖角处，才能使产品凸部清楚，真空孔缝分排开设，孔径 $0.5～1mm$，孔距 $3～5mm$，每个真空区宽 $10～30mm$，真空控制在 $-0.04～0.08MPa$。PVC塑料型材真空定型器分上下两部分，其开启形式有平行提升和侧向翻转两种，真空定型器由长度为 $200～400mm$ 的 $2～4$ 个真空定型器串联。

4. 冷却的方法

冷却的装置一般有冷却水槽和喷淋水箱两种。冷却水槽一般分2～4段，长2～3m，水从最后一段水箱通入，使型材冷却缓和，减少PVC塑料型材内应力。冷却程度与冷却水温度、PVC 塑料型材给定温度、PVC 塑料型材的壁厚、牵引速度和 PVC 塑料的种类有关。一般要求冷却后 PVC 塑料型材的平均温度为 25～30℃。喷淋冷却，喷淋水管有 4～6 根，均布在 PVC 塑料型材周围。

主型材冷却水供水量每条生产线 7m³/h 以上。辅助型材冷却水供水量每条生产线 2～5m³/h 以上，水温在 4～18℃为宜，有效水压 0.3MPa 以上。

5. 设备技术参数简介

以某公司生产的 ZDY240A 定型机为例介绍。

（1）基本参数

满足型材的挤出量	250～350kg/h
模具安装平面至地面高度	890～1000mm
真空泵极限真空度	－0.085～0.090MPa
定型台面长度	6m
装机功率	30kW

（2）结构和原理　定型机由真空系统、水冷却系统、真空定型台的调节机构、真空定型机移动机构、电气控制系统组成。

真空系统由 4 台水环式真空泵组成，每台抽气量 160m³/h。真空泵Ⅰ通过集气管、球阀和 10 只快换接头相通，供第一节干式定型模使用，真空泵Ⅱ、Ⅲ供第二、三节干式定型，共 28 只真空接头。水冷却系统由大水箱、负压水箱、水泵、循环泵、过滤器、球阀、管道组成。真空定型台的调节机构可在离地面高度 890～1000mm 范围内调节。真空定型机移动机构由电动机、蜗轮箱、万向节、丝杆、行程开关组成。

二、牵引及切割装置

1. 牵引机的作用

PVC 塑料型材挤出型坯进入定型器后，由于真空吸附力和摩擦力作用，必须配置牵引力牵伸，才能保证正常挤出，牵引机是连续挤出 PVC 塑料型材必要的辅助装置。其作用是给由机头挤出来的已获得初步形状和尺寸、性能及外观质量的型材提供一定的牵引力和牵引速度，均匀地引出型材，并通过牵引速度调节型材的壁厚，牵引速度的快慢是决定产品截面尺寸、性能及外观质量的主要因素。本机由三大系统组成：机架系统、牵引动力系统、气动压紧系统。牵引速度随着 PVC 塑料型材的大小而变化，牵引较宽 PVC 塑料型材时（定型模吸附力高），牵引速度慢。对高速挤出，牵引机的牵引速度需要 20kN 以上的牵引力，牵引速度应该达到 4m/min 以上。

2. 牵引机的种类

牵引机有三种：滑轮式牵引机（辊筒式牵引机）、履带式牵引机（图 3-13）、传动带式牵引机。辊筒式牵引机是最通用的一种，可以牵引从管材到简单的 PVC 塑料型材。履带式牵引机是广泛使用的牵引机，适用于从 PVC 塑料型材到几乎所有的挤出 PVC 塑料制品的牵引，履带式牵引机它是由两条或两条以上的履带组成，接触面较大，牵引力较大，一般开放式的 PVC 塑料型材，采用上下式履带牵引机。传动带式牵引机适用于薄壁 PVC 塑料型材的牵引、弹性 PVC 塑料型材和软质 PVC 塑料型材的牵引。

3. 切割机的作用

切割机的主要作用是将连续挤出的 PVC 塑料型材根据需要长度切断的装置。

切割机的种类有四种：圆锯式切割机、闸刀式切割机、旋转式切割机、圆砂轮式切割机。自动圆锯式切割机是 PVC 塑料型材挤出成型中最常用的切割机，一般选用行走式圆锯，

图 3-13 履带牵引机、切割机

圆锯有两种：铣锯和切锯，铣锯适用于薄壁制品的切割，PVC塑料型材挤出成型中大多采用切锯。

翻转装置主要作用是支承制品，使连续挤出的PVC塑料型材制品定向前移，保证制品平直并将定长切割的制品堆积成垛。一般采用气动翻板式。

4. 设备技术参数简介

以某公司生产的QY-QGY240牵引切割机为例，分为牵引、贴膜、切割三个单元。

（1）作用　给由机头挤出来的已获得初步形状和尺寸的型材提供一定的牵引力和牵引速度，均匀地引出型材。有机架、牵引动力系统、气动压紧系统。

（2）牵引原理　经过真空定型台上PVC塑料型材定型模的工件，通过牵引机上下履带体的压紧产生摩擦力，由动力系统传至履带体上的橡胶夹持块产生摩擦力，并克服定型模的吸附力，带动工件向切割机方向传动。上下履带表面共有210块夹持块，上下履带有不平行现象，会导致与PVC塑料型材的表面某些部位压不住，在一定程度上影响牵引质量。如果发现此类情况，可针对下履带上的两侧挂脚上的调整螺钉来调节四角的位置，但首先看双排链条在工作面上是不是完全与油尼龙导轨相贴。

切割机由电动机直接带动圆锯片旋转。PVC塑料型材的夹紧、工作台移动时的随时速度以及圆锯盘内上下的切割动作都是由气动控制实现的。

（3）主要参数　最大牵引力：30000N；牵引速度：0.1～4mm/min；主电机功率：2×2.4＝4.8kW；转速：37～1500r/min；履带接触长度：2005mm；夹持块宽度：240mm；压缩空气消耗量：1200L/h；压缩空气压力：0.6～0.7MPa；圆锯片直径：400mm；最大切割塑料型材宽度：240mm。

第四节　挤　出　模　具

通常使用的模具有两种形式：板式阶梯形模具和断面渐变形模具。板式阶梯形模具的流道呈阶梯变化，由几块口模板串接而成。每块板都加工出相应的轮廓形，逐步由进口的圆形变化成所需的出口形状。在每块的进口都有斜角，来完成一个形状向另一个形状的过渡。这种模具加工费低，流道不是理想的流线形，一般不用做主型材。断面渐变形模具流道呈流线形，流道中不能有物料的滞留区，熔体从进口处的圆形逐步准确地被分配到出口形状的各个截面上，速度平稳地增大至所要求的出口速度，截面上各点的速度一致。对于带有复杂模芯的 PVC 塑料型材，模芯有的是与支架板做成一体，有的是通过定位销钉和螺钉固定在支架板上，还有的是用紧密镶嵌的方式将模芯镶嵌在支架板上。使用中不能轻易拆卸，因为重新组装调试是很费时的。熔体的分流也采用两种方式：在分流锥上进行和在压缩段进行。断面渐变形模具可作为主型材模具。

PVC 塑料型材挤出模具是挤出生产线的核心部分，它包括口模（又称模头）、定型模、冷却水箱等。口模通过法兰盘与挤出机机头上的法兰盘组装在一起，安装加热圈、加热板，接通电源和热电偶。定型模和冷却水箱装用螺钉固定在定型台上，而且接通水管、气管。

一、口模（亦称模头）

挤出口模结构有四部分：熔料分配部分、调整部分、缓冲部分、赋型部分。模头结构见图 3-14。

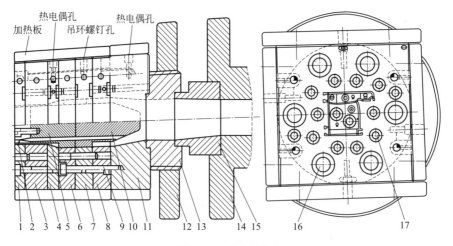

图 3-14　模头结构

1—成型板；2—镶块；3—预成型板；4—压缩板；5—型芯；6—支架板一；7—支架板二；8—过渡板；9—机械螺钉；10—分流罐；11—机颈一；12—法兰盘；13—机颈二；14—机床法兰盘；15—过渡套；16—模头螺钉；17—成型板螺钉

挤出模头的基本结构，一般设计成多块模板叠接组装的结构。所以，整个模头的流道是由各块模板中的一段流道，前后连接而形成的。各块模板之间用销钉和螺栓进行定位和紧固，形成一个整体的挤出模头。基本状况是：挤出模头的稳流段常由多孔板和机颈前半段组成，也有将机颈的前半段和后半段分别设计成机颈和机颈过渡板两块模板。也可以不使用多孔板，而将机颈前半段流道设计成长柱形流道，起稳流作用。

挤出模头的分流段从机颈的后半段开始，包括分流锥、分流支架板和收缩板。收缩板可以不单独分割成一块模板，而与预成型板一起组成一块模板。

挤出模头的成型段涉及的模板有：模腔板（又称预成型板）、口模板（又称成型板）和型芯（又称模芯）。对于较简单的型材模头，将预成型板与口模板合为一块模板。

1. 制品断面设计要点

PVC 塑料型材产品设计要点是各断面的厚度及形状力求对称分布，这样使物料在机头中流动均衡，冷却也能均匀，压力趋于平衡。一般说，同一断面最大壁厚和最小壁厚相差

<50％较妥。如果是封闭筋的制件，筋的厚度应较壁厚薄20％。为了避免PVC塑料型材制品的转角处的应力集中，制品形状变化应平滑圆滑过渡，一般外侧转角 R 不小于0.5mm，内侧转角 R 不小于0.25mm。避免制品有交叉重叠。制品的中空部分不能过小。断面形状最好对称。

2. 模具的结构类型和设计原则

模具是挤出机的成型部件，它主要由机颈座、分流锥、支承板（亦称支架）、芯模、口模板和调节螺钉等组成。PVC塑料型材挤出模具主要由三段组成：进料段——由机座及分流锥构成机头流道进料段，为圆锥形；熔体分配与成型段——由支承板及口模压缩部分构成熔体分配与成型段，形状逐渐接近PVC塑料型材断面；平行段——口模和芯模构成机头平行段。

（1）挤出成型塑料型材的模具结构类型　有两种：板式机头和流线形机头。根据加工制造机头的方法不同，流线形机头又分为整体式流线形和分段式（也称阶梯式）流线形。

（2）模具设计原则　模具是PVC塑料型材挤出成型的关键部分，它的功能是在10～25MPa的挤出力作用下，挤出与型材相似的型坯。PVC塑料型材模具流道设计原则是流道截面应成流线形；有足够的压缩比和定型长度形成一定的挤出压力；模具各流道部分的截面间隙的料流阻力平衡和流量对称。PVC塑料型材机头的流道结构一般分为进料、压缩（亦称过渡部分）和成型三个部分。一般说，长流道的进料部分长度是取定型部分长度的1.5～2倍左右，压缩部分的长度取定型部分长度的2～3倍左右。压缩部分的最大横截面积是在支架器的出口区域。支架器的支撑筋的形状，宽的呈枣核形，薄的呈长棱形。支架器前部的分流体的形状是四周以相同的角度收敛呈鱼雷体形。

熔融物料的流量在进料、压缩、成型三个部分流道的熔体流速不同，进料部分最小，成型部分最大，过渡部分必须处于二者之间且向挤出方向逐渐增大。熔体流速与流道横截面积成反比。机头内流道的粗糙度应在 $Ra0.4～0.8\mu m$，定型部分的口模流道粗糙度要高于内流道的粗糙度，应在 $Ra0.2～0.4\mu m$。

挤出的型坯刚出口模时有比口模间隙尺寸增大的现象，这种现象称为离模膨胀，即巴拉斯效应。当PVC塑料型材挤出的牵引速度慢且在口模出口附近被冷却时，必须考虑这种效应。出口模的离模膨胀通常以体积计算时其膨胀率一般为1.5～2.5倍，该值随熔体温度、压力和速度等因素的不同而变化。

PVC塑料型材所需要的壁厚尺寸，一方面要靠合适的挤出型坯的壁厚，另一方面还要靠牵引速度和挤出量适当调节。挤出型坯壁的薄厚主要取决于口模间隙的大小，其次取决于物料在挤出机内的塑化性能、挤出压力、挤出温度、物料的性能与膨胀值。一般壁厚的标准牵引收缩率为≤2.5％。口模间隙与制品壁厚则取（0.8～0.9）：1。

（3）型材外壁与内壁厚度的设计　PVC塑料型材在冷却过程中，PVC塑料型材外壁与冷却模具接触，温度下降较快，而处于型腔内部的筋板因为在空气中自然冷却，降温的条件差，速度慢。如果内外冷却速度相差较大，内筋的热量将有一部分传递给外壁，热应力将导致PVC塑料型材尺寸超差，表面不平整，各表面之间不平行、不垂直，所以要将内外壁设计成不同的壁厚。内壁厚度要比外壁厚度减薄20％～50％，这取决于型腔的复杂程度，截面尺寸，内筋数量与位置。造型简单，内筋少，内筋厚度为外壁厚度50％～70％，结构复杂，内筋数量多，内壁厚度为外壁厚度50％。型材的转角部位，壁层之间的连接处应当设计成圆角过渡，圆角半径大，流动性好，尖角处使物料滞流。外侧转角半径不小于0.5mm，内侧转角半径不小于0.25mm，最好内外侧圆角半径同心。

国内PVC塑料型材的模具材料主要使用含铬量为13％的不锈钢3Cr13和2Cr13、40Cr。

热处理的硬度 HRC24～28，国外模具含铬量为 17％。用于模具的材料还有 45 钢（法兰、定型模固定板）、铸造铝合金 ZL102-ZL105（定型模的上下盖板和固定板）、黄铜（挤出模和定型模的镶嵌件、水汽嘴）、有机玻璃板（冷却水箱）等。

3. 模具使用要求

在模具投入使用，生产升温时，先升至 150℃，保温 15～20min，再升至工作温度，保温 5min 左右可以生产。在模具不投入使用，只是清理留在口模中的物料，升温至 150℃后，拆开口模及时清理。否则温度过高，物料烟在口模内。

二、定型模具

定型模根据不同的方式定型全部挤出物，有以下几种：摩擦定型、内压外定型、内定型、真空外定型（图 3-15），真空外定型包括空气冷却水道。在 PVC 塑料型材挤出成型全部采用真空外定型技术，根据定型过程中散热方式不同分为干式定型和湿式定型。真空外定型的干式定型装置被称为型材定型模的定型套（图 3-16），湿式定型装置被称为型材定型模的水箱（图 3-17）。目前，PVC 塑料型材定型模往往是数个定型套和水箱组合而成的，称为干湿混合式真空定型模（图 3-18）。

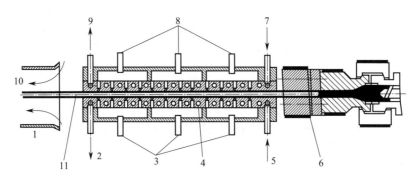

图 3-15 真空外定型

1—空气冷却通道；2，9—出水口；3，8—真空管；4—定型套；
5，7—入水口；6—模头；10—冷却空气；11—型材

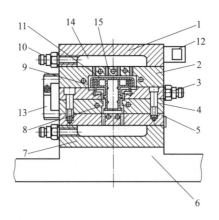

图 3-16 定型套的主要结构

1—盖板；2—上型板；3—水管接头；4—侧壁板；5—下型板；6—底脚；
7—底板（下盖板）；8—冷却水道；9—真空槽；10—真空接头；
11—型材；12—手柄；13—铰链；14—真空泵；15—真空管

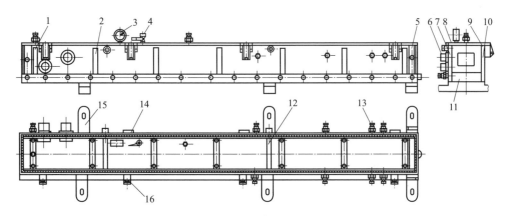

图 3-17 湿式定型装置（型材定型模的水箱）

1，2，5—支撑板；3—真空表；4—放气开关；6—真空抽水接口；7—后侧板；8—上盖板；
9—密封条；10—前侧板；11—底板；12—拉杆；13—水管接头；14—铰链；15—底脚；16—搭扣

图 3-18 干湿混合式真空定型模

　　定型套的基本结构，定型套内腔称为型腔，型腔的形状要求与型材外形相吻合，在型腔的壁上，垂直于型材运动方向，开设多排细槽（或小孔），称为真空槽。通过管路和腔室将这些真空槽与真空泵相连接，形成真空系统。真空系统抽真空使得真空槽形成真空负压，吸引型材型坯贴附于型腔壁表面实现定型（真空负压值要求在$-0.6 \sim -0.8$bar❶之间）。定型套内还设置有由管道组成的独立的冷却系统。型材型坯的热量则通过型腔壁传到冷却系统的冷却介质中，再传递到定型套外部。

　　定型套的型腔一般是由沿着挤出方向剖分的数块型腔模板（简称型板）组成的，这是为了方便加工型腔中的沟槽、真空缝（孔）以及定型和冷却系统中的管道等。定型套是用螺钉和定位销将数块型板和上下盖板一起组装形成的。定型套一般分为上下两部分，用连杆、铰链等连接。

　　挤出成型 PVC 塑料型材制品的定型方法大多采用多段真空冷却定型，真空定型模结构为多层钢板组合装配而成，分上下两部分，且可以开启，内腔设真空室（孔）及冷却水通

---

❶ 1bar＝10^5Pa。

道。定型模的总长度、型腔尺寸精度、冷却效果和真空吸附力，决定着 PVC 塑料型制品的形状、尺寸精度和表面质量。定型模结构示意图见图 3-19。

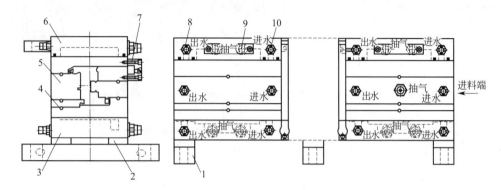

图 3-19　定型模结构示意图
1—底板；2—垫块；3—台板；4—骑缝销；5—型板；
6—盖板；7—铰链；8—出水接头；9—气接头；10—进水接头

使用定型模具前的检查
① 模具定型面的光洁度。
② 模具截面的几何尺寸，最后一段冷却定型模具出口一般应比所需的型材尺寸大 0.5%～1.5%；各段截面的几何尺寸应从前到后逐步减少（0.1%～0.2%）或大体相同，不能相差太大。
③ 各段冷却定型模具的水平开窗和同轴度。
④ 真空密封状况及其各管道的畅通。
⑤ 冷却水道的畅通和流量。

三、水箱

PVC 塑料型材在定型模内完成初步定型后应得到充分的冷却和辅助定型，这就是冷却水箱的作用。水箱有涡流水箱和简易水箱之分。也有按照水箱的基本结构分为两种，一种是四面都封盖并抽真空的真空负压水箱；另一种是上部敞开的水箱，或称其为水槽。

简易水箱（也称水槽）是将制品浸没在流速缓慢的冷却水中进一步冷却，适合于一些简易的或薄壁制品的冷却。涡流水箱（也称真空负压水箱）是湿式真空外定型的定型模装置，真空负压水箱内还必须设置一组支撑板（定型块），分布在水箱的冷却水或喷淋冷却系统中，支撑板中部加工出与型材外壁相吻合的腔孔。通过水箱后端的抽水口将前端的进水快速抽出，以提高冷却的流速，挤出型坯从支撑板腔孔中通过，型坯直接同冷却水接触散热。与水箱连接的真空泵抽真空，使得水箱内各支撑板之间的空间形成真空负压，将型坯壁与支撑板贴紧，起到定型作用，确保其减小收缩与变形，从而获得所需的制品的外观和尺寸精度要求。水箱后侧的气接头在型材挤出过程中，用于抽干附于型材表面的残余水分，使型材进入牵引机时不至于因表面带水而引起履带打滑。在模具停止使用时，经利用此接头放干水箱中的剩余水，以便于模具贮存。

目前，真空负压水箱主要在干湿混合式真空定型模使用。型材型坯先经定型套冷却定型后再进入水箱，这时型材型坯应该已经基本定型。所以，支撑板的分布很稀疏，主要作用是不让型材受重力和浮力的作用而发生弯曲，支撑板在水箱内横向应该是可以浮动的，能够依据牵引运动中的型材自动对中，确保不会因为形位偏差的存在，对型材牵引运动形成过大的阻力。

在干湿混合式真空定型模中，水箱对真空的要求和定型套是完全不一样的。一般认为这里水箱中形成的真空负状态，主要是为了减轻水深对中空型材壁的压力，同时也有提高冷却效率的作用。水箱中的真空度不能过大，否则会造成型材空腔的过度膨大变形，对型材牵引和成型都不利，一般控制在 $-0.05\sim-0.2$ bar 范围内。

挤出模具的有关行业标准：JB/T 8745—2008《塑料异型材挤出模技术条件》，2008 年 11 月 1 日实施；JB/T 8746.1—2008《塑料异型材挤出模零件 第 1 部分：矩形模板》，2008 年 11 月 1 日实施；JB/T 8746.2—2008《塑料异型材挤出模零件 第 2 部分：圆形模板》，2008 年 11 月 1 日实施；JB/T 8746.3—2008《塑料异型材挤出模零件 第 3 部分：矩形机颈》，2008 年 11 月 1 日实施；JB/T 8746.4—2008《塑料异型材挤出模零件 第 4 部分：圆形机颈》，2008 年 11 月 1 日实施；JB/T 8746.5—2008《塑料异型材挤出模零件 第 5 部分：定型块》，2008 年 11 月 1 日实施；JB/T 8746.6—2008《塑料异型材挤出模零件 第 6 部分：型板》，2008 年 11 月 1 日实施；JB/T 8746.7—2008《塑料异型材挤出模零件 第 7 部分：定位零件》，2008 年 11 月 1 日实施。

四、PVC 塑料型材挤出模具的使用与维护

挤出模具由口模（模头、机头）、干式定型模、真空定型水箱组成。口模由若干个模板组成。

口模涉及的部件有：挤出机机颈、过渡套、多孔板、法兰连接头、加热板（套）、定位锥销、型芯、螺钉、螺栓、口模板等。

干式定型模涉及的部件有：脚板、底板、下模板、上模板、左侧板、右侧板、排水管及接口、定位片、铰链、进水管及接口、密封条、水道密封、气道密封等。

1. 挤出模具的一般技术要求和状态

成型零件一般采用不锈钢的材料，并调质至 HRC24 以上；口模、定型模外表面及其零件的工作表面应光滑，不应有碰伤、划伤、毛刺、附着物以及锈蚀等缺陷，表面粗糙度在 $Ra12.5\mu m$ 以上；各模板间应该有可靠的定位，模头各模板间相对位置的装卸重复性误差不大于 0.03mm；模头各接合面和拼合面应该有良好密合，其局部间隙不得大于 0.02mm；模头应该具备有拆卸槽和电热元件的测温插孔，并且不应有损坏；定型模的冷却系统、真空系统应畅通、不泄漏，一般情况下水气系统不应相互串通；定型模的水管接头、真空管接头应有明显的标识，并不影响管路的连接。

2. 挤出模具的使用条件

挤出设备状态良好，实际挤出量、牵引速度范围、对接关系与模具的要求一致，所采用的配方、配料及混料工艺应成熟、稳定，型模不宜经常更换。冷却水供水量是生产主型材每条生产线 7m³/h 以上，辅助型材 2~5m³/h，水温控制在 14~18 为宜，有效水压 0.3MPa 以上。主型材需要三台真空泵，其极限真空度 −0.092MPa 以上。高速（或准高速）挤出时，生产线需要配备真空定型水箱的抽水装置，以便形成冷却水的快速循环。

3. 模头的使用

模头装配时，将各零、部件贴合面、定位销孔内清理干净，以连接头为基件，逐件进行装配。装配时定位销应擦干净、涂少许硅油、并轻轻敲紧，螺钉的丝扣部分涂少许高温油脂。装配后各板件间不应有间隙，模隙不应有明显变化。模头在使用安装时应注意，模头与主机对接，螺钉的丝扣部分必须涂高温油脂、二硫化钼，在拧紧螺钉之前，用水平仪仔细校正口模上平面及出口面的水平度和垂直度，拧紧螺钉时应成对角交替进行。

模头装好后，安装加热板、热电偶测头。模头升温时一般应分段进行，先升至150℃，保温15~20min，再升至工作温度，保温5min左右。开机挤出前，将各处螺钉再一次拧紧。开机时先开低速，出料稳定后再提速，在物料塑化达到理想状态后切片观察，出料均匀则可进行牵引。在模具不投入使用，只是清理留在口模中的物料时，升温到150℃后，拆开口模及时清理。否则温度过高，物料煳在口模内。

停机前应加清洗料，在清洗料挤出口模后停机，适当松开连接螺钉，取下加热板，卸下口模整件，口模出口面向上放置。在拆卸模板的同时，借助于尖嘴钳、铜针、铜片、棉纱和压缩空气等将型腔内及模板间的物料趁热清理干净。待模具冷却后装成整件，出口面用油沾纸封口后入库保管。

4. 定型模及定型水箱的使用

定型模的安装：将定型模及水箱置于定型台面上，调整好位置后将其紧固，目测检查定型模及定型块型腔面应在同一平面内；如果水箱前端有密封要求，应将水箱贴紧定型模。分别按黄色、蓝色、红色标记插接真空、进水、出水管。第一节定型模最好单独使用一台真空泵。一般定型模的每段定型模的定型板有号，避免清理过程中弄混。定型模的使用：在牵引之前应检查模具型腔及真空槽内有无PVC塑料物、物料碎渣或灰尘（可用水冲干净）。尽量不打开定型模进行牵引，以减少拆卸对模具的损害。拆卸模板时应轻拿轻放，清理时应使用铜棒、铜针。使用后的定型模、定型水箱应清除型腔及真空槽内的PVC塑料物、析出物，吹去料渣和水分，用棉纱擦干。

5. 挤出模具的维护和保管

① 在安装模具之前，应将模具卸开，认真检查模具内部是否有损伤、腐蚀。仔细清理模具内的杂物，清理时切记要用铜制等软金属工具，严禁使用改锥等，以免划伤模具。

② 清理后在模具内表面涂一层硅油，将模具装配好。均衡均匀地紧固螺钉。

③ 安装在挤出机后，加热到设定温度后恒温30min以上，开车前应再紧固一下挤出机与机头的紧固螺钉和机头模具的紧固螺钉。

④ 操作中，时时注意保护模具，不得使用硬质工具，操作不能鲁莽。

⑤ 用后应立即维护保养。如长时间不用，不得带料停车和带料贮存模具。应清理模具中的余料，清理中要避免划伤模具。一般不要用纱布摩擦模具内部，必要时应使用800目以上砂纸打磨、抛光。模具出现划伤或损伤，应找出原因，做出修复的计划。

除了日常维护保养外，视物料析出物多少、冷却水质以及模具使用情况，定期（3~6个月）对真空系统、冷却系统进行清理。模具型腔的细小划伤、点蚀等可用0号砂纸、800目以上的金相砂纸抛光，对比较严重的损伤及点蚀可局部堆焊（亚弧焊）不锈钢并加以修复。模头保养时，在流道涂以薄层有机硅酯，密封面用细平磨或很细的人造金刚砂布清理，螺栓、螺钉承载面及螺纹，必须涂高温酯、钼酯或石墨酯。模头表面用油纸密封，定型模内腔除锈擦干后两端用油纸密封。模具应放在干燥、清洁、通风的库房内，严禁与化学品和潮湿物品同库存放，对较长时间不用的模具应油封。

第四章　生产工艺与质量管理

第一节　挤出成型的工艺路线

挤出成型主要是利用螺杆旋转加压方式，连续地将塑化好的熔融物料从挤出机的机筒中挤进机头模具，熔融物料通过机头口模成型，成为与口模形状相仿的连续体型坯，用牵引装置将型坯连续地从模具中拉出，同时进行冷却定型，使挤出的连续体失去塑性状态而变为固体，制得所需形状的产品。

型材挤出成型的生产特点是：型材通过挤出机的机头后会产生变形，挤出成型的定型时间非常短，通过口模的时间不到一秒钟，型材在瞬时附加载荷下，形变不随应力的消失而消失。所以为了获得一定断面形状的制品，要考虑挤出机、机头口模定型装置、牵引机以及加工过程中的温度设定和调整。

一、PVC塑料型材的工艺路线

原材料准备—干混合—冷混合—挤出—定型—定长切割—包装。

挤出成型的第一阶段是塑化，即PVC干混料由挤出机料斗加入到挤出机机筒，在机筒温度和螺杆旋转压实及混合作用下，物料由粉状或粒状固体转变成为具有一定流动性的均匀连续熔体过程。挤出成型的第二阶段是成型，即经过塑化以后的塑料熔体移动到机筒前端附近以后，在螺杆的旋转挤压作用下经过多孔板流入机头，并按照机头中成型口模和芯模的形状成型为高温型材型坯。挤出成型的第三阶段是冷却定型，即高温型坯在挤出压力和牵引作用下，经过真空冷却定型以后，形成具有一定强度、刚度和径向尺寸精度的产品的过程。

二、挤出成型原理

热塑性塑料在恒定的压力下受热时存在三种物理状态，玻璃态、高弹态和黏流态。挤出成型加工温度范围是在玻璃化温度 T_g 到分解温度 T_d 之间，这范围越宽，塑料越不易分解，越易挤出加工。

物料在螺杆中的流动理论说明，以固体（粉料或粒料）进料的挤出过程中，塑料要经历固体—弹性体—黏性液体三种变化；同时物料又处于变动的温度和压力之下，在螺槽与机筒间，物料既产生拖曳流动又有压力流动。为了获得较大的固体输送率，可以从挤出机结构和挤出工艺两个方面采取措施。从挤出机结构来考虑，适当地增加螺槽深度、降低塑料与螺杆的摩擦系数是有利的（提高表面光滑度，表面粗糙度 $Ra0.8\mu m$ 以上），增大塑料与机筒摩擦系数（在机筒内表面开 $8\sim12$ 条深约 $0.5mm$ 的纵向沟槽），螺杆螺旋角选择 $17°41'$。从挤出工艺分析，关键是控制加料段处机筒和螺杆的温度，绝大部分塑料对钢的摩擦系数随着温度的下降而减少，摩擦系数减少对物料输送有利。

塑料的熔化（相迁移）过程是这样的。塑料在挤出机中的熔化和压缩主要是在压缩段完成的，压缩段的作用是压实物料，使物料由固体转化为熔融体，并排除物料中的空气，使物料中的气体推回到进料段、压实物料和物料熔化时的体积减小。压缩段还与塑料的形态有关，粉料密度小夹带的空气多，需要较大的压缩比（$4\sim5$），粒料压缩比 $2.5\sim3$。在挤出过程中，在螺杆加料段附近一段内充满着固体粒子。接近均化段的一段内则充满着已熔化的塑料，而在螺杆中间大部分区段内固体粒子与熔融物共存，塑料的熔化过程就是在此区段内进行的，该区段称为熔融段。就是说塑料的整个熔化过程是在螺杆熔融区进行的，塑料的整个熔化过程直接反映了固相宽度沿螺槽方向变化的规律。

熔体输送：均化段（计量段或挤出段）是螺杆的最后部分，它的作用是将塑料进一步塑化，并定量、定压送入到机头使其在口模中成型。均化段螺槽容积不变。熔体在均化段的流动包括四种形式：正流、逆流、漏流和横流。

第二节　PVC 干混料的制备

PVC 干混料是指在聚氯乙烯树脂软化温度以下，聚氯乙烯树脂与各种添加剂加入到混合机中进行充分搅拌而制成的松散干燥混合物。

一、混合的基本理论

混合、捏合、塑炼都是塑料成型物料配制中常用的混合过程，通常把初混合看做是粉料固体物料之间的简单混合；捏合是液体与粉料固体物料的浸渍及混合；塑炼是塑性物料与液体或固体物料之间的混合。

混合过程一般是靠扩散、对流、剪切三种作用来完成的。扩散作用是利用各组分之间的浓度差，使组分微粒从浓度大的区域向浓度小的区域迁移，从而达到组成的均一。在固体物料之间，扩散作用是很少的，只有靠升高温度、减少料层厚度才能加快扩散的进行。对流作用是使两种以上的物料向互相占有的空间流动，以达到组成均一。通常采用机械力搅拌使物料不规则流动而达到对流的目的。剪切作用是利用机械的剪切力，促使物料组分达到均一的混合过程。实际上在混合过程中，扩散、对流、剪切三种作用都是同时作用的，只是在一定条件下，其中的某种占优势而已。塑料成型物料混合物在高速混合机中进行的混合主要靠对流来完成的。塑炼过程中所用的密炼机、塑炼机、混炼式挤出机主要靠剪切作用来完成的。

二、两种混合理论

聚合物混合理论有层状混合理论和粒子附聚物的分散混合理论。层状混合理论认为，对于聚合物熔体的混合，由于黏度高，不可能是湍动，而是由层流所产生的对流混合（层状混合）。粒子附聚物的分散混合理论认为如果减小无机粉料的尺寸，作用在这些粒子上的重力按粒径的三次方迅速下降，而自然黏合力约按粒径的一次方或二次方增加。微细粒子趋向彼此结合在一起而形成强烈结合的聚集体，这种聚集体可进一步松散地结合成附聚物。形成附聚物的主要黏合力有：机械连接、静电力、范德华力和固体架桥力等。附聚物或聚集体的破裂过程称为分散。聚合物加工作业中的分散混合涉及固体粒子的附聚物（或团块）在变形的黏性液体中的破裂，在机理上，一般分为三个阶段。第一，粒子必须为聚合物熔体所湿润，如果固、液相相容性好，或者对粒子表面进行改性，这都有助于湿润。第二，聚集体或附聚物的破裂是通过加工设备的高剪切区来实现的。第三，粒子的紧密湿润是在排除填充剂—熔体界面的空气后发生的。分散的三个阶段也可能同时发生。

常用的干混合设备有掺混机、捏合机、高速混合机。普遍使用的是高速混合机。高速混合机是一种高强力、非熔融的混合机，它可以在较短时间（8～10min）内将聚氯乙烯与各种添加剂制成干混料，这种物料的塑炼时间可以大为缩短，也可将这种干混合料直接用于挤出。对 PVC-U 干混料，卸出物料的温度可达 110～130℃。在此温度下贮存会引起物料降解（变色）。为使物料在排出时达到贮存温度（30℃以下），常将高速混合后的物料排到冷混机中，一边搅拌，一边冷却。当物料将至贮存温度时即可卸料。也有将高速混合机与冷混机组合在一起，称为高速/冷却混合机。

三、混合过程中物料状态的变化

1. 热混合过程中 PVC 粉料颗粒形态变化

在常温状态下 PVC 粉料颗粒大小不一，小颗粒较多，在挤出成型过程中极易引起塑化不均匀。当温度达到 50℃ 左右时，原来大的堆集粒子变小了，小的颗粒逐渐消失。这是因为在热混合过程中，大的堆集粒子受剪切破碎成小粒子，小颗粒吸收了热能和机械能而活性增加，逐渐和其他颗粒结合在一起，使平均粒度增大。当温度达到 120℃ 时，粒子变得大而均匀，小颗粒几乎完全消失，并在颗粒的某一部分或边缘变得透明或半透明，这种现象说明 PVC 颗粒由于吸收热能而产生了部分凝胶化。当温度达到 130℃ 时，PVC 颗粒的粒度趋于稳定，凝胶化程度更深。PVC 粉料在高速混合搅拌下，既有颗粒细化、重新组合，粒径增大而均匀的形态变化，又有表观密度增大和部分凝胶化的功效。颗粒的增大，会起到致密作用，使颗粒的表观密度达到最大值，从而提高挤出产量；重新结合和均化，有利于挤出成型过程的均匀塑化；部分凝胶化，可加速物料挤出时的塑化进程。

2. 热混合过程中 PVC 粉料混合物表观密度和直径的变化

表观密度和颗粒平均直径随混合温度的变化规律如图 4-1、图 4-2 所示。

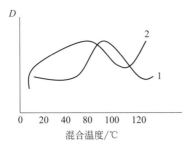

图 4-1　PVC 粉末混合物
表观密度（D）与热混温度的关系
1—纯 PVC；2—改性 PVC

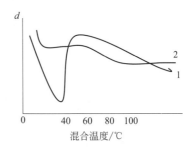

图 4-2　PVC 粉末混合物
颗粒平均直径（d）和热混合温度的关系
1—纯 PVC；2—改性 PVC

硬质 PVC 配方混合物 20～40℃ 范围内，D 在 0.5～1min 内就可以达到相当高的值

（$0.57\sim0.58\text{g/m}^3$），但是 d 有所下降。这是由于混合机的高速转动，剪切力把 PVC 树脂堆集结团的大颗粒和各种助剂颗粒进行粉碎，造成 d 减小。在 $40\sim110℃$ 温度范围内，大部分混合物 D 继续增加，但速度缓慢，而 d 则由小逐渐增大。在 $110\sim140℃$ 范围内 D 继续增大，d 达到最大值或开始下降，PVC 粉料颗粒部分凝胶化，颗粒均化和相当部分的助剂熔化。温度大于 $140℃$，D 达到最大值，d 开始下降。温度大于 $155℃$ 时，有些配方物料开始变色。所以 PVC 各组分在高速混合过程中，不仅是机械混合过程，还是一个复杂的 PVC 粒子物理变化过程。

配方制定后，高速混合机的加料量、加料顺序、混合温度和混合时间是控制 PVC 干混粉料质量和产量的关键因素。

当物料体积和混合机的容积之比小于 50％时，升温速度较慢，$15\sim20\text{min}$ 才能达到终温；比值在 $50％\sim70％$ 时，物料翻腾良好，$9\sim10\text{min}$ 就可以达到终温，效率提高 30％；比值大于 70％时，物料升温速度提高不多，物料翻腾变慢，负荷过大。双螺杆挤出机的挤出量与干混粉料的表观密度成正比，因此，高速混合操作程序和控制条件，应该以获得表观密度较高、部分凝胶化、松散不结块和均匀一致的干混粉料为准则。

固体组分加入顺序不但影响 PVC 升温速度，而且影响混合时间和混合温度，润滑剂对干混粉料的表观密度和凝胶化速率有影响，最好在 PVC 树脂与其他添加剂混合以后，在温度低于终点温度 $20℃$，在高速搅拌下加入。

高速混合机进行到设定温度时立即转入低速搅拌混合，并将混合物排入低速冷混合机内，将混合料迅速冷却降温到 $40℃$ 以下，以免在贮存过程中变色、结块。低速冷却混合机的容积应是高速混合机的二倍以上。500L 高速混合机技术参数见表 4-1。

表 4-1　500L 高速混合机技术参数

加料量/kg	加热蒸汽压力/MPa	混合时间/min	热混合出料温度/℃
不大于 180	0.2	低速 3，高速 $10\sim12$	$115\sim120$

四、混料过程的控制

PVC 干混料的质量控制是挤出工艺的基础。PVC 干混合（也称预混合）之前是原料的准备阶段，基本上可分为原料的筛选、输送、计量等工作，然后在高速/冷却混合机组中进行混料。混料不是简单的混合，而是实现 PVC 物料的初步塑化，以便能够满足挤出成型的需要。

1. 称量控制

在原材料的称量输送方面，可根据企业规模大小，采用人工配投料或自动配混系统。在配混系统中，原材料的输送有真空负压输送、气压正压输送、螺旋给料机输送等多种形式，应根据厂房要求及各种原材料的精度要求选择合适的输送形式。称量分为人工称量和自动化称量两种方式，无论采用哪种方式，按照生产配方进行原材料称量的准确性非常重要，特别是用量少的助剂更要精确，所以，人工称量要定期检测计量器具，自动化称量要确保系统运行稳定，称量才能达到精度高，保证混合料质量的稳定。

2. 混料控制

混料不仅要求原料助剂混合分布均匀，还包括升温初塑化的反应过程。料生、均匀性差及挥发分含量高，会导致型材产生缺陷，如麻坑、断面泡孔不均匀、生料块、收缩纹、分层、堵模等。混料包括热混和冷混两步。热混中物料的变化过程如下所述。

颗粒细化—重新结合—粒径增大—部分凝胶化（预塑料化）—得分散均匀的物料。

冷混使物料温度低于 $40℃$，混好的干混料要在室温下存放 8h 以上，以便让物料进一步熟化，并消除混料过程中产生的静电，提高干混料的流动性。刚刚混合好的干混料流动性要比放置 8h 以上的干混料的流动性慢 1～2s。

在高速/冷却混合机组中进行混料是高强力、非熔融混合，是生产硬质 PVC 干混最常用的方法 。这种技术使树脂和添加剂受到高速、高剪切的混合。物料受到高速叶轮所产生的摩擦热而加热，所以被加热的树脂会吸收液体添加剂，而蜡和其他低熔点润滑剂会熔化，并涂于树脂粒子上。在高速混合机中，不熔的固体添加剂（如无机填充剂和聚合物改性剂）是与树脂颗粒相互分散的。高速混合是一种间歇操作。由于高剪切作用，物料升温很快，混合周期相当短，因此，控制出料温度是关键。如果采用最低的出料温度（90℃），应保证分散适当、除掉残余水分和密实。从高速混合机中卸出的干混料（90～115℃）进入到冷却混合机中，必须在搅拌下冷却到 30～40℃才能装袋或输送到贮料仓中。如果从混合机卸出的干混料立即装袋，或不在搅拌下冷却就进入料仓，就会产生两个问题：第一，干混料缓慢冷却到室温，物料会结块；第二，由于 PVC 对热很敏感，物料会降解而变红。高速投料及混合的方法如下。

（1）在低速搅拌下向混合机加入树脂。

（2）加完树脂，立即加入液体稳定剂，升高混合机的搅拌速度。

（3）在 60℃下，加入加工助剂、冲击改性剂和着色剂。

（4）在 75℃下加入润滑剂。

（5）在 85℃下加入填充剂和二氧化钛。

（6）在 90～110℃下，将物料放进冷却混合机，冷至 35℃。

热混设备的好坏直接影响混合质量，加强设备的管理是控制混合料质量的基础。在生产过程中，热混机的关键部件是导流板（桨叶）和热电偶。导流板松动或方向不对，就会降低原料在热混机中的碰撞、摩擦程度，使混合料均匀性差；而热电偶是温度控制的主元件，热电偶损坏或头部粘料，所反映的温度不真实，容易产生生料、煳锅现象。因此，导流板和热电偶要定时点检、校检。混料时，操作工应做好温度、时间、电流的工艺记录，这些记录是发现热电偶等设备故障的根据。

3. 人员控制

在整个混配过程中，人为因素占有很大比例。称量是否准确、混料步骤是否严格，是判断问题的基础，是混料质量优劣的关键，加强人员管理是控制混料质量的必要条件。要着重操作工的培训工作，使操作工理解并掌握配混的每一个环节，严格按照工艺要求进行操作，还要细心，从平时重复的劳动中积累经验，如原材料的外观、升温快慢、设备的声音等，对于工艺员发现问题、解决问题很有帮助。

五、CPE/PVC 共混物料加工性能的评价

CPE/PVC 共混物料加工性能评价，一般是在毛细管流变仪上测定基本参数，如表观黏度和剪切应力与剪切速率的关系，找出最佳工艺条件。熔融的聚氯乙烯复合物是属于非牛顿型流体，它的表观熔融黏度较通用热塑料性塑料高 1～2 个数量级，并随剪切速率的增加而降低。

1. 测定聚氯乙烯复合物流变性能的仪器和方法

测定聚氯乙烯复合物流变性能的仪器和方法有毛细管流变仪和回转式流变仪两类。前者用加压的柱塞将熔融的聚氯乙烯物料从加热圆筒中经过毛细管口模挤出，根据柱塞的压力、物料挤出的速度以及毛细管口模的几何尺寸就可以计算出熔融物料所承受的剪切应力、剪切速率，从而求得表观黏度值；后者可以模拟密闭炼塑、挤塑等加工过程在流变仪上取得各种

基本流变参数和实用的加工转矩、能耗、动态热稳定时间、塑化时间等数据。试验的毛细管直径 $d=2mm$，长度 $L=10mm$，温度为 190℃。

2. 混炼工艺条件对 CPE/PVC 共混材体系料性能的影响

混炼温度：温度为 165℃ 时材料缺口冲击强度最高，韧性最好，当温度高于 180℃ 时材料缺口冲击强度明显下降，当温度高于 190℃ 时，材料缺口冲击强度极差。混炼时间：混炼时间为 7～8min 时，材料缺口冲击强度最高，随着时间的延长，材料的韧性明显下降。

第三节　双螺杆挤出机工艺参数

挤出成型工艺参数包括成型温度、挤出机工作压力、螺杆转速、挤出速度和牵引速度、排气、加料速度、冷却定型等。

一、加工温度的设定

双螺杆挤出机温控系统由 10 个温控点组成。依据物料在挤出机出过程各个阶段的形态、承温及对热量的需求情况，可将 10 个温控点归纳为加温、恒温、保温三个区域。其中加温与恒温区主要在挤出机内，以排气孔为界划分为两个相对独立又互为关联的部分；保温区主要由机头、大小过渡段、口模部分构成。

加温区由送料段、压缩段两温控点组成。由于物料由室温状态经给料机螺杆输送给挤出机送料段螺杆，距物料熔融温度温差较大，同时物料经压缩段螺杆将通过排气孔，挤出要求物料在该区域就应完成由固体向熔体的转化过程，并紧紧包裹于螺槽表面，防止物料从排气孔排出或阻塞排气孔。因此物料在加温区域需要的热量较大，送料段、压缩段的温度宜设定的高一些。值得注意的是，如送料段温度设定过高，由于距离料斗与挤出机转矩分配器接近，易导致物料在料斗内交联，转矩分配器齿轮受热变形及加速磨损，故送料段温度设定还应视料斗冷却情况和转矩分配器油温而定（一般以油温≤60℃为宜）。

恒温区由熔融段和计量段两温控点组成。物料经过加温区已基本呈熔体状态，但温度不甚均匀，还须进一步恒温并完全塑化，并且随螺杆容积减少，在机头均布盘（亦称过滤盘、导流盘）阻力作用下，物料黏度、密实度进一步提高，因此该区域物料还需要一定热量。但该区双螺杆对物料剪切和压延作用所转化的内热，往往又超过物料的需求，故熔融段和计量段温度设定在挤出机开机前升温时略高一些，以利于螺筒恒温。开机正常后要适当降低，以防止物料降解。

保温区由机头、过滤段、口模等温控点组成。物料经过恒温区已完全呈熔体状态，进入恒温区将由螺旋运动改变为匀速直线运动，并通过均布盘。过渡段和口模建立熔体压力，使温度、应力、黏度、密实度和流速更均匀，为顺利地从口模挤出做最后的准备。由于改变运动方向，建立熔体压力需牺牲一定的热量为代价。同时在该区域，内热已不复存在，故仍需要一定外热做补充。该区域温度设定一般应高于前两个区域设定的温度，口模处温度还应依据型材截面结构进行设定。截面复杂或壁厚部位，温度设定应高一些；截面简单或壁薄部位，温度设定应低一些；截面对称或壁厚均匀部位，温度设定应该基本一致。

二、加工温度的控制

挤出机设定温度所控制的各个温控点显示温度仅仅是螺筒、机头及口模的温度，并非物料的实际温度。物料温度与显示温度在不同加热工况下存在不同的对应的关系，即当螺筒、机头、口模等温控点外加热器加热时，物料温度实际上低于显示温度；当螺筒、机头、口模等温控点外加热器停止加热时，物料温度则可能等于或高于显示温度。从挤出加温、恒温、保温三个区域供热情况分析可知，加温区既存在外加热，又存在内加热（螺杆对物料的剪切与压延作用转化），为双向导热，显示温度基本上等同于物料温度；恒温区在显示温度未达到设定温度时，亦是双向导热；显示温度超越设定温度值时，热量开始由内向外传递，可称为逆向导热，显示温度则可能低于物料温度；保温区由于内热不复存在，热量又开始由外向内传递，亦称为正向导热，显示温度则高于物料温度。过渡段和口模部位温控点显示温度一般比较稳定，基本上可控制在设定的范围内。

三、挤出量的控制

由于双螺杆挤出机有强制给料的特点，挤出量是由加料速度所决定的，加料速度和挤出速度亦存在相应的匹配关系，提高或降低加料速度和挤出速度应同步进行。其相互调整的幅度应视加料孔内物料在螺槽内的充斥量而定，一般应控制物料在螺槽内 2/3 高度为宜。过高则会产生挤出机过载或加料孔、排气孔冒料现象；过低则易导致双螺杆非正常磨损。调整加料与挤出速度时还应密切观察主机电流变化，物料塑化好时，一般电流较低。主机电流变化是判断挤出温度控制是否适当的一个重要依据。

四、挤出工艺控制要点

（1）温度　物料到机头温度一般控制在流动温度和分解温度之间（温度一般是 160~180℃），口模定型处略比机头温度低一些。操作时应该注意：仪表温度与实际温度的差别（最大为 10℃）；熔融塑料的温度与机头壁的温差（根据实测相差 2~4℃）。

（2）压力　在挤出机上有压力控制器，有两种作用：调节螺杆轴向运动；调节机头流道。

（3）挤出工艺理论　塑料加入料斗后在静止的机筒与旋转螺杆之间受到剪切作用，随着螺杆的旋转，塑料被强制向机头方向推进，这是一个机械输送过程。当塑料自加料口经机头运动时，由于螺纹深度逐渐减小及过滤板、过滤网和机头阻力部件的存在使物料形成了很高的压力而被压得密实起来，因而改善了它的热传导性，促使塑料很快熔化。逐渐增高的压力也使原来存在于粒料之间的气体不断地从加料口排出。最高的压力值一般在计量段（出口处）出现。在此同时，塑料一方面被外部热源加热，另一方面塑料本身受到压缩剪切、搅拌的过程，由于塑料与机筒之间的外摩擦及塑料分子之间的内摩擦也产生了大量的热量，在这些联合作用下，塑料温度逐渐提高，其物理状态也经历了玻璃态、高弹态、黏流态的变化。一般说来，在加料斗中主要是玻璃态，在螺纹深度逐渐减小的压缩段中，物料主要处在高弹态。同时也开始逐渐地熔融。而物料到压缩段后部和均化段时便处于黏流态了，称为塑料的完全塑化。

第四节　工艺与质量管理

一、PVC 塑料型材工艺控制

1. 混料过程中的温度控制

（1）热混合温度　热混不是配方中物料简单的混合过程。

PVC 物料热混过程是配方中不同组分与剂量的物料在混合罐内，叶片高速旋转与物料相互撞击，以及与混合料罐内壁产生的剪切热与摩擦热作用，由固体单向、不均态向均态部分凝胶态的转化过程，高速搅拌—重新结合—粒径增大—部分凝胶化—得分散均匀的物料。其部分凝胶化的程度在一定条件下是由混料出料温度决定的，热混温度一般控制在110～120℃之间。热混温度高，会使物料的凝胶化加深，从而使部分物料发生分解，严重的会使干混料颜色呈粉色，这是由于在热混过程中，原材料中的只有处于少部分低熔点的稳定剂起到了稳定作用，其他稳定剂均未起到作用。所以，当温度过高时，必使部分物料分解，此时的干混料在挤出过程中很容易发生分解，物料提前塑化、型材颜色变黄、物理性能下降，而这在调整挤出工艺中也无法弥补。控制热混温度过低，物料的凝胶化程度不够，物料水分析出不彻底，俗话就是混出的干混料发生这种干混料在挤出时不容易塑化，从而影响产品质量。

（2）冷混温度　冷混放料温度需控制在40℃左右。

冷混目的是将混后的物料温度迅速降下来，以免长时间的高温造成物料分解。物料的热混是一个吸热过程；冷混，是一个放热过程。冷混不仅可以阻止物料在高温下冷却出现的反潮现象，也是物料在放热过程中排出分子间水分的过程，混合好的干混料，要求在室温下存放12h以上，使物料进一步熟化，消除混料过程中产生的静电，提高干混料的流动性，避免在挤出过程中出现的交联现象。这时如果冷混温度偏高，由于干混料的热导率很小，不易散热，也会使干混料在存放过程中发生分解，尤其在夏季，环境温度升高时，混合料冷却速度更慢。因此在夏季生产时，应在工艺上适当延长冷却时间，保证出料温度。

2. 挤出温度控制

硬质PVC塑料的三种物理状态转变温度分别是玻璃化温度 $T_g=87℃$，黏流态转变温度 $T_f=160℃$，分解温度 $T_d=220℃$，根据配方中稳定体系以及稳定剂的用量，分解温度提高或降低。

（1）机筒温度　锥形双螺杆挤出机成型硬质PVC塑料型材时机身加料段温度一定要高于压缩段和均化段。加料段温度应高于PVC的熔融温度，压缩段和计量段为保证物料熔融塑料化，物料需升至较高的温度。否则，如物料送到排气孔处还是粉状或疏松状，则易被真空泵大量抽吸出去。

加料段温度控制检查方法：关闭主机抽真空阀，打开排气孔上方视镜，观察机筒内物料塑化情况，如果物料均匀地包裹在螺槽表面，而且物料表面又很光滑，无凸凹不平现象，可以认为塑化良好，表明温度控制正确。

值得注意的是机筒温度设定不合理，导致其他机筒温区偏高，影响型材的产品质量（见表4-2）。

表4-2　机筒设定温度对机筒实际温度的影响　　　　　　　　单位：℃

机筒温度区	1		2	
	设定温度	实际温度	设定温度	实际温度
1区	179	182	179	179
2区	177	178	176	176
3区	175	175	174	174
4区	172	172	171	171

（2）机头温度　机头是机筒与口模之间的过渡部分，机头温度必须控制在塑料的黏流温度以上和分解温度以下。机头温度偏高，可以使物料顺利进入模具，但挤出物的形状稳定性差，制品收缩率增加；机头温度过高，引起跑料（滋料）、气泡、产品发黄、物料分解。机头温度偏低，物料塑化不良，熔体黏度增大，机头压力上升。机头温度过低，物料不能塑化，产品无法成型。机头温度偏高，制品收缩率增加；机头温度偏低，制品后收缩率小，产

品稳定性好，但是加工困难，离模膨胀较高，表面粗糙。

（3）模具（口模）温度　温度过高、过低所产生的后果与机头相似，所不同的是模具温度将直接影响产品质量，而且其产生的后果比机头温度过高、过低要严重得多。通常，口模处的温度比机头温度稍低一些。如果口模与芯模温度相差过大时，挤出的制品会出现向内或向外翻或扭曲变形。

模具的加热器的形式有两种：带形加热器环绕于模体上，平加热器覆盖于模体上。在硬质 PVC 型材挤出成型中选择加热器，调节温差的原则如下：断面复杂、截面积大、壁厚及转角部位，温度控制稍高；断面简单、截面积小、壁薄的部位，温度控制稍低；断面对称、厚薄均匀，一般不允许有温差。

（4）保温　保温是指挤出机工作前的升温控制，当加温到一定温度后需保持一段时间。双螺杆挤出机的升温应分两个阶段进行，先将各段温度调至 140℃，待温度升到 140℃后，必须保温 1h，然后再将温度升到生产所需要的温度；待温度达到生产温度后，保持 5～10min 左右，才能开始挤出生产。开车前或停车后大多数都用清洗料来清理机筒和螺杆，并在停车时将清洗料留在挤出机内，待下次开车时再用生产料将其挤出。清洗料在 140℃下，1～2h 不会分解，而且清洗料内的热稳定剂和润滑剂含量较多，即使在 180～200℃下 1h 内也不会分解，而从 140℃升到 180～200℃一般只需 30～45min。保温不仅有利于生产，而且能延长挤出机的使用寿命。

（5）加工温度　锥形双螺杆挤出机生产 PVC 型材随着树脂型号的不同加工温度有所不同（见表 4-3）。

表 4-3　PVC 树脂型号与加工温度

PVC 树脂型号	机筒温度/℃			连接段/℃	机头温度/℃		
	1 区	2 区	3 区		1 区	2 区	3 区
SG5 或 SG4	170～175	170	165～170	165～170	170～175	170	175
SG 6	170～175	165	160～175	165～170	165～170	170	170

3. 压力控制

机头压力是使型材有较好的力学性能，如低温冲击强度的保证。挤出机工作压力由其螺杆特性线和口模特性线决定，在这两项不变的情况下，会因螺杆转速的变化而变化。挤出机工作压力也与温度有关，机头压力一般为 12.5～20MPa。

4. 真空定型

为保证型材几何形状、尺寸精度和表面光洁度，型材挤出成型的真空度一般控制在 −0.06～−0.08MPa 之间。在挤出型材生产过程中控制真空度时应该注意以下事项。

① 根据不同型材的截面积、壁厚来确定真空度大小。一般型材截面积复杂，壁较厚或不对称，应选用较高的真空度，反之则异。

② 在挤出壁厚小于 1.5mm 的异型制品时，真空度太高时，会使真空吸附缝处的制品表面凸起，引起制品表面凸凹不平。

③ 如果发现型材中空室内坚强筋变形，有塌落或凹陷，说明真空度太小。如果真空度已经调至最大时仍有这种现象，可以采用下列方法。当型材刚挤出口模、尚未进入定型模时，用尖头工具，在有加强筋的部位戳数个洞，使型材进入真空定型模时呈开放型中空室，则较容易被真空吸足并紧紧贴附于真空定型模的模腔表面，从而获得理想的型材。

④ 如果通过真空度的反复调节或其他措施，都无法将产品吸足，则可以降低牵引速度，待产品被吸足后再逐渐将牵引速度调至生产正常速度。

⑤ 真空度太高，阻力加大会增加牵引机负荷，甚至阻碍型坯顺利进入真空定型模，导

致口模与真空定型模入口间积料堵塞。真空度太低，对型坯的吸附力不足，导致严重变形或不成形，无法保证产品的外观质量及尺寸精度。为防止口模与真空定型模入口间积料堵塞，开车时应该等型材进入牵引机夹紧后，打开真空泵，并缓慢盖上真空定型模上压盖，插上固定销，最后拧紧定型模上、下模板连接螺钉。

5. 冷却

硬质PVC型材挤出成型中冷却时水温要求在15℃以下。这是因为除了配方、工艺、模具设备影响型材产品质量外，冷却系统的作用直接或间接影响到产品质量。

冷却系统包括混合机混料冷却系统、挤出机螺杆冷却系统、挤出机机筒冷却系统、定型冷却系统、制冷系统等。混合机混料冷却系统要求在6min内用15℃冷却水将物料迅速冷却到40℃，要解决冷却水流道与物料的接触面积和水的流量，应该选择有多层冷却流道的冷混机，通过管径和水泵压力改变水流量。挤出机螺杆冷却系统准确讲应该是螺杆恒温系统，通过循环冷却水和电加热管控制导热油的温度，如塑化差，提高螺杆温度；如型材内壁出料快，降低螺杆温度。挤出机机筒冷却系统有油冷却和风冷却两种形式，油冷却使用时间长容易引起油管堵塞，目前主要是以风冷却形式为主。定型冷却系统根据国家建设部2001年发布公告，选择干湿定型结合方式冷却，核心是确定水道分布和水道直径。制冷系统包括硬水软化、制冷机组、冷却水塔、循环水池、水泵及管路辅件，在制冷机组、冷却水塔、用水量、使用压力、生产线场地布置确定后，进行水泵压力和扬程的确定，回水管直径应是进水管直径的2倍以上，为保证散漏水顺利流出车间，安装回水管的地沟应向循环水池方向倾斜5‰。在设计时，要考虑到冷却塔最大降温5℃，制冷机组每个循环最多降温5℃，循环水池应设计为三级冷却方式。

在选择冷却形式和调节冷却水流量时应注意以下几点。

① 合适的冷却方式和恰当的冷却水温进行冷却定型可以得到理想的产品。冷却不及时，制品就会在自身重力的作用下或牵引机夹紧压力作用下发生变形。冷却过快，容易在型材内部产生内应力，并降低外观质量。

② 型材往往是不对称的，不能用水浴式不加区别地冷却，否则会在不对称截面冷却速率不一，使型材产生无规则的变形。最好采用几个真空定型模冷却定型。冷却水应由定型套后部流入，前部流出，使水流方向与型材前进方向逆行，使型材冷却较缓慢，内应力较小。

③ 型材冷却采用缓冷方式，可防止成型后的制品发生翘曲、弯曲和收缩现象，可以防止由于内应力作用而使制品冲击强度降低。

④ 在生产过程中，如果发现从真空定型模出来后仍然有弯曲现象，可适当调节各部位的冷却水流量和口模电加热板温度来纠正。

⑤ 如果由于冷却水的水温较高，使制品在定型模内得不到足够的冷却而弯曲，此时可在定型模之间再加以均匀的喷淋水冷却，如仍不能解决，则必须降低挤出速度，以延长冷却时间来加以校正。

⑥ 在刚开车将异型坯引入定型模和牵引机的过程中，为防止型材被拉长或拉断，应及时在型材表面喷淋冷却水，使其表面得到冷却并具有硬度和刚度不致拉断。要严禁冷却水在喷淋过程中倒流至口模，导致口模处高温型坯骤冷而断裂，同时口模也因骤冷可能不同程度地发生变形或生锈。

6. 螺杆转速与挤出速度

螺杆转速是控制挤出速率、产量和制品质量的重要工艺参数。挤出机的驱动功率与螺杆转速平方成正比。

（1）螺杆转速 螺杆转速低，挤出效率不高；提高螺杆转速，熔体表观黏度下降，有利于物料的均化、塑化。在较高螺杆转速下（20～25r/min）硬质 PVC 的冲击强度、弯曲强度、拉伸强度等力学性能有所提高。但是，转速过高，离模膨胀加大，表面变坏。螺杆转速提高后，牵引速度也要相应提高，同时冷却定型模及冷却水槽也要相应放长，否则由于型材通过冷却定型的时间过短，型材的冷却程度就比较差，温度较高，容易变形、弯曲。

（2）挤出速度　挤出速度是指单位时间内由挤出机从口模中挤出塑料量或制品长度，单位是 kg/h 或 m/min。在塑料品种和挤出制品一定的情况下，挤出速度与螺杆转速成正比。调整螺杆转速是控制挤出速度的主要措施之一。挤出速度过快，在机筒内会产生较高的摩擦热，使物料温度升高，挤出后的制品如得不到充分的冷却会引起弯曲变形；挤出速度太慢则会延长物料在机筒内受 热时间，可能影响产品的物理性能，甚至分解。为了保证挤出速度均匀，应该考虑：设计选择与塑料制品相适应的螺杆结构和尺寸；控制螺杆转速；控制挤出温度，防止温度变化引起挤出压力和熔体黏度变化而导致挤出速度波动；保证料斗的加料情况。

7. 牵引速度

一般牵引速度略大于挤出线速度。实践表明：用双螺杆挤出机挤出 PVC 塑料型材，螺杆转速 15～25r/min 为宜。其中型材制品壁厚小于 1mm 时，螺杆转速 15～20r/min，牵引速度 3～4.5m/min。壁厚大于 2～5mm 时，螺杆转速 15～25r/min。牵引速度 0.8～2m/min。

① 在牵引力的作用下型材发生拉伸取向，拉伸取向程度越高，制品沿取向方向的拉伸强度也就越大，但冷却后长度方向收缩也大。

② 正常生产时，牵引速度应比型材挤出线速度快 1%～10%，以克服型材的离模膨胀。

③ 生产壁厚小于 1mm 的型材，牵引机夹紧压力不能过大，否则产品表面就会呈波浪形凸凹不平。锯切时，锯片进刀速度应缓慢，否则会使型材锯口爆裂、破碎。

④ 还应该考虑型材截面积大小、冷却定型效果等。

8. 计量加料速度

双螺杆挤出机在工作时，螺槽内并不完全充满物料。通过控制物料在螺槽内的充满状态来确定剪切速率、成型温度和压力分布。挤出量大小是用加料量大小控制的。一般是靠加料器中送料螺杆转速来控制加料量的。计量加料器供料控制与主机螺杆转速、螺杆转矩、机头压力和牵引速度相匹配，并以真空排气孔处不跑料为宜。调节加料螺杆喂料量，可保证适当的机头压力，计量加料螺杆转速为挤出机螺杆转速的 1.5～2.5 倍。

二、挤出质量的控制

1. 挤出塑料型坯质量

挤出塑料型坯质量大致可分为外观质量和内在质量。挤出质量良好的塑料型坯主要特征是：外观光滑，颜色纯正呈乳白色，切片结晶细腻，切口平齐规整，宽度均匀。由挤出机挤出后，脱离口模 3～5cm 自然下垂。当设定或控制温度过高时，挤出塑料型坯颜色泛黄、内盘弯曲、内壁发泡或横截面上呈气孔状，由挤出机挤出后脱离口模即软弱下垂；温度过低或加温不均匀时，挤出塑料型坯颜色发暗无光泽，切口结晶粗糙，切口宽度与厚度不均，脱离口模 3～5cm 后，仍坚挺不下垂，或即向一侧弯曲。型坯的外观质量一般是由机头、过渡段、口模等部位温度设定控制不当所致；型坯内在质量一般是由挤出机内各段温度设定控制不当或物料实际温度跑高失控造成的。

鉴别物料塑化好坏的方法：用一个烧杯或搪瓷杯，往容器内加入二氯乙烷溶剂至高度为

5cm，取 15cm 左右一段型材浸入杯中，待 10min 后取出型材，观察型材浸入溶剂部分的表面变化，如锯口表面无明显膨胀、塌落、凹陷等变形，而型材锯口表面膨胀后的疏松深度小于 2mm，则视为塑化良好，反之应适当调节温度以适合之。

2. 判断 PVC 型材塑化度方法

① 观察制品表面状态，表面有光泽、手感光滑、内腔光滑，为塑化度好。

② 观察物料塑化情况，关闭真空泵，移开视镜，凭肉眼观察机筒内的物料，若物料均匀地包覆在螺槽内表面，并物料表面又很光滑，无凹凸不平现象，可视为良好。

③ 溶剂法：按照 GB/T 13526—2007《硬聚氯乙烯（PVC-U）管材 二氯甲烷浸渍试验方法》进行。塑化度好的型材，用二氯甲烷浸渍后，表面光滑均一，无脱层龟裂现象。

④ 拉伸法：按 GB/T 1040.1—2006《塑料 拉伸性能的测试 第一部 总则》、GB/T 1040.2—2006《塑料 拉伸性能的测试 第二部分 模塑和挤塑塑料的试验条件》，当型材断裂伸长率在 140%～150% 之间，塑化度良好，有较好的低温冲击性能。

三、因为工艺操作不当造成的主要质量缺陷

1. 因温度控制不当而造成的质量缺陷

① 型材剖面有许多微气泡：机筒温度过高使塑料产生分解，此时螺杆转矩会偏低，应将机筒温度调低，同时检查机筒 2、3 区间的真空度是否够，必要时清理管路系统，使排气系统真空度达到 0.05MPa 以上。

② 型材表面不光滑，颜色发暗，严重时边缘呈波浪形或出现锯齿状：模头温度低，严重时机筒温度也低，造成塑化不良，此时转矩会偏高。

③ 型腔内腔表面不光滑，用手指触摸感到有许多微小的气泡：一般是螺杆内摩擦热过高或机筒温度过高造成的，应检查螺杆内的热管是否正常或热油外循环控温系统是否畅通，设法使螺杆温度降低，并且适当降低机筒温度。

④ 型材表面泛黄或局部有分解黄线：一般是由于模头、过渡段温度过高，或模头局部温度过高，调整模具温度即可解决。

⑤ 型材上半部与下半部壁厚不均匀：模头加热板一般由上下两块合成，通常下加热板的温度应比上加热板温度略高 3～5℃。正常情况下，模头装配后出口处保证型材壁厚同一尺寸处的缝隙应当十分均匀，同一壁厚各处缝隙宽度尺寸的不均匀度控制在 0.03mm 以下。如果超过 0.05mm，说明模芯偏移过多，需要重新分解、清理、装配。

2. 因操作不当而发生的质量缺陷

① 牵引机牵引速度与挤出机的型坯挤出速度有良好的匹配，二者比较适宜的速度差是 2%～5%，即牵引速度比挤出速度略快。在调整牵引速度与挤出机的型坯挤出速度时一定打开挤出机机筒中部的真空排气系统。

② 生产中一定要严密注意冷却定型模的工作状况：在冷却定型模的出口处用手握住型材，感觉一下型材被牵引机牵拉的情况，如果冷却定型模在冷却定型上安装位置正确，手感就会觉得型材运动十分平稳，毫无颤抖；如果安装不好，冷却定型模各段不在一条直线上，手感就觉得型材的运动不均匀、不平稳，有颤抖，牵引机牵引吃力，也可从牵引电机的电流表针摇摆上看出来。其次要调整好型材在冷却定型模各定型段中的真空度和冷却水的状况。型坯在各冷却定型段中的真空度有所不同：靠近模头的第一段真空度应大于 -0.08MPa，以后第二、第三各段可以逐段稍低，但最后一段不得低于 -0.5MPa。冷却水流动方向应该与型材运动方向相反，这比较缓和，不致因骤冷使型材产生过高的内应力；型材各部位冷却水流量尽可能均匀，以防止因冷却不均使型材产生轴向弯曲。

四、生产设备状况与PVC型材质量

1. 挤出工艺对挤出机设备的要求

螺杆、机筒是挤出机的心脏部分，它们一起能够实现PVC干混料的塑化和输送作用，其设备运转状况直接影响到物料的流动性、热稳定性、润滑性、熔融程度。所以，螺杆、机筒设备维护使用决定了PVC型材的成型质量。机筒与螺杆材料一般选用38CrMoAl氮化材料，机筒的耐磨性（表面硬度HRC＞65）要比螺杆的耐磨性（表面硬度HRC＝60～65）高，要求表面氮化层深度为0.5mm以上。一般氮化过程从装炉到出炉需要6～7d，每小时耗电60～70W。如果氮化时间过短，氮化层就薄，设备使用寿命就会缩短。这方面，一般使用挤出机的用户是看不出来的。

从满足型材挤出工艺要求看，机筒对物料的摩擦力应该大于螺杆对物料的摩擦力，这样由螺杆旋转时产生的轴向推力的推动下，物料便会沿着螺杆轴向方向移动。为了防止物料粘住螺杆一起旋转，常采用控制物料和螺杆以及物料和机筒之间的摩擦系数的办法来解决。控制摩擦系数的方法有：一是螺杆的表面光洁度高于机筒的表面光洁度；二是在机筒表面开设纵向沟槽；三是在机筒的加料部分中的物料，温度不宜太高，可以避免物料粘住螺杆难于前进；如果温度太高，容易使物料堵塞在加料口内造成加料困难。因此，需要通过对螺杆芯部和机筒进行冷却，使螺杆所保持的温度较机筒温度为低，显然，螺杆和机筒的冷却装置的维护保养至关重要，关系到PVC型材产品的质量。目前，螺杆冷却采用油冷形式，机筒冷却大部分采用风冷形式。冷却效果关系到螺杆芯部和机筒的设定温度是否能够得到有效控制。如果冷却效果不好，实测温度大于设定温度，直接影响到PVC型材的内在质量和物理性能指标。

为了解决螺杆和机筒的磨损现象，在国外均采用耐磨、耐腐蚀的高强度合金镀层的金属机筒，以及用氮化钢来制造螺杆。螺杆经氮化后，还需在螺槽底部及周边镀硬铬或镀镍，以利于物料流动及抗腐蚀，螺棱顶背可堆焊耐磨合金或渗氮处理。应该注意的是，过高的螺杆转速也会加速螺杆和机筒的磨损。对螺杆进行恒温也是减少磨损有效措施之一。

2. 挤出机设备存在缺陷状况的判定

挤出机设备存在缺陷状况的判定常采用如下方法。

① 型材产品的内在质量上，大多数物理性能指标不能达标；

② 挤出机设备运行上，主机负荷增高，机筒排气口冒料情况严重；

③ 型材产品外观上，型材表面出现黑线、色柳或暗纹，而且无论调整螺杆与机筒间隙，还是调整配方都不能消除。

3. 挤出机的日常维护和保养

在控制PVC型材质量方面，有时被忽视的是挤出机的维护和保养。挤出机的维护和保养不当不但影响型材的质量稳定性能，而且缩短了设备的使用寿命。因此，在使用挤出机时，开机前应将挤出机各加热区间加热到比正常生产时温度稍高出5～10℃，然后再降温，恢复到正常生产时温度，达到恒温时间后再开机。恒温的目的是避免挤出机的温控表温度已达到设定温度，而实际温度却偏低的情况，以保证产品生产的稳定性。当各加热区间达到设定温度时，对机头部分的衔接处的螺栓均应检查并趁热拧紧，以免在运转时发生漏料。启动挤出机并开始加料时，其喂料速度不宜过快，时时注意电流表、压力表与加料情况。停机时，一般都要将挤出机内物料挤完，以便下次操作。必要时可用清洗料通过最后挤出来清理机筒和螺杆。

型材挤出模具由口模（模头）、定型模、真空定型水箱组成。国内型材模具的材料主要采用含铬量为 13％的不锈钢 3Cr13 和 2Cr13、40Cr。热处理的硬度 HRC24～28，有的国外模具含铬量为 17％。定型模的型腔一般选用不锈钢 1Cr13 材料，型腔内表面粗糙度要求 $Ra0.2\mu m$ 以上，其余部分选用硬铝合金或一般碳钢表面镀锌。模具应放在干燥、清洁、通风的库房内，严禁与化学品和潮湿物品同库存放，对较长时间不用的模具应油封。

真空定型装置是型材常用多段真空冷却定型，真空定型模结构为多层钢板组合装配而成，分上下两部分，且可以开启，内腔设真空室（孔）及冷却水通道。它是以间接水冷的定型模使从机头口模挤出的高温熔融型材冷却成型，型坯进入定型模就被真空吸住而沿模壁滑移并逐渐冷却、固化。一般冷却水温控制在 14～18℃为宜。如果水温过低被真空吸住的型材很快冷却、固化，则会产生卡塞，在清理过程中容易损伤定型模。如果水温过高，型材冷却不充分容易变形。同时，型腔尺寸精度、冷却效果和真空吸附力，决定着型材制品的形状、尺寸精度和表面质量。

PVC 塑料型材生产常常采用涡流水箱冷却定型，它是通过水箱后端的抽水口将前端的进水快速抽出，以提高冷却的流速，同时在水箱中形成有一定的真空负压，迫使型材能更有效地与定型块贴合，确保其减小收缩与变形，从而获得所需的制品的外观和尺寸精度要求。水箱后侧的气接头在型材挤出过程中，用于抽干附着在型材表面的残余水分，使型材进入牵引机时不至于因表面带水而引起履带打滑。在模具停止使用时，经常利用此接头放干水箱中的剩余水，以便于模具贮存。显然，水箱及水箱后侧的气接头的日常保管、维护和使用关系到 PVC 塑料型材的表面质量。

第五节　型材色差控制

在 PVC 型材生产、贮存过程中和 PVC 塑料门窗组装过程中，经常出现 PVC 型材表面有色差现象，严重的色差影响到塑料门窗制作厂家的使用，所以应该将控制型材表面色差作为型材质量管理的重要内容。这里，我们所讨论的色差是颜色相差较大，没有色差是指颜色基本相近。下面对型材表面色差产生的原因进行了分析并提出控制方法。

1. 生产过程中型材表面产生的色差

生产过程中出现色差的原因有：原材料的更叠、混料工艺温度控制、挤出工艺温度控制等。

（1）原材料方面　在相同的配方体系下，原材料本身的颜色差别就会造成 PVC 型材表面的色差。在 PVC 型材生产过程中涉及的原材料在 9～11 种，对型材表面色差有影响的主要有四种，它们是 PVC 树脂、稳定剂、碳酸钙、颜料等。

PVC 树脂用量在整个配方体系中占 80％左右，PVC 树脂颗粒表面颜色直接影响到型材表面的色差。笔者曾经接触过三个生产树脂的厂家，结果是有的厂家生产的 PVC 树脂颗粒白度较好，有的厂家生产的 PVC 树脂颗粒白度较差，有的 PVC 树脂颗粒呈淡粉色，甚至相同厂家不同批号的 PVC 树脂，采用同样的配方生产型材也会出现色差。三家的树脂以及采用相同配方生产的型材表面的颜色见表 4-4。

表 4-4　PVC 树脂不同对型材表面颜色的影响

树脂厂家	黏数/(mL/g)	干流动性	颜色	型材颜色
厂家 1	112	较好	白	白
厂家 2	114	好	乳白	浅黄
厂家 3	113	较好	淡乳白	淡黄

PVC 树脂颗粒本身的色差主要来源于这种聚合物的链结构发生了变化，而且变化的程

度不同。聚氯乙烯在聚合过程中由于配方和工艺因素的影响会产生副反应。这种副反应，使实际聚合物的链结构在个别部分被改变了，出现反常结构，即存在有缺陷的基团。这种缺陷基团产生在大分子上氯原子的位置及其相邻的基团上：生成氯原子连位；导入引发剂链段；局部脱 HCl 生成不饱和 $C=C$ ；带氯原子的叔碳原子；各种长度的支链；各种含氧基团——氧化氢基、羟基、羰基。因此，所说的不饱和结构 $C=C$ ，主要是在聚合物合成时产生的。如：不适当的工艺条件下聚合，内部 $C=C$ 增多；体系除气不充分时，聚合过程不稳定。聚合温度的升高会引起聚合物分子量的降低，聚氯乙烯分子量与分子链脱 HCl 速度之间存在反比关系。这些不饱和结构使 PVC 树脂热稳定性能下降、热分解温度降低，材料表面变色。所以，不同 PVC 树脂生产厂家在生产过程由于配方、工艺等因素的差异，使 PVC 颗粒外观呈现不同颜色。

稳定剂在 PVC 型材生产和贮存过程中起到重要的作用。型材在挤出生产过程中，稳定剂的作用是防止 PVC 树脂的分子链在热及剪切作用下引起破坏和进一步降解。在贮存过程中，稳定剂的作用是防止 PVC 树脂的分子链在光、热作用下引起的降解。笔者先后接触过铅盐稳定剂、复合铅稳定剂和稀土稳定剂等，这些稳定剂从外观看，颜色不一致，采用同样配方、不同稳定剂生产的型材表面的颜色就不一致，见表 4-5。

表 4-5　稳定剂不同对型材表面颜色的影响

稳定剂名称	形状及颜色	型材表面颜色
铅盐	白色粉末	白色
复合铅盐	淡乳黄片状	淡黄色
稀土稳定剂	白色粉末	白色

稳定剂本身的色差主要来源于稳定剂分子结构的不同以及生产工艺和合成方法不同。所以，在使用不同稳定剂时，需要用颜料调整颜色，避免型材表面色差。

目前，许多型材生产厂家采用的填充剂是活性碳酸钙。笔者曾经接触过三家生产的碳酸钙，由于三家采用的原材料不同、生产工艺不同造成在白度上有区别，这种区别就造成型材表面的色差。对于白度差的碳酸钙，随着用量的增加，型材表面颜色渐黄。

因此，为了保证 PVC 型材颜色一致，必须对原材料进行控制。在型材生产过程中最好不要频繁更换原材料的生产厂家，否则，会给生产、销售带来一些麻烦。如果需要更换原材料（PVC、稳定剂、碳酸钙等）的生产厂家，应该在进行配方实验和调整之后才能投入 PVC 型材的生产。即使相同厂家的原材料，不同生产批号也应该在配方实验得出结果，比较型材表面无色差后，才能投入生产。

（2）混料工艺方面　在混料过程中，热混温度过高或冷混放料温度过高，会造成物料的色差，导致生产出来的型材表面有色差。温度过高，物料呈淡黄色或淡粉色。还有一种情况是不同厂家的稳定剂在混料和挤出生产过程中由于耐温性不同，表现为型材表面颜色也有差别。

PVC 配方混合物在混合机的高速转动下，剪切力把 PVC 树脂堆积结团的大颗粒和各种助剂颗粒进行粉碎，使混合料的料温开始不断增加，PVC 粉料颗粒部分凝胶化，颗粒均化和相当部分的助剂熔化。PVC 分子链开始经历热运动，这种热运动随着料温的升高而加快，同时发生降解反应，不饱和结构增多，有些配方物料开始变色。

所以，为了保证 PVC 型材的产品颜色一致，需要对混料工艺进行控制，严肃混料工艺纪律，做好混料工艺的记录。如果更换了原材料或批次，应该根据原材料的不同通过配方实验进行配方及工艺调整，确定不同的混料工艺要求，同时加强混料工艺的监督检查工作。

（3）挤出生产工艺方面　挤出生产工艺包括机筒的温度设定、牵引速度、主机转速与喂料转速最佳配比。实际生产过程中，对于同一配方，如果挤出机筒3区、4区温度或合流芯温度过高，会造成型材表面的色差。主机转速过快，生产的型材表面也会有色差。这些色差主要是由于PVC树脂在热或强烈的热-力作用时，PVC的降解速度加快，不饱和结构增多，稳定性下降的结果。有资料介绍，机械作用使PVC树脂脱HCl的速度增加0.5～1倍。

所以，为了保证PVC型材表面颜色一致，必须对挤出生产工艺进行控制，严肃挤出机生产工艺纪律，做好挤出工艺记录。同时，挤出工人和检查员除了检查外形尺寸外，要经常检查型材表面的色差，发现色差要及时调整温度。如果更换了原材料或批次，应该根据原材料的不同进行配方实验的结果，确定不同的挤出工艺要求，同时加强挤出工艺的监督检查工作。

2. 存贮过程中型材表面产生的色差

PVC型材存贮往往在一些PVC型材生产厂家没有引起足够的重视，露天存贮任凭风吹日晒雨淋，造成型材的色差现象屡屡出现。PVC型材属于热塑料高分子材料，具有塑料的一般性质，在露天贮存要受到热、光、雨、风的侵蚀，PVC高分子微观结构发生了变化，其结果是先贮存的型材表面与后贮存的型材表面有色差。

这是因为PVC在热和光的作用下，很容易发生脱HCl反应。即发生所谓的分解过程，分子结构发生一系列的变化，形成共轭双键。随着微观上分子结构的不断变化，其光的吸收也产生不断的变化，从而外观色泽发生变化，随着分解程度的不同，初期分子结构变化形成"多烯发色体"，外观颜色变为暗淡呈淡黄色，严重时变为淡粉色。

表 4-6　在阳光照射下型材温度变化

上午/℃			下午/℃		
室外	型材表面	型材内腔	室外	型材表面	型材内腔
32	45	30	28	30	45

关于热对型材的影响作用，曾经在贮存现场做过两个试验。

第一个试验是将型材12根打成一包装入塑料袋中，放在室外观察一天。结果是型材表面和内腔随着室外温度的变化而变化，型材表面的温度比室外温度高（见表4-6）。型材表面的温度比室外温度高是因为型材是不良导体，吸收热量后不易散发而升高。

第二个试验是，在最高气温29～32℃这种室外环境中放50包型材码成一垛。30d后观察，结果发现垛表层那几包中的型材表面与其他位置的型材表面有色差。同时注意到在室外温度20℃以下，贮存三个月的型材与新生产的型材有色差。

关于光对型材的影响作用，通过制作一个紫外线照射箱，采用1500W氙灯，距试样0.5m进行光老化试验。结果是随着氙灯照射时间的延长，型材表面由淡黄色变化为淡粉红色（见表4-7）。

表 4-7　在氙灯照射下型材的变化

照射时间	26h	37h	45h
型材表面颜色	开始变色	淡黄色	淡粉红色

注：试样为青白色型材。

三个热试验说明，在热或光的环境中，型材表面温度在发生变化，随着温度的升高及持续时间的延长，PVC分子结构就会发生变化，不饱和结构增多，就有色差产生。

另外，PVC型材存贮过程中，配方中颜色也是产生色差不可忽视的因素。现在，不少生产 PVC 型材的厂家为了改善型材表面的颜色,加入群青或荧光增白剂。但是,加入荧光增白剂的型材在存贮过程中容易变色,严重时型材变为淡粉色。这与荧光增白剂分子结构有关,说明荧光增白剂在紫外线的作用下分子结构发生变化,加快了 PVC 微观分子结构的变化,形成的共轭双键增多,其光的吸收也产生不断的变化,从而型材外观色泽发生变化。从这一点来说,不赞成使用荧光增白剂改善型材的颜色。

由此可以看出,存贮现场环境温度太高,势必加快热老化,产生色差。PVC 型材在紫外线辐射下,更容易发生降解。PVC 光化分解中,交联和生色团的生成反应占优势,这是由 PVC 脱 HCl 反应所致的。这些反应在材料被辐照的表面薄层内进行。辐射时间延长,大分子交联密度增加,而更深的层内会发生长链断裂。共轭键体系强化光的吸收,促进光化学反应的进行,同时,紫外线是 PVC 交联反应的催化剂。在热分解时,长链交联并生成不溶产物的反应的密度小得多。在光作用下,PVC 力学性能的恶化程度比在热作用下要大。

所以,为了保证 PVC 型材的产品颜色一致,所以,应该对型材存贮场所进行防护控制,避免在阳光下暴晒受到热和光的作用,这也符合国家型材标准中对型材存贮要求。

3. 使用过程中型材、塑料门窗产生的色差

使用过程中出现色差的原因有:组装塑料门窗时型材表面被弄脏;型材或塑料门窗没有包装、包装物破损;待安装的塑料门窗没有做好防护,长期放在室外受风、雨、光的侵蚀等。所以,应该对塑料门窗保管不当进行控制。

关于色差的比较方法,笔者认为采用交替比较法进行型材色差比较是个有效的方法。事实上,阳光(或灯光)照射到型材表面的角度不同,反射的颜色有区别。这种交替比较法的具体方法是,把两个要比较的型材样块的同一个表面,平行摆放,比较过程中照射角度和方向不能改变。第一次进行甲型材在左,乙型材在右的观察比较,第二次进行乙型材在左,甲型材在右的观察比较,两次观察比较的结果如果颜色一致说明甲乙型材无色差。否则,说明两个型材表面有色差。

第六节　PVC 树脂性能比较

PVC 树脂作为生产 PVC 型材的主要原材料,占配方原材料总量的 75%～80% 以上,在生产工艺与质量管理中不能忽视树脂性能对于型材生产与质量的影响。下面是 PVC 树脂的性能比较与分析。

一、PVC 生产厂家提供的 PVC 树脂检验单比较

选取电石法单体生产 PVC 树脂企业为厂家 1、厂家 2、厂家 3 等三家;乙烯法单体生产 PVC 树脂企业厂家 4、厂家 5 等共五家提供的 PVC 树脂检验报告,对它们进行对比分析,现将检验报告列在表 4-8 中。

表 4-8　树脂生产企业提供的检验单一览表

项　　目		厂家 1	厂家 2	厂家 3	厂家 4	厂家 5
黏数/(mL/g)		112	113	113	1024	112
杂质粒子数/个		26	29	16	3	4
挥发分含量/%		0.23	0.26	0.22	0.07	0.087
表观密度/(g/cm³)		0.51	0.56	0.54	0.5	0.526
筛余物	0.25mm 筛孔/%	2	0.8	1.2	0.29	0.04
	0.063mm 筛孔/% ≥	92	99		99.3	95.6
鱼眼数(6min,152℃)/(个/400cm²)		37	16	36	5	2

项　目	厂家1	厂家2	厂家3	厂家4	厂家5
100g 树脂增塑剂吸收量/g	21	20		213	
白度(10min,160℃)/%	81	88		91	93
残余氯乙烯含量/(mg/g)	4	7	10	0.1	0.1

　　按照国家标准，所有企业生产 PVC 树脂的指标均能达到标准要求。但是，对比起来四项指标有明显区别。

　　① 乙烯法单体生产的 PVC 树脂中杂质粒子数明显低于电石法单体生产的 PVC 树脂，低 4～7 倍。

　　② 乙烯法单体生产的 PVC 树脂中挥发分含量明显低于电石法单体生产的 PVC 树脂，低 8～10 倍。

　　③ 乙烯法单体生产的 PVC 树脂中鱼眼数明显低于电石法单体生产的 PVC 树脂，低 7～10 倍。

　　④ 乙烯法单体生产的 PVC 树脂中残余氯乙烯含量明显低于电石法单体生产的 PVC 树脂，低 40～100 倍。

　　从以上区别看出，乙烯法单体生产的 PVC 树脂比电石法单体生产的 PVC 树脂有明显的优势，这四项指标对于型材的产品质量的提高、热稳定性能、耐候性能有很大影响，而乙烯法单体生产的 PVC 树脂将会明显改善这些性能。

二、从 PVC 树脂性能指标检测结果比较

　　选取电石法单体生产 PVC 树脂企业为厂家 1、厂家 2、厂家 3 等三家；乙烯法单体生产 PVC 树脂企业为厂家 4、厂家 5、厂家 6 等共五家提供的 6 种 PVC 树脂样品，对它们进行检测比较分析，采用表观密度仪检测树脂样品的表观密度，采用刚果红法检测树脂样品静态热稳定时间，采用漏斗法检测树脂样品的干流性，现将检测分析在表 4-9 中。

表 4-9　PVC 树脂检测

检测内容	厂家1	厂家2	厂家3	厂家4	厂家5	厂家6
表观密度/(g/cm³)	0.515	0.54	0.57	0.55	0.54	0.54
静态热稳定性(140℃)/min	9.3	9.7	5	29.7	21	24.3
静态热稳定性(160℃)/min	6	5.5	4	11	8	10
干流性/s	5.1	4.7	5.15	3.5	3.23	3.58

　　对表 4-9 进行分析如下。

　　① 从表观密度看，用乙烯法单体厂家 4、厂家 5、厂家 6 生产的树脂都比较接近（见图 4-3 中箭头指处），在 0.54～0.55 之间，说明采用乙烯法单体生产 PVC 树脂的生产厂家尽管不同，表观密度却相差不大；而采用电石法单体生产 PVC 树脂的生产厂家不同，表观密度却相差很大。显然，电石法单体生产 PVC 树脂质量与生产工艺控制有关，与 PVC 粉体性质有关。对于型材生产企业来说，采用乙烯法单体生产 PVC 树脂，即使更换生产厂家也不会引起型材质量波动。

　　② 从 140℃、160℃条件下静态热稳定性能看，厂家 4、厂家 5、厂家 6 生产的树脂都比其他树脂稳定时间长 2～4 倍，热稳定性能较好（见图 4-4）。说明乙烯法单体生产的 PVC 树脂比电石法单体生产的 PVC 树脂热稳定性能好，与其树脂中含 VCM 少有关，有利于 PVC 树脂的热稳定性能的提高，能够满足树脂与助剂的热混合和热加工，有利于产品成型与产品质量的稳定性能。

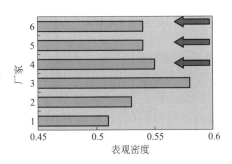

图 4-3　不同厂家 PVC 树脂表观密度

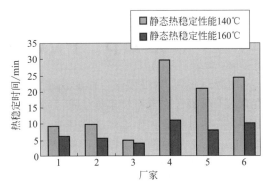

图 4-4　不同条件下静态热稳定性能

③ 从粉体干流性看，厂家 4、厂家 5、厂家 6 生产的 PVC 树脂都比较好，干流性小于 4s，而厂家 4、厂家 5、厂家 6 生产的 PVC 树脂干流性大于 4s。说明乙烯法生产 PVC 树脂比电石法生产的干流性好，其树脂粉体干流性好与颗粒内部结构、形状、表面光滑有关（图 4-5 箭头指处）。有利于树脂与助剂的充分混合，有利于产品成型与产品质量的稳定性能。

当我们在配方组分不变的条件下，分

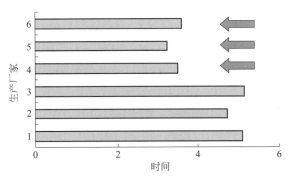

图 4-5　不同厂家 PVC 树脂干流性

别采用厂家 1、厂家 2、厂家 6 按照配方制成 PVC 干混料进行检测（见表 4-10），结果是 195℃静态热稳定时间变化不大，而表观密度和干流性有变化，厂家 6 的 PVC 干混料表观密度和干流性小于厂家 1、厂家 2。说明与电石法 PVC 树脂的干混料相比，乙烯法 PVC 树脂的干混料表观密度小、干流性好。因此，乙烯法 PVC 树脂有利于树脂与助剂的充分混合和干混料的输送，有利于产品成型与产品质量的稳定性能。

表 4-10　3 个配方的干混料检测对比

检测内容	厂家 1	厂家 2	厂家 6
干流性/s	3.13	3.18	2.88
静态热稳定性（195℃）/min	24.3	24.3	24.7
表观密度/(g/cm³)	0.66	0.66	0.63

三、PVC 树脂性能比较对于生产工艺与质量管理的启示

① PVC 树脂的杂质粒子、数挥发分含量、鱼眼数、残余氯乙烯含量等四项指标，虽然目前乙烯法单体生产和电石法单体生产的 PVC 树脂都能够达到国家通用型树脂的标准，但由于乙烯法单体生产的 PVC 树脂含量低，比电石法单体生产的 PVC 树脂有明显优势，对于型材的产品质量、热稳定性能、耐候性能的提高有很大影响。

② 从对现有 PVC 树脂样品检测看，表观密度、热稳定性能、干流性等指标，乙烯法生产 PVC 树脂都好于电石法生产的，有利于树脂与助剂的充分混合和干混料的输送，有利于产品成型与产品质量的稳定性能。乙烯法单体生产 PVC 树脂生产工艺比电石法单体生产 PVC 树脂生产工艺的稳定，而且在更换乙烯法 PVC 树脂不会引起型材质量波动。

③ 希望有关方面能够出台型材专用的 PVC 树脂国家或行业标准，满足 PVC 型材生产

厂家生产特殊要求，以提高 PVC 型材的产品质量。

第七节　PVC 树脂有关指标的讨论

随着门窗用 PVC 型材行业的快速发展，PVC 树脂的用量也不断增加，同时，随着石油的价格不断攀升，电石法单体生产悬浮法 PVC 树脂技术的不断提高以及价格优势得到广泛使用，应用量将有大于乙烯法单体生产悬浮法 PVC 树脂的趋势。从保证 PVC 型材的产品质量考虑，有必要对两种单体生产的 PVC 树脂及电石法单体不同工艺条件下生产 PVC 树脂的性能进行一些比较。

1. PVC 树脂粉料外观颜色与型材加工

PVC 树脂粉料外观质量直接反映了 PVC 树脂聚合过程中单体的来源、聚合条件、工艺、质量控制水平等因素，即外观质量是 PVC 树脂粉料中颗粒微观结构、聚集体形态的宏观反映。采用目测和白度计检测方法可以评价其外观质量。取四个 PVC 树脂样品，它们分别是电石法单体生产的 PVC 树脂三个、编号为 1#、2#、3#（图 4-6、图 4-7、图 4-8），乙烯法单体生产的 PVC 树脂一个、编号为 4#（图 4-9）。

图 4-6　PVC 树脂-1#　　图 4-7　PVC 树脂-2#　　图 4-8　PVC 树脂-3#　　图 4-9　PVC 树脂-4#

从目测外观颜色来看，1# 样品呈微黄、2# 样品呈粉黄色、3# 样品呈黄白色、4# 样品呈白色，即乙烯法单体生产的 PVC 树脂粉料最白；其他都呈黄相，黄相是电石法单体生产的 PVC 树脂粉料普遍存在的现象，与氯乙烯单体来源、聚合条件、引发剂品种不当或分散不均有直接的关系。这里，电石法单体生产的 PVC 树脂粉料中 2# 样品最黄、且有淡粉色。

从白度计 W_r 值检测看，1# 样品为 92.77、2# 样品为 86.77、3# 样品为 92.88、4# 样品为 95.3，即乙烯法单体生产的 PVC 树脂粉料（4# 样品）最佳；电石法单体生产的 PVC 树脂粉料中 2# 样品最差。

比较四个粉料样品的 a^* 值和 b^* 值，a^* 值表示红相，a^* 值大，表示红相深。2# 样品的 a^* 值最高，呈粉红色，其次是 1# 样品、3# 样品、4# 样品，4# 样品 a^* 值最低呈蓝相。b^* 值表示黄相，b^* 值大，表示黄相深，2# 样品的 b^* 值最大呈黄色，其次是 1# 样品、3# 样品、4# 样品，4# 样品 b^* 值最低。

表 4-11　不同样品的检测内容对比

样品号	PVC-1#	PVC-2#	PVC-3#	PVC-4#
外观	微黄	粉黄色	黄白色	白色
白度	92.77	56.77	92.88	95.3
a^*	0.8	1.44	0.27	0.15
L^*	97.9	96.89	97.56	98.28
b^*	2.02	4.27	0.99	0.53
静态热稳定时间/min	28.7	6	18	23

比较四个粉料样品的静态热稳定性能，采用刚果红法检测 PVC 树脂粉料的静态热稳定时间（表 4-11），热稳定时间长短排序是 1#样品＞4#样品＞3#样品＞2#样品，2#样品热稳定性能最差，热稳定时间只是其他样品的 1/4。笔者曾经对比过乙烯法单体生产的 PVC 树脂与电石法单体生产的 PVC 树脂，在残余氯乙烯含量方面，电石法单体生产的 PVC 树脂高 40～100 倍，直接影响到 PVC 树脂的热稳定性能。2#样品外观颜色呈粉黄色，热稳定性能差与 PVC 树脂中残余氯乙烯含量比较多有关。

综合目测外观、白度和 a^* 值及 b^* 值检测结果，说明 2#样品各项检测指标最差，没进行热加工就已有分解现象了，这与 PVC 树脂中铁离子、过氧化有机杂质以及一些醇、醛等有机杂质的含量过多有关，不利于 PVC 型材的加工；4#样品为乙烯法单体生产的 PVC 树脂，各项检测指标好于其他电石法单体生产的 PVC 树脂。显然，PVC 树脂的目测外观、白度和 a^* 值及 b^* 值检测与氯乙烯单体的来源、聚合工艺有关。对于 PVC 型材生产厂家，2#样品不宜使用，3#样品的目测外观、白度和 a^* 值及 b^* 值检测虽然不如 4#样品，可以通过适量增加稳定剂加以解决。

2. PVC 树脂颗粒聚集状态与型材加工

平常见到的商品 PVC 树脂粉料中的颗粒不是单一的颗粒，而是由若干的颗粒聚集在一起的"颗粒"，即 PVC 树脂颗粒聚集体。聚集体的大小、形态往往与氯乙烯单体的来源、聚合条件、工艺有关系，对 PVC 型材的加工工艺带来影响。为了观察商品的 PVC 树脂粉料的"颗粒"形态，即聚集状态，利用高倍显微镜进行观察，采用相同的生产配方制成 PVC 干混料，观察不同形态的 PVC 树脂"颗粒"在转矩流变仪中的加工表现。取三种样品，它们分别是电石法生产的 PVC 树脂，编号为 5144 样品、5369 样品；乙烯法生产的 PVC 树脂，编号为 yixi 样品。先在显微镜下放大 50 倍观察，图 4-10 所示为显微镜下 50 倍 PVC 树脂"颗粒"聚集状态。编号为 yixi 样品颗粒聚集体比较圆润、聚集体粒径大小差异小；而编号为 5144 样品和 5369 样品颗粒聚集体不规整、聚集体粒径大小差异较大。说明乙烯法生产的 PVC 树脂比电石法生产的 PVC 树脂比较，PVC 树脂颗粒聚集体有利于加工。

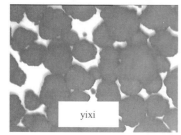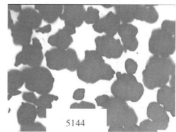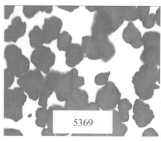

图 4-10　显微镜下 50 倍 PVC 树脂"颗粒"聚集状态

为了进一步观察三个样品的 PVC 树脂"颗粒"聚集状态，在显微镜下放大 100 倍观察，图 4-11 所示为显微镜下 100 倍 PVC 树脂"颗粒"聚集状态。编号为 yixi 样品"颗粒"

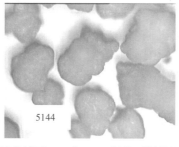

图 4-11　显微镜下 100 倍 PVC 树脂"颗粒"聚集状态

聚集体不但圆润光滑、而且呈絮状态，"颗粒"粒径大小差异较小；5144样品和5369样品"颗粒"不但不规整、而且呈似硬物状态，"颗粒"粒径大小差异较大，特别是5369样品"颗粒"粒径大小差异更大。

表4-12 三个样品白度对比

样品号	yixi 样品	5144 样品	5369 样品
白度	94.25	93.59	93.63
a^*	0.22	0.35	0.15
L^*	97.89	97.86	97.99
b^*	0.61	1	1.2

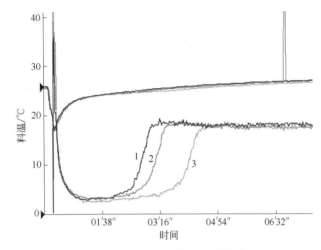

图4-12 PVC干混料的流变曲线

从三个样品"颗粒"的白度检测对比可进一步说明颗粒的状态（表4-12）。在白度方面，yixi样品＞5369样品、5144样品，5369样品和5144样品基本相同；b^*值方面，yixi样品＜5369样品、5144样品，这些宏观现象反映了PVC树脂颗粒及聚集体内部的结构、残余物情况，yixi样品"颗粒"聚集体圆润光滑、呈絮状态，粒径大小差异较小，宏观反映出白度高、b^*值低。

由这些PVC树脂"颗粒"分别制成PVC干混料在转矩流变仪上的流变曲线（图4-12）可以看出，曲线的装载峰、最高转矩、最低转矩、塑化时间反映了PVC树脂颗粒聚集状态不同，加工性能是不同的（见表4-13）。

表4-13 三种PVC树脂干混合料加工性能

树脂代号	yixi 样品	5144 样品	5369 样品
加工曲线代号	曲线1	曲线2	曲线3
装载峰	36	39.1	43.5
最高转矩	19.3	18.2	17.4
最低转矩	3.3	3	2.9
平衡转矩	18.4	17.3	17.6
塑化时间	2min58s	3min30s	4min20s

装载峰值观察：5369样品（曲线3）＞5144样品（曲线2）＞yixi样品（曲线1），说明yixi样品"颗粒"聚集体不但圆润光滑、而且呈絮状态，"颗粒"粒径大小差异较小，容易被压缩；与5144样品比较，5369样品"颗粒"粒径大小差异大，"颗粒"压缩较困难，所以装载峰值高。

最高转矩和最低转矩观察：yixi样品＞5144样品＞5369样品，说明yixi样品由于"颗粒"聚集体不但圆润光滑、而且呈絮状态，容易塑化，熔体黏度升高使转矩值高；与5369样品比较，5144样品"颗粒"粒径大小差异小，容易塑化，转矩值比5369样品高。

观察塑化速度快慢：yixi 样品＞5144 样品＞5369 样品，含有 yixi 样品的干混料塑化时间 2min 58s；含有 5144 样品的干混料塑化时间比含有 yixi 样品的干混料多 30s；含有 5369 样品的干混料塑化时间比含有 yixi 样品的干混料多 1min 20s。这是因为 yixi 样品"颗粒"聚集体圆润光滑，"颗粒"粒径大小差异较小，在热混合过程中"颗粒"容易被分散，在转矩流变仪中剪切过程中，粉料"颗粒"容易被打碎，进而使 PVC 颗粒表皮破碎使熔体黏度提高，达到塑化的目的。5144 样品和 5369 样品"颗粒"不规整且粒径大小差异较大，在热混合过程"颗粒"分散不如 yixi 样品，在转矩流变仪中剪切过程中，打碎"颗粒"的剪切时间长，转矩值低，进而使 PVC 颗粒表皮破碎时间长，熔体黏度提高得慢，因而塑化时间长。因为 5369 样品"颗粒"粒径大小差异更大，所以熔体黏度提高更慢，塑化时间更长。

因此，如果使用电石法单体生产的 PVC 树脂生产型材的话，可考虑的方法是：提高热混合温度；适当增加稳定剂用量。

3. PVC 树脂"鱼眼"与型材加工

在 PVC 型材生产过程中，型材表面有时会出现肉眼看到不连续的疑似"黑线"现象，它不是由于配方错误、工艺不合理、模具装配质量等引起的黑线。经过我们仔细观察，发现这些疑似"黑线"是 PVC 树脂中存在"鱼眼"所致。"鱼眼"又叫晶点，是指在通常热塑化加工条件下没有塑化的透明的树脂颗粒，"鱼眼"的存在严重影响加工制品的质量。

取三种 PVC 型材样品，使用电石法生产的 PVC 树脂，编号为 dianshi-1、dianshi-2、dianshi-3，其中 dianshi-2 和 dianshi-3 为一根型材上截取，dianshi-3 样品有疑似"黑线"现象。dianshi-1 样品采用 A 厂家 PVC 树脂生产的型材，

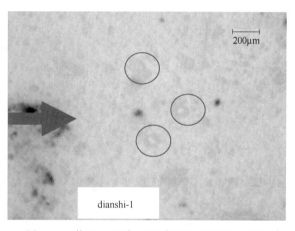

图 4-13　使用 A 厂家 PVC 树脂生产的型材表面

dianshi-2 和 dianshi-3 采用 B 厂家 PVC 树脂生产的型材。使用 A 厂家 PVC 树脂生产的型材没有发生疑似"黑线"现象，而使用 B 厂家 PVC 树脂生产的型材有不连续的疑似"黑线"

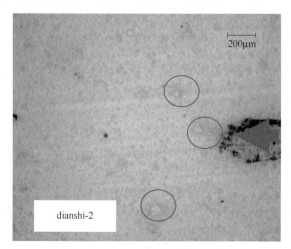

图 4-14　使用 B 厂家 PVC 树脂生产的 dianshi-2 样品型材表面

现象。使用高倍显微镜观察不连续的疑似"黑线"现象，为了便于观察，将观察点用红色箭头标注，高倍显微镜对准观察点附近，图 4-13 中有亮点的粒子就是"鱼眼"，用划圈显示。dianshi-1 样品和 dianshi-2 样品表面内"鱼眼"较少且较分散，没有疑似"黑线"现象（图 4-14），dianshi-3 样品表面内有不连续的疑似"黑线"现象（图 4-15）。高倍显微镜观察 dianshi-3 样品表面内有不连续的疑似"黑线"处，"鱼眼"较多且线排列，有的"鱼眼"粒径在 50μm 以上。这是由于 PVC 树脂中的"鱼眼"经过混合、挤出加工不易破碎，在模头挤出后定型模气压的作用下，部分"鱼眼"向表面

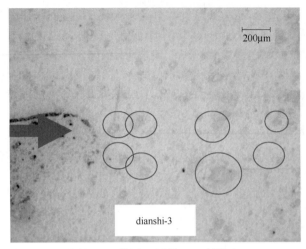

图 4-15 使用 B 厂家 PVC 树脂生产的 dianshi-3 样品型材表面

靠拢，当集中后成线排列时，在光线折射作用下就呈现了疑似"黑线"现象；如果"鱼眼"少且不排成列，在光线折射作用下，就不会出现疑似"黑线"现象，如 dianshi-1 样品和 dianshi-2 样品。同时发现，虽然都使用电石法生产的 PVC 树脂，但 A 厂家 PVC 树脂生产的型材表面没有疑似"黑线"现象，而 B 厂家 PVC 树脂生产的型材表面有不连续的疑似"黑线"现象，说明 PVC 树脂生产厂家不同，其产品中"鱼眼"数量是不同的，对型材表面影响也是不同的。从"鱼眼"数量来看，A 厂家 PVC 树脂少于 B 厂家 PVC 树脂。在"鱼眼"数方面，编者曾经做过对比，电石法单体生产的 PVC 树脂"鱼眼"数高于乙烯法单体生产的 PVC 树脂 7～10 倍。所以，使用电石法单体生产的 PVC 树脂，控制"鱼眼"数量非常重要。

以上提出的三方面内容，可为 PVC 型材生产和质量控制提供一些思路。可以相信，随着电石法相关生产工艺技术的改进，先进的生产配方技术、密闭进料技术、防粘釜技术、新型气提技术等技术的应用，将提高 PVC 树脂生产装置的自控水平和生产效率，提高产品的质量，从而提高 PVC 型材质量，保证 PVC 型材行业的健康发展。

第八节　轻质 $CaCO_3$ 碱性与 PVC 塑料型材质量

在生产 PVC 塑料型材过程中，加入一定份额的轻质 $CaCO_3$ 可改善塑料制品的性能，减少树脂收缩率，稳定制品的尺寸，提高制品的硬度和耐热性，在提高制品的表面平整性同时，能够降低产品的制造成本。

大家知道，在 PVC 塑料型材生产过程中，轻质 $CaCO_3$ 用量仅次于 PVC 树脂的用量，应用量较大，虽然轻质 $CaCO_3$ 有行业标准，但是所规定的技术指标是针对塑料及橡胶行业产品的加工，应用范围较广泛，并没有规定针对 PVC 塑料型材具体的应用指标，因此，轻质 $CaCO_3$ 的碱性大小对 PVC 生产与应用的影响往往被忽视。可以说，一些 PVC 塑料型材生产过程中出现的质量问题往往与轻质 $CaCO_3$ 碱性大小有关。本节讨论轻质 $CaCO_3$ 碱性对 PVC 塑料型材质量的影响。

一、轻质 $CaCO_3$ 碱性对 PVC 型材的影响分析

通过对轻质 $CaCO_3$ 生产工艺过程以及轻质 $CaCO_3$ 碱性产生的原因的讨论，下面分析轻质 $CaCO_3$ 碱性大小对 PVC 型材加工工艺及性能的影响。

1. 从高分子物理学理论来分析轻质 $CaCO_3$ 对 PVC 高聚物形变的影响

PVC 高聚物在恒负荷作用下，其温度-形变曲线呈现三种不同的力学形变（见图 4-16）。在玻璃化温度（T_g）以下，表现普弹形变；在 $T_g \sim T_f$ 范围内，表现高弹形变；而在黏流温度（T_f）以上与低于热分解温度（T_d）之间则表现塑性形变。温度在 T_g 以下，高聚物处于玻璃态，黏滞性大，热运动能量低，链段运动与大分子运动都受冻结，此时，外力的作用

尚不足推动链段或大分子沿作用力方向做取向位移运动，仅表现刚性玻璃体的普弹形变。在较高温度下，即 $T_g \sim T_f$ 区间，高聚物处于高弹态，链段运动被激活了，但大分子链间的相互滑移仍受阻滞。此时，在外力作用下，高聚物呈现出最独特的运动形式——高弹形变，即链段沿力作用方向做取向位移运动，形变是由链段取向运动所引起的大分子构象舒展而做出的贡献；因链段运动是相对自由的（有内摩擦），故形变时内应力小，模量小，形变值大；当外力除去后，由于链段的无规热运动而恢复大分子的卷曲构象，从而决

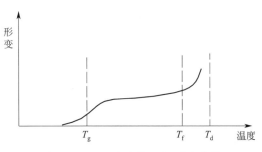

图 4-16　PVC 高聚物温度-形变曲线

定了形变的可逆性。当温度继续升高至 T_f 以上，随着温度升高黏度急剧下降，热能量不仅激活了链段运动，也激活了大分子长链间的相互滑移运动。这时，高聚物的两种动力学单元的运动同时显现，在外力作用下，卷曲的大分子链段不但沿力作用的方向取向舒展，而且大分子链与链之间沿着力作用的方向相对滑移运动，这样，便表现出黏滞液体的不可逆塑性形变或黏性流动。

　　$CaCO_3$ 的加入，使 PVC 高聚物温度-流变曲线发生变化，这是由于 $CaCO_3$ 无机分子加入阻碍了 PVC 分子链段取向运动引起的大分子构象舒展，表现为在 $T_g \sim T_f$ 区间，PVC 虽处在高弹态，但 PVC 大分子链间的相互滑动受阻，在外力的作用下，高弹形变降低。同时，当外力除去后，也阻碍了大分子卷曲构象恢复，使形变可逆性降低，当达到 T_f 黏流态时表现为随着填料增加温度升高，体系内黏度没有明显降低，反而黏度提高，PVC 大分子链段运动、相对滑动降低，使流动性降低，成型加工性能下降，加工困难，宏观上表现为产品形变降低。随 $CaCO_3$ 用量加大，聚合物黏度加大，成型加工性能更加困难。

　　笔者作了加入活性 $CaCO_3$ 不同添加量的 PVC 干混料的流变性能试验，通过在转矩流变仪中表现出的流变曲线可知，随 $CaCO_3$ 添加量的增加，PVC 分子链间运动受阻状况加大，反映在 PVC 干混料流变曲线上装载峰降低、最低转矩降低、塑化时间延长。实验数据列在表 4-14、图 4-17 中。说明由于 $CaCO_3$ 增加，在加热温度不变化情况下，只有依靠延长塑化时间实现 PVC 高聚物的形变过程，再次验证 $CaCO_3$ 对 PVC 分子链间运动的阻碍作用。

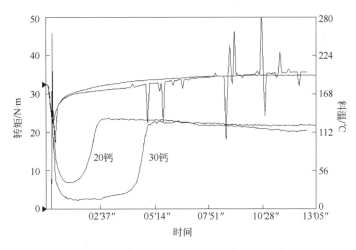

图 4-17　碳酸钙加入量对流变曲线的影响

表 4-14 碳酸钙加入量对流变曲线的影响

碳酸钙/份	最高转矩/N·m	最低转矩/N·m	平衡转矩/N·m	塑化时间/s	曲线号
20	23.9	6.9	22.2	148	小 6065
30	22.7	2.6	20.4	295	小 6069
变化幅度	-5%	-62%	-8%	+99%	

2. 轻质 $CaCO_3$ 表面处理在 PVC 高聚物中的表现

无机填料多为高能表面物质，而有机聚合物树脂则为低能表面物质，前者所含各种基团将优先吸附那些能最大限度降低填料表面能的物质。只有充分吸附，填料才能被树脂良好的浸润。调节填料与树脂基体的酸、碱性，使之能相互作用而达到强化界面的作用。当填料和聚合物的表面酸碱性可以很好地匹配，理论上就可实现强的界面黏合；若 PVC 干混料呈现较强的碱性，则必然不利于界面黏合。

$CaCO_3$ 是高分子复合材料中广泛使用的无机填料。在橡胶、塑料制品中添加 $CaCO_3$ 等无机填料，可提高制品的耐热性、耐磨性、尺寸稳定性及刚度等，并降低制品成本，然而，普通 $CaCO_3$ 亲水疏油的表面特性，使其与 PVC 熔体相容性差，因此在 PVC 熔融状态易形成不规则的聚集体，造成在 PVC 熔体内分散不均匀，从而产生界面缺陷，在它们的结合面上容易产生空穴及新的应力集中点，填充 $CaCO_3$ 使制品性能变差，导致制品的物理机械性能降低。这是因为 PVC 塑料的相对密度为 1.4，$CaCO_3$ 的相对密度为 2.2~2.8，这种密度的差异妨碍 $CaCO_3$ 在 PVC 树脂中的均匀分散，表现为填充 $CaCO_3$ 后，由于 PVC 在熔体状态在外力作用下，表现出黏弹性和塑性，而 $CaCO_3$ 在 PVC 熔融状态下仍保持刚性小颗粒，从而阻碍外力的作用，使 PVC 聚合物黏度加大，黏弹性、流动性降低，成型加工性能下降，加工困难。为了消除 PVC 树脂与 $CaCO_3$ 结合面上的空穴，有效地提高它们的相容性，需要对轻质 $CaCO_3$ 进行活化处理，提高 $CaCO_3$ 与树脂的亲和能力，从而增强 PVC 熔体与 $CaCO_3$ 之间的结合。国内活化轻质 $CaCO_3$ 按照处理方法分为湿法和干法两种。湿法活化是在碳化、增浓后进行，湿法工艺流程较适合于水溶性的表面改性剂，如高级脂肪酸等。干法活化是在干燥后进行，干法生产工艺流程较适合于钛酸酯、铝酸酯、磷酸酯、硼酸酯等偶联剂。目前，比较成熟的工艺且得以广泛应用的方法是干法的处理。轻质碳酸钙碱性或游离碱往往采用 pH 值来表示，而且 $CaCO_3$ 生产厂家常常是在轻质 $CaCO_3$ 没有活化之前检测。

3. 从软硬酸碱原则分析轻质 $CaCO_3$ 碱性对 PVC 型材的影响

皮乐逊提出软硬酸碱原则（简称 SHAB 原则）是，软酸与软碱容易生成稳定的络合物，硬酸与硬碱容易生成稳定的络合物。当 $CaCO_3$ 碱性过高，在 PVC 干混料的熔体中，由于 $CaCO_3$ 包覆着 $Ca(OH)_2$，$Ca(OH)_2$ 在加热和物料中水汽的作用呈碱式离解，形成 Ca^{2+} 和 OH^-，使 $CaCO_3$ 产品碱性增大，在加热的作用下，PVC 发生降解产生氯化氢，存在 H^+ 和 Cl^-。虽然 PVC 干混料熔体存在铅盐稳定剂，体系中含有 Pb^{2+}，但是根据软硬酸碱原则，H^+ 与 Ca^{2+} 都是硬酸，二者比较起来，前者硬度高，OH^- 与 Cl^- 都是硬碱，二者比较起来，前者硬度高。Pb^{2+} 属于软酸，与 Ca^{2+} 比较，PVC 产生的氯化氢，Cl^- 与 Ca^{2+} 结合更稳定，阻碍了 Pb^{2+} 形成稳定络合物，导致 PVC 降解。同时 H^+ 与 OH^- 结合稳定，所以，加快了 PVC 降解产生的 HCl 的速度与熔体中存在的 $Ca(OH)_2$ 反应，加速了 PVC 的降解且使熔体黏度提高，PVC 降解后进一步使 PVC 干混料黏度升高。

4. 从原子的电负性分析轻质 $CaCO_3$ 碱性对 PVC 型材的影响

PVC 干混料熔体中，为什么 $Ca(OH)_2$ 能够促进 PVC 的降解？这是因为钙原子属于碱土金属，钙原子最外层电子 $4s^2$，电负性 1.04，PVC 熔体中铅盐稳定剂含有铅原子，最外

层电子 $6s^2 6p^2$，电负性 1.55。PVC 降解产生氯化氢，其中氯原子最外层电子 $3s^3 3p^5$，电负性 2.83。所以，在熔体中存在三种原子，它们分别是 Ca、Cl、Pb 原子，如果其中两种原子的电负性相差越大，越容易形成稳定的离子键，我们比较两种原子可能形成离子键的电负性差，Ca 与 Cl 相差 1.79，Pb 与 Cl 相差 1.28，显然，Ca 与 Cl 电负性相差最大，最有可能形成 $CaCl_2$，加快了 PVC 的降解，而使稳定剂失去了抑制 PVC 降解的作用。

PVC 树脂降解过程是由于脱 HCl 反应引起的一系列连锁反应，最后导致大分子链断裂。产生这些连锁反应源于 PVC 树脂中存在不稳定结构分子链，主要有三种结构。不稳定结构一，在双键附近活泼 Cl 容易被取代；不稳定结构二为烯丙基氯结构最不稳定，活泼 Cl 容易被取代；不稳定结构三为叔氯结构，叔碳原子连接的氯原子容易被取代。三种不稳定结构共同特点是在热、光等作用下，氯原子容易被取代，取代的结果是分子链有双键产生，当具有强碱性的 $Ca(OH)_2$ 遇到这些活泼的 Cl 形成 $CaCl_2$，分子链继续产生双键并且发生断裂，双键附近活泼 Cl 不断增加，对 PVC 树脂的降解起到了催化作用，从而造成 PVC 形变-温度曲线的变化，加快了 PVC 的分解，促进和加快了 PVC 干混料的塑化速度，使 PVC 干混料黏度提高，转矩增加。

另外，由于原材料含有一定的水分，热混合过程中，容易产生水蒸气，使包覆在 $CaCO_3$ 颗粒中的 $Ca(OH)_2$ 与 PVC 产生的 HCl 发生如下反应：

$$3Cl_2 + 3H_2O == 5HCl + HClO_3$$
$$Ca(OH)_2 + 2HCl == CaCl_2 + H_2O$$
$$Ca(OH)_2 + 2HClO == Ca(ClO)_2 + H_2O$$

加快了 PVC 脱氯化氢进程使型材变色。PVC 干混料黏度变化，可以认为填料与树脂界面的形成所致，是树脂与填料的接触及浸润。

二、不同碱性碳酸钙对 PVC 型材影响的试验对比分析

为了比较不同碱性的活性 $CaCO_3$ 对 PVC 型材的影响，我们做了一组对比试验。由于轻质 $CaCO_3$ 活化后并不改变 $CaCO_3$ 的碱性大小，所以，以活性 $CaCO_3$ 作为试验样本。首先，确定活性 $CaCO_3$ 碱性检测方法。为了避免水中杂质的影响，选用蒸馏水作为试验用水，称取一定量的活性 $CaCO_3$ 放到水中搅拌 $1 \sim 2min$ 制成 $CaCO_3$ 水溶液，将 pH 试纸插入 $CaCO_3$ 水溶液中后拿出，检测出的 pH 值确定为 $CaCO_3$ 碱性值。其次，选定两种活性 $CaCO_3$ 作为试验样本，用该检测方法进行检测。将 pH 值等于 13 的 $CaCO_3$ 设定为 1 号样品；pH 值等于 6 的 $CaCO_3$ 设定为 2 号样品，将这两个样品分别加入到 PVC 型材配方体系中并且制作成为 PVC 干混料，设定 1 号 PVC 干混料和 2 号 PVC 干混料。通过转矩流变仪和双螺杆挤出机等设备，观察 PVC 干混料流变加工性能及 PVC 型材外观。图 4-18 是两种不同碱性的 $CaCO_3$ 对 PVC 干混料流变曲线的影响，将图中数据整理列在表 4-15 中。图 4-18、表 4-15 显示，含有 1 号样品的 PVC 干混料

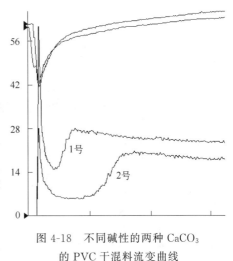

图 4-18　不同碱性的两种 $CaCO_3$ 的 PVC 干混料流变曲线

在转矩流变仪中表现为装载峰转矩明显提高，是含有 2 号样品的 PVC 干混料装载峰 2 倍多，说明此时的 1 号 PVC 干混料中 PVC 树脂经过热混后已经处于半弹性状态，较早进入高弹

态，相当于碱性大的 $CaCO_3$，其中含有 $Ca(OH)_2$ 加快了 PVC 的降解，熔体温度升高，导致热混合温度提高，从而造成装载峰转矩明显提高；1 号 PVC 干混料的最小转矩是 2 号 PVC 干混料 3 倍之多，进一步说明碱性大的 $CaCO_3$ 经过热混时，PVC 高聚物部分较早进入高弹态，所以，流变曲线上 PVC 熔体表现较快地转入黏流态，黏度增高使 PVC 干混料体系内温度升高，从而表现为 PVC 干混料转矩提高。与 2 号 PVC 干混料比较，1 号 PVC 干混料最高转矩提高 34%，平衡转矩提高 29%，也进一步说明碱性大的 $CaCO_3$ 料加快了 PVC 的熔融过程，使黏度加大，转矩提高，从而呈现塑化快现象。结果表现为 PVC 干混料熔体黏度高，塑化时间明显减少，提前完成了塑化，是正常的 2.5 倍。

表 4-15　两种不同碱性 $CaCO_3$ 对 PVC 干混料加工的影响

项目	装载峰/N·m	最小转矩/N·m	最大转矩/N·m	平衡转矩/N·m	塑化时间
1	60.7	15.5	27.7	23.1	58 秒
2	28	5.6	20.7	17.8	2 分 32 秒

　　PVC 干混料在流变仪的表现是动态热稳定性，流变曲线是动态热稳定性的反映。从流变仪取出的塑化物可以看出，1 号 PVC 干混料的塑化物强度低，塑化物降解变色并且黏在辊上，说明在动态状态，即 PVC 熔融状态时，加快了 PVC 塑化，也提高了 PVC 降解的速度。相比之下，2 号 PVC 干混料的塑化物动态热稳定性表现好。图 4-19 是 1 号 PVC 干混料的塑化物，图 4-20 是 2 号 PVC 干混料的塑化物。显然，碳酸钙的碱性直接影响到 PVC 型材生产和质量。

图 4-19　1 号 PVC 干混料塑化物

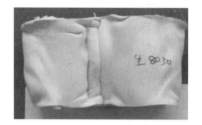

图 4-20　2 号 PVC 干混料塑化物

　　在 PVC 干混料流变曲线试验基础上，笔者将 1 号 PVC 干混料、2 号 PVC 干混料分别通过同一台挤出机和同一套模具加工塑料型材，进一步验证活性 $CaCO_3$ 碱性大小对 PVC 型材的影响。结果显示，从挤出机生产的型材来看，采用 2 号 PVC 干混料生产过程平稳，挤出型材为白色。采用 1 号 PVC 干混料生产的型材出料快且产品呈现脆、变黄、纵向红色条纹（见图 4-21），与流变仪中反映的流变曲线的表现相一致，与流变仪中取出的变色塑化物基本吻合。为什么会出现挤出型材呈黄色、纵向红色条纹？根据以上分析的原理，是由于 PVC 干混料在活性 $CaCO_3$ 碱性和挤出机高热、剪切的共同作用下，加快 PVC 熔融的过程，PVC 降解过程在挤出机螺筒中加快，PVC 降解导致共轭双键增加，并伴随着部分 PVC 交联产生，

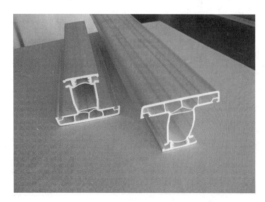

图 4-21　采用 1 号 PVC 干混料生产的型材

在发生物料变色的同时，熔体黏度提高。型材表面出现的纵向红色条纹，是由于 PVC 干混

料在挤出机螺筒中的运动方式以螺杆旋转、推进过程中有部分物料回流产生，这部分回流（滞留）的物料已发生降解且变黄，黏附在高温状态下的挤出机螺筒壁上使 PVC 降解加剧，这部分物料颜色由黄色变成红色，在下一次 PVC 干混料通过螺杆旋转、推进过程中带走，即已发黄的物料将这部分滞留物料刮带出来共同挤出，该滞留部分且变红的物料就停留在 PVC 型材表面，这种不间断的滞留、螺杆旋转、推进过程，经过拉伸使 PVC 型材表面出现纵向红色条纹。

三、解决碳酸钙碱性影响的一些方法

解决轻质 $CaCO_3$ 碱性过大的方法，关键是控制 $CaCO_3$ 生产过程，才能保证 PVC 型材生产过程质量稳定。所以，可以采取如下措施。

① 轻质 $CaCO_3$ 生产工艺碳化工序的监管。

正常情况下，石灰（CaO）应该消化成 $Ca(OH)_2$，然后再进入碳化工序。如果 CaO 未消化透，使 $Ca(OH)_2$ 中混有 CaO 小颗粒，这些小颗粒在碳化时，$CaCO_3$ 颗粒粘在外面包覆起来，碳化之后再绽开，于是 $CaCO_3$ 碱性反映出来。所以，应该在消化工序进行如下监管：第一，严格控制消化水温，一般消化水温不能过低，应该在 45℃ 以上，保证充分 CaO 消化；第二，控制消化时间，为了保证 CaO 消化时间，消化机推进速度不能过快；第三，避免过烧 CaO 颗粒产生，由于过烧的 CaO 颗粒外表面过于密实，不能充分消化，应该避免过烧 CaO 颗粒混入。

② 过度碳化是一个避免 $CaCO_3$ 碱性过高的方法。

控制碳化反应末期反应是控制轻质 $CaCO_3$ 碱性的关键，通常还需要继续通入 3～5min 的窑气继续过度碳化，以确保游离碱含量达标。碳化反应后，在陈化池进行必要的熟浆的陈化，避免包裹返碱的现象发生。颜鑫教授提出图 4-22 的过度碳化反应时期的传质模型，过度碳化时，即 $Ca(OH)_2$ 粒子反应完全时，$Ca(OH)_2(s)$ 的固膜将消失，即 $Ca(OH)_2(l)$ 和 $Ca(OH)_2(s)$ 的液固界面也将消失，此时的溶液体系是气-固 $CaCO_3(s)$ 三相反应体系，另一个液固界面——$CaCO_3$ 的液固界面将凸显出来，因此，这时的四膜模型为：气膜 CO_2（l）、液膜 B（Ca^{2+}、CO_3^{2-}）、液膜 $CaCO_3(l)$、固膜 $CaCO_3(s)$ 等四个膜。

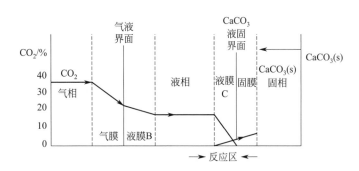

图 4-22　过度碳化反应时期的传质模型

③ 控制 $CaCO_3$ 生产过程中相关工序。

游离碱偏高的问题：

a. 在烘干工序，随着温度升高碱度增大。

b. 碳化塔结构不合理，如搅拌不均，有 $Ca(OH)_2$ 的粉体沉淀析出，混入已碳化好的半成品中，使石灰乳的碱性提高。

c. 回转干燥炉回火管破损，火焰直接接触了碳酸钙粉体，会使部分碳酸钙分解，从而成为氧化钙，这样的产品碱度会升高。

d. 在一些利用滤液进行消化的轻质碳酸钙生产工艺中，如果不能定期补充新鲜水进入消化工序或定期排放一定量的滤液，容易造成滤液中碳酸镁浓度超标，滤液的 pH 值（碱度）也随之升高，最终影响到 pH 值或游离碱超标。因此，需要对以上工序进行控制。

④ 对轻质 $CaCO_3$ 碱性提出要求，是保证轻质 $CaCO_3$ 应用的前提。

一般要求是：游离碱含量一般应不小于 0.05%。当产品游离碱含量超标，在平均粒径一定的情况下，其沉降体积也会随之增大。碳化反应终点的判断是必须使熟浆的 pH 值接近 7。

第五章　PVC 塑料型材塑化质量的研究

PVC 塑料型材塑化质量的研究关系到型材生产与使用。PVC 塑料型材塑化质量是指 PVC 树脂及助剂等共混物（又称为 PVC 物料）经过挤出机的高热和剪切加工后的状态经过模具定型后，在 PVC 型材产品质量上的反映。它包括两方面内容：内在质量和外在质量。外在质量是 PVC 物料通过挤出定型前后就可以观察到，包含挤出成型时出料状态、成型物表面，即塑化效果。内在质量需要通过一系列检测手段检测到，包含型材的力学性能（焊接角破坏力、低温落锤冲击等指标），即塑化结果。所以，PVC 塑料型材良好的塑化质量是保证 PVC 塑料型材产品质量的基本条件。

第一节　PVC 树脂在塑化过程中的转化

我们知道，挤出成型是塑料成型加工的一种方式，这种成型加工的特点是：PVC 树脂在挤出机中的塑化过程从状态上看是一种状态转化，玻璃态—高弹态—黏流态；从聚集态结构上看是一种结构重组，PVC 树脂颗粒破碎—初级粒子破碎——一级粒子破碎—自由的大分子链。从某种意义上说，PVC 树脂的塑化质量（塑化度）就是 PVC 粒子的破坏程度。

PVC 树脂在双螺杆挤出机机筒中的塑化分三段区历程：固体输送区、熔融区、熔体输送（挤出）区，见图 5-1。

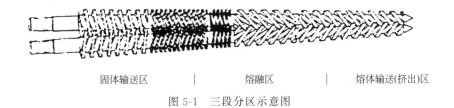

固体输送区　　｜　　熔融区　　｜　　熔体输送(挤出)区

图 5-1　三段分区示意图

1. 固体输送区

在机筒中，固体聚合物（PVC）及其助剂的预热、压实区域定义为固体输送区（见图 5-2）。首先，料斗内固体聚合物粒子的流动是靠重力实现的。在固体输送区，PVC 粒子被

图 5-2　固体输送区

致密地压实后，形成在螺槽上滑动的固体床或固体塞。固体塞运动是依靠机筒表面与固体塞之间的摩擦力，而螺杆与固体塞之间的摩擦力却阻止固体塞运动。所以在机筒内，造成 PVC 粒子不在同一方向前进，而是不时地翻滚、打滑，随螺杆旋转、"架桥"，在"桥"后堆积起来，突破"桥"，随着 PVC 物料挤出和 PVC 物料在料斗内的流动，这种过程是反复进行的。在这个区域，良好的 PVC 树脂挤出塑化质量从状态上看，PVC 大分子由玻璃态转化为高弹态；从聚集态结构看，是 50%～60% 的 PVC 树脂颗粒破碎变化为初级粒子，各种助剂粒子的表面与初级粒子表面充分接触、扩散。

固体输送区一般是机筒 C_1 加热区。在热的作用下，PVC 物料中的大、小分子在致密状态中充分接触、扩散、渗透，为 PVC 挤出塑化提供物料热准备。

值得指出的是：对于稳定的运转，料斗内固体料的高度无论什么时候都必须在某个临界值以上。此时，料面高度的变化将不影响挤出机的性能，但是，如果料面高度低于此临界值，则固体料面高度的任何变化都会引起底部压力的变化，这会改变挤出机的运转状况，也许会引进一个强烈的不稳定因素，导致 PVC 物料挤出塑化质量的恶化。

2. 熔融区

在机筒中，固体聚合物和熔体共存着的那一部分定义为熔融区或相变区（见图 5-3）。该区为机筒 C_2、C_3 加热区。熔融区是挤出机的主要部分，对 PVC 物料挤出质量有重要影响。在熔融区，PVC 粒子在被挤压致密的同时，已经建立了相当大的压力，这些压力与周围热介质的软化作用一起，把压实的颗粒变成密实的"固体膏状床"。此时的"固体膏状床"是由一部分 PVC 高弹态与一部分 PVC 玻璃态、少量的 PVC 黏流态组成的混合状态。"固体膏状床"具有螺旋形螺槽的形状并且在螺槽内滑动。由于这种相对运动，在"固体膏状床"和机筒表面之间的熔膜内便产生了速度分布。于是，熔膜中的熔体开始向螺纹推进而流动，当它遇到螺棱时，螺棱便将熔体从机筒上"刮下"，并且聚集在推进螺纹前方的螺槽后部的熔池中。当"固体膏状床"沿着螺槽移动时，越来

图 5-3　熔融区

越多的熔料被带入熔池，因而熔池的尺寸增加，而固体床的尺寸则减少，由于机筒与螺杆根部的相对速度，在熔池中产生了物料的循环流动（环流）。由于大部分熔融都发生在熔膜和固体床之间的分界面上，"固体膏状床"被逐渐破坏而成为黏流态向前输送。良好的 PVC 树脂挤出塑化质量从状态上看，PVC 大分子状态由高弹态转化为黏流态；从聚集态结构来看，PVC 树脂颗粒基本破碎，有 60%～70% PVC 初级粒子破碎变化为一级粒子，各种助剂分子表面与 PVC 一级粒子表面接触，形成物理与化学的结合。

在熔融区，影响 PVC 物料挤出塑化的因素如下。

① 增加螺杆转速大大增加了塑化挤出机的熔融速率，因此也缩短了熔融区的长度。

② 温度升高时物料黏度降低，减少了螺杆转速对熔融速率的影响。

③ 较高的机筒温度导致较高的熔膜平均温度。

④ 改变螺槽深度将引起沿着螺槽方向固体床速度的改变。螺槽深度减少将增加固体床速度，减少机筒与固体床之间的速度差。锥形螺杆的根部使螺槽截面积逐渐缩小，因而引起固体床形状发生改变，同时也增加了固体床的宽度。这个现象将引起固体床更多地与热的机筒表面相接触，从而加速了物料的熔融。

⑤ 升角对熔融的影响与螺槽深度的影响相似。增加螺棱间隙对熔融有不利的影响（螺棱间隙在塑化挤出机的熔融性能中的重要性）。

除此这些之外，黏度对温度的依赖性使得熔膜分布变形，熔膜将固体床从机筒分开，同

时趋向于减少熔融速率。通常能找到一个相对于最大熔融速率的最佳机筒温度。

3. 熔体输送区

在机筒中,固体聚合物完全转化为熔体,熔体被强制输送到机头处,且与螺杆具有浅螺槽的一段相对应的部分定义为熔体输送区(见图5-4)。该区为 C_4 加热区。大多数挤出机做不到等温操作。熔体温度有接近或超过机筒温度的轴向上增加的趋势。实际的挤出机性能通常介于绝热与等温之间的某一状态。

图 5-4　熔体输送区

熔体输送(挤出)段,熔融大分子在剪切作用下与各种助剂进一步反应、被均化,连续 PVC 物料黏流体不断地定量挤出,形成熔体压力,保证了 PVC 异型材的最终成型产品的密实度。在这个区域,良好的 PVC 树脂挤出塑化质量,从状态上仍保持 PVC 大分子黏流态,从聚集态结构看,是 PVC 一级粒子与少量初级粒子共同组成结晶体,这部分初级粒子可以提高最终材料的强度、韧性。当含有这种结晶体材料被挤出、冷却后,在外力的作用下,初级粒子能够阻碍一级粒子的运动,达到强度的提高;又由于初级粒子表面积大,在受到冲击时可以吸收部分冲击能,韧性提高。

然而,要真正实现 PVC 树脂在这三段塑化过程的转化不是容易的事情,还必须在挤出工艺温控系统、配方系统、设备精度等方面同时给予保证才能实现。

综合上述,良好的塑化质量的标志:

① 经过挤出机的热、剪切的作用,PVC 树脂的初级粒子、一级粒子相继破碎,PVC 大分子处于互相缠绕自由状态,在外力的作用下(牵引力)被拉伸,大分子进行结构重排。强度提高。

② 这种结构重排的结果,PVC 树脂颗粒全部破碎,初级粒子 $60\%\sim70\%$ 破碎,未破碎的初级粒子中夹在具有柔性的大分子链之间。由于初级粒子的阻碍作用,使大分子链在外力作用时拉伸受到一定的限制,有利于最终产品的热尺寸稳定性能。又由于初级粒子的存在,其表面积大,能够吸收外来的冲击能量,有利于最终产品的抗冲击性能。

③ 产品的外观是均匀、细腻、有光泽的。

第二节　PVC 物料挤出塑化质量的条件

一、最佳配方组分是 PVC 物料挤出塑化的必要条件

PVC 树脂应用的条件是有合理的配方。PVC 树脂不加入助剂就没有使用价值,这是由 PVC 树脂具有易分解、硬脆性、抗冲击性能低(一般 $3\sim5kJ/m^2$)等缺点所决定的。生产 PVC 异型材涉及的原料有十余种,主要有聚氯乙烯、抗冲剂(氯化聚乙烯)、稳定剂、加工助剂、内外润滑剂、填充剂(碳酸钙)、钛白粉、增塑剂。影响 PVC 异型材塑化质量的主要助剂有稳定剂、抗冲剂、加工助剂三种助剂等,直接关系到型材是否符合国家标准 GB/T 8814—2004 的技术指标,而加工助剂、润滑剂主要满足原料塑化、成型、焊接工艺性能的要求。理论和试验已经证明:原材料的生产厂家不同,其技术指标不同,PVC 物料挤出塑化质量不同;原材料用量不同,PVC 物料挤出塑化质量不同;各种原材料在配方中的配比不同,PVC 物料挤出塑化质量不同。应该针对具体的挤出机、原材料制定相应的配方组分,这里面要做大量的试验与筛选工作。

在 PVC 型材生产过程中,热稳定剂的作用是防止 PVC 树脂的分子链在热及剪切作用下引起破坏和进一步降解。这是因为聚氯乙烯在聚合过程中由于配方和工艺因素的影响会产生

副反应。这种副反应，使实际聚合物的链结构在个别部分被改变了，出现反常结构，即存在有缺陷的基团。这种缺陷基团产生在大分子上氯原子的位置及其相邻的基团上：生成氯原子连位；导入引发剂链段；局部脱 HCl 生成不饱和 $\diagup C=C \diagdown$；带氯原子的叔碳原子；各种长度的支链；各种含氧基团——氧化氢基、羟基、羰基。

因此，我们所说的不饱和结构 $\diagup C=C \diagdown$，主要是在聚合物合成时产生的。这些不饱和结构使 PVC 树脂热稳定性能下降、热分解温度降低。没有加入稳定剂的 PVC 树脂在加工过程中，当部分 PVC 颗粒没有破碎、初级粒子还没有完全破碎时，就有 PVC 大分子降解反应发生，没有达到良好的塑化质量的要求。PVC 熔体包裹着未破碎的 PVC 颗粒，使挤出物的外观粗糙且变色。

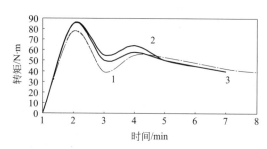

图 5-5　有无稳定剂的 PVC 物料流变曲线

从图 5-5 可以看出，曲线 1、曲线 3 为加入稳定剂的 PVC 物料流变曲线，曲线 2 为未加入稳定剂的 PVC 物料流变曲线。无稳定剂的 PVC 树脂最高转矩和最低转矩均较大，说明 PVC 分子链发生了分解反应，使 PVC 熔体黏度增大所致。所以，加入热稳定剂可以抑制缺陷基团对 PVC 分子链的引发作用，及时终止由缺陷基引发的活性分子链，保证 PVC 树脂有充分时间塑化均匀。

同时，对 4 个厂家提供的热稳定剂做了对比实验，从表 5-1 可以看出，加入不同厂家的热稳定剂，PVC 型材塑化结果不同。主要原因是稳定剂中的分子吸附 PVC 树脂中的缺陷基团能力不同，造成 PVC 树脂的塑化质量不同。对比实验还说明，从保证 PVC 型材质量的角度看，稳定剂的选择应该建立在实验的基础上，一旦选用，最好不要频繁更换。

表 5-1　稳定剂对比实验

热稳定剂	焊接角破坏力/N	低温落锤冲击破坏个数（−10℃）
1（厂家 1）	5436	0
2（厂家 2）	5707	0
3（厂家 2）	5744	0
4（厂家 3）	5771	0

为了保证 PVC 树脂塑化质量对热稳定剂的提出要求。

① 固化 HCl。PVC 分解后有 HCl 析出，对分解有催化作用，用热稳定剂将 HCl 形成氯化物而固着；置换 PVC 不稳定的氯原子。

② 抑制羰基的形成和破坏羰基，抵抗氧化。

③ 在成型加工过程中避免树脂分解；能与树脂互溶。

④ 在 PVC 异型材使用环境和介质中稳定。

CPE 是硬 PVC 塑料型材生产中常用的抗冲击改性剂。它较好地满足了硬 PVC 塑料型材在加工、运输和使用过程中，要有较高的刚性，有良好的耐冲击韧性的要求。通过控制 CPE 中的 Cl 含量，可以使其具有与 PVC 接近的溶解度参数。CPE 在与 PVC 树脂组成的共混体系中连续均匀地分散，形成分相不分离的网状结构，当体系受到外力冲击时，部分冲击能被 CPE 橡胶相的黏弹形变所消耗。从图 5-6 结果看，曲线 1 为加入 CPE 的 PVC 物料流变曲线，曲线 2 为未加入 CPE 的 PVC 物料流变曲线。加入 CPE 明显地降低了加工转矩，而且曲线变化平稳，有利于改善 PVC 树脂的塑化质量。表 5-2 结果表明，随着 CPE 用量的不同，PVC 型材塑化质量不同。从比较 PVC 与 CPE 的 T_g 也能够说明，因为 CPE 的 T_g（$-15℃$）比 PVC 树脂 T_g（$85℃$）低，所以，在挤出加工过程中 CPE 颗粒没有被破碎，处于高弹状态，包裹在 PVC 大分子链之间。定型后存在于 PVC 型材的这种高弹状态的颗粒表面积大，可以吸收外来的冲击能。与此同时，我们注意到，随着 CPE 用量的增加，型材的焊接角破坏力有

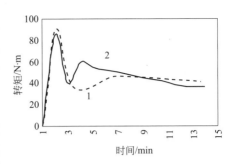

图 5-6　加入 CPE 的 PVC 物料流变曲线
1—加入 CPE；2—未加 CPE

所降低。这是由于 CPE 粒子的阻碍作用又影响 PVC 分子链的取向，影响到 PVC 型材的强度，所以，CPE 的加入往往是以牺牲部分焊接角破坏力的力学性能为代价来换取低温落锤的力学性能的提高，从而保证了使用功能。

表 5-2　不同机组实验对比

实验机组号	1		2	
型材名称	58 框	58 框	58 中挺	58 中挺
CPE/份	9	10.5	9	10.5
焊接角破坏力/N	4471	4212	4665	3786
低温落锤冲击破坏个数（$-10℃$）	破碎 3	破碎 1	破碎 5	破碎 1

从表 5-3 可以看出，不同厂家生产的 CPE 质量对型材的塑化质量有影响，这与 CPE 生产厂家的生产工艺有关系。综合考虑焊接角破坏力、低温落锤的力学性能，对 CPE 生产厂家的考察很重要。

表 5-3　不同厂家的 CPE 对型材力学性能的影响

CPE 生产厂家	用量/份	焊接角破坏力/N	低温落锤冲击破坏个数（$-10℃$）
厂家 1	10	4139	破碎 1
厂家 2	10	4998	0

ACR 加工助剂是由较低分子量、较低玻璃化温度的甲基丙烯酸甲酯和丙烯酸酯类进行共聚反应而成的。

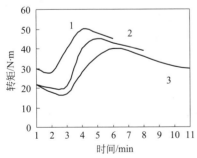

图 5-7　加入加工助剂的
PVC 物料流变曲线

1—1%助剂；2—0.5%助剂；3—未加助剂

ACR 作为加工助剂的作用机理：在 PVC 加工过程中，小颗粒 ACR 能扩散到 PVC 颗粒中去，增大二者之间的接触面积，使黏附力增加，产生较大的内摩擦力，这样使 PVC 粒子更容易破碎和熔融，提高了塑化质量，缩短了塑化时间。从图 5-7 看出，曲线 1 为加入 1% 加工助剂的 PVC 物料流变曲线，曲线 2 为加入 0.5% 加工助剂的 PVC 物料流变曲线，曲线 3 为未加入加工助剂的 PVC 物料流变曲线。随着加工助剂加入量的增加，塑化时间缩短，转矩提高。说明 ACR 加工助剂的加入，有利于 PVC 颗粒破碎为初级粒子，达到塑化的目的。表 5-4 显示：超过 3 份，塑化时间改善不明显，而转矩

继续加大，说明 PVC 熔体黏度增大，此时 PVC 树脂呈塑化过度状态。

表 5-4 ACR 用量对 PVC 流变性能的影响

ACR 用量/份	塑化时间/min	最低转矩/N·m	最高转矩/N·m	平衡转矩/N·m
0	8.3	19.6	40	37.4
3	2.9	26.4	41	41
5	2.7	32.2	46	41.5
7	2.1	35.2	48	43.2
10	1.7	44.5	51	44

所以，在 PVC 中加入少量的加工助剂（1～5 份）时，能显著改进 PVC 的加工性能、而不至于严重损害制品的其他性能，是改善 PVC 塑化质量的有效手段。

理论和试验已经证明：这三种原材料的生产厂家不同，其技术指标不同，PVC 型材的塑化质量不同；原材料用量不同，PVC 型材塑化质量不同；各种原材料在配方中的配比不同，PVC 异型材塑化质量不同。所以，最佳的配方设计是 PVC 型材塑化的基础。

除此之外，内外润滑剂、填料对 PVC 异型材塑化质量的影响也不能忽视。

二、挤出机结构是 PVC 物料挤出塑化的另一个必要条件

1. 螺杆是构成挤出机中影响 PVC 物料挤出塑化的主要部件

螺杆的改进过程也是适应 PVC 物料塑化提高要求的过程。螺杆主要参数有：螺杆直径；长径比；压缩比；螺杆的分段（加料段、压缩段、计量段）；螺槽深度；螺距；螺旋升角；螺棱宽；螺纹头数；螺纹断面；螺杆头部形式；螺杆的冷却方式。挤出机生产厂家在制造螺杆时，上述参数有所不同导致 PVC 物料挤出塑化质量不同。

2. 机筒是构成挤出机中影响 PVC 物料挤出塑化的另一个主要部件

机筒加热方式有三种：热载体（油、蒸汽）加热、电阻加热和感应加热，从稳定 PVC 物料挤出塑化效果考虑，使用后两种较好。其冷却方式有水冷却和鼓风机鼓风冷却两种，控制 PVC 物料塑化温度采用鼓风机鼓风冷却效果好。所以，目前挤出机生产厂家的机筒采用电阻加热、鼓风机鼓风冷却、加料口为矩形较多。

对于生产 PVC 塑料型材而言，因采用 PVC 粉料加工，单螺杆挤出机挤出 PVC 物料塑化及温度均匀性不如双螺杆挤出机，这是因为物料在单螺杆挤出机中的输送主要是依靠物料与机筒内壁及物料与螺杆表面的摩擦作用，双螺杆挤出机则为"正向输送"，具有将物料强制推向前进的作用。双螺杆挤出机中物料由加料斗加入机筒经过螺杆到达口模，在这一过程中，物料在螺纹推动下，通过各部分圆周运动，进行剪切、辊压、捏合，同时也向着口模方向运动。物料在双螺杆内的流动不是由于摩擦牵引作用，而是靠机械的强制输送，这种输送是等量的，减少了逆流，物料在机筒内停留时间短、温度波动小。实践证明，在双螺杆挤出机中，物料的停留时间通常仅为同直径、同转数的单螺杆挤出机的一半，而热量的传递效率却要提高 4 倍，从而提高了 PVC 物料的塑化质量。

螺杆与机筒的间隙对 PVC 物料挤出塑化质量有很大的影响。螺杆与机筒的配合间隙在 0.1～0.6mm，根据螺杆直径不同间隙不同，随着直径增大间隙增加，但是间隙不能过大或螺杆外圆各点与机筒间隙不能相差太大。否则，塑化质量下降。

为了提高 PVC 物料挤出塑化质量，可以在机头与挤出模具上中间装有过滤板，它的作用是增加料流的反压力，使制品压得密实；提高 PVC 物料的塑化效果。

挤出机是 PVC 塑料型材塑化的硬件部分，是塑化质量的保证。挤出机的心脏是螺杆和机筒（螺筒），国内外挤出机生产厂家不断更新其结构与工艺，如螺杆、机筒的加工、后处

理、装配、螺杆结构形式等都在改善，以提高 PVC 树脂的塑化质量。装配精度主要表现在双螺杆挤出机的四种间隙中，这四种间隙是两个螺杆相对位置的间隙、螺杆螺棱之间的间隙、螺杆与机筒的间隙、螺杆尖部与机筒机头断面的距离（间隙）。根据螺杆直径不同间隙不同，随着直径增大间隙增加，但是间隙不能过大或螺杆外圆各点与机筒间隙不能相差太大。否则，PVC 异型材塑化质量会下降。

3. 机筒、螺杆装配精度与塑化质量

目前，国内许多挤出机生产厂家采用的机筒、螺杆一部分是自己制造的，一部分是采购于专业机筒、螺杆生产厂家。除了机筒、螺杆加工精度外，机筒、螺杆装配精度直接影响到 PVC 异型材的塑化质量。塑化质量不仅给 PVC 异型材生产厂家带来不必要的损失，而且影响到挤出机生产厂家的形象。笔者通过参与几台挤出机机筒、螺杆装配精度的调整，对这个问题有了一定的认识。

机筒、螺杆装配精度是指机筒、螺杆之间的四个间隙。它们是两个螺杆啮合处螺棱之间的间隙；螺杆与机筒之间的间隙；螺杆锥头与机筒机头之间的间隙；两个螺杆之间的间隙。我们对塑化质量存在问题的挤出机进行了工艺参数调整、两个螺杆啮合处螺棱之间的间隙进行调整、螺杆与机筒之间的间隙进行调整、螺杆锥头与机筒机头处的间隙进行调整等观察。首先，调整挤出机工艺参数是否可以达到理想的塑化质量，结果螺杆、机筒装配精度不好，单靠调整挤出工艺参数是不能达到良好的塑化质量（见表 5-5）。

表 5-5　挤出工艺参数与塑化质量

C_1 温度/℃	C_2 温度/℃	C_3 温度/℃	C_4 温度/℃	合流芯 温度/℃	主机转速 /(r/min)	喂料转速 /(r/min)	塑 化 质 量
177	175	174	172	160	13.5	11.2	
164	159	156	155	156	15.6	20.4	成型物表面有间断黑线
168	165	160	162	166	15.5	12.8	

因此，进行机筒、螺杆间隙的调整。将螺杆向后窜 1mm，使机筒、螺杆之间的间隙增大，结果见表 5-6。调整两个螺杆啮合处螺棱之间的间隙，副螺杆向后窜 0.3mm，塑化质量结果见表 5-7。调整螺杆的固定盘，塑化质量结果见表 5-8。

表 5-6　螺杆窜动前后与塑化质量

序号	C_1 温度/℃	C_2 温度/℃	C_3 温度/℃	C_4 温度/℃	合流芯 温度/℃	主机转速 /(r/min)	喂料转速 /(r/min)	塑 化 质 量
1	168	165	163	160	158	19.9	22	成型物表面有轻微间断黑线、无光泽
2	165	162	158	156	155	19.6	19	成型物表面有轻微间断黄线、无光泽

注：1—窜动前，2—窜动后。

表 5-7　螺杆螺棱间隙调整前后与塑化质量

序号	C_1 温度/℃	C_2 温度/℃	C_3 温度/℃	C_4 温度/℃	合流芯 温度/℃	主机转速 /(r/min)	喂料转速 /(r/min)	塑 化 质 量
1	160	159	159	159	161	21	12.5	成型物表面有小疙瘩
2	160	161	161	166	170	20.7	12.2	成型物表面有木纹状

注：1—调整前，2—调整后。

表 5-8　螺杆的固定盘调整前后与塑化质量

序号	C_1温度/℃	C_2温度/℃	C_3温度/℃	C_4温度/℃	合流芯温度/℃	主机转速/(r/min)	喂料转速/(r/min)	塑化质量
1	174	173	172	169	167	21	14.1	成型物表面有木纹状、光泽度差
2	170	170	175	175	165	20.1	14.5	成型物表面基本无木纹状、有光泽

注：1—调整前，2—调整后。

从这些调整结果来看，机筒与螺杆之间的间隙尤为重要。决定螺杆与机筒之间的间隙有两个因素，一个因素是螺杆固定盘相对机筒的位置及固定盘上几个孔的加工精度，另一个因素是螺杆前后窜动距离。前一个因素现场调整解决困难一些，后一个因素现场调整解决容易。建议前一个因素最好在挤出机生产厂家解决为好。

通过查看机筒内壁，发现黑色煳料常常发生在挤出机输送段与熔融段之间，说明这个交接处间隙过大造成的。因为 PVC 粉料在输送段逐渐被挤压密实，在进入熔融段熔融时，由于交接处某点的间隙过大，很少量的粉料受机筒外来热源的作用黏附在机筒壁上，没有进入熔融段中心区，随着黏附厚度的增加，黏附层随着物料进入熔融段中心区，以半熔融状态包裹在高分子熔融体中进入挤出段，而且这种黏附层不断更换，带走旧的黏附层，又在机筒壁上形成新的黏附层，紧贴机筒壁上的物料由于受热时间长发生分解反应而变黑色，表现为在挤出物表面有疙瘩，纵向木纹状或不连续的细黑线，即塑化质量不好。为了进一步验证这个观点，把塑化质量不好的挤出机与塑化质量好的挤出机进行对比，分别测量这两个挤出机的螺杆与机筒间隙（见图 5-8），结果发现，塑化质量不好的 d 处间隙不但比 a、b、c、e 各点间隙大，而且比塑化质量好的大

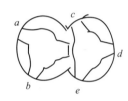

图 5-8　螺杆与机筒间隙

0.1~0.2mm，煳料恰恰产生在沿 d 点机筒轴向方向的输送段、熔融段交接处。由此看来，对于塑化质量有问题的挤出机，如果 a、b、c、d、e 各点间隙相差太大，不应该单纯窜动螺杆与机筒相对位置。实践经验告诉：螺杆前后窜动 1mm，相当于螺杆、机筒间隙调整 0.05~0.06mm，解决不了各点间隙相差太大的问题。应该首先检查螺杆固定盘的加工及装配精度。

所以，螺杆、机筒的装配精度，不但影响塑化的外在质量，也影响塑化内在质量。在一台螺杆、机筒装配精度不太好的双螺杆挤出机进行工艺温度的调整。结果，无论如何调整挤出温控参数，挤出物的表面（外在质量）仍不能达到良好的塑化质量，见表 5-9。但是调整后，PVC 树脂塑化质量就提高了，证明装配精度不好的挤出机，达不到良好的塑化质量。

表 5-9　螺筒工艺温度的调整对比　　　　　　　　　　　　　　单位：℃

序号	C_1/℃	C_2/℃	C_3/℃	C_4/℃	塑化质量
1	178	176	175	174	挤出物表面有木纹状，成型物表面泛黄
2	168	167	166	165	以上现象更为严重

在此基础上，我们先后在三个厂家生产的挤出机上进行生产观察，其内在质量及力学性能是不一样的。表 5-10 结果说明：这是由于每个设备的螺杆参数或加工精度不同，螺杆与机筒装配精度不同造成的。

表 5-10　不同厂家设备对比实验

设备	焊接角破坏力/N	低温落锤冲击破坏个数（−10℃）
厂家 1	4991	破碎 1
厂家 2	4730	0
厂家 3	4257	破碎 3

由此看来，从挤出设备上考虑PVC型材的塑化质量尤为重要，应该注意几点。

① 选择最适合于完成所给定型材的设备，然后必须制定最佳的组合操作条件。

② 在使用不同厂家的挤出机时，应该设定合理的机筒温度，制定相应的挤出机工艺温控曲线，保证PVC树脂塑化质量。

③ 采用分流板。当物料离开螺杆时，如果PVC塑化度较低，固体碎块和熔体一起进入机头，这样其结果不好。分流板可以使这些碎块的大部分破碎，做了一部分螺杆未完成的工作。笔者实践中曾经接触使用过四家挤出机厂家生产的挤出机，其塑化质量不同，有的需要加入分流板才能提高塑化质量。

④ 改善操作条件。操作条件对不稳定状态质量的影响很重要。当挤出机启动时，必须加入大量的热，螺杆芯部与机筒几个加热段可以将温度设定高一些；当挤出机在稳定状态工作后，有效部分的热量由黏性耗散所产生，这样产生的热量经常过量，为了维持恒定的温度，必须适当降低螺杆芯部与机筒几个加热段的设定温度。

⑤ 对于使用一年后的挤出机，根据螺杆、机筒磨损程度应该相应地校正螺杆与机筒的四个间隙。

综合起来，最佳的配方组分和挤出机结构是PVC物料挤出塑化的必要条件。

三、挤出工艺是PVC物料挤出塑化的充分条件

合理的挤出工艺是PVC物料挤出塑化的充分条件。我们知道，双螺杆挤出机适宜硬聚氯乙烯异型材的成型，因它能在较大的机头阻力情况下高效地生产优质制品。挤出工艺涉及机筒温度的设定、主机（螺杆）转速、喂料转速等参数，直接影响PVC物料挤出塑化质量。塑化质量可以用塑化度表示。当PVC未塑化或塑化度低时，PVC初级粒子未解体或解体很少；塑化度100%时，塑化过度，所有初级粒子解体、融合，制品冷却后形成了均匀分布、贯穿整个制品的结晶网络。这两种情况都能造成PVC物料挤出塑化质量不好，反映到型材上物理性能不好。最佳的PVC塑化度在60%～70%，此时PVC大部分初级粒子解体、融合，仍然有少数PVC初级粒子存在，制品冷却后的内部非结晶网络与结晶网络相互交错，反映到型材上物理性能好。一般来说，提高温度、提高螺杆转速、提高喂料转速均可以提高塑化质量，但有一个三者最佳组合。

1. 挤出工艺参数对塑化质量的影响

PVC异型材挤出工艺参数是指机筒各区温度设定、合流芯温度设定、螺杆油温设定、机头模具温度的设定、主机转速、喂料转速等。对于螺杆、机筒装配精度好的挤出机，挤出工艺参数的确定正确与否，关系到异型材的塑化质量好坏。笔者先后接触过五个厂家生产的挤出机，在这方面感受颇深。

PVC物料在挤出机内经过输送段、熔融段、挤出段三个区域、物料被挤压密实、熔融计量实现塑化的，物料所需要的塑化热源来自三个方面，一是机筒外部提供的，二是螺杆内油温提供的，三是螺杆旋转使物料受到剪切作用摩擦产生的。机筒外部热源有四个区，C_1为输送段提供热源，C_4为挤出段提供热源，C_2、C_3为熔融段提供热源，塑化质量从热源上看，C_2、C_3是保证塑化质量的重要因素。通过对挤出工艺参数设定对比可以看出，合理的挤出工艺参数的设定可以保证PVC物料的塑化质量，见表5-11和表5-12。

表5-11　挤出工艺参数对塑化质量的影响

序号	C_1温度/℃	C_2温度/℃	C_3温度/℃	C_4温度/℃	合流芯温度/℃	塑 化 质 量
1	168	169	173	172	165	挤出物表面好
2	170	168	168	167	160	挤出物表面有木纹状

表 5-12　挤出工艺参数不同对塑化质量的影响

序号	C_1 温度/℃	C_2 温度/℃	C_3 温度/℃	C_4 温度/℃	主机转矩	塑 化 质 量
1	178	177	173	169	40%	挤出物表面光泽度好
2	153	160	166	168	45%	挤出物表面光泽度不好
3	143	153	166	170	50%	挤出物表面无光泽、断料

　　螺杆油温对物料的塑化质量是有影响的，表 5-13 显示的试验结果说明，合理的螺杆油温可以提高型材的焊接角破坏力（提高塑化质量）。

表 5-13　挤出螺杆油温对塑化质量的影响

序号	C_1 温度/℃	C_2 温度/℃	C_3 温度/℃	C_4 温度/℃	合流芯温度/℃	油温/℃	焊接角破坏力/N
1	190	187	183	176	172	81	2047
2	190	187	183	176	172	75	2901

　　挤出机的生产厂家不同，所采用的挤出工艺参数是不同的。我们先后在五个生产厂家的挤出机上进行生产观察及力学性能对比，其挤出工艺参数及力学性能是不一样的，见图 5-9、表 5-14。即使是相同厂家的挤出机，采用的挤出工艺参数也是不一样的。图 5-10、表 5-15 是相同厂家 2 台挤出机工艺参数及检测的力学性能对比，从图中可以看出，虽然使用一种模具，不但机筒的温度设定不同，而且机头、模具加热温度也不同，这里面机头、模具加热温度不同是对 PVC 物料塑化质量不好的补充。这是因为这些挤出机的螺杆、机筒的间隙不同；仪表选择的厂家不同等原因造成的，所以，最佳的挤出工艺参数的设定必须符合特定的挤出机才能保证 PVC 物料的塑化质量。以上试验均是在固定其他因素的条件下得出的数据，挤出工艺参数只是涉及机筒、机头、模具。实际情况是，良好的挤出工艺参数的设定应该是针对特定的挤出机各种参数的最佳组合。

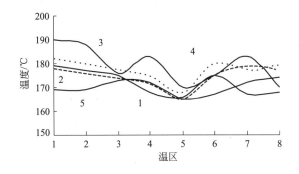
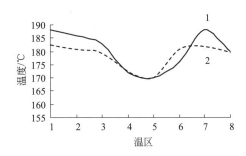

图 5-9　不同厂家的挤出机工艺参数（见表 5-14）　　图 5-10　相同厂家的挤出机工艺参数（见表 5-15）

表 5-14　力学性能对比

挤出机机组号	焊接角破坏力/N	低温落锤冲击破坏个数（－10℃）
1	5485	0
2	5731	0
3	4199	破碎 6
4	3942	破碎 1
5	4450	破碎 2

表 5-15　力学性能对比

挤出机机组号	焊接角破坏力/N	低温落锤冲击破坏个数（－10℃）
1	4920	0
2	4859	破碎 5

根据经验把这些参数依据重要程度排序如下：机筒温度设定、螺杆油温设定、主机转速和喂料转速的设定、合流芯温度设定、机头和模具温度的设定。

2. PVC 物料塑化质量应该考虑的因素

从 PVC 物料挤出塑化机理来看，机筒 $C_1 \sim C_4$ 的温度设定是不同的，通常是 $C_1 > C_2 > C_3 > C_4$，但是，也有与这个排序不同的，这与螺杆的参数与装配精度有关系。

如何保证 PVC 物料塑化质量，应该考虑几个因素。

① 选择最适合完成所给定型材的设备，然后必须制定最佳的组合操作条件。

② 适宜的机筒温度的设定，保证产品表面质量。

③ 各种原材料成分的均一性，如挤出一种分子量分布较宽的树脂（聚合物）时会发生成分不均匀性。

④ 适宜的机头及模具温度的设定。一般情况下，在较好的层流状态的情况下，机头及模具上的温度变化不会影响制品的均匀性。如果横着流动方向的温度梯度大，同时模具中流动不是层流，转变为不规则的随时间的波动，适宜的机头及模具温度的设定就很重要了。温度波动和压力之间的相互关系意味着温度波动是问题的根源。在挤出机中的不完全熔化也将引起温度波动。

3. 在生产实践中，良好的塑化质量是通过良好的工艺温控范围实现的

PVC 塑料型材塑化的条件之一是必须有热源，其塑化质量是通过挤出机分部加热、剪切挤压来实现的。所谓分区加热，即挤出机机筒分 1 区、2 区、3 区、4 区、合流芯五个区进行加热。所谓分部加热，即按机筒、螺杆芯部、模头三部分加热。剪切挤压大小是通过挤出机螺杆的转速及喂料的转速来实现的。

在锥形双螺杆挤出机上进行了框材与扇材（中梃）的生产试验与观察，通过检测型材的力学性能看型材的塑化质量。按国家标准 GB/T 28887—2012《建筑用塑料窗》方法检测 PVC 塑料型材的焊接角破坏力，按国家标准 GB 8814—2004《门窗用未增塑聚氯乙烯（PVC-U）型材》方法检测低温落锤冲击。结果发现，良好的温控范围是一个曲线区间，这种曲线是以挤出机各机筒区间实际温度为基础制作的，而且各机筒区间温度是相互联系的，不是简单的各机筒区间的正负偏差。

从图 5-11 中三组框型材的工艺温控曲线可以看出，只要挤出温度设定在工艺温控曲线范围区域，产品力学性能就有保障（见表 5-16）。从图 5-12 三组中梃材的工艺温控曲线看出，阴影区为良好的工艺温控区域，曲线（系列）1 低温落锤不好是塑化过度造成的，即初级粒子全部破碎，不能吸收足够的冲击能（见表 5-17）。

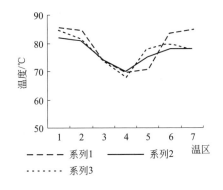

图 5-11　框型材的工艺温控曲线

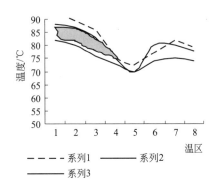

图 5-12　中梃的工艺温控曲线

表 5-16　框型材工艺温控曲线的力学性能

曲线(系列)号	焊接角破坏力/N	低温落锤冲击破坏个数(−10℃)
1	4225	0
2	4819	0
3	4719	0

表 5-17　中挺工艺温控曲线的力学性能

曲线(系列)号	焊接角破坏力/N	低温落锤冲击破坏个数(−10℃)
1	4909	破碎 4
2	4294	破碎 1
3	5000	破碎 1

综合以上两个图及检测结果，并总结大量的工艺温控曲线，笔者认为，挤出工艺温控范围对于不同型材断面结构是不一样的，但挤出工艺温控曲线走势是一样的。有利于 PVC 型材塑化质量的挤出工艺温控曲线平缓较好，曲线忽上忽下对型材塑化不利，而且曲线为马鞍形（图 5-11、图 5-12）较适应 PVC 塑料不良导热体的塑化历程。工艺温控曲线各点调整应从挤出温控系统来综合考虑，符合挤出工艺温控曲线走势最好。这是因为 PVC 树脂在挤出机机筒中各个加热区的所需热量是不一样的。在机筒 1 区，PVC 塑化的主要热源靠外来热量（机筒和螺杆芯部加热），一般温度设定要高一些；在机筒 2 区，PVC 塑化的热源来自外来热量和部分螺杆剪切热，一般温度设定比 1 区低一些；在机筒 3 区，PVC 塑化的热源来自螺杆剪切热和大部分外来热量，一般温度设定要比 2 区低一些；在机筒 4 区，PVC 塑化的主要热源来自螺杆剪切热和部分外来热量，一般温度设定要比 3 区低一些。在合流芯区域，热源主要来源于外部，起到稳定 PVC 熔体温度的作用，温度设定比 4 区低一些；而模头温度应该比 4 区温度设定得高一些，以保证产品的成型。

值得指出的是，这里的工艺温控曲线是挤出机机筒或模头的温控表实际显示温度曲线，不是熔体的工艺温控曲线，但从型材的力学性能最终结果看，这种挤出工艺温控曲线可以控制异型材的塑化质量。

在应用 PVC 型材温控曲线，实现良好的塑化质量时应该考虑：定期对挤出机上的各区温控表进行校验，保证温控表显示数据的准确性；螺杆、机筒间隙调整后应该重新测定、确定温控曲线；挤出机停机一个月后重新启动要进行各区温控表的校验；对螺杆中的加热油，要定期检修油泵及冷却系统，定期换油等。

结论：要得到满意的 PVC 物料塑化质量，螺杆、机筒加工及装配精度是前提，挤出工艺是基础。螺杆、机筒装配精度好，没有最佳的挤出工艺参数，塑化质量不能好。螺杆、机筒装配精度不好，即使有最佳的挤出工艺参数，同样塑化质量不能好。螺杆、机筒装配精度好，有最佳的挤出工艺参数，塑化质量才能好。

第三节　润滑体系在塑化质量中的作用

润滑体系对 PVC 物料的塑化质量影响作用往往没有引起重视，其实，润滑体系平衡、加入量直接影响到挤出成型和 PVC 物料塑化质量的好坏，进而影响到型材的物理机械性能。

1. 对润滑剂的认识

型材配方设计的难点是内、外滑剂的比例及加入总量的设计。润滑剂加入总量不能少，多了也不行，而内、外润滑剂比例更重要，尽管总量足够，其比例失调，也不能连续生产出合格产品。型材 PVC 混合物随着所受热及剪切力大小和时间长短的不同而要求不同的润滑平衡。

2. 润滑剂的作用

内润滑剂可以促进塑化并且能够降低塑化转矩。外润滑剂能够延迟塑化并且能够防止树脂熔体黏附在加工设备的金属表面。润滑剂在 PVC 物料中起到内润滑剂还是外润滑剂与 PVC 配方体系中组分有关，要从体系中各个组分发挥的作用和影响才能进行判断。

研究与实践表明：并不是 100％塑化的制品质量最好，力学性能最高。另外，出于多种原因的考虑，不同的制品对塑化程度均有不同的要求。不完全塑化，不仅质量好、产量高、能耗低，并且可以降低热稳定剂用量，有利于降低成本，提高产量。在充分考虑热稳定剂及其他助剂等因素对润滑剂影响的前提下，通过调整内、外润滑剂品种与数量可以调控塑化速率，增加树脂流动性及改善黏附性。

3. 润滑平衡的研究

我们知道，内、外润滑剂平衡的多样性以及"相容度"影响润滑剂的作用和属性，给配方工作者在选择和应用润滑剂时带来诸多不便。因为选择润滑剂既没有"理论"指导，也没有带有普遍意义的规律可供参考。所以，只有经验和试验可供参考。这里谈到润滑剂平衡，一些专家曾多次论述过，对于指导我们认识内、外润滑剂在 PVC 物料塑化质量中的作用有很大益处。

(1) 润滑平衡的定义　能保证特定的加工设备及工艺，经济地连续生产优质产品的润滑体系。就是说，内外润滑剂品质适当，内外润滑剂比例与加入总量适当，达到适当塑化速率及熔体黏度（转矩流变曲线上适当的塑化时间及塑化转矩）。

(2) 采用对比类推法对润滑平衡进行研究　与已经确认的润滑平衡体系，把它在加工设备上的塑化情况与它在转矩流变曲线上所表现出塑化情况进行对比。

(3) 如何评价润滑平衡体系　润滑平衡体系在转矩流变曲线上的塑化时间对应于挤出机 2/3 左右位置，也就是对应挤出机塑化段将结束，均化段将开始的位置。如果不是润滑平衡体系，其塑化时间对应于挤出机的位置有所变化，当塑化时间对应于挤出机的位置小于 2/3 时，则过度塑化，PVC 物料可能热分解，物料发黄。塑化时间对应于挤出机的位置大于 2/3 时，则塑化度不够，制品较糟、发脆。

① 内润滑作用过剩、外润滑作用不足，造成过早塑化，能耗增加，并且黏附加工设备表面，局部过热而分解，产品质量下降。

② 内润滑作用不足，外润滑作用过剩，产品变脆，力学性能及二次加工性下降。

③ 内、外润滑作用均不足，熔体黏度及黏附性均增加，更容易造成局部过热而分解，严重影响产品质量。

④ 内、外润滑作用过量，不仅浪费了润滑剂，力学性能下降。

4. 对润滑剂性能的要求

(1) 对塑料性能无不良影响　如对光、热稳定性、力学性能、电性能、透明性、毒性及二次加工性能均无不良影响。

(2) 优良的光、热稳定性及化学稳定性　如果热稳定性低或化学稳定性差，在加工时有可能分解成其他物质，可能影响润滑体系平衡而给加工带来不便。兼有良好润滑作用的热稳定剂——金属皂，它们在参与热稳定化反应以后生成金属氯化物及硬脂酸，这两种物质在 PVC 中的相容度与原来的硬脂酸盐差异较大，其润滑性差异亦很大，有可能造成内、外润滑失衡。

(3) 分散性好　润滑剂加入总量一般不超过 2.5 份，所以要求它必须有良好的分散性。分散性除与润滑剂的内聚力、相容度有关外，也与熔点有关，如果熔点高于加工温度，相容性又差，润滑剂很难均匀地分散在 PVC 树脂中。熔点最好在 115℃ 以下，这样在高速搅拌时即已熔化，使其更均匀地分散在 PVC 树脂中。

（4）低挥发性　一般熔点越高挥发性越小。硬脂酸及石蜡价格便宜，润滑作用强，但是熔点低，挥发性强；石蜡的熔点随品种而异，在选用时应选高熔点石蜡，用量亦不宜太多，否则因其挥发而破坏中、后期润滑平衡，甚至影响连续开车时间。

（5）与其他助剂的协同效应　润滑剂与其他助剂作用比较优才可取。对于未改性填料、ACR 加工助剂、抗冲改性剂等，以促进塑化时间为指标，这些助剂与润滑剂并用是协同效应；以 PVC 熔体黏度为指标，这些助剂对内润滑剂有反协同效应。一些多羟基部分酯化物的内润滑剂，可以络合不稳定氯原子，从而有一定辅助热稳定剂作用，同时也能起到防雾滴及抗静电作用；作为热稳定剂的金属皂类，只要使用得当，也可以起很好的润滑作用。

（6）有较好的质量价格比　由于润滑剂的特殊性，它的质量好与坏直接影响到型材的加工性能和最终产品的物理性能。由于各个生产厂家原材料采购成本不同，生产工艺及管理成本有所不同，因此，必须结合本企业生产设备、生产配方和工艺、型材应用区域气候特点，认真考察与筛选润滑剂技术指标，在基本配方小试验的基础上，确定最佳的质量和较低的价格，保证采购的润滑剂有较好的质量价格比。

（7）使用润滑剂的操作弹性　好的润滑剂不仅具有上述的性能外，还应有较宽的操作弹性。如配料比的微小差异、工艺条件的变动（温度的波动、压力增减等），尤其是为了提高产出率而提高挤出速度等情况时，生产者希望润滑体系仍然处于平衡状态，保证更经济地高速连续化生产。

5. 选择润滑体系的一般实验程序

选择润滑剂的一般原则：要合理兼顾 PVC 树脂的流动性、防黏性及塑化速率。也就是一定要使内、外润滑作用平衡，达到能经济、连续生产的目的。

① 采用加工性能好、能够实现型材品质优良的配方和热混工艺制成的 PVC 物料，其流变曲线作为标准样。选择润滑体系时，在转矩流变仪做实验，测试其塑化时间，塑化时最低、最高转矩及塑化峰宽度和峰坡斜率，然后调整内、外润滑剂品种及数量，使其与标准样尽量接近。

② 首先通过改变内润滑剂品种及用量来改变 PVC 熔体流动性即熔体黏度（塑化转矩值）。

③ 在基本调整好熔体黏度（塑化扭矩值）的前提下，通过改变外润滑剂的品种与数量调整塑化时间（即塑化速率）。当然，增减外润滑剂的数量或改变其品种时，对塑化峰值亦有所影响。

④ 在熔体的流动性、塑化时间基本满意以后，还应考察防黏附性是否足够，如果防黏性仍然不足，可适当按比例增加内、外润滑剂的用量。如果感觉防黏性已经可以（不黏流变仪混合头的转子），这表明润滑剂总量有可能过量（这是高水平的润滑平衡），可适当减少一些内、外润滑剂的用量，直至有轻微的发黏为止。在此基础上适当补加一些内、外润滑剂使它不发黏，这是较低水平的润滑平衡，也是较接近实际应用水平的润滑平衡。润滑剂总量少的润滑体系特点是塑化转矩较大，熔体黏附性较严重，有可能提前热分解。

6. 内、外润滑剂用量分析

（1）内、外润滑剂用量均过量　其特点是析出较严重，制品力学性能下降（如试样较脆），二次加工性能较差，但其他实验数据均与内、外润滑平衡时相似。

（2）内润滑剂较少，外润滑剂较多　其特点是塑化时间较长，塑化转矩较大，有可能出现析出现象（外润滑剂过量）。

（3）内润滑剂较多，外润滑剂较少　其特点：塑化时间较短，有较重的黏附现象，有可能热稳定性变差。

总之外润滑剂用量不足则有黏附现象，塑化时间短；过量则力学性能下降，有可能有析出现象。内润滑剂用量不足，则塑化转矩较大，塑化时间较长；过量则塑化时间较短，塑化转矩较小，热稳定性有可能变差。

7. 选择润滑剂时所需的实验

（1）双辊混炼机实验　称取 100g PVC 树脂，按设计配方加入待考察的润滑剂及其他助剂，并把粉料基本混均匀，在双辊温度达到（180±2）℃时，启动双辊把粉料倒入双辊间，并开始按秒表计时，测定其抱辊时间，观察粘辊情况。

（2）转矩塑化仪（Brabender）实验　试验在相同实验条件下考察配方中不同润滑剂的润滑特性，测试其塑化时间、塑化转矩及半峰宽度。转速低或设定温度低时，塑化时间较长，塑化转矩较低，半峰较宽；转速高或温度高时其结果与上述情况相反。

（3）析出实验　在待测配方中加入一些颜色较深的颜料（例如红色颜料），在双辊混炼机上混炼 5～7min，然后用加有 30 份 DOP 及 4 份 TiO_2 的软片清洗双辊。比较软片上红色程度，确定析出程度。

第六章 PVC型材老化现象分析

第一节 聚氯乙烯树脂老化分析

一、聚氯乙烯的降解

聚氯乙烯热稳定性很差，开始分解温度远低于它的黏流温度。不加稳定剂时，聚氯乙烯无法通过熔融方法加工成制品。在高温下，聚氯乙烯很快便变色发黑、变脆。聚氯乙烯能够长期占据塑料产量最大的位置，它的应用和发展是与其降解与稳定的研究密不可分的。它的降解主要表现在两方面：热降解和光降解。

1. 聚氯乙烯的热降解

聚氯乙烯降解的典型特征是释放 HCl。在氧气中的降解比在惰性气体和真空的降解要快得多，即使是微量氧气的存在，也会使聚氯乙烯的分解大大加快。例如对聚氯乙烯在高纯度氮气和工业氮气中释放 HCl 速度的比较研究证实，尽管工业氮气中只含有微量的氧，但它已足够使脱 HCl 反应的速度显著加快。在通常情况下，氧是无法完全排除的，只要有氧存在，聚氯乙烯就会发生氧化反应。因此，实际上的聚氯乙烯降解反应比较复杂，往往同时进行几种化学反应过程，既有分解脱 HCl，又有氧化断链与交联，还有少量的芳构化过程。

一般认为聚氯乙烯分解释放的 HCl 对它进一步脱 HCl 有催化作用，例如厚的试样比薄的试样降解的更快，就认为是由于厚的试样中 HCl 逸出更慢而起了催化作用。

热失重研究表明，在持续升温条件下，聚氯乙烯分解是分两个阶段进行的。第一个阶段的分解是与脱 HCl 有关的，可能还有少量的苯和乙烯。第二阶段大部分的降解产物是深颜色的非挥发性的环状碎片，这个阶段的挥发组分的成分也很复杂，包括芳香的和脂环族的化合物，在 500℃时留下一些碳化的残渣。

聚氯乙烯降解释放 HCl 时逐渐变红，归结于生成了多烯结构，则可由紫外光谱得到证明。但多烯结构的平均长度不长，6～10 个共轭双键。脱 HCl 的同时由于交联和环化作用，聚合物的相对分子质量增加。

有关脱 HCl 机理，比较一致的观点是，聚合物分子链上的非正常结构如支化、氯代烯丙基基团、含氧结构、端基、头-头结构等引发了脱 HCl 反应。其中最有影响的观点是，β-氯代烯丙基基团（—CH＝CHCHCl—）对引发脱 HCl 反应是最重要的，可以根据一系列含氯模型化合物的稳定顺序（图 6-1）推测出来。

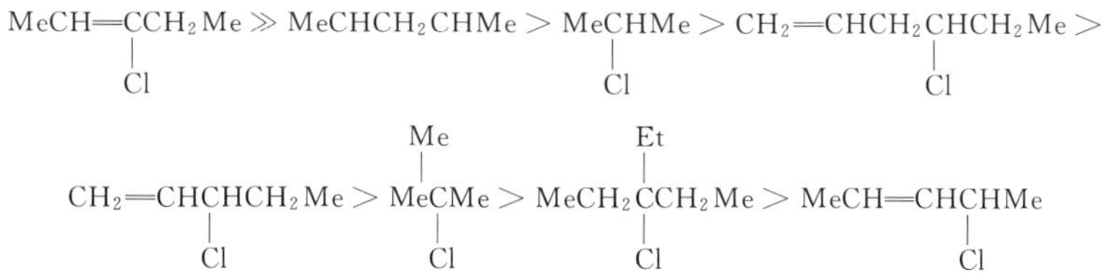

$$MeCH=CCH_2Me \gg MeCHCH_2CHMe > MeCHMe > CH_2=CHCH_2CHCH_2Me >$$
$$\qquad\quad | \qquad\qquad\qquad\quad | \qquad\qquad\quad | \qquad\qquad\qquad\qquad | $$
$$\qquad\quad Cl \qquad\qquad\qquad\quad Cl \qquad\qquad\quad Cl \qquad\qquad\qquad\qquad Cl$$

$$\qquad\qquad\qquad\qquad\qquad\qquad Me \qquad\quad Et$$
$$CH_2=CHCHCH_2Me > MeCMe > MeCH_2CCH_2Me > MeCH=CHCHMe$$
$$\qquad\qquad | \qquad\qquad\quad | \qquad\qquad\quad | \qquad\qquad\qquad\qquad |$$
$$\qquad\qquad Cl \qquad\qquad\quad Cl \qquad\qquad\quad Cl \qquad\qquad\qquad\qquad Cl$$

图 6-1　某些含氯模型化合物的稳定性能

有的人认为羰基烯丙基基团（—COCH＝CHCHCl$_2$—）才是脱 HCl 反应最重要的引发点（图 6-2）。由模型化合物稳定顺序可知，在较高温度下聚合得到的聚氯乙烯（支化度较高）的稳定性降低，说明支化对聚氯乙烯的稳定性不利。但头-头结构的聚氯乙烯和通常结构的聚氯乙烯稳定性却没有明显的差别。

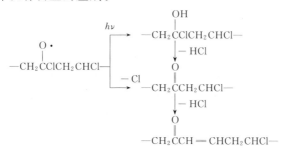

图 6-2　聚氯乙烯氧化过程中羰基烯丙基结构的生成

关于聚氯乙烯分解脱 HCl 的机理，主要有自由基机理、离子和离子-分子机理、同时进行的自由基和离子-分子机理。

自由基机理认为，某个稳定性较差的位置无规地引发 C—Cl 键断裂反应，生成大分子自由基，随后直接去除 HCl 或预先生成氯原子而脱 HCl。它要经过链引发、链增长、链终止几个主要过程。但是，聚氯乙烯脱 HCl 的自由基机理不能解释 HCl 的自催化作用，也不能解释乙酸、路易斯酸对脱 HCl 反应的催化作用。

离子-分子机理认为，聚氯乙烯分解脱 HCl 的引发起因于 C—Cl 极性键及邻近受其能量活化的 C—H 键，导致生成四环的离子络合物，当四环离子络合物分解时，逸出 HCl，并在聚氯乙烯分子中形成双键。

分子机理认为，脱 HCl 反应经过一个四元的过渡状态，HCl 催化的脱 HCl 反应就经过一个六元的过渡状态。实际上，聚氯乙烯的脱 HCl 反应有可能是几种机理同时进行的。

聚氯乙烯降解脱 HCl 后形成共轭多烯结构，这种结构可能会发生分子间的反应，多烯结构的分子内的环化反应会导致形成苯和其他的芳香结构，这也是在更高的温度下形成碳化残渣的可能路线。

另外，在有氧存在时，聚氯乙烯的自由基降解过程必然发生氧化反应（图 6-2）。其氧化断链过程类似聚烯烃的氧化过程：大分子自由基与氧作用生成过氧自由基，后者夺取氢原子可以转化成氢过氧化物，氢过氧化物分解生成大分子烷氧自由基，最后导致大分子断链。

2. 聚氯乙烯的光降解

聚氯乙烯在紫外线照射过程中发生降解和交联，还生成共轭多烯和 HCl。脱 HCl 的反应改变了聚氯乙烯的吸收光谱，生成的多烯结构使聚氯乙烯变色。一般认为，聚氯乙烯光降解 HCl 的机理是自由基机理。第一步是无规断链生成自由基，第二步是主链上生成一个孤立的不饱和键，这有可能是通过氧自由基攻击大分子自由基完成的（见图 6-3）。

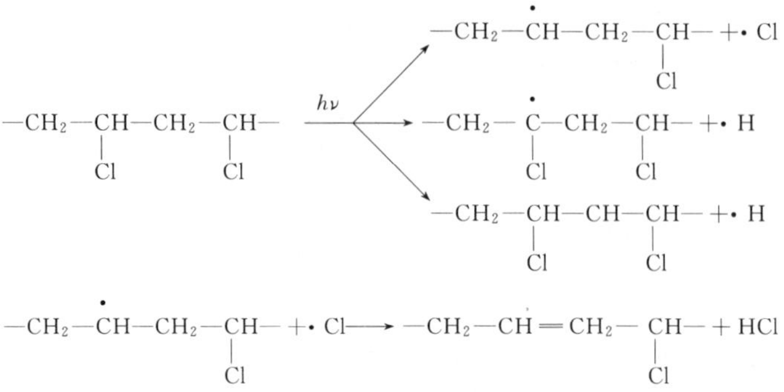

图 6-3 聚氯乙烯光降解脱 HCl 机理

一般都接受脱 HCl 反应是"开拉链"反应的观点。要使聚合物颜色发黄，至少有连续 7 个共轭双键的结构。从大分子上依次除去 HCl 意味着不断增加剩余链的共轭能，这样使下一步脱 HCl 所需的活化能降低，因此容易形成多烯链。

不少人发现，HCl 对聚氯乙烯的光降解有加速作用。但是只有当聚氯乙烯链上存在共轭双键时，才有显著的 HCl 加速效应。所以，聚氯乙烯光降解时的脱 HCl 反应除了自由基机理外，可能同时存在分子机理和离子机理。紫外线照射聚氯乙烯时，降解反应只在样品的薄的表层进行。降解反应被限制在约 0.2mm 厚的表层内。逸出的 HCl 量与样品表面积成正比，而与薄膜厚度无关。在反应的头一个小时，反应速率取决于光强与温度，但以后反应速率就与这两个参数无关了。在空气存在下，光诱导降解过程同时发生脱 HCl 和氧化反应。

分析各种波长光的能量（表 6-1）和各种化学键的键能（表 6-2）可以看出，聚氯乙烯在波长大于 280nm 的紫外线照射下可发生降解，说明聚合物链上可能存在羰基，也可能聚合物中含有一些杂质。

表 6-1　各种波长光的能量

名称	波长/nm	能量/kJ	名称	波长/nm	能量/kJ
微波	$10^6 \sim 10^7$	$10^{-1} \sim 10^{-2}$		400	299
红外线	$10^3 \sim 10^6$	$10^{-1} \sim 10^{-2}$	紫外线	300	399
可见光	800	147		200	599
	700	171		100	1197
	600	201	X 射线	10^{-1}	10^6
	500	239	γ 射线	10^{-3}	10^8

表 6-2　各种化学键的键能

化学键	键能/(kJ/mol)	化学键	键能/(kJ/mol)	化学键	键能/(kJ/mol)
O—O	138.9	C—C	347.7	H—H	436.0
C—S	259.4	C—O	351.5	O—H	462.8
C—N	291.6	N—H	390.8	C=C	607.0
C—Cl	328.4	C—H	413.4		

取向对聚氯乙烯的光氧化有重要影响。经过拉伸取向的样品在太阳紫外线（波长大于

300nm）照射下生成的羰基比未拉伸样品多得多，样品的光敏性随取向度提高而明显增大。这被解释为是由于聚氯乙烯在拉伸过程中形成了一种构象，这种构象有利于自由基从分子链上夺取氢原子。

一些科学家用拉曼光谱和荧光光谱研究了 PVC 室外老化和老化箱中的老化的降解。因为多烯的共振行为与其共轭序列的长度密切相关，拉曼光谱和荧光光谱对于长度为 $10\sim20$ 共轭序列的鉴定是非常敏感的。对室外老化 35 个月和老化箱中于 $100\sim120℃$ 老化 500h 的样品进行的分析发现，室外老化样品的荧光光谱的积分与拉曼光谱所测得的共轭多烯序列长度有很好的相干性，表明短的和长的共轭多烯序列的数量增加是类似的；在老化箱中的样品先形成短的共轭多烯序列，这些短的序列随着降解的进行发展成为长的序列。

由此可见，紫外线的能量足以使大部分化学键断裂，而可见光也足以使过氧键 O—O 断裂。聚合物在吸收光能后才能起反应。

二、聚氯乙烯在加工过程中的降解

比较某些聚合物的熔融温度、加工温度与分解温度就会发现，聚氯乙烯树脂的黏流温度比其分解温度高（见表 6-3）。实际上，将未稳定的聚氯乙烯置于 $100℃$ 以上的温度时，它就会逐渐变色，先变成浅黄色，然后颜色越来越深，最后变成黑色。变色的速度随着温度的提高而加快。所以，未稳定的聚氯乙烯实际上是无法通过熔融状态进行加工的。

表 6-3 某些聚合物的熔融温度、加工温度与分解温度

聚合物	熔融温度(或黏流温度)/℃	加工温度范围/℃	热分解温度/℃
高密度聚乙烯	136	$220\sim280$	320
聚甲基丙烯酸甲酯	$160\sim200$	$180\sim240$	280
聚氯乙烯	$160\sim212$	$160\sim190$	170

聚氯乙烯在加工过程中降解特点：聚氯乙烯降解首先是脱 HCl，在主链上形成双键，双键形成后产生的烯丙基氯结构更不稳定，从而使反应以"开拉链"的方式继续进行，结果在分子主链上形成比较长的共轭双键，因而聚合物的颜色变深。除了脱 HCl 反应，聚氯乙烯降解后生成的多烯结构可以发生分子间和分子内环化反应，导致聚合物交联，黏度增大，流动性降低。最初的降解反应并不导致聚合物分子主链上的断裂，所以聚合物材料的强度并不会受到明显的影响。

空气对聚氯乙烯的降解有两方面作用。一方面可导致脱 HCl 反应加剧；另一方面由于氧与多烯结构的反应，经过断链减短了共轭双键序列的长度，从而延缓聚氯乙烯的变色。

影响聚氯乙烯加工稳定性的因素有以下几种。

1. 聚氯乙烯本身的性能

（1）相对分子质量　相对分子质量越高，力学性能越好，但熔体的黏度越大，加工时流动性越差。为了获得足够的流动性，不外乎提高温度和增大剪切速率两种手段，但这二者都同时增大了聚氯乙烯降解的危险性。

（2）树脂的颗粒形态结构　颗粒表面毛糙、不规则，断面结构疏松、多孔的粒子，容易吸收稳定剂和润滑剂。对于 PVC 干混料，在双螺杆挤出机中，当螺杆转速一定时，挤出产率与干混料的表观密度成正比。

（3）控制精 VCM 中水含量　如果精 VCM 中水含量超过 300×10^{-6}，对聚氯乙烯聚合的生产设备和产品质量有影响。因为水能水解由氧与氯乙烯生成的过氧化物，产生氯化氢（遇水变成盐酸）、甲酸等酸性物质使设备腐蚀，并生成 Fe^{3+}，而 Fe^{3+} 存在 VCM 中使聚合后的树脂白度及热稳定性能下降。树脂热稳定性能下降必然降低树脂加工稳定性能。

2. 配方因素对 PVC 加工过程中降解的影响

总体来说，能降低聚合物熔体黏度、提高聚合物流动性、改善 PVC 加工性的助剂能减少 PVC 在加工中降解的危险。

加入抗氧剂能够使 PVC 热降解脱 HCl 的速率降低。

金属化合物对 PVC 的热降解 HCl 的速率有影响。

加速脱 HCl 的化合物：NH_4^+、Cd^{2+}、Zn^{2+}、Sb^{3+}、Fe^{3+}、Fe^{2+}、Al^{3+}、Sn^{4+}、Sn^{2+}、Ti^{4+}、Cu^{2+}、Co^{2+}、Li^+、B^{3+}、Pt^{2+}、Mo^{5+}、Te^{4+}、Te^{2+}、Bi^{3+}、Ge^{4+}、Ga^{3+}、Hg^{2+} 的氯化物。

对聚氯乙烯脱 HCl 没有明显影响的化合物：Na^+、K^+、Ca^{2+}、Ba^{2+}、Sr^{2+}、Mg^{2+}、Pb^{2+}、W^{6+}、Mn^{2+}、Si^{4+} 的氯化物。

能够降低聚氯乙烯的分解速率，并靠其与聚氯乙烯的化学反应来消除 HCl 的催化作用的化合物，如脂肪酸盐、碳酸盐、硼酸盐、二亚磷酸盐和三亚磷酸盐、异氰酸的碱金属盐、碱土金属盐、碱式铅盐、有机锡化合物等，作为聚氯乙烯热稳定剂等。

在使用颜料时，必须考虑颜料中金属化合物的种类。氧化铁颜料能加速氯乙烯的分解，应避免使用，铅系颜料能提高聚氯乙烯热稳定性。

3. 加工工艺条件对聚氯乙烯降解的影响

（1）热混合温度的影响　聚氯乙烯对热非常敏感，未稳定的聚氯乙烯不宜高温加工。所以，在高温加工前将聚氯乙烯与热稳定剂充分混合均匀是非常重要的。另外，稳定剂细度也影响到与聚氯乙烯充分混合均匀，细度大，均匀分散性好。所以，聚氯乙烯塑料是多组分体系，混合物料的聚集状态、密度差异、颗粒的尺寸分布和形状、组分加入的顺序和混合工艺条件都影响混合过程。

（2）加料的影响　一般的加料顺序是：PVC—稳定剂—抗冲击改性剂—润滑剂、加工助剂（ACR）等。如果在加入抗冲击改性剂和加工助剂之后（或者同时）加入稳定剂，由于抗冲击改性剂粒子往往比 PVC 粒子表面更粗糙多孔，它们会优先吸附稳定剂，特别是液体热稳定剂，从而影响了热稳定的效率。另一方面，加工助剂 ACR 会促使 PVC 凝胶化，在混合时过早加入，对 PVC 吸附稳定剂不利，有可能造成 PVC 粒子过早凝胶化，造成结块，影响混合质量，在后续加工中更容易造成 PVC 的分解。

混合时温度控制非常重要。温度太低（20～40℃），PVC 混合时主要发生大颗粒的粉碎，混合产物的平均粒径减少，表观密度下降，但颗粒大小不均匀，小颗粒较多，这种物料在后续的挤出加工中容易造成塑化不均匀。温度太高（超过 140℃），PVC 颗粒的塑化程度太深，在后续的加工过程中容易出现过热分解现象。最适宜的混合温度在 100～140℃ 之间，此时 PVC 粒径稳定，颗粒大小均匀。热混合物料应在低速冷混合机继续搅拌，使物料快速冷却至 37～52℃，以免物料过热，防止结块。结块的物料在后续加工过程中容易引起分解。

剪切速率提高，会增加摩擦发热。剪切应力的提高，增加了机械断链的可能性。所以，用双螺杆挤出机加工聚氯乙烯干混料时，宜选用剪切作用和发热作用都较小的异向旋转双螺杆挤出机。

挤出成型时，在物料的流道上如芯模、分流梭或多孔板等障碍性部件处必须尽量是流线型的，物料在流道的各点上都是连续流通，设备内不存在死角，不发生滞流。螺杆前端是半球形或带有一定弧度的凸型端面。为了避免过度发热，加工硬质 PVC 时压缩比必须低一些（2.3～2.4）。采用更深的螺槽，剪切发热更小。

第二节　型材表面变色现象(老化)分析

目前，PVC 异型材在生产和使用过程中经常发生的表面变色现象，常常困扰着异型材生产和使用的企业，影响着企业、行业的健康发展。

按变色后的颜色分类分为黄色、粉红色、褐色、灰色、黑色；按变色所在场地分类分为型材生产地、型材存放处或型材代理处、成窗上墙后；按变色开始时段分类分为近期变色和远期变色。这里重点讨论近期变色和远期变色。近期变色是指 PVC 异型材从生产出产品到用型材制造成门窗上墙后、交付用户使用之前这段时期的变色。远期变色是指 PVC 塑料门窗交付用户使用后 2～5 年以上这段时期的变色。

一、影响 PVC 型材变色的因素

影响型材近期变色的主要因素是原材料质量、生产工艺、生产设备、贮存方法等。

1. 原材料质量的影响

影响因素主要有稳定剂、硬脂酸、抗冲剂、颜料、钛白粉等。一些助剂是含有金属离子的络合物，其分子化学结构均含有 d 轨道，含有 d^1 到 d^{10} 电子金属离子络合物一般是有颜色的。

(1) 稳定剂　目前，国内型材生产厂家经常使用的稳定剂有单盐、复合铅稳定剂、低含铅稀土稳定剂等三大类。这些稳定剂化合物一般是以络合物形式存在的，配位体与络合中心离子 Pb^{2+} 形成配位键，其外层电子结构 $6s^2 4f^{14} 5d^{10}$，由于 5d 轨道远离原子核具有较高的能量，表现为 Pb^{2+} 活跃。Pb^{2+} 在 PVC 混料、挤出、使用过程中主要是抑制 PVC 分子链的降解，吸收降解中产生的 HCl。如果稳定剂质量有问题，加入到型材生产中就会使产品表面产生颜色。不同厂家生产的稳定剂，由于原材料质量、工艺控制不同，产生的游离 SO_4^{2-}、HPO_3^-、H^+、SCl_3 等不同，如果这些离子含量高，就会残留在型材内，在可见光的直接作用下，残留的离子与 Pb^{2+} 发生作用，跃迁到型材表面上产生局部斑点灰色现象，有时型材灰色还局部夹杂黄色。

一些复合铅稳定剂是碱式硬脂酸铅和润滑剂的混合物，碱式硬脂酸铅是一种羧基络合物，由于在生产过程中有杂质产生 $(C_{17}H_{35}COO^-)$，该稳定剂加到型材中后，在可见光的作用下容易产生变色现象。还有，复合铅稳定剂在生产过程中碱式硬脂酸铅和润滑剂的混合分散，如果不均会造成铅盐分散的不均匀，使用这种稳定剂容易在型材表面出现斑块变色。

所以，应该重视稳定剂生产厂家、生产工艺的选择，而且重视稳定剂添加前控制稳定剂中的游离 Pb^{2+} 含量。

(2) 硬脂酸　硬脂酸作为一种润滑剂使用在型材中。硬脂酸在生产过程中，成品中含有成分极复杂的有机杂质(如油酸、软脂酸等脂肪酸、硫酸)，如果硫酸含量高，易形成硫酸铅。在硬脂酸成品中，硫酸含量 ≤0.001%。如果这些杂质过多，在紫外线和热量作用下容易氧化，成为黑色的脂类氧化物。这是因为这些杂质结构中 π 键比较多，将含有杂质的硬脂酸加入到型材中的样品在高温、湿度作用下(如型材刚从机台取出，此时带有一定水分的型材马上进行包装，放到高温下晒)，会在型材表面出现严重变色和局部黑斑的现象。容易氧化的润滑剂与稳定剂作用发生氧化还原反应，使型材表面变色。

(3) 抗冲剂　目前，广泛使用的抗冲剂是 CPE。CPE 基本上是一种线型饱和结构的大分子，有两种典型结构，一种为氯原子在分子链上无规则地均匀分布，另一种为不均匀嵌段分布。由于分子链段分布不同，即使氯含量相同，性能也完全不同。无论哪种分布，CPE

生产过程中控制 HCl 含量很重要，这是因为 HDPE 在加氯的过程中，由引发剂（偶氮二异丁腈）引发了 HDPE 分子上的链反应，有 HCl 的产生，它被包覆在 CPE 颗粒中，这种 CPE 与 PVC 混合后制成型材，由于 HCl 极性分子，在光、热、氧等作用下能催化 PVC 的分解，使型材表面变黄。

由于 CPE 含有过多 HCl 等极性分子，容易吸附铅盐稳定剂，与铅盐稳定剂反应生成 $PbCl_2$，降低了稳定剂在 PVC 中的作用，PVC 中 π 键结构增加使型材表面容易变黄，在 SO_4^{2-} 存在的条件下，容易生成 $Pb(ClS)_2$ 和 PbS，在型材表面产生红褐色和黑色。所以，不宜与稳定剂同时加入。

（4）颜料　颜料在型材配方中主要起到调节型材颜色作用。许多型材生产厂家在生产型材时，为了消除或减低混合白色料中所含的黄光，常常加入群青来调节、增白。

群青是含有多硫化钠的具有特殊结晶构造的铝硅酸盐，随着生产配方和工艺的不同，有一系列不同的化学成分和颜色，如少硫少硅的绿色群青、少硫少硅和多硫少硅的蓝色群青等。分子表示式 $Na_6Al_4Si_6S_6O_{24}$，折射率 2.35～2.74，国产群青产品游离硫含量 0.15%～0.45%，进口群青产品游离硫含量 0.05%。群青易受酸或空气作用而变色。

由于群青中含有游离的硫 S^{2-}，S^{2-} 外层电子结构 $3s^2 3p^6$ 有空的 d 轨道，与型材中的 Pb^{2+} 在一定条件下发生化学反应。当型材被酸雨淋后或在强烈的阳光照射下，加快了型材表面中存在的 Pb^{2+} 与群青中 S^{2-} 作用，形成沉淀物而使型材表面产生灰黑色或斑点而导致"硫化"污染现象。笔者认为不排除群青在混合料中分散不均，造成这种变色呈斑点。如果采用进口群青，由于其含游离的 S^{2-} 少，这种变色较轻。由此看来，群青生产厂家生产过程中的脱硫工艺非常重要，它直接影响到型材厂家的产品质量。

$$S^{2-} + Pb^{2+} = PbS$$

在现场常常发现硫化污染造成的黑色斑点，在雨天颜色要轻一些，而晴天颜色要重一些。这是因为 PbS 中 S^{2-} 是弱酸根，在雨天容易发生轻微的水解，使颜色变浅。

$$H_2O + PbS \rightleftharpoons Pb^{2+} + HS^- + OH^-$$

一些型材厂家曾经做过这样的试验，采用较恶劣的条件，将硫黄分别放在含有群青铅盐配方的型材和无群青铅盐配方的型材表面上，在水和阳光作用下，含群青的铅盐配方生产的型材容易产生黑色斑块，而用无群青的铅盐配方生产的型材变色程度轻很多。这个试验相当于在型材表面增加了 S^{2-}，加快了型材表面的变色。所以，铅盐配方中不宜选用含游离硫高的群青，最好在混合投料时先将 PVC 树脂进行完全稳定化后再投入群青颜料。使用群青的型材生产厂家，建议使用进口的经耐酸处理的群青或以酞菁蓝代之，以防止型材变色。对于群青分散不均的解决方法，是将颜料混合到聚合物中制成母料再加入到最终产品中，有利于分散。

（5）钛白粉　钛白粉除了赋予型材明亮的色泽外，主要是作为太阳紫外线吸收剂，来防止紫外线对 PVC 型材表面的影响，是良好的光稳定剂。TiO_2 是多晶型化合物，根据结晶形态不同可以分为金红石型（R）、锐钛型（A），它们都是属于四方晶系，R 型的晶型是晶胞含有两个 TiO_2 分子以两个棱边相连，A 型的晶型是晶胞含有四个 TiO_2 分子以八个棱边相连。由于 R 型晶体结构比 A 型更紧密，其晶体最稳定，体系能量最低，同时杂质含量少、屏蔽紫外线的作用强、耐候性好，所以在 PVC 型材生产中均采用 R 型钛白粉。而 A 型钛白粉有促进 PVC 光老化的作用。钛白粉生产工艺世界上有两种方法：硫酸法、氯化法，国内厂家一般采用硫酸法。在钛白粉生产过程中，杂质含量（如 Fe_2O_3、PbO）及后处理工序控制等非常重要。如果将质量不好的钛白粉（钛白粉中含有杂质）使用到型材上，在强烈的阳光照射下，钛白粉颗粒中的钛与杂质 PbO 等氧化物反应，将铅还原出来，使型材表面产生黑色。后处理工序作用是为了提高钛白粉耐候性、改进其在介质中分散性。后处理要经过 Al_2O_3、SiO_2、有机化合物处理，如果后处理工序没有做或没有做好，钛白粉颗粒的分散性、耐候性将大大降低。用这种钛白粉生产的型材，在强烈的阳光照射下，由于 Ti 次外层有两个 S 电子，2 个 d 电子易参加成键，会使钛白粉中的钛把铅盐体系配方中的铅还原出来，使型材表面产生灰褐色甚至黑色。

$$TiO_2 + h\nu \longrightarrow Ti_2O_3 + O$$
$$Ti_2O_3 + PbO \longrightarrow TiO_2 + Pb(呈黑色)$$

国产 TiO_2 由于采用硫酸法生产，有残余的 SO_4^{2-} 容易与型材中铅反应，对型材表面颜色有影响。如果 TiO_2 没有进行颗粒表面处理，Ti^{4+} 的极化容易跃迁，在型材表面产生淡黄色。

增白剂对型材的变色有影响。实验已经说明，加入荧光增白剂的异型材在贮存过程中容易变色，严重时异型材变为淡粉色。这与荧光增白剂分子结构有关，说明荧光增白剂在紫外线的作用下分子结构发生变化，加快了 PVC 微观分子结构的变化，形成的共轭双键增多，其光的吸收也产生不断的变化，从而异型材外观色泽发生变化。笔者不赞成采用增白剂来改善型材表面的颜色。

2. 生产工艺的影响

在混料过程中，热混温度过高或冷混放料温度过高会影响到型材表面颜色，这是因为混料过程是使混合料的料温开始不断增加的过程。在这个过程中，物料进行颗粒分散均化，各组分分子开始经历热运动，且随着料温的升高而加快。如果热混温度过高或冷混放料温度过高，PVC 物料一些组分分子化学结构（分子轨道）发生变化使分子中 π 键增多，导致生产出来的异型材表面呈淡黄色或淡粉色。还有一种情况是不同厂家的稳定剂在混料和挤出生产过程中由于耐温性不同，表现为异型材表面颜色也有差别。混料不均或料受潮使稳定剂容易结团，造成型材表面有灰色且局部夹杂着黄色，这都是混合料中各组分的分子化学结构差异造成的。

如使用单盐稳定剂，挤出温度过高（200℃以上），就会造成型材表面在受到可见光的照射后，局部出现灰黑色（$PbHPO_3$）。黄色（$PbSO_4$），如果没有受到可见光的照射（有保护膜），这种现象显示不出来，当揭掉保护膜并且在可见光的作用下，就会出现上述现象。

在生产工艺中，要充分考虑颜料的耐热性、耐候性（耐候级别）及耐光牢度级别。由于 PVC 热稳定性和耐光性较差，降解后产生 HCl，所以选用的着色剂不能与其发生不良反应，这是因为着色颜料中的某些金属离子会促使树脂氧化分解，加热至 180℃ 时色相变化，所含金属离子不同色差不同。严格的说要耐酸碱性好。所以颜料在 PVC 混料、挤出使受热过程中应当能耐温度 160～180℃。另外，在考虑颜料耐温的同时还要考虑受热的时间，一般要求颜料的耐热时间为 4～10min。

挤出生产工艺的最佳匹配对型材表面色差有影响，如机筒的温度设定、牵引速度、主机转速与喂料转速最佳配比设定。实际生产过程中，对于同一配方，如果挤出机筒 3 区、4 区温度或合流芯温度过高，会造成异型材表面的色差。主机转速过快，生产的异型材表面也会有色差。这些色差主要是由于 PVC 物料中一些组分的分子化学结构发生了变化，在热或强烈的热-力作用下，π 键结构增加的结果。

3. 生产设备

型材生产设备长期使用磨损后影响到型材表面颜色，如混料机的桨叶、锅内壁；挤出机螺杆、机筒内壁长期使用磨损后，其表面渗氮层脱落后使 PVC 混合料与内壁直接接触，引起铁离子混入 PVC 混合料中且残留在型材内。在光、热的作用下残留在型材中的 Fe^{2+}（$3d^6 4s^0$）

与型材表面中 S^{2-}（$3d^64s^2$）生成 FeS 灰黑色斑点。

挤出机的牵引机橡胶块也可以引起型材的变色。如果橡胶块质量不好，橡胶磨耗破坏使橡胶块 2～3 年内即开始老化破损，使橡胶内产生还原反应使 S^{2-} 或硫化物析出，有喷霜现象产生，在型材生产过程中硫化物迁移、黏附在型材制品的表面上，在光、热、水的作用下，硫化物与产品中残留的 Pb^{2+} 或 $PbCl_2$ 生成 PbS 黑褐色斑点或生成 $Pb(ClS)_2$ 红褐色斑点。

$$Pb^{2+}+S^{2-}\ ——\ PbS \qquad\qquad PbCl_2+2S^{2-}\ ——\ Pb(ClS)_2$$

4. 贮存与使用方法的影响

原材料贮存要求：所有异型材生产所用的原材料都不能受潮、雨淋。如稳定剂受潮后在空气中吸收二氧化碳，使稳定剂中的 Pb 离子增多，分子结构发生变化，应用在型材生产中，容易与 S^{2-} 在型材表面产生颜色变化。如钛白粉在运输、使用过程中受潮，钛白粉颗粒表面处理膜遭到破坏，颗粒中的杂质活泼性增强，影响到钛白粉颗粒在介质中的分散性和耐候性，使型材表面耐候性降低，也容易产生变色现象。

型材产品贮存方法的影响：PVC 异型材属于热塑性高分子材料，具有塑料的一般性质，在露天贮存要受到热、光、雨、风的侵蚀，PVC 高分子微观结构发生了变化，其结果是先贮存的异型材表面与后贮存的异型材表面有色差。

关于热对异型材表面色差的影响，笔者曾经在贮存现场做过试验，在最高气温 29～32℃ 这种室外环境中放 50 包异型材码成一垛。一个月后观察，结果发现垛表层那几包中的异型材表面与其他位置的异型材表面颜色有区别，表面变黄或微粉色。而在室外温度 20℃ 以下，贮存 3 个月的异型材表面才变黄或微粉色。这说明热对型材表面色差有影响，夏季高温现场存放遮盖显得非常重要。

在型材使用方面，水泥污染也应该引起重视，塑料门窗上墙后，土建封闭洞口时水泥容易对型材污染。许多施工单位为了降低成本，使用小水泥厂生产的普通硅酸盐水泥，其硫化物含量超标（国家规定<3.0%）。如果硫化物超标的水泥固化在型材表面上，在雨水、可见光、热的作用下，水泥中的 Fe^{2+}、Fe^{3+}、Si^{2+}、Ca^{2+}、K^{2+} 等活泼金属离子的诱导 PbO，使型材表面产生游离的 Pb^{2+}，此时水泥中的游离 S^{2-} 马上与游离的 Pb^{2+} 产生反应，生成灰黑色的 PbS。同时，水泥中的 Fe^{2+} 与型材表面残留的 S^{2-} 生成灰黑色 FeS。

上面谈到了型材表面近期变色的影响，还应注意型材表面远期变色的影响。

对于型材远期变色主要考虑的原材料有：PVC、稳定剂、钛白粉。在型材生产中采用的 PVC 树脂普遍采用悬浮法生产的通用 5 型。PVC 工艺控制不同，残余物不同，造成树脂颗粒的颜色不同，应用到型材中表面颜色不同。树脂颗粒本身的色差主要来源于这种聚合物的链结构不同，这是聚氯乙烯在聚合过程中由于配方和工艺因素的影响会使聚合物中分子 π 键结构多寡不同所致的。如果 π 键过多、聚合过程不稳定会引起聚合物分子量的降低，使 PVC 树脂热稳定性能下降、热分解温度降低，表现在最终产品型材表面在可见光、热的作用下变色开始时间不同。一般来说，PVC 树脂颜色变化要经历变黄、红或黑色。热稳定性能好的 PVC 树脂变黄色的时间较长，5 年以上且不明显。

稳定剂的质量不仅影响到前面谈到的型材表面近期颜色，还影响到型材表面远期颜色。众所周知，异型材在挤出生产过程中，稳定剂的作用是防止 PVC 树脂的分子链在热及剪切作用下引起破坏和进一步降解。在贮存过程中，稳定剂的作用是防止 PVC 树脂的分子链在光、热作用下引起的降解。对于型材表面远期颜色影响，一是型材中稳定剂铅含量太少或添加量不足，在贮存和使用过程中，型材表面容易产生粉红色现象。二是稳定剂的外观颜色，其颜色差别主要来源于稳定剂分子结构的不同以及稳定剂生产工艺和合成所需的原材料不同。

钛白粉质量对型材表面远期颜色也有影响，钛白粉的添加量不足，没有起到遮蔽紫外线的作用，在型材表面容易产生粉红色颜色。钛白粉质量有问题（有杂质、颗粒表面没有进行包覆处理）在型材表面容易产生发灰斑条块颜色。

对于型材表面远期颜色的变化还涉及配方体系及工艺控制。不同 PVC 生产厂家在生产过程中由于配方、工艺等因素的差异，造成分子 π 键结构和数量的不同，从而决定了其对色光的吸收与反射不同，使 PVC 颗粒外观呈现不同颜色。这就要求型材生产厂家在使用不同厂家的 PVC 原材料时要调整配方体系。同样，其他组分进行更换也要调整配方体系。所以，对于不同的配方体系要制定相应的工艺控制办法，无论从降低成本、还是提高产品的性能考虑，要充分考虑型材表面的远期变色问题。控制远期变色的配方及工艺比控制近期变色要难，需要大量的试验与一定的观测时间给予支持。因此，笔者认为应该慎重更换配方，特别是大幅度更换配方中的组分。需要更换配方时，要做好过细的实验，以保证产品质量的稳定。

表 6-4 是可见光对型材表面变色影响的实验。将一种颜料分散到型材中，与未加入颜料的型材同时进行对比实验，其结果如下。

表 6-4　可见光对型材表面变色影响

老化方式　　样品	可见光直接照射时段				封存无可见光照射时段			
	6 月份	7 月份	8 月份	9 月份	6 月份	7 月份	8 月份	9 月份
无颜料的样品	0	1	3	2	0	0	0	0
有颜料的样品	0	2	8	13	0	0	0	0

注：样品由同一设备生产，0~13 表示型材表面颜色变化程度由无到严重变色。0 代表颜色无变化，2 代表颜色有变化，3 代表颜色变化较明显。

四个月平均气候温度 26~27℃，有颜料的型材样品的表面颜色经过 3 个月可见光的直接照射和热的作用，已经颜色变化较重不可投入使用，而无颜料的型材样品的表面颜色经过 4 个月可见光照射，变化不是很大的。说明有颜料的型材样品中颜色色素分子由基态向激发态跃迁过程中发生了较快的化学反应，而无颜料的型材样品中颜色色素分子由基态向激发态跃迁过程中发生的化学反应较迟缓。通过两个时段的对比，再次说明型材发生颜色变化条件是有可见光的直接照射。同时，我们还发现对已经变色的型材进行表面剖析，变色仅发生在型材表面且厚度大约在 $20\mu m$。

二、解决型材表面变色的方法

通过上述的分析，使我们对型材表面变色的现象从理论、实践上有了充分的认识。关键是认识到型材各个组分的分子化学结构的特征，控制产生颜色的外层电子结构的变化。要做到这一点，必须掌握其生产工艺，分析其不利的含量。应该从五方面提出解决型材表面变色的方法。

1. 真正重视原材料的检验工作

国内型材许多厂家都知道原材料检验的重要性，在实际中往往以各种理由被忽视，常常出现质量问题。所以，在这里再次提请型材生产厂家注意两个问题。

（1）必须重视原材料的选择、进厂检验　大家知道，PVC 异型材经过几年的市场开发、竞争，已经由买方市场转为卖方市场，产品的利润空间越来越小，不排除个别原材料厂家为了生存降低质量标准或更换替代品。所以，原材料的选择、进厂检验至关重要。从市场压力来看，原材料厂家只对企业（型材厂家），而型材厂面对是民众、用户，相对而言，型材厂家压力大于原材料厂家。有些型材厂家不重视原材料的选择、进厂检验或只重视选择、不重视检验，只图原材料价格便宜，出现有些型材变色现象时常发生，造成企业程度不同的经营危机应该引起我们的深思。

① 对原材料供应厂家一定要认真考察，应该从动态上进行考察。

② 对进厂的原材料首先要看、摸、闻进行初步检验，并且留样封存以便待查，这是最简单、最容易忽视的第一道关口。

③ 对进厂原材料的主要技术指标一定要进行化学分析、物理检测。

（2）注重混料、加工工艺的完善工作　要注意PVC物料混合前配方各组分的准确程度；混合时要注意原材料投入顺序、分散状态、冷和热锅温度；混合后外观颜色均匀性及流动性，混合后的物料在挤出机工作过程中出料状态及表面颜色。

通过这些工作就是要避免有颜色分子化学结构的产生或延缓有颜色分子结构的产生。为了提高产品质量应该加强原材料的进厂检验工作，做到检验记录，检验合格后投入生产，严格执行工艺，这样才能使PVC异型材行业健康发展。

2. 开发研制环保稳定剂，逐步淘汰、抛弃传统的稳定剂

随着中国加入WTO，型材走向国际市场，产品的环保问题逐渐地提到议事日程上来。世界环境保护组织要求开发、研制、试用环保稳定剂，含有重金属的稳定剂如铅盐等将在近几年内逐渐被取代。目前，镁-钙-锌复合稳定剂等环保稳定剂已经问世。相信不久的将来，传统的生产配方下的型材表面变色将随着主要原材料的更换而彻底解决。发达国家如美国加拿大型材生产已经采用有机锡稳定剂也是发展方向。

3. 确定符合本企业实际、适应市场变化的配方体系

我国已经进入市场经济，产品竞争最终反映出人的思想、决策的竞争。要研究生产型材所需原材料的市场变化、供货商供货价格的变化、需求客户的变化等三大变化。依据变化的各个要素进行组配，先从机理上探讨组配的可能性，确定不同组配的生产配方及质量要求，整理一套符合本企业实际、适应市场变化的配方体系，从而避免三大变化引发的原材料使用的随意性，导致型材表面变色的现象产生。

4. 对型材表面进行处理

型材表面的处理，不仅改变了型材颜色单一的局面，也提高了型材表面的耐候性。目前，有覆膜型材、共挤型材、氟碳喷涂型材等正在开发、研究、应用中。

5. 要充分重视型材生产的终端用户及相关单位的系统服务

从型材产品的市场使用状态看，型材产品是通过门窗制造到墙体洞口安装来实现其使用价值。所以，型材厂家应该针对自己型材的特点，从门窗制造、安装、存放、洞口抹灰等方面提出具有可操作性的使用说明（如何与建筑施工单位的进行合作，使用合格的水泥），达到系统服务，而且该服务应该体现在售前、售中、售后的活动中，以保证型材表面的颜色不变化。

第三节　PVC型材老化与原材料性能评价

PVC型材的老化与原材料的老化有直接的关系。PVC型材配方体系中主要原材料有PVC树脂、稳定剂、抗冲改性剂、钛白粉、紫外线吸收剂等，对它们进行静态热稳定性、户外阳光紫外线照射下热、光老化性能的评价，是保证PVC型材老化性能的前提，也是抑制或延缓PVC型材老化一个新方法。

虽然以PVC型材制作的塑料门窗以其防水、防锈、密封性好等特点深受人们的喜爱。

然而，塑料门窗的老化面对的是长期暴露在日晒雨淋的环境中，造成型材表面出现粉化、明显发黄和物理机械性能下降的现象不能忽视。现行型材标准 GB/T 8814—2004《门、窗用未增塑聚氯乙烯（PVC-U）型材》中对于型材人工气候老化时间分为两类：M 类为 4000h，S 类为 6000h。这个规定是参照欧洲型材标准相关规定制定的，欧洲型材标准 EN12608 中对于型材抗老化类别区分做了规定，根据气候地域的条件情况来划分：M 类为"全年太阳总辐射量<5GJ/m²"；S 类为"全年太阳总辐射量≥5GJ/m²"。

　　根据气象统计资料，我国 90％以上地区为恶劣气候区，只能适用人工老化 6000h（S 类）以上的 PVC 型材，其余地区主要分布在人口稀少的北部边境地区，可适用人工老化 4000h（M 类）以上的 PVC 型材。因此，国家建设部 2007 年 6 月 14 日分布《关于发布建设事业"十一五"推广应用和限制禁止使用技术第 659 号公告》，提出推广采用老化时间≥6000h 的 S 类未增塑聚氯乙烯型材，禁止使用老化时间小于 6000h（M 类）未增塑聚氯乙烯（PVC-U）型材用于塑料窗。这些规定对 PVC 型材提出了更高的要求，推动了 PVC 型材的技术进步，适应了人们对于产品耐久性能的需求。

　　有关 PVC 型材老化的讨论常见报刊上，有关原材料中成分及含量不同对 PVC 型材表面老化性能影响讨论也很多。但是，作者认为评价原材料老化性能对评价 PVC 型材老化性能意义非常重大。这是因为型材生产厂家由于原材料专业知识、经验等方面不如原材料生产厂家，不但在原材料成分检测与分析工作中有一定的难度和困难，同时这种分析与检验也是不全面的，而评价原材料老化性能，对于型材生产厂家更直接、更直观、更重要，对于指导生产、提高型材表面的老化性能有积极的指导作用。如何评价原材料的老化性能，有两种方法：一是热稳定性能检测评价，二是紫外线光老化检测评价。热稳定性能检测包括静态热稳定性与动态热稳定性两种方法；热稳定性能的检测目的，就是保证型材在生产过程中使干混料具有良好的耐热性能及使用过程中的耐热性能，静态热稳定性能主要针对干混料及试片等，动态热稳定性能可以通过流变仪塑化过程中取出后检测。紫外线光老化检测包括原材料、干混料人工氙灯加速照射光老化检测或户外阳光照射检测，紫外线光老化检测目的，就是保证型材在使用过程中的抗紫外线能力，提高 PVC 型材的老化时间。

一、PVC 树脂的作用与评价

　　PVC 树脂是 PVC 型材中的主要原材料，占原材料成分 70％以上。异型材通常选用平均聚合度 1000（K 值为 62～65）左右的疏松型悬浮法 PVC 树脂。纯的 PVC 树脂对热极为敏感，当加热温度达到 90℃以上时，就会发生轻微的热分解反应，当温度升到 120℃后分解反应加剧，在 150℃下 10min，由原来的白色逐步变为黄色→红色→棕色→黑色。PVC 树脂分解过程是由于脱 HCl 反应引起的一系列连锁反应，最后导致大分子链断裂。产生这些连锁反应源于 PVC 树脂中存在不稳定结构分子链，PVC 树脂的基本结构单元特征是：

不稳定结构一　　　　　　　不稳定结构二　　　　　　　不稳定结构三

在单体聚合过程中容易产生一些不稳定分子链结构（基团），主要有三种结构，不稳定结构一，在双键附近 Cl 活泼容易被取代；不稳定结构二为烯丙基氯结构最不稳定，Cl 活泼容易被取代；不稳定结构三为叔氯结构，叔碳原子连接的氯原子容易被取代。三种不稳定结构共同特点是在热、光等作用下，氯原子容易被取代，取代的结果是分子链有双键产生，当双键的数量达到 7 个的时候，在 PVC 型材表面表现出变黄老化的现象。PVC 树脂各个厂家在生产过程中，由于聚合工艺控制、原材料指标控制等原因，所生产的树脂中含有这三种不稳定结构的比例是不同的。

PVC 树脂的评价内容：热稳定性能、光稳定性能、在混合料中的热和光稳定性能、在型材中的力学性能及老化性能等。

我们做了不同厂家的 PVC 树脂热稳定时间、热分解温度、不同 PVC 干混料的静态热稳定性对比试验。所谓干混合料是 PVC 型材配方中各个组分的原材料经过热混后的产物，不同厂家的原材料经过热混后的表现是不同的，干混合料热稳定时间、温度检测均采用刚果红法进行的。试验对比说明：虽然 2# PVC 树脂热分解温度比 1# PVC 树脂高 4℃，但是 1# PVC 干混料比 2# PVC 干混料热稳定时间提高 44%～56%。说明 1# PVC 树脂中不稳定基团少，虽然经过了热混合，1# PVC 干混料仍然稳定时间较长（表 6-5）。干混料热稳定时间低与 PVC 树脂中含有三种不稳定结构较多有关。

表 6-5　不同 PVC 及干混合料静态热稳定性能对比

生产厂家代号	1#	2#
PVC 热稳定时间/min	6.5	7
PVC 热分解温度/℃	147	151
干混料稳定时间/min	25～26	16～18

根据研究的降解原理，造成 PVC 塑料门窗型材在使用时发生降解的外力主要来自于太阳光中的紫外线，因为紫外线的波长恰好在 PVC 分子链最容易被破坏的波长范围，上述不稳定基团是最容易被破坏的分子链。由紫外线光波能量与键能的关系（表 6-6）可以看出，对 PVC 破坏性最大的紫外线光波波长范围为 290～350nm，在所列的键能中，这个范围内的光波能量最先使 C—H、C—Cl 键发生断裂，引发系列光化学反应，导致 PVC 树脂老化变色。

表 6-6　紫外线光波能量与 PVC 分子链上官能团键能的关系

UV 波长/nm	光波能量/(kJ/mol)	C=O 键能/(kJ/mol)	C—H 键能/(kJ/mol)	C—Cl 键能/(kJ/mol)	C—C 键能/(kJ/mol)
100	1197	364	355～418	293～360	347.9
290	418	364	355～418	293～360	347.9
300	397	364	355～418	293～360	347.9
310	385.8	364	355～418	293～360	347.9
350	341.7	364	355～418	293～360	347.9

除了聚合工艺、三种不稳定结构影响 PVC 老化性能，PVC 分子量和分子量分布也影响 PVC 老化性能。通常，随着 PVC 分子量的增大，分子链间范德华力或缠绕程度相应增加，制品的力学性能增加，耐低温和耐热性和抗老化性能也相应增强。但聚合度越大，成型加工温度越高，加工流动性越差，成型加工越困难。从加工的角度看，采用增大 PVC 分子量方法改善 PVC 老化目前是有困难的。PVC 型材用 PVC 树脂最好选用分子量分布比较窄的为好，这样加工性能和制品性能都较均一，有利于控制加工条件和制品质量。如果分子量过宽，低分子量较多，而低分子量会降低 PVC 原材料及型材的热稳定性、老化性能、力学性

能等；如果分子量过窄，高分子量较多，而高分子量会使加工时不易均匀塑化，造成制品内在和外在质量的下降，严重时会出现颗粒或"鱼眼"，同样会降低 PVC 原材料及型材的老化性能。

我们采用两种不同厂家生产的 PVC 树脂进行型材生产试验对比，观察干混料热稳定性能与使用该干混料生产的型材力学性能的关系（表 6-7），可以看出，用两个厂家生产的 PVC 树脂混合后的干混料静态热稳定时间相差不大，但是采用厂家 1 生产的型材焊接角破坏力却比厂家 2 生产的型材提高 9%，白度高而且经过人工氙灯光照射衰减较慢，这种现象与 PVC 生产过程中的单体质量、微量元素含量以及聚合工艺的不同有关。

表 6-7　采用不同厂家 PVC 生产的型材性能对比

PVC 生产厂家		厂家 1	厂家 2
干混合料静态热稳定时间/min		18	20
焊接角破坏力/N		5519	5046
低温落锤冲击破碎个数		1	0
尺寸变化率/%	型材小面	−1.11	−1.15
	型材大面	−1.26	−1.3
	ΔR	0.35	0.25
型材初始白度/%		80.28	78.43
人工氙灯 41h 光照		衰减 18.9%	衰减 19.3%

还有一个现象也应该注意，两种 PVC 树脂白度值差别往往与其干混料的白度值差别是不一样的，两种 PVC 树脂白度值差别大，不等于两种树脂的干混料白度值差别大（见表 6-8）。所以，有时评价干混料白度比 PVC 树脂有意义。

表 6-8　不同厂家白度（W_r）对比　　　　　　　　　　　　单位：%

生产厂家	厂家 1	厂家 2
PVC 树脂	92.95	94.05
PVC 干混料	85.7	86.17

为了使 PVC 树脂具有使用价值，需要加入各种助剂来抑制或延缓 PVC 降解，因此，包括 PVC、各种助剂在内的原材料体系构成 PVC 型材配方体系，如果原材料耐老化不好，不仅没有抑制或延缓 PVC 降解，反而加快了 PVC 降解，型材的耐老化性能就会大大降低。从 PVC 型材配方体系看，热稳定性能好的 PVC 树脂，如果助剂体系存在问题，其树脂的优势显现不出来，型材表面老化性能不一定好；而热稳定性能不太理想的 PVC 树脂，如果助剂体系配置合理，可以弥补 PVC 树脂的不足，能够满足型材表面老化性能要求。不难看出，原材料本身的老化性能是保证型材表面老化性能的前提和基础，一般来说，原材料的老化性能不好，很难保证型材表面老化性能好。尤其在高强度紫外线照射地区如黑龙江省、新疆、内蒙古自治区等地区对老化性能要求更高。

二、稳定剂的作用与评价

稳定剂在 PVC 型材生产中扮演着重要的角色，可以说，没有稳定剂就没有 PVC 型材乃至 PVC 行业的发展。这是因为 PVC 树脂的熔融温度（黏流温度）160～212℃与其热分解温度 170℃接近，加工所需的温度 160～190℃高于热分解温度，实际上，PVC 树脂在 140℃就开始有分解现象产生。所以，稳定剂的职能是防止或缓解 PVC 树脂在加工和使用过程中，因受热、氧和紫外线作用而发生降解或交联，以达到延长使用寿命的目的。稳定剂作用的主要机理如下。

① 使脱 HCl 的起点 Cl 被置换掉而抑制脱 HCl 反应。

② 中和生成的 HCl，不使其连续起催化作用。由于脱 HCl 而生成的聚烯烃，发生双键加成反应而不带色。如果连续的乙烯基超过 7 个，材料就带有黄颜色。

③ 分解过氧化物。

一般将稳定剂分为热稳定剂和光稳定剂。从实际应用角度讲，复合稳定剂已经没有严格的分类了，许多厂家生产复合稳定剂复配过程中，已经将热、氧、光老化进行了充分的考虑，加入了热稳定剂、抗氧剂和光稳定剂。因为有氧气存在的情况下，PVC 树脂热分解更为加剧，PVC 脱 HCl 的速度最快（见表 6-9）。

表 6-9 PVC 脱 HCl 量（182℃，30min）

气体	PVC 脱 HCl/$[10^{-3}mol/(g \cdot h)]$
空气	125
氮气	70
氧气	225

从加工性能考虑，在一定范围内，对于聚合度一定的 PVC 树脂，其塑化时间越短越好，消耗稳定剂的量少，对产品的后期热稳定性能有利。因为塑化时间长，要消耗掉部分热稳定剂，需要增加热稳定剂用量，同时润滑剂匹配难度加大，加工条件苛刻并且制品质量难以控制，导致生产成本提高。所以，热稳定剂在 PVC 型材抗老化性能方面表现为两方面作用。一方面保证 PVC 分子链在热混和加工过程中热稳定性能，另一方面保证型材在使用过程中 PVC 分子链的热稳定性能。而做到这两方面，热稳定剂本身的老化性能尤为重要，如果稳定剂老化性能不好，产生的变色分子将引发 PVC 分子链分解，不但没有起到防止 PVC 树脂的分解作用，反而加快了 PVC 树脂的老化速度。因此，评价热稳定剂本身老化性能是保证 PVC 型材耐老化性能的重要前提。

稳定剂的评价内容：本身应具有良好的热稳定、光稳定性能，在热加工、保存及使用过程中不变色、不着色。可以采取四种试验方法来评价稳定剂老化性能：稳定剂本身户外阳光（紫外线）照射、PVC 干混料静态热稳定时间、PVC 干混料户外阳光（紫外线）照射、PVC 型材人工光老化照射试验。

稳定剂本身户外阳光（紫外线）照射评价：将复合稳定剂产品放在户外进行阳光（紫外线）照射试验。将 6 种复合稳定剂在平均温度 28℃ 下照射 7d，观察它们的色相变化后的结果，用 * 符号多少表示趋于黄相的深浅程度，* 符号多说明黄相深。表 6-10 显示 2#、6# 稳定剂色相黄相最深，特别是 6# 稳定剂已经有黑相产生，显然，2#、6# 稳定剂本身老化性能差，特别是 6# 的稳定剂产品最差不能使用。因此，2#、6# 稳定剂变色与它们在复配过程中没有加入抗氧剂有关，从而导致抗热老化性能差。目前，大多数复合稳定剂均是复配结构的，有的稳定剂生产厂家非常重视产品质量，在稳定剂复配过程中加入一定量的抗氧剂或抗紫外线剂，从而提高了产品的耐老化性能。

表 6-10 稳定剂户外紫外线照射对比

稳定剂厂家代号	1#	2#	3#	4#	5#	6#
暴晒时间/d	7	7	7	7	7	7
色相	*	***	**	**	**	**** 暗黑

干混料静态热稳定时间评价：采用相同配方、等量稳定剂替换进行 PVC 各个组分混合制成 PVC 干混料，然后以刚果红方法进行静态热稳定时间对比试验，本试验的目的是考察稳定剂在干混料中的热老化表现。将含有五种稳定剂的 PVC 干混料或塑化物进行静态热稳

定时间对比（见表6-11）。

表 6-11 稳定剂干混料静态热稳定时间对比

稳定剂代号	1#	2#	3#	4#	5#
干混料/min	15	10	14	23	14
塑化物/min	16	11	20	29	26

　　结果显示：PVC 干混料静态热稳定时间大小是 4#＞1#＞3#、5#＞2#，塑化物静态热稳定时间大小是 4#＞5#＞3#＞1#＞2#，其中含由 1#、2# 两种稳定剂的 PVC 干混料和塑化物静态热稳定时间相同；含有 4#、5# 两种稳定剂的 PVC 塑化物比 PVC 干混料静态热稳定时间长，说明通过塑化后稳定剂与 PVC 树脂混合后分散更均匀。综合起来是，含有 4# 稳定剂的 PVC 干混料和塑化物静态热稳定时间都是最长的，说明 4# 稳定剂耐热老化最好；含有 2# 稳定剂的 PVC 干混料和塑化物静态热稳定时间都是最短的，说明 2# 稳定剂耐热老化最差。

　　PVC 干混料户外阳光（紫外线）照射评价：将三种复合稳定剂分别制成三组 PVC 干混料在户外阳光照射 180d，记录 PVC 干混料 b^* 值的变化，进行 Δb^* 值变化比较试验。把各组变化过程中的 Δb^* 值记录下来形成曲线图（图 6-4）。图中结果显示，Δb^* 值大小为：3＞1＞2，而且随着照射时间的延长，含有三种稳定剂的 PVC 干混料 Δb^* 变化差距加大，说明含有 2 稳定剂的 PVC 干混料光老化性能比较好，2 稳定剂在 PVC 干混料老化性能方面贡献大，耐光老化最好。所以，用 PVC 干混料在阳光照射后 Δb^* 值变化推算出用

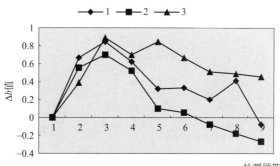

图 6-4　三种稳定剂的 PVC 干混料 Δb^* 变化

这些干混料所生产的 PVC 型材在阳光照射后 Δb^* 值变化，应该说趋势基本上是一致的。

　　在此基础上，进行了稳定剂热稳定和光稳定性能综合对比试验。将两种稳定剂及其 PVC 干混料分别进行户外照射，进行热稳定和光稳定性能检测与比较。结果是：两种稳定剂户外阳光照射 7d 颜色变化相近；在干混料和塑化物热稳定性能上，2 稳定剂热稳定时间比 1 稳定剂分别提高 50％（见表 6-12），说明 2 稳定剂热稳定性能最好。然而含有两种稳定剂的 PVC 干混料在户外阳光照射 180d 后 b^* 值变化过程中看，含有 2 稳定剂的 PVC 干混料的 b^* 值较高（图 6-5）。由于 b^* 值变化代表材料微观变化在宏观黄相变化的表现，b^* 值越大黄相越深，因此，含有 2 稳定剂的 PVC 干混料光稳定性能不如含有 1 稳定剂的 PVC 干

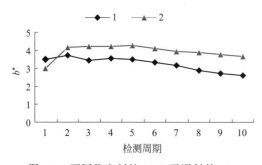

图 6-5　不同稳定剂的 PVC 干混料的 b^*

混料，说明 1 稳定剂热光稳定性能最好。这个试验表明：PVC 干混料及塑化物静态热稳定性能好，不等于光稳定性能好，如果光稳定性能不好就不能保证型材的光老化性能。因此，对于复合热稳定剂来说，不但要满足热稳定性能要求，还要满足光稳定性能要求，而热稳定性能是光稳定性能的基础。

表 6-12　不同稳定剂 PVC 静态热稳定性对比

稳定剂代号	户外紫外线照射一周色相	干混料静态热稳定时间	塑化物静态热稳定时间
1	＊＊	12min	20min
2	＊＊	22min	43min

　　笔者认为，产生稳定剂不能满足 PVC 干混料光老化性能要求的原因与稳定剂生产过程中复配的原材料品种与质量等有关，特别与复合稳定剂中加入硫化物（三盐）有关。因为三碱式硫酸铅的老化性能不如二碱式亚磷酸铅，在阳光紫外线作用下，导致 PVC 树脂分子链分解，随 PVC 树脂分解的程度不同，出现黄、棕、灰的色泽，使试样块颜色变深。另外，在 PVC 干混料中加入普通群青，由于采用铅盐体系稳定剂，在阳光紫外线作用下，群青中含有游离的硫导致 PVC 树脂分子链分解，使试样块颜色变深。所以铅盐配方中不宜选用含游离硫高的群青，使用进口的经耐酸处理的群青。

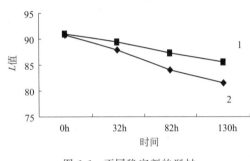

图 6-6　不同稳定剂的型材
光老化的变化（L 值变化）

　　值得注意是：能够满足热稳定性能要求的稳定剂不一定满足光稳定性能要求；但是满足光稳定性能要求的稳定剂一定能满足热稳定性能要求。

　　PVC 型材人工光老化照射评价：将含有不同稳定剂的 PVC 型材生产配方在双螺杆挤出机上进行型材生产，然后取型材样块放在氙灯箱内距离氙灯 0.5m 下进行人工光老化试验，比较评价光老化性能的变化。图 6-6 是使用稳定剂 1 生产的型材（曲线 1）和使用稳定剂 2 生产的型材（曲线 2）进行人工老化的变化图，

图中的时间-L^* 值曲线随着老化时间的延长而发生衰减变化，曲线 1 的 L^* 值变化比较缓慢，当照射 130h 后两个曲线的 L^* 值变化明显加大，使用稳定剂 2 生产的型材 L^* 值衰减过快，说明稳定剂 1 耐光老化性能明显优于稳定剂 2。

三、紫外线吸收剂作用与评价

　　太阳光对 PVC 树脂等高分子材料的老化作用主要起因于其所含的紫外光。发自太阳的电磁波谱是非常宽的，波长范围从 $200\mu m$ 以下，一直延续到 $10000\mu m$ 以上。但在通过空间和高空大气层（特别是臭氧层）时，$290\mu m$ 以下和 $3000\mu m$ 以上的射线几乎全部被滤除，实际达到地面的太阳光谱为 $290\sim3000\mu m$，其中大部分为可见光（约 40%，波长范围在 $400\sim800\mu m$）和红外光（约 55%，波长在 $800\sim3000\mu m$），$290\sim400\mu m$ 紫外线仅占 5% 左右，然而，正是这为数不多的紫外辐射却对 PVC 树脂等高分子有着巨大的破坏作用，具有很大的能量，$400\mu m$ 时约 $292.6kJ/mol$，$250\mu m$ 时约 $460kJ/mol$，波长越短，能量越大，PVC 树脂敏感波长为 $310\mu m$。所以，紫外线直接作用在 PVC 分子链上能破坏化学键，发生降解和交联，生成共轭多烯和 HCl，改变了 PVC 的吸收光谱，生产多烯结构使 PVC 变色老化，有氧存在时起到促进老化作用。PVC 分子链中含有 C—H、C＝O 键，在氧的作用下一旦被打开就形成过氧化物，发生氧老化而发生变色。如果加入容易吸收它的紫外线吸收剂，就能防止紫外线对材料的老化作用。

　　光稳定剂的作用是防止存在于阳光和各种人工光源中紫外线所引起的聚合物的光降解和交联。其中紫外线吸收剂能够吸收紫外线的能量，用于紫外线吸收剂本身的变化而将它消耗掉了，使这些能量不作用在 PVC 分子链上。它能吸收 $240\sim340\mu m$ 紫外线，具有色浅、无

毒、兼容性好、迁移性小、易于加工等特点，对聚合物有最大的保护作用，并有助于减少色泽，同时延缓泛黄和阻滞物理性能损失。光稳定机理是紫外线吸收剂结构中存在分子内氢键，由苯环上的羟基氢和羰基氧形成的分子内氢键构成一个螯合环，当紫外线吸收剂吸收了紫外光能量后，分子发生热振动，氢键破裂，螯合环打开，将有害的紫外光能变成无害的热能放出，它所形成的氢键越稳定，开环时所需要的能量就越多，可能传递给 PVC 分子链的能量就越少，光稳定效果就越佳。

紫外线吸收剂的评价内容：能够消除或消弱紫外光对 PVC 树脂的破坏作用，本身具有光稳定性能，不变色、不着色，不影响 PVC 型材的加工等。

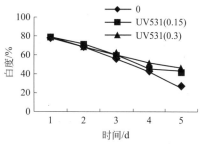

图 6-7　紫外线吸收剂加入量与型材白度

我们通过做三组试验来看紫外线吸收剂在型材抗老化方面的作用，分别在生产配方中不加入紫外线吸收剂、加入 0.15 份紫外线吸收剂、加入紫外线吸收剂 0.3 份，在相同的生产设备和相同的工艺参数下进行 PVC 型材生产，然后在氙灯下进行光老化试验，每隔 24h 观察一次白度变化。结果表明：在光照射 48h 前，紫外线吸收剂加入对于型材的白度变化影响不大，而在 48h 后白度变化较大，明显提高型材的老化性能，特别是紫外线吸收剂加入量 0.3 份最好（见图 6-7）。同时，又做了热稳定性能试验，结果，紫外线吸收剂的加入，型材热稳定性能提高 28%～43%。因此，紫外线吸收剂的加入对于型材热和光老化性能的提高有明显作用。

四、钛白粉作用与评价

钛白粉的主要作用是屏蔽阳光紫外线，减少紫外线对于 PVC 树脂的照射，减少或减缓 PVC 树脂的光老化。钛白粉按照生产方法分成硫酸法和氯化法，生产方法不同也使其性能有也有所不同。通常有两种晶格形式，锐钛型和金红石型，晶型不同使得其光学活性和光学性质有所不同，抗光老化性能也不同。金红石型钛白粉耐热、耐光性较好，屏蔽紫外线作用强，不易变黄，可赋予材料良好的光稳定性。锐钛型钛白粉耐热、耐光性较差，有促进 PVC 树脂光老化的作用。为了提高钛白粉的抗光老化性能，作为商品的钛白粉粒子的表面都进行了包覆处理。PVC 型材使用的钛白粉均为金红石型，如果钛白粉粒子表面包覆不均，在光的作用下容易出现变色现象。原因是钛白粉颗粒晶格缺陷，使其表面存在许多光活化点，它在紫外线作用下会引起化学反应，颗粒越小，光活化点越多，其老化性能差。这是因为 TiO_2 晶体粒子表面有少量的晶格缺陷形成的光活化点，在阳光的紫外线照射下，其晶格上的氧离子能失去两个电子变成氧原子，而放出来的电子被四价 Ti 离子所捕获，还原成 3 价 Ti 离子，发生如下化学反应：

$$TiO_2 + h\nu \longrightarrow Ti_2O_3 + [O]$$

该反应中 Ti_2O_3 很不稳定，在空气中又被氧化成 TiO_2，生成新生态氧原子化学活性很高，很容易导致和 TiO_2 相接的高分子材料氧化降解，TiO_2 这种光化学活性，锐态型钛白粉的表现比金红石型钛白粉高 10 倍，因此，锐态型 TiO_2 即使粒子经过表面包覆处理，型材也禁止使用。TiO_2 表面处理一般是三层处理，先经 SiO_2 处理，其次经 Al_2O_3 和 ZnO 处理，最后经有机物分散处理。这样不仅光泽度高，还具有很好的老化性能。这种晶格缺陷通常是用包覆处理来实现的，对钛白粉的表面包覆处理多采用三层 SiO_2、Al_2O_3 和有机物等，其中 SiO_2、Al_2O_3 如能均匀包覆于钛白粉粒子周围，则对钛白粉老化性能有非常好的保护作用。

而 SiO_2、Al_2O_3 如不能紧密包覆在钛白粉粒子周围,在挤出过程中或在剪切作用下被破坏,钛白粉粒子包覆的好坏及其均匀性,是评价钛白粉质量的重要因素,也是钛白粉发生变色的重要原因。

通过将钛白粉在户外阳光紫外线照射,可以观察钛白粉粒子表面包覆处理的效果。我们将国外钛白粉 5 家和国内钛白粉 1 家进行户外紫外线照射,国外钛白粉分别编号为 1、2、3、4、5,国内钛白粉编号为 6。经过 1 年四季户外阳光紫外线照射,分 9 个检测周期进行检测记录 L^* 值、b^* 值的变化。从检测和记录的 L^* 值曲线图(图 6-8)终端看,从上到下的编号是 1、5、3、4、2、6。6 种钛白粉的初始 L^* 值大小是 5>3>1>2>4>6,照射一年后 L^* 值大小是 1>5>3>4>2>6。可以看出,1 号国外钛白粉虽然初始 L^* 值不是最高,但是照射一年后却排在首位,说明 1 号国外钛白粉光泽损失最小,光老化性能最好,国外钛白粉光泽损失都小于国内钛白粉,国内钛白粉抗光老化性能最低。从记录的 b^* 值曲线图(图 6-9)终端看,从上到下的编号是 6、3、2、4、1、5。6 种钛白粉的初始 b^* 值大小是 6>4>1>2>5>3,照射一年后 b^* 值大小是 6>3>2>4>1>5。说明国内钛白粉 b^* 值在紫外线照射前后都比国外其他编号的钛白粉大,黄色相深,光老化性能较差。1 号国外钛白粉照射一年后由初始 b^* 值第 3 变成第 5,3 号国外钛白粉照射一年后由初始 b^* 值第 6 变成第 2,显然,1 号国外钛白粉比 3 号国外钛白粉抗光老化性能好。综合起来,1 号国外钛白粉从光泽保持到变色方面优于其他编号的国外钛白粉,说明 1 号钛白粉粒子表面包覆处理效果最好,抗老化性能最好。

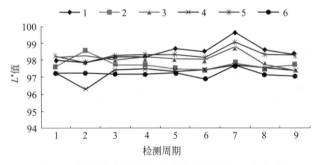

图 6-8　钛白粉在户外阳光紫外线照射 L^* 值变化

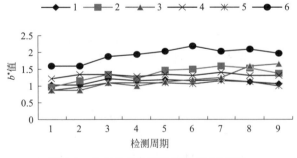

图 6-9　钛白粉户外紫外线照射 b^* 变化

钛白粉粒子表面进行包覆处理能不能经受热加工而不被破坏,这不但是一个应用问题,也是钛白粉抗热老化性能的考察。将 6 种钛白粉按照配方进行热混合制成 PVC 干混料,然后将干混料放到户外进行阳光紫外线照射试验。图 6-10 是照射过程中记录的 b^* 值曲线图,从曲线终端看,从上到下的编号是 5、3、6、4、2、1。6 种钛白粉的干混料初始 b^* 值大小是 6＞3＞5＞4＞2＞1，照射一年后 b^* 值大小是 5＞3＞6＞4＞2＞1。说明 1 号、2 号钛白粉的 PVC 干混料 b^* 值在紫外线照射前后都比其他编号的钛白粉低，黄色相浅，不但抗热老化性能好，而且光老化性能较好。5 号钛白粉的 PVC 干混料照射一年后由初始 b^* 值第 3 变成第 1。综合 PVC 干混料试验，结果是 1 号国外钛白粉从光泽保持到变色方面优于其他编号的国外钛白粉，抗老化性能最好。说明 1 号国外钛白粉粒子表面进行包覆处理后能够满足热加工性能而不被破坏，提高了型材的抗热、光老化性能。

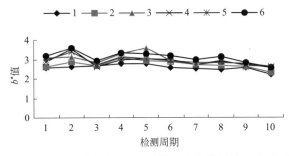

图 6-10　不同钛白粉的 PVC 干混料紫外线照射 b^* 值变化

所以，钛白粉的评价内容应该是：钛白粉本身的白度及 b^* 值；含有钛白粉的 PVC 干混料的白度及 b^* 值；钛白粉本身的热老化及光老化；含有钛白粉的 PVC 干混料的热老化及光老化；含有钛白粉的型材光老化性能。通过评价，可以比较钛白粉的抗老化性能高低、比较钛白粉在 PVC 型材抗老化作用的大小。

对于钛白粉抗光老化的效果，一则决定于钛白粉的种类，二则决定于钛白粉使用的数量。有些厂家为了贪图便宜，不采用金红石型的钛白粉，而使用价廉的锐钛型钛白粉，或使用的钛白粉数量偏低，导致塑料窗使用不久后，就出现变黄、变黑等老化现象。因此用户在选择门窗生产厂家时，一定要注意对厂家质量保证能力和技术力量的考察。

五、抗冲击剂作用与评价

以改进 PVC 树脂冲击性能为目的，满足树脂在严寒及寒冷地区低温使用性能、同时能够改善树脂的加工性能而使用的助剂称为抗冲击剂。

抗冲击剂应满足如下要求。

① 玻璃化温度低；

② 与树脂容易共混；

③ 分子量高；

④ 与 PVC 树脂的相容性适中，相容性过大，与 PVC 树脂分子链紧密附着，冲击应力直接到 PVC 链上，低温冲击强度降低；

⑤ 对 PVC 树脂力学性能无明显影响；

⑥ 耐老化性能良好。

PVC 型材上常用的抗冲击剂是 CPE，它是由高密度聚乙烯氯化而来，一般含氯量 36%～37%，由于生产工艺不同、树脂的分子量、含氯量及分子结构不同，抗热、光老化性能是不同的。由于 PE 在聚合反应时的不同工艺条件，其聚合物 HDPE 的分子构型有一定的差异，性能也不相同，不同性能的 HDPE 氯化后的 CPE，其光老化性能也有所不同。CPE 生产厂家必须选用合适的 HDPE 专用粉状树脂，才能生产出合格的 CPE 树脂。作为 PVC 加工改性剂的 CPE，通常是采用水相悬浮氯化法进行氯化反应而成，这种氯化工艺的关键条件是光照能量、引发剂的剂量、反应压力、反应温度、反应时间及中和反应条件等，这些关键条件的不同决定了CPE产品的低温抗冲击性能，特别是光老化性能。因此，对于CPE产品的评价非常重要。

抗冲击剂的评价内容是：本身的热、光老化性能检测；加入抗冲击剂的PVC干混料的热、光老化性能检测。通过检测进行比较，选择光老化性能较好的抗冲击剂用于PVC型材的生产，以保证型材的抗光老化性能。

表6-13是CPE本身光老化试验：取三个生产CPE厂家生产的产品分别放在户外平均温度26℃下进行阳光紫外线照射试验，观察它们的颜色变化，用 * 符号多少表示趋于黄相的深浅程度，* 符号多说明黄相深。经过7d照射，厂家2的CPE粒子表面颜色黄相最深，显然，厂家2生产CPE本身老化性能差，这与该厂家生产工艺、后期处理等关键条件有关，从而影响到最终产品的光老化性能。

表6-13 不同厂家CPE在户外阳光紫外线照射变化

材料型号	厂家1	厂家2	厂家3
暴晒时间(26℃)/d	7	7	7
色相	0	* *	0

值得注意的是，由于生产CPE的设备投资较小，许多简陋的小型CPE生产厂家在国内出现较多，氯化工艺落后，这不仅造成了生态环境的污染，不符合国家环境政策的要求，同时也是造成CPE质量不稳定及光老化性能差的重要原因之一。

有关CPE的老化性能问题，有文献记载，对含有CPE的配方进行对比试验，证明CPE能引发试样块变色，认为CPE引发PVC型材变色的机理是由在CPE制造过程中所加的引发剂所致。

含有不同抗冲剂的PVC干混料试验：将4种抗冲击剂按照配方分别混合成PVC干混料，户外进行阳光紫外线照射150d，分7个检测周期进行检测记录，图6-11是照射过程中记录的 b^* 值曲线图，编号1、编号2是CPE抗冲击剂不同用量，编号3、编号4是CPE改性抗冲击剂不同用量。从曲线终端看，从上到下的编号是2、1、4、3。4种抗冲击剂PVC的干混料初始 b^* 值大小是1＞2＞3＞4，1、2号初始 b^* 值较高，照射150d后 b^* 值大小是2＞1＞4＞3，1、2号 b^* 值仍然较高。说明1、2号含有CPE，在热、光作用下容易产生变色基团使黄相较深，3号、4号抗冲击剂的PVC干混料

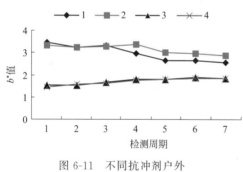

图6-11 不同抗冲剂户外
紫外线照射 b^* 值变化

b^* 值在紫外线照射前后都是最低的，不但抗热老化性能好，而且光老化性能较好。试验说明3、4号抗冲击剂本身耐热、光老化性能好。

综上所述，塑料型材的老化问题是必然存在的，如何防止或延迟老化的发生，是不同PVC型材生产厂家的技术关键和技术水平差异的反映。通过PVC树脂、稳定剂、抗冲改性剂、钛白粉、紫外线吸收剂等原材料老化性能的评价，要提高PVC型材老化性能，从原材料来讲，可以总结如下。

① PVC树脂是基础。PVC树脂质量不好、老化性能差就谈不到型材的老化。

② 稳定剂、钛白粉、紫外线吸收剂是保护。PVC树脂老化性能再好，没有稳定剂、钛

白粉、紫外线吸收剂三层保护，不能保证型材老化性能好。紫外线吸收剂是 PVC 型材抵御紫外线破坏的第一道屏障，它是一种能够强烈地吸收紫外光并将其能量转变成无害的热能，从型材表面释放出来的一种化学物质，使光不能直射到聚合物内部，从而有效地抑制了光老化。钛白粉是 PVC 型材抵御紫外线破坏的第二道屏障，屏蔽阳光紫外线，减少紫外线对于 PVC 树脂的照射，减少或减缓 PVC 树脂的光老化。钛白粉稳定剂是 PVC 型材抵御紫外线破坏的第三道屏障，终止由于热、紫外线照射使高分子链产生的自由基，减缓 PVC 树脂的光老化。

③ 抗冲改性剂是保证。没有老化性能好的抗冲改性剂就不能保证 PVC 树脂的应用效果。

因此，为了提高 PVC 型材抗老化性能，考察原材料的老化性能是非常关键的。

第四节　型材保护膜压敏胶与 PVC 塑料型材表面变色

在 PVC 塑料型材生产过程中，在型材表面粘贴型材保护膜，不但起到型材表面不受污染的作用，而且起到宣传型材产品品牌的作用。按照有关标准规定，当使用 PVC 塑料型材制作门窗、门窗安装在墙体洞口并且完成洞口抹灰后，需要揭去型材保护膜。然而，有些 PVC 塑料门窗在揭去型材保护膜之后，经过一段时间阳光照射，塑料型材表面出现变色现象，而与保护膜之间没有接触的塑料型材表面却没有产生变色现象。本节就型材保护膜中压敏胶与 PVC 塑料型材表面变色进行讨论。

一、型材保护膜的基本结构

型材保护膜的基本结构是由薄膜与压敏胶黏剂组成，也称保护胶粘带。薄膜是一个多层复合结构，按照材质不同与工艺不同大致有 3 种结构：PE/镀铝 PE 印字复合薄膜、PP/镀铝 PET 印字复合薄膜、PE/PE 黑白印字复合薄膜等。压敏胶黏剂主要有橡胶型、丙烯酸酯型、热塑性弹性体型、有机硅型四种类型，俗称涂布胶水。所谓压敏胶黏剂（简称压敏胶），就是不需要添加固化剂或溶剂，也不需要加热，只需稍微施加一点接触压力，就能够将基材粘接起来的胶黏剂。对于型材保护膜所使用的压敏胶黏剂基本上属于丙烯酸酯型压敏胶黏剂，从成分上看，由丙烯酸酯和极性丙烯酸系单体组成，主要成分有丙烯酸辛酯、丙烯酸丁酯、丙烯酸、甲基丙烯酸甲酯、乳化剂等，其分子结构的突出特点是含有羰基基团。从功能上看，丙烯酸酯压敏胶主要由起黏附作用成分、起凝聚作用成分和起改性成分的单体共聚物构成。黏附成分提供初粘力；凝聚成分可提高内聚力，又对黏附性、耐水性、透明性等有特殊的作用；改性成分为带官能团的单体，它不仅起交联作用，而且对黏附性、内聚力的提高也起作用。压敏胶的合成一般按自由基引发聚合原理，采取乳液或溶液聚合方法进行聚合。

因此，PVC 型材生产厂家对型材保护膜基本功能的要求是：容易覆盖；容易揭除；除去保护膜后产品表面不留任何痕迹；无毒、无味、无污染的绿色环保产品。

二、型材保护膜与 PVC 塑料型材表面样品的分析

编者分别截取了两个生产厂家生产的型材保护膜样品，标记为 1# 样、2# 样。同时，在塑料门窗应用现场，从塑料门窗上截取一段表面变色的型材（图 6-12），所使用的型材保护膜为 1# 样品厂家生产。该型材是门窗安装后已经揭去保护膜，经过一段时间的户外强紫外光照射，表现为与保护膜接触过的型材表面有变色，没有与保护膜接触的型材表面不变色。在截取的该段型材上分别截取一块与保护膜没有接触的塑料型材样品（3# 样）、一块与保护

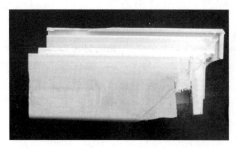

图 6-12　截取的表面变色的型材

膜之间接触后表面变色的型材样品（4#样）。采用红外光谱仪对四种样品表面进行了红外吸收光谱的分析。

　　在实际应用中，红外吸收光谱常用坐标曲线表示法，以横坐标表示吸收峰的位置，用波数 v（cm^{-1}）或波长 λ（μm）作为横坐标的量度。波数自左向右逐渐下降（4000～400cm^{-1}），波长则自左向右增大（2.5～25μm）。以纵坐标表示吸收峰的强弱，用百分透过率或吸光度作为其量度单位。这次红外吸收光谱图采用线性波数表示法。习惯上把波数在 4000～1330cm^{-1} 之间的高频区称为特征频率区，简称特征区。特征区吸收峰较疏、容易辨认。波数在 1330～400cm^{-1} 之间的低频区称为指纹区，出现的主要是单键的伸缩振动及各种弯曲振动，而这些单键的键强差别不大，峰带特别密集。首先看看分别代表两个型材保护膜生产厂家的产品 1#样中压敏胶和 2#样中压敏胶的红外吸收光谱图。从图6-13中 1#样中压敏胶的红外吸收光谱解析，吸收峰位置在 1730.1cm^{-1} 应该是羰基（C＝O），吸收峰位置在 2935cm^{-1}、2868cm^{-1} 附近是脂肪饱和—CH基团的伸缩振动，吸收峰位置在 1382～1456cm^{-1} 是—CH$_2$、—CH$_3$ 弯曲振动吸收，1236～1161cm^{-1} 是 C—O—C、C—O—H 基团，952～835cm^{-1} 是＝CH 面外弯曲，由此推断出 1#样中压敏胶含有丙烯酸及其酯类聚合物。从图 6-14 中 2#样中压敏胶的红外吸收光谱解析，吸收峰位置在 1730.1cm^{-1} 应该是羰基（C＝O），吸收峰位置 2952cm^{-1}、2866cm^{-1}、2823cm^{-1} 附近是脂肪饱和—CH基团的伸缩振动吸收，吸收峰位置 1382～1456cm^{-1} 附近是—CH$_2$—、—CH$_3$ 弯曲振动吸收，1236～1161cm^{-1} 是 C—O—C、C—O—H 基团，950～774cm^{-1} 是＝CH 基团的面外弯曲振动吸收，由此推断出 2#样中压敏胶含有丙烯酸及其酯类聚合物。从两个型材保护膜样品的光谱分析看，两个生产厂家所使用的压敏胶主要成分基本相同。

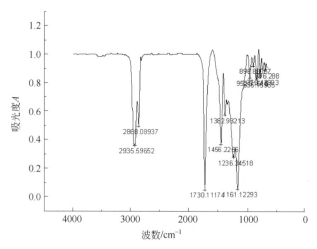

图 6-13　型材保护膜 1#样红外光谱图

　　如图 6-15 所示，从 3#样（塑料型材表面与保护膜没有接触的样品）表面红外吸收光谱解析，没有明显的羰基吸收峰，吸收峰位置在 3732cm^{-1}、3493cm^{-1} 附近是—OH 伸缩振动吸收，吸收峰位置 2983cm^{-1}、2941cm^{-1}、2870cm^{-1} 附近是脂肪饱和—CH 基团的伸缩振动吸收，吸收峰位置 1500cm^{-1} 附近是—CH$_2$—、—CH$_3$ 弯曲振动吸收，1294～1065cm^{-1} 是

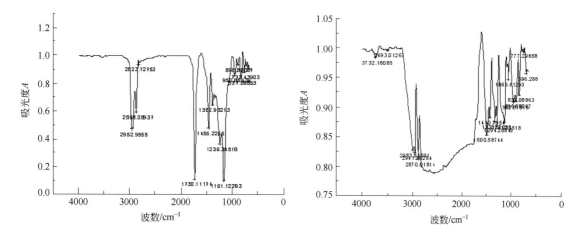

图 6-14　型材保护膜 2[#] 样红外光谱图　　图 6-15　没有与保护膜接触的型材表面红外光谱图

C—O—C、C—O—H 基团，996~774cm⁻¹ 是═CH 面外弯曲振动吸收，596cm⁻¹ 是 C—Cl 基团的伸缩振动吸收，又由于含有双键等基团，可以判断出 3[#] 样是含氯的高分子材料。如图 6-16 所示，从 4[#] 样（塑料型材表面与保护膜接触过的样品）表面红外吸收光谱解析，吸收峰位置在 3950cm⁻¹、3790cm⁻¹ 附近是—OH 伸缩振动吸收，吸收峰位置 2927cm⁻¹、2856cm⁻¹ 附近是脂肪饱和—CH 基团的伸缩振动吸收，吸收峰位置 2609~2511cm⁻¹ 附近是 C═C 基团的伸缩振动吸收，1626cm⁻¹ 是羰基（C═O）（有 Cl 干扰的吸收情况），吸收峰位置 1456~1326cm⁻¹ 附近是—CH₂—、—CH₃ 弯曲振动吸收，1267~1114cm⁻¹ 是 C—O—C、C—O—H 基团，962cm⁻¹ 是═CH 面外弯曲振动吸收，514cm⁻¹ 是 C—Cl 基团的伸缩振动吸收，可以判断出 4[#] 样型材表面含有氯的高分子材料和及同时含有丙烯酸及其酯类聚合物。

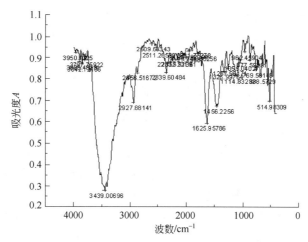

图 6-16　与保护膜接触后变色的型材表面红外光谱图

　　所以，型材表面与保护膜接触后变色的样品，不但型材表面含有 C—Cl、饱和烷烃—CH、—CH₂ 等官能团外，还含有羟基、羰基、—CH₂ 等官能团。3[#] 样品、4[#] 样品均是在一块型材上截取的，但红外光谱曲线有明显差异。很明显，型材样品表面变色与型材保护膜中的压敏胶黏剂有关联。

　　可以看出，由于羰基（C═O）双键长 1.22Å（1Å＝0.1nm），具有很强的吸电子作用，具有较强的红外吸收特征，在红外光谱图上有比较明显的反映。

三、PVC 塑料型材表面变色的分析

如何解释型材表面接触压敏胶后发生变色的现象？笔者从压敏胶和 PVC 型材两方面进行分析。从以上两个型材保护膜样品的压敏胶成分分析可以看出，由于型材保护膜的压敏胶黏剂主要是丙烯酸酯和极性丙烯酸系共聚物，含有一定量的羰基基团。在光、热的作用下，大多数聚丙烯酸酯降解时颜色变黄，发生交联，生成许多短分子链片段，放出醇和二氧化碳。因此，压敏胶中高分子结构与含固量影响到压敏胶使用过程中颜色发生变化。从其分子结构看，分子量大，可以提高胶水的内聚力，向型材表面渗透相对少一些，分子量小，压敏胶容易向型材表面渗透，如果分子量过小，小分子过多，容易与型材表面 PVC 分子反应。从其含固量看，含固量过低，溶剂含量高，胶水容易向型材表面渗透。一般丙烯酸酯压敏胶聚合物含量羰基，在强紫外线和热的作用下，容易与型材表面 PVC 分子反应而变黄。

事实上，型材保护膜黏合在塑料型材表面是通过压敏胶黏剂的渗透而实现的。因此，压敏胶的渗透有一个量的转变，当型材保护膜的压敏胶与塑料型材表面渗透过多，容易覆盖，但在强紫外线作用下发生胶水中羰基引发丙烯酸酯交联、发生分子链断链变黄，从而引发型材变黄。当型材保护膜的压敏胶与塑料型材表面渗透少，不但容易揭除，而且发生压敏胶变黄现象相对减弱些。从胶水的含固量来看，胶水含固量低，对于型材表面渗透较好，有利于黏合，而含固量过高，不利于在型材表面渗透和黏合。因此，塑料型材表面变色，与压敏胶含固量有关，其羰基容易与塑料型材表面 Cl 反应成为引发基团变色，同时，压敏胶中丙烯酸酯在强紫外线的下容易降解变色。两种因素的共同作用，在塑料型材表面发生了光化学反应的结果。这就是为什么同样在强紫外线作用下，粘有型材保护膜的型材表面在除去保护膜后，出现型材表面变黄，而未粘有型材保护膜的型材表面不变色的原因之一。

由于胶水含固量过多，在使用保护膜过程中，胶水覆盖了塑料型材表面，发生了向型材转移，结果当强紫外线的照射在型材表面时，首先是对胶水中的丙烯酸及其酯类产生作用，从电子结构与紫外光吸收光谱看，保护膜胶水中丙烯酸及其酯类等均含有能在紫外区发生吸收的发色基团，其电子结构表面为很强的紫外吸收强度。在紫外线辐射下，分子中的电子从低能态（基态）向高能态（激发态）跃进，即发生 π-π^* 跃迁，在激发态时，过多的能量引起分子的分离或离解，产生变色。

从 PVC 树脂在单体聚合过程中容易产生一些不稳定分子链结构（基团），不稳定结构共同特点是在热、光等作用下，氯原子容易被取代，取代的结果是分子链有双键产生，当双键的数量达到一定数量的时候，在 PVC 型材表面表现出变黄老化的现象。PVC 树脂中分子链在受热、光的作用下，容易脱去 HCl 形成双键，所以，在生产、使用 PVC 塑料型材过程中，常常添加稳定剂来抑制 PVC 树脂脱 HCl 的速度。当型材保护膜中压敏胶相对分子量过低，羰基（C=O）存在使含氧基团增多，在强紫外线的照射下，导致 PVC 双键的增加速度加快，引起 PVC 型材表面的降解而变色。这就是为什么同样在强紫外线作用下，粘有型材保护膜的型材表面在除去保护膜后，型材表面含氧基团增多，出现型材表面变黄，而未粘有型材保护膜的型材表面不变色的原因之一。

一般来说，含双键的聚合物易于吸收紫外线而被激发，酮、羧酸、羰基和醛基等都可以吸收光产生引发作用，成为引发源。由于型材保护膜的压敏胶黏剂含有一定量的羰基基团并且溶剂过多，在热、光等作用下成为引发源，与型材保护膜没有接触的型材比较，与型材保护膜接触的 PVC 型材表面发生化学反应，变黄速度加快。同时，当压敏胶中丙烯酸酯含量过高，PVC 树脂在外部环境作用下，Cl 取代加快，PVC 树脂中不饱和键增多变色。

从型材表面与胶黏剂界面接触来看，由于型材表面是以 PVC 树脂为主的混合物，胶黏剂是以丙烯酸酯为主的混合物，基本属性是高聚物表面的界面接触。高聚物光氧化降解必须具备几个基本条件：有紫外线照射，有能够吸收并且引发产生自由基的杂质或活性基团存在；有氧的供给，对于三个条件，高聚物表面和它的内部比较起来，光氧化降解严重得多。光在高聚物表面照射强度最大，随着光对高聚物穿透深度的增加，光强度将很快减少。因此，强紫外线照射过程中，在高聚物表面总是不可避免地会产生少量含氧基团，特别是氢过氧化物和羰基，而正是光氧降解反应的有效引发剂，从而引起高聚物表面的化学反应而变色。

总之，PVC 型材表面与型材保护膜接触后变黄主要来自型材保护膜的压敏胶黏剂聚丙烯酸酯降解时颜色变黄，由于压敏胶黏剂含有过多的羰基，吸收强紫外线产生引发作用使 PVC 塑料型材表面发生化学反应变黄。

通过以上讨论知道，型材保护膜压敏胶质量与 PVC 塑料型材表面变色有关，型材保护膜的压敏胶黏剂的分子量大小、固含量影响到黏合效果和受到强紫外线照射后的降解情况。所以改善型材保护膜的压敏胶黏剂的分子量大小、固含量是避免此类现象发生的必要手段，以满足塑料型材生产企业的需要。

第七章　PVC 型材影响因素分析

国家标准 GB/T 8814—2004《门、窗用未增塑聚氯乙烯（PVC-U）型材》中有三项重要指标，它们是：加热后尺寸变化率、低温落锤冲击、型材可焊性（焊接角破坏力）。这些指标是 PVC 型材生产过程中需要控制产品质量的因素，本章着重对影响这些指标的因素进行详细分析，同时，探讨 PVC 型材在严寒地区的生产与使用。

第一节　型材加热后尺寸变化率分析

在国家标准 GB/T 8814—2004 中，对型材加热后尺寸变化率规定 ≤2%，比 GB/T 8814—1998 中规定加热后尺寸变化率 ≤2.5% 要求更加严格。目前，塑料门窗的制作向采光面积大的方向发展，塑料门窗在做大，所以 PVC 型材加热后尺寸变化率应该引起足够的重视。如果不注意这个问题，在制成塑料门窗使用后，经过一段时间的日晒使塑料门窗框、扇变形，大大降低了塑料门窗的密封和保温功能。为了保证塑料门窗的框型材、扇型材不变形，应该对塑料门窗制造的主要原材料——PVC 型材的加热后尺寸变化率影响因素进行研究。以下从原材料、工艺条件、设备条件三方面通过一些试验进行研究。

一、原材料对型材热尺寸变化率的影响

生产 PVC 型材的重要原材料有 9～10 种，影响到加热后尺寸变化率的有聚氯乙烯、抗冲剂、稳定剂、填料、润滑剂等。

首先，选取两个厂家生产的相同型号 PVC 树脂进行型材生产对比试验，结果显示，加热后尺寸变化率是不一样的。从表 7-1、表 7-2 可以看出，无论调整机组还是调整产品，不同厂家生产的 PVC 树脂对型材的加热后尺寸变化率有影响。这种影响主要是 PVC 聚合物的分子量分布不同所引起的，厂家 2 PVC 的分子量分布比厂家 1 PVC 的分子量分布窄。用分子量分布窄的 PVC 树脂生产型材，加热后尺寸变化率要比分子量宽的 PVC 树脂小。这是因为 PVC 分子量分布窄，加工温度范围窄，在挤出过程中，部分 PVC 分子链发生断裂产生分子链交联，使熔体黏度增高，宏观上，型材的焊接角破坏力降低，脆性增加导致低温落锤冲击破碎个数增多，在热的作用下分子链恢复自由状态受到交联网络的束缚，使型材的热尺寸

变化率减小。

表 7-1　PVC 树脂对型材热尺寸变化率的影响

PVC 生产厂家	焊接角破坏力/N	低温落锤冲击破碎个数	尺寸变化率/%	机组号
厂家 1	5744	0	−1.8	1#
厂家 2	4360	2	−1.6	1#
厂家 1	5701	5	−2.5	2#
厂家 2	5649	8	−2.3	2#

注：型材 58 框，同一个配方。

表 7-2　PVC 树脂对型材热尺寸变化率的影响

PVC 生产厂家	焊接角破坏力/N	低温落锤冲击破碎个数	尺寸变化率/%	机组号
厂家 1	4582	2	−2.4	2#
厂家 2	5131	3	−1.8	2#

注：58 扇，同一个配方。

稳定剂的生产厂家和质量不同，对 PVC 物料在混料和挤出的热状态下稳定效果不同。选取三个稳定剂生产厂家做型材生产对比试验，表 7-3 是采用 PVC 厂家 2、不同稳定剂厂家型材对比试验结果，表 7-4 是采用 PVC 厂家 1、不同稳定剂厂家型材对比试验结果。就型材加热后尺寸变化率来说，稳定剂对其影响不大。这是因为 PVC 树脂在热、光、机械的作用下易产生分解现象，加入稳定剂可以抑制、终结这些分解现象。因为 PVC 降解要生成多烯序列组，线型大分子先转化为支链结构，最终转化为交联的体型结构。这种交联结构多，宏观上型材低温落锤个数增多，但对尺寸变化率影响不大。

表 7-3　稳定剂对型材热尺寸变化率的影响

稳定剂类型	焊接角破坏力/N	低温落锤冲击破碎个数	稳定剂厂家	尺寸变化率/%
复合铅	3454	4	厂家 1	−1.8
复合铅	4360	2	厂家 2	−1.6
二碱式磷酸铅	3004	2	厂家 3	−1.6

注：58 框，同一个配方，CPE 9 份，PVC 为厂家 2。

表 7-4　稳定剂对型材热尺寸变化率的影响

稳定剂类型	焊接角破坏力/N	低温落锤冲击破碎个数	稳定剂厂家	尺寸变化率/%
复合铅	4288	1	厂家 1	−1.8
复合铅	4332	0	厂家 2	−1.8
二碱式磷酸铅	5744	0	厂家 3	−1.7

注：58 框，同一个配方，CPE 9 份，PVC 为厂家 1。

抗冲剂在 PVC 型材中主要作用是提高产品的抗冲性能，也可以提高型材表面的光洁度，但是对型材加热后尺寸变化率的影响不能忽视。PVC 抗冲改性剂一般分为两类：一类是网络聚合物，另一类是"核-壳"结构共聚物。将两种类型的抗冲剂进行型材生产对比试验，发现不同类型的抗冲剂对加热后尺寸变化率有不同的影响，第二类抗冲剂加入到型材中加热后尺寸变化率小（表 7-5）。

表 7-5　不同抗冲剂的对比试验

抗冲剂类型	热尺寸变化率/%	备　　注
KM355P	−1.77	核-壳结构共聚物
CPE	−2.2	网络聚合物
ACR 类	−2.4	核-壳结构共聚物

注：58 框，同一个配方。

CPE 属于网络聚合物（橡胶弹性体），其改性机理是在 PVC 材料中形成网络。它是依靠加工机械的混炼作用局部地相溶分散于 PVC 树脂中，可以使 PVC 的加工熔融黏度降低。由于 CPE 高分子弹性体均匀分布在 PVC 树脂中，在挤出成型过程中受到弹性拉伸，以后在热的作用下，弹性体恢复自由状态，型材表现为加热后尺寸变化率增加，而且随着 CPE 用量的增加，成型过程中的弹性拉伸增大，型材加热后尺寸变化率增加。

KM355P、ACR 类抗冲剂属于"核-壳"结构共聚物，它由两部分组成，其核是一类低度交联的丙烯酸酯类橡胶聚合物，壳是甲基丙烯酸甲酯（PMMA）等接枝聚合物，这类特殊的高分子聚合物包围的圆形橡胶体形成"核-壳"结构。"核-壳"类改性剂增韧机理通常以银纹-剪切带理论解释较为普遍。"核-壳"结构改性剂，常通过加入典型的交联单体的共价键进行交联，其核芯具有很好的弹性。壳是具有较高玻璃化温度（T_g）的高聚物，粒子间容易分离，可均匀地分散至 PVC 基材中，并能和 PVC 基材相互作用。由于这种壳 PMMA 与 PVC 有一定的作用，相对 CPE 弹性体在热的作用下，其弹性变形小，表现为型材加热后尺寸变化率低。

目前，国内型材生产厂家主要采用的抗冲剂是 CPE-135A，用两个厂家生产的 CPE 进行型材对比试验，同时进行 CPE 不同用量的型材对比试验。结果表明采用不同厂家生产的 CPE，型材加热后尺寸变化率不同，见表 7-6、表 7-7。CPE 用量不同，型材尺寸变化率也不同，并且随着用量的增加尺寸变化率增大。

表 7-6　CPE 用量的影响

CPE 用量/份	热尺寸变化率/%
11	−2.1
10	−1.8

注：58 框，基本配方相同。

表 7-7　CPE 不同生产厂家的影响

CPE 生产厂家	热尺寸变化率/%
厂家 1	−2.5
厂家 2	−2.8

注：58 框，基本配方相同，CPE 用量相同。

CPE 树脂在生产过程中，在最后处理阶段常常加入碳酸钙以防止 CPE 颗粒粘接结块。CPE 厂家不同造成型材热尺寸变化率不同，是由碳酸钙颗粒在 CPE 中的分散不均匀、部分 CPE 颗粒聚集造成的。一定量的碳酸钙颗粒在 CPE 中充分地分散均匀，这种 CPE 加入到 PVC 物料中，使 CPE 颗粒均匀分散到 PVC 树脂中，改善了加工性能，生产的型材加热后尺寸变化率小。相反，由于部分 CPE 颗粒聚集，使 CPE 颗粒不能均匀分散到 PVC 树脂中，局部弹性体多，造成生产的型材加热后尺寸变化率大。

又由于 CPE 弹性体聚合物在挤出过程中，出现 CPE 颗粒弹性拉伸定型，在以后的热作用下，CPE 颗粒弹性要恢复稳定状态容易造成型材尺寸变化率变化。所以，一定量的 CPE 加入不会引起大的变化。如果 CPE 用量增大，弹性体增多，弹性拉伸强烈，分子链纵向取向加大，型材加热后尺寸变化率就要增大。

型材配方中加入碳酸钙不但可以降低原材料的成本，而且可以改善型材加热后的尺寸变化率。表 7-8 显示不同厂家生产的碳酸钙对型材加热后尺寸变化率的影响是不同的。一般来说，碳酸钙增加，型材加热后尺寸变化率降低，从表 7-9 可以看出。

表 7-8　不同厂家生产的碳酸钙的影响

碳酸钙生产厂家	热尺寸变化率/%
厂家 1	−2.5
厂家 2	−1.9

注：58 框，同一个配方，碳酸钙用量相同。

表 7-9　碳酸钙用量的影响

碳酸钙用量/份	热尺寸变化率/%
8	−2.2
6	−2.4

注：58 框，基本配方相同。

这是因为碳酸钙属于无机材料，在 PVC 型材中，碳酸钙粒子填充在 PVC 分子链间，阻碍 PVC 分子链的运动，随着碳酸钙量的增加，这种阻碍作用增大，使型材加热后尺寸变化率降低。碳酸钙厂家不同使型材加热后尺寸变化率不同的原因是碳酸钙粒度不同，活化方法不同。

综合起来，从原材料考虑，PVC 树脂、CPE、碳酸钙是影响型材加热后尺寸变化率的重要因素。

二、生产设备条件对型材热尺寸变化率的影响

生产 PVC 型材的主要设备有挤出机、模具。挤出机的重要技术指标之一是挤出机的塑化效果，其效果直接影响到型材的性能。表 7-10、表 7-11 是两组不同生产厂家的挤出机组型材生产对比试验。机组 2 是由于挤出机塑化不均，使 PVC 粒子与其他组分的粒子分布不均匀，造成挤出过程中部分 PVC 分子链被强拉伸，分子链纵向取向不均匀，使型材在热的作用下，尺寸变化率大。

表 7-10　上海产挤出机机组不同的影响

挤出机机组号	热尺寸变化率/%
1	−3.06
2	−3.2

注：58 框，同一个配方。

表 7-11　北京产挤出机机组不同的影响

挤出机机组号	热尺寸变化率/%
1	−3.6
2	−3.9

注：58 框，同一个配方。

为了分析模具对型材加热后尺寸变化率的影响，将 58 框两个模具进行了对比试验，结果发现有一定的影响，见表 7-12。这是因为模头分流锥的差异，内腔有差异，造成出料不一样，PVC 的分子取向及其结构各向异性，型材就会表现为加热后尺寸变化率不同。

表 7-12　模具不同的影响

模具编号	热尺寸变化率/%
1	−3.6
2	−3.3

注：58 框，同一机组，同一个配方。

在此基础上，又做了三组不同型材断面结构的对比试验，见表 7-13。从表中可以看出型材的断面结构不同和截面积不同，热尺寸变化率是不同的。这是因为型材截面积与挤出量

有关，采用截面积过小断面结构的型材模具，在生产过程中挤出量小于额定的挤出机挤出量，造成牵引拉伸过大导致型坯变形大，型材热尺寸变化率大。

表 7-13 型材断面结构不同对尺寸变化率的影响

挤出机组	型材名称	截面积/cm²	热尺寸变化率/%
7	58 中框	3.99	−3.45
7	58 框	3.54	−3.9
18	58 框	3.54	−2.5
18	58 中框	3.99	−2.9
1	58 门框	4.42	−1.9
1	58 框	3.54	−2.6
1	58 中框	3.99	−3.3

注：相同配方。

三、工艺条件对型材热尺寸变化率的影响

工艺条件这里指的是生产环境温度和型材生产后的停放时间。

生产的环境温度对型材的热尺寸变化率有影响，将两种环境温度下生产的型材进行对比检测后发现（表 7-14），环境温度低的条件下生产的型材尺寸变化率大。这是由于生产出来的型材表面及内腔温度与环境温度差距大，型材急速冷却，内部的大分子来不及舒展就被"冻住"，停止运动了，在以后的热作用下，大分子重新舒展，型材表现为加热后尺寸变化率大。

表 7-14 环境温度对尺寸变化率的影响

生产环境温度/℃	热尺寸变化率/%
10	−3.14
27	−2.97

注：58 扇，同一个配方。

型材在生产出来后，要求停放 24h 以后使用。这是因为 PVC 型材是高分子材料，高分子材料的特点是在成型后需要有应力松弛过程，如果不给足够的松弛时间就进行使用，在热的作用下就发生尺寸变化，而且随着停放时间延长，热尺寸变化率降低。分别做了三种停放时间的对比试验（表 7-15），证实了停放时间对型材尺寸变化率的影响。

表 7-15 停放时间对尺寸变化率的影响

停放时间/min	热尺寸变化率/%
10	−2.78
1440	−2.5
10080	−2.2

注：58 框，同一个配方，牵引速度 1.89m/min。

通过上面的试验与分析可以看出，影响型材加热后尺寸变化率因素第一是原材料、第二是工艺条件。所以，要降低型材加热后尺寸变化率，提出如下改善看法。

① 配方设计时应该主要考虑 PVC、CPE、碳酸钙生产厂家的选择，选择时要在做对比试验的基础上加以确定；增加 CPE 的用量提高型材抗冲性能时，不能忽视 CPE 用量的增加带来型材尺寸变化率增大，可以通过增大碳酸钙用量加以控制。这里就有一个既可以提高型材抗冲性能，又能使型材的加热后尺寸变化率小，且 CPE 与碳酸钙用量的最佳配比的试验。

② 型材厂家在采购挤出机组时，应该尽可能采购塑化效果好的。不同厂家的挤出机，应该采用不同的配方体系。

③ 要充分认识设备、型材断面结构对型材加热后尺寸变化率的影响。从配方、工艺调

整以保证挤出机、模具满足型材加热后尺寸变化率的要求，确定型材断面与机组挤出量匹配最佳工艺参数。

④ 型材生产必须保证生产环境温度，生产后的型材必须停放 24h 后才能销售。这一点应该引起型材厂家的足够的认识。

第二节 正交设计法在 PVC 塑料型材焊接角破坏力的应用

PVC 塑料型材焊接角破坏力在型材生产与质量管理中是重要的检测技术指标。在行业标准 JG/T 3018—94《PVC 塑料窗》中称为角强度，在行业标准 JG/T 140—2005《未增塑聚氯乙烯（PVC-U）塑料窗》中称为焊接角破坏力，在国家标准 GB/T 28887—2012《建筑用塑料窗》中称为焊接角破坏力，在国家标准 GB/T 8814—2004《门、窗用未增塑聚氯乙烯（PVC-U）型材》中称为可焊接性。考察该技术指标时除了生产配方外，焊接设备工艺参数的设置非常重要而不能忽视。本节围绕着焊接设备工艺参数的设置进行讨论。用 PVC 塑料型材制造塑料门窗时，通常采用热熔融焊接的方法，焊接角破坏力的大小直接影响到塑料门窗的质量，而焊接参数的优化与确定是影响焊接角破坏力的重要原因。我们利用数理统计方法之一的正交设计法进行了焊接参数的优化试验。

一、试验方法及内容

我们选取固定配方生产的 PVC 型材作为进行焊接角破坏力试验样品，试验设备有单点任意角焊机和焊接角破坏力试验机，利用正交表进行正交设计试验，采用国家标准 GB/T 28887—2012《建筑用塑料窗》规定的试验方法进行型材焊接角破坏力检测。正交表是根据组合理论，按照一定规律构造的表格，以正交表为工具安排试验方案和进行结果分析，可以分析各因素及其交互作用对试验指标的影响，按其重要程度找出主次关系，并且确定对试验指标的最优工艺条件。我们选取焊接温度、焊接时间、加热时间等三个焊接参数进行优化试验，将这三个参数确定为三个因素、每个因素有三个水平（见表 7-16），以 $L_9(3^3)$ 三水平型正交表为试验与分析工具，进行了相当于 27 个试验的九次试验（见表 7-17）。

表 7-16 因素水平表

水平 \ 因素	焊接温度/℃	焊接时间/s	加热时间/s
1	249	25	25
2	252	29	29
3	255	33	33

表 7-17 正交表

试验号 \ 因素	1	2	3
1	1(249)	1(25)	1(25)
2	1(249)	2(29)	2(29)
3	1(249)	3(33)	3(33)
4	2(252)	1(25)	2(29)
5	2(252)	2(29)	3(33)
6	2(252)	3(33)	1(25)
7	3(255)	1(25)	3(33)
8	3(255)	2(29)	1(25)
9	3(255)	3(33)	2(29)

二、试验数据分析

将九次试验的焊接角破坏力数据汇总进行分析（表7-18）。

表 7-18　正交设计表　　　　　　　　　　　　　单位：N

试验号 \ 因素	1	2	3
1	1(3564)	1(3564)	1(3564)
2	1(3472)	2(3472)	2(3472)
3	1(2847)	3(2847)	3(2847)
4	2(2755)	1(2755)	2(2755)
5	2(3106)	2(3106)	3(3106)
6	2(2983)	3(2983)	1(2983)
7	3(2686)	1(2686)	3(2686)
8	3(2179)	2(2179)	1(2179)
9	3(3142)	3(3142)	2(3142)
$\Sigma 1$	9883	8844	8007
$\Sigma 2$	9005	8757	8972
$\Sigma 3$	8726	9369	7839
K1	3294	2948	2669
K2	3001	2919	2900
K3	2908	3123	2613
R	386	204	287

对于第1因素，进行如下分析：$\Sigma 1$ 为第1个因素第1个水平的数据和；K1 为第1个因素第1个水平3个数据和的平均值。$\Sigma 2$ 为第1个因素第2个水平的数据和；K2 为第1个因素第2个水平3个数据和的平均值。$\Sigma 3$ 为第1个因素第3个水平的数据和；K3 为第1个因素第3个水平3个数据和的平均值。

对于第2因素、第3因素，分析方法同第1因素。R 为 K 的最大值与 K 的最小值之差。

① 在固定的型材生产配方下，各个因素对焊接强度影响大小的排列顺序为焊接温度、加热时间、焊接时间。

② 在固定的型材生产配方下，各个因素与焊接角破坏力的关系：焊接温度 249℃，焊接角破坏力最高；焊接时间 33s，焊接角破坏力最高；加热时间 29s，焊接角破坏力最高。

三、试验结果

根据试验结果可知，在型材生产配方不变情况下，要达到焊接角破坏力最高，采用该型材制造塑料门窗的优化焊接参数是：焊接温度 249℃，焊接时间 33s，加热时间 29s。由此可以推断，采用国家标准 GB/T 28887—2012《建筑用塑料窗》规定的试验方法进行型材焊接角破坏力检测，对型材焊接角破坏力最大值影响大小的排列顺序应为焊接温度、加热时间、焊接时间。

值得注意的是，影响焊接角破坏力不仅是焊接参数，而且与焊接时的生产环境温度有关。另外，不同配方生产的 PVC 型材，焊接参数是不同的。所以，采用不同配方生产的 PVC 型材生产塑料门窗时，应该先进行焊接参数的试验与优化，从而确定相应的焊接参数。

第三节　型材断面结构对型材低温落锤冲击的影响

低温落锤是检验 PVC 塑料型材物理性能的一项重要指标，在 GB/T 8814—2004《门、窗用未增塑聚氯乙烯（PVC-U）型材》中有明确的规定。该指标要求 PVC 型材的受力面应该有良好的低温冲击性能，即 10 个试样在 −10℃ 低温条件下落锤破裂个数≤1。规定该指标的目的就是避免 PVC 塑料门窗在制作、安装过程中以及用户使用过程中出现型材破裂现象，从而满足低温使用的要求，保证门窗产品的质量。有关影响型材低温冲击的因素，除了原材料、配方、挤出工艺以外，另一个重要的因素是型材断面结构。下面对型材的框料、梃料、扇料的断面结构分别进行讨论。

一、检验方法

每组型材试样（长度 300mm，10 个）在 −10℃ 条件下放置 1h 后，在落锤冲击试验机上，一个 1kg 重、直径 50mm 的锤头从 1m 高自由落下冲击试样，检查试样破裂个数。我们设定测量冲击面的宽度 b，冲击面的厚度 c，冲击面下面两个支撑筋（壁）之间的距离 a，支撑筋厚度 h。

二、型材断面结构特征

① 对于框型材，有两种断面结构。第一种断面结构是冲击面下面有一个支撑筋，支撑筋与壁的距离为 a（图 7-1）。第二种断面结构是冲击面下面有两个支撑筋，两个支撑筋之间的距离为 a（图 7-2）。两种断面结构的检测数据见表 7-19、表 7-20。

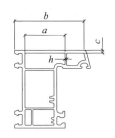
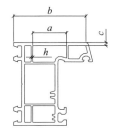

图 7-1　断面结构一　　　　　　　　　图 7-2　断面结构二

表 7-19　有一个支撑筋框型材断面结构的检测数据

序号	a/mm	h/mm	c/mm	b/mm	低温落锤冲击破碎个数（−10℃）
1	25.6	1.4	2.2	56	0
2	26	0.9	2.2	56	3
3	26.6	1.8	2.4	56	0
4	26.8	1.6	2.2	56	0
5	27	1.3	2.2	56	0

表 7-20　有两个支撑筋框料断面结构的检测数据

序号	a/mm	h/mm	c/mm	b/mm	低温落锤冲击破碎个数（−10℃）
1	17.1	0.9	2.2	56	8
2	17.3	1.3	2.2	56	5
3	19.3	1.3	2.2	56	5
4	19	1.5	2.2	58	0
5	26	1.9	2.5	67	0

从表 7-19 可以看出，对于冲击面下面有一个支撑筋的框型材，a 在 25.6～27mm 之间（大于落锤锤头直径的 1/2），支撑筋的厚度 h 在 1.3mm 以上时，试样的低温落锤破个数小于 1；而支撑筋的厚度 h 在 1.0mm 以下时，试样的低温落锤破坏个数大于 1。

从表 7-20 可以看出，对于冲击面有两个支撑筋的框型材，a 在 17～19mm 之间，支撑筋厚度 h 小于 1.5mm 时，试样的低温落锤破坏个数大于 1。a 大于或等于 19mm，支撑筋厚度 h 大于 1.5mm，试样的低温落锤破坏个数小于 1。

通过对框型材的两种断面结构的分析，对于图 7-1、图 7-2 断面结构的框型材，冲击面的支撑筋厚度是影响低温落锤的重要因素，与冲击面的宽度、厚度的影响不大。一定厚度的支撑筋可以很好地吸收冲击能，减少冲击力对试样破坏作用。图 7-1 这种断面结构的型材只要支撑筋的厚度合理，可以满足低温落锤的要求。图 7-2 这种断面结构的型材低温落锤的影响因素不仅与支撑筋的厚度有关，还与两个支撑筋的位置有关。因为图 7-2 断面结构，支撑筋在冲击锤冲击落点附近，即使支撑筋 h 厚度在 1.3mm，当冲击时冲击点落到试样的支撑筋或附近区域，对试样冲击面和支撑筋的破坏作用较大；但是当支撑筋等于或大于 1.5mm、而且两个支撑筋之间的距离大于 19mm 时，支撑筋可以吸收部分冲击能，减少冲击力对试样表面的破坏作用。

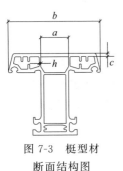

图 7-3 梃型材
断面结构图

② 梃型材断面结构冲击面有两个支撑筋，两个支撑筋之间的距离 a，支撑筋的厚度 h（图 7-3），检测数据见表 7-21。

表 7-21　梃型材断面结构检测数据

序号	a/mm	h/mm	c/mm	b/mm	低温落锤冲击破碎个数（−10℃）
1	23	1.5	2.3	72	3
2	23.3	1.2	2.3	68	4
3	23.3	1.3	2.2	68	4
4	23.7	1.4	2.3	68	6
5	24.2	1.1	2.2	68	8
6	24.4	1.5	2.2	68	6
7	27.6	1.1	2.2	68	3
8	27.8	1	2.2	68	2
9	35.8	1.3	2.3	80	1
10	39.5	1.3	2.5	91	1
11	44.7	1.4	2.3	88	0

从表 7-21 可以看出，梃料的支撑筋之间的距离 a 在 23.3～27.6mm 之间时，试样的低温落锤破坏个数大于 1。当 a 等于或大于 35.8mm 时，试样的低温落锤破坏个数小于 1。

表 7-22 收集了 6 种中梃断面结构进行统计分析，可以看出中梃立筋厚度和立筋间距结构对低温落锤的影响。结果是，在配方一定条件下，中梃筋厚度不均或筋太薄，落锤不好；两个立筋的间距小于 30mm 落锤不好。

表 7-22　中梃不同断面立筋及落锤情况一览表

断面结构	立筋间距 a/mm	筋厚度 h/mm	落锤情况
	23.3	1.2～1.3	不好

断面结构	立筋间距 a/mm	筋厚度 h/mm	落锤情况
	27.1	一个筋1.0 另一个筋1.5	不好
	35	1.4~1.5	好
	21	1.2	不好
	30.3	1.1~1.2	较好
	40	1.6	好

通过对图 7-3、表 7-21、表 7-22 的分析，可以认为梃型材断面结构中冲击面的两个支撑筋之间的距离和支撑筋厚度均匀一致，这两个因素是影响低温落锤的重要因素，与冲击面的宽度、厚度关系不大。这是因为冲击落着点在两个支撑筋的中心，虽然支撑筋的厚度增加可以吸收一部分冲击能，但是不能完全吸收，所以试样的低温落锤破坏个数大于 1。当冲击面的两个支撑筋之间距离大于 2/3 冲击锤的直径，试样的低温落锤破坏个数小于 1。

③ 扇型材断面结构的冲击面有一个支撑筋，壁与支撑筋的距离为 a，筋厚 h（图 7-4）。检测数据见表 7-23。

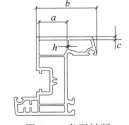

图 7-4 扇型材断面结构图

表 7-23 扇料断面结构检测数据

序号	a/mm	h/mm	c/mm	b/mm	低温落锤冲击破碎个数(−10℃)
1	19.1	1.1	2.3	52	3
2	21.7	1.2	2.2	49	0
3	24.3	1.1	2.2	52	7
4	25.6	1	2.2	52	0
5	25.7	0.9	2.2	52	5
6	29.2	1.6	2.4	52	0

从表 7-23 可以看出，有一个支撑筋的扇型材，支撑筋厚度大于 1.2mm，试样的低温落锤破坏个数小于 1。说明支撑筋的厚度是影响型材扇型材低温落锤的重要因素，与冲击面的宽度、厚度、壁与支撑筋的距离关系不大。一定厚度的支撑筋可以很好地吸收冲击能，减少冲击力对试样破坏作用。

三、改进措施与建议

① 为了保证 PVC 型材的低温落锤这个物理性能指标符合国家标准，合理的断面结构可以减少冲击力对型材试样的破坏作用。所以，在型材断面结构设计时，应该根据每种型材冲击面的应用情况进行考虑，支撑筋的设立尽量避开冲击落着点及其区域，支撑筋的厚度不能过小。

② 建议国家标准应考虑断面结构不同对低温落锤冲击影响。型材标准中有关低温落锤的规定来看，该指标没有考虑断面结构的影响，没有考虑由于型材的断面结构不同而低温落锤冲击破裂个数不同，没有考虑更低温度下型材落锤冲击破碎情况，不同断面的型材之间不能比较。同时，低温落锤是检验 PVC 型材内在质量的指标，通过这个指标可以考察配方的合理性、工艺性能、挤出机塑化效果等。所以，不同断面结构的型材用同一种低温落锤检验方法检测，不能够真实反映配方的合理性、工艺性能、挤出机塑化效果。

第四节　PVC 塑料型材在严寒地区的生产与使用

PVC 塑料型材属于硬质塑料，具有塑料的一般性质，在使用过程中，型材受温度的影响而发生变化。温度高，型材硬度降低，制品软；温度过低，型材硬度提高，制品脆性大。因此，国家标准 GB/T 8814—2004《门、窗用未增塑聚氯乙烯（PVC-U）型材》规定的低温落锤冲击技术指标主要针对型材在低温使用过程中容易产生脆性影响使用的现象提出来的。事实上，在寒冷地区、特别是严寒地区型材脆性影响表现得更为突出。从使用角度上来看，严寒地区冬季使用过程中脆性是重点要解决的问题。本节在型材配方、生产工艺、使用工艺上进行了研究、分析。

一、在配方体系上要体现严寒地区使用的特点

我国的 PVC 型材配方组分就现在而言，各个厂家基本上大同小异。配方体系中基本要素主要由 PVC 树脂、稳定剂、润滑剂、加工改性剂、抗冲剂、填充剂等六部分组成。严寒地区夏季环境温度最高达 30℃，冬季环境温度最低达 −30℃，对于使用 PVC 型材的用户，为了赶工程进度经常在冬季施工，对于使用者要在冬季开启使用，对型材抗冻性能提出更高的要求。针对严寒地区的使用特点主要在 PVC 树脂、抗冲剂选择、用量等方面进行了对比实验。

PVC 树脂属于热塑性材料，通过加入各种添加剂、在混料机及挤出机作用实现一系列物理和化学反应，达到使用目的。从分子量角度看，PVC 是不同分子量的同系聚合物的混合物。分子量的大小、分子量分布情况都会影响 PVC 树脂性能。表示 PVC 分子量的方法较多，有聚合度、黏数、K 值等。表 7-24 是 PVC 树脂黏数不同的对比实验。

表 7-24　PVC 树脂黏数对型材物理性能的影响

黏数	110	113	116
焊接角破坏力/N	2099	2403	3980
低温落锤冲击破碎个数	8	2	2

注：特定的产品、固定的稳定体系、配方。

这是因为随着树脂分子量的增大，玻璃化温度提高，制品的物理机械强度增加，耐低温性能提高。但是，聚合度高的树脂成型加工性能降低，需要提高加工温度。所以，严寒地区在满足成型加工性能下尽量采用聚合度较高的 PVC 树脂，提高型材的低温性能。

CPE 树脂在 PVC 型材中主要是用来改善 PVC 树脂的脆性，在严寒地区冬季尤为重要。CPE 树脂生产厂家、质量指标、加入量直接影响到型材的物理机械性能（见表 7-25、表7-26、表 7-27）。

表 7-25　CPE 生产厂家对型材质量的影响

项目	氯含量/%	热分解温度/℃	−10℃缺口冲击强度/(J/m)	塑化时间/min	压力/MPa	最大转矩/N·m
厂家 1	34.84	178	12.9	1.31	22	22
厂家 2	35.13	162	13.6	1.69	28.6	23

表 7-26　不同生产厂家 CPE 对型材物理性能的影响

生产厂家	焊接角破坏力/N	低温落锤冲击破碎个数（−10℃）
山东 1	5447	3
山东 2	5607	5
辽宁	5000	10

注：特定的产品、固定的稳定体系、配方。

表 7-27　CPE 用量对型材物理性能的影响

实验机组	1		2	
型材名称	58 框	58 框	58 中挺	58 中挺
CPE/份	9	10.5	9	10.5
焊接角破坏力/N	4471	4212	4665	3786
低温落锤冲击破碎个数（−10℃）	3	1	5	1

注：特定的产品、固定的稳定体系、配方。

CPE 树脂抗冲改性作用从分散原理来解释。CPE 树脂属于高分子弹性体，它是依靠机械加工的混炼作用局部地相容分散于 PVC 树脂中，当弹性体受到外部冲击时，由于冲击能造成变形的瞬间，分散粒子表面产生的微细裂痕将冲击能吸收后加以分散，以提高 PVC 树脂的冲击强度。

CPE 树脂抗冲改性作用从增韧原理来解释。CPE 树脂属于橡胶弹性体网络聚合物，在机械剪切力、温度的作用下，PVC 初级粒子包围在弹性体形成的网络中，微观上 CPE 树脂大分子链填充在 PVC 树脂大分子链中，当 PVC 型材受到外部冲击时，包围 PVC 树脂的CPE 弹性体首先吸收冲击能并分散，起到增韧作用，从而提高冲击强度。

从表 7-27 中可以看出，CPE 树脂用量增加，虽然焊接角破坏力有所降低，但是提高了PVC 型材的低温抗冲性能。在严寒地区型材配方设计中，CPE 用量在 10 份以上为好。

二、在生产工艺上要适应严寒地区环境的变化条件

配方确定后，生产工艺对 PVC 型材低温性能的影响有很重要的作用。这是因为 PVC 树脂加工温度有一定的范围，温度过高，PVC 树脂容易分解，微观上分子链断裂交联，宏观上表现为脆性增大。温度过低，PVC 树脂没有充分塑化，制品中各种组分分散不均，也会导致制品脆性大。影响 PVC 型材物理机械性能的生产工艺因素有以下几方面：混料温度及时间、螺杆芯部温度、机筒各个温区的温度、机头温度、冷却水温度、主机转速及电流、牵引速度、给料速度及电流、机头压力、真空效果等。

螺杆芯部油温在挤出机开始工作时是对 PVC 物料起加热作用，以后由于螺杆的剪切

作用及机筒设定温度的作用，能够满足加工工艺要求。此时，螺杆芯部油温起到调节PVC物料温度的作用。PVC型材生产过程中，螺杆芯部油温间接地反映PVC树脂熔体温度。油温过高，熔体温度超过分解温度，发生PVC大分子链断裂后交联，制品表现为脆性增大。

表7-28中的对比说明，螺杆芯部油温高，型材低温抗冲性能降低。应该设定合理的螺杆芯部油温。

表7-28　螺杆芯部油温对型材物理性能的影响

螺杆芯部油温/℃	焊接角破坏力/N	低温落锤冲击破碎个数（-10℃）
80	4961	0
86	4819	2

注：58框、固定的稳定体系、配方。

机筒各区温度的设定也是影响PVC型材低温性能的生产工艺中重要参数。确定适宜的成型加工工艺，必须掌握高聚物熔体的流变性，这种流变性依赖于高聚物的结构和外部条件。PVC树脂由于加工温区较窄，对温度敏感性强，不合理的机筒温区设定会导致PVC树脂熔体温度过高或过低，影响到PVC型材的物理机械性能。一般温度设定过低的现象很少发生，常常发生温度设定过高现象。通过图7-5、表7-29、图7-6、表7-30的对比实验可以看出，合理的机筒各区温度的设定，可以提高PVC型材的低温性能。不同的环境温度，机筒各区温度设定不同，PVC型材的低温性能也不同。

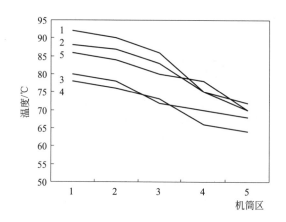

图7-5　挤出机机筒温度曲线（58中框）

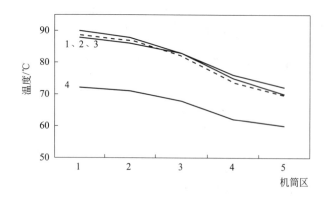

图7-6　挤出机机筒温度曲线（58框）

应当注意，由于不同厂家的挤出机塑化效果不同，每台机组对PVC树脂的适应性不同，所以各区温度设定在各台机组上是有区别的。合理的机筒温度设定有利于型材的低温性能的提高。

表7-29 挤出机机筒温度对型材物理性能的影响

实验号	1	2	3	4	5
焊接角破坏力/N	4909	4484	5000	5779	4345
低温落锤冲击破碎个数(－10℃)	4	4	2	1	7

注：58中挺，固定配方、设备。

表7-30 挤出机机筒温度对型材物理性能的影响

实验号	6	7	8	9
焊接角破坏力/N	4157	4941	4915	5000
低温落锤冲击破碎个数(－10℃)	9	1	3	2

注：58框，固定配方、设备。

主机转速参数反映挤出机螺杆对PVC树脂的剪切作用力，有的挤出机提高转速，剪切力增大，对PVC熔体产生黏度下降的结果，有利于塑化和挤出，制品的低温性能好。有的挤出机提高转速，剪切力增大，PVC熔体黏度下降过度，产生塑化过度、分解现象，结果制品的低温性能降低。

用链缠结理论解释聚合物熔体黏度下降的原因。聚合物中的大分子链彼此之间缠结，当缠结的大分子链承受剪切应力时，其缠结点就会被解开，同时还沿着流动的方向排列成线，因此就降低了黏度。缠结点被解开和大分子链排列成线的程度是随剪切应力的增加而加大的。如果剪切应力过大，大分子链缠结点解开同时，发生大分子链断裂，虽然黏度降低，但制品的低温性能降低了。

表7-31 挤出机主机转速对型材物理性能的影响

实验机组号	1		2	
主机转速/(r/min)	15.2	18		
主机电流/A	8.1	7.6	27.6	26.8
机头压力/MPa	29.4	28.4		
焊接角破坏力/N	4730	4198	4894	4127
低温落锤冲击破碎个数(－10℃)	0	6	1	10

注：2号机58中挺，1号机58框。

从表7-31中可以看出，适宜的转速对PVC型材低温性能有好处。应该注意每个机台与模具匹配过程的最佳转速的确定，同时要考虑到转速提高，机头压力增大及设备的承载能力。

表7-32 冷却水温度对型材物理性能的影响

产品类型	58框	
入水温度/℃	11	23
出水温度/℃	15	25
焊接角破坏力/N	4025	4748
低温落锤冲击破碎个数(－10℃)	3	0

冷却水温往往没有引起足够的重视。冷却水的作用是将拉伸的大分子链及时冷却定型，达到使用目的。缓慢的冷却可以使大分子链有足够的时间舒展，有利于定型，而急冷却（水温与挤出型坯温度相差过大），不利于制品低温性能的提高。表7-32对比实验显示了这个参

数对 PVC 型材加工成型的重要性。从高分子物理学解释，PVC 大分子链在温度、外力的作用下，发生卷曲、拉伸过程，当温度、外力撤出后，大分子链没有及时恢复自由状态而处于玻璃态，大分子链杂乱无序排列，造成宏观上制品低温性能降低。

从塑料加工工艺学解释，PVC 型材在挤出后，制品撤去温度、外力后有应力松弛过程。适宜的冷却水温有利于这个过程。冷却水温过低，制品中的应力没有来得及消除，造成制品性能下降。所以型材冷却采用缓冷方式，可防止成型后的制品发生翘曲、弯曲和收缩现象，可以防止由于内应力作用而使制品冲击强度降低。

三、严寒地区用户在使用制作上要注意的问题

使用的环境温度很重要，虽然 PVC 型材生产过程中在配方、工艺上进行了改进，型材低温抗冲性能有所提高，但在较低温度下使用仍有一定的脆性，这种脆性主要来源于 PVC 树脂微观上分子链低温下柔顺性降低的结果。所以，制作门窗温度应该在 10℃ 以上，在零下安装门窗也要充分注意 PVC 这种特性，应该尽量避免用重锤敲击。

同样道理，PVC 型材在严寒地区冬季存放过程中，应尽量避免摔、冻、砸等。对于零下存放的型材，使用前应在 10℃ 以上的房间内停放 24h。在低温下焊接时，由于有限的局部温度与环境交换有一定的损失，型材低温下熔融层与非熔融层温差过大，造成焊接强度不够，焊接角破坏力低。

表 7-33   型材在焊接过程中环境温度对焊角强度的影响

温度/℃	焊接角破坏力/N	温度/℃	焊接角破坏力/N
5	2985	13	4819
10	4225	15	4719

表 7-33 对比实验可以知道，在环境温度低的条件下焊接门窗，制品的焊接角破坏力低，影响到门窗的安装质量。

当然，影响 PVC 型材冬季生产与使用因素还有很多。如稳定剂的选择，填料选择，润滑剂的选择、用量、内外润滑的平衡效果等。

通过实验可以看出，PVC 型材的生产和使用在严寒地区有其特殊性，在配方设计、工艺制定等方面要做大量细致的工作才能达到使用要求。由于严寒地区冬季占全年气候的 1/4 的时间，因此，研究 PVC 型材在严寒地区的生产与使用，对推动我国 PVC 型材的健康发展有着重要意义。

第五节   PVC 干混料的粉体流动性影响因素

在 PVC 型材生产过程中，PVC 型材生产的连续性、产品质量的稳定性决定 PVC 型材的内在质量的均一性，而均一性一定程度上取决于 PVC 干混料的流动性在挤出机加料斗内的供料性能。用流动性好的粉体生产 PVC 型材内在质量的均一性好。采用漏斗法来表示粉体流动性，即一定量粉体通过漏斗的流动时间。粉体通过漏斗的流动时间短，粉体流动性好。粉体通过漏斗的流动时间长，粉体流动性差。

1. PVC 树脂的影响

树脂粉体的流动性可预示树脂在加料斗中的供料性能，呈球状的大颗粒和粒度均匀的树脂有良好的粉体流动性，因而悬浮法和本体法树脂的粉体流动性好，而且在悬浮法中乙烯法生产单体聚合的树脂粉体流动性要好于电石法生产单体聚合的树脂。

我们以 6 家 PVC 树脂生产企业编号 1、2、3、4、5、6 号样品为例进行干流性讨论，其中 1、5、6 号样品采用乙烯法单体生产 PVC 树脂、其他样品采用电石法单体生产 PVC 树脂。

表 7-34　PVC 树脂的干流动性

生产厂家	1	2	3	4	5	6
流动时间/s	3.5	5.15	4.7	5.1	3.23	3.58

表 7-34 显示，采用乙烯法单体生产 PVC 树脂的各样品粉体流动时间都不超过 4s，波动较少；采用电石法单体生产 PVC 树脂的各样品粉体流动时间超过 4s，波动较大。

为什么会产生如此大的流动性区别，这主要与 PVC 树脂的聚合工艺、颗粒形成过程、颗粒特征有关。肉眼可见的 PVC 颗粒，其直径约 $100\mu m$，通常有皮膜包覆，每个颗粒是由初级粒子松散地堆砌在一起的，而初级粒子是由微区结构聚合而成的，大部分有序结构在微区结构的中心。悬浮法树脂的皮膜厚度、强度、韧性以及内部空隙均会影响树脂的加工性能，一般乙烯法单体聚合的 PVC 树脂粉体中，颗粒均匀、杂质少，有一定的空隙，流动性好，各个厂家生产的产品波动小。所以，采用乙烯法单体生产 PVC 树脂粉体的自然安息角小，粉体内颗粒间有一定的空隙使粉体的拱桥效应小，粉体流动性好。而采用电石法单体生产 PVC 树脂粉体由于聚合工艺不稳定，容易使颗粒内部的初级粒子相互挤出很紧密，形成了没有空隙的初级粒子黏弹体，这种粒子表面比较光滑而致密，内部结构比较紧密而坚硬，其流动性差，同时，各个厂家生产工艺不同使产品波动大。

2. 抗冲剂 CPE 树脂的影响

由于 CPE 树脂粉体具有黏弹性，颗粒之间有黏性，粉体内空隙较少，使其流动性能不如 PVC 树脂，与 PVC 树脂粉体比较，由于 CPE 树脂粉体的黏弹性使其堆积结构空隙少，表观密度值高；自然安息角值较大，粉体的流动性较差。表 7-35 是三个生产厂家的 PVC 树脂和三个生产厂家的 CPE 树脂有关指标对比。可以看出，在表观密度方面，CPE 树脂比 PVC 树脂高；在流动性方面，CPE 树脂粉体通过漏斗的流动时间较长，比 PVC 树脂差。同时看出，不同厂家 PVC 树脂之间的流动性有区别，而不同厂家 CPE 树脂之间的流动性差别较大，CPE 树脂生产厂家 3 的样品流动性最差，这往往与 CPE 树脂生产工艺不同及粉体内颗粒大小有关。

表 7-35　PVC 树脂与 CPE 树脂粉体表观密度及流动性对比

项目	PVC 树脂			CPE 树脂		
生产厂家	1	2	3	1	2	3
表观密度/(g/cm³)	0.56	0.56	0.54	058	0.61	0.59
流动时间/s	3.01	3.08	3.16	3.58	4.12	6.15

在 PVC 干混料中 PVC 树脂和 CPE 树脂占有一定的比例，需要考察 PVC 树脂与 CPE 树脂共混物的粉体流动性，取不同厂家 PVC 树脂、不同厂家 CPE 树脂样品，做相关试验。具体方法是：取 PVC 树脂 PVC1、PVC2 两种样品，取 CPE 树脂 CPE1、CPE2 两种样品，分别检测单一 PVC 树脂粉体、CPE 树脂粉体、PVC 树脂＋CPE 树脂按一定的比例混合后粉体的流动性。共混物粉体的制备采用人工搅拌方式，流动性检测采用漏斗法。从表 7-36 可以看出，PVC1 样品的流动时间 2.35s，PVC2 样品的流动时间 2.46s，PVC1 样品的粉体流动性好于 PVC2 样品，再次说明不同厂家生产的 PVC 树脂流动性是不同的。CPE1 样品的流动时间 2.6s，CPE2 样品的流动时间 2.78s，CPE1 样品的粉体流动性好于 CPE2 样品，说明不同厂家生产的 CPE 树脂流动性也是不同的。（PVC1＋CPE1）样品的流动时间 2.4s，

而配方不变，（PVC1＋CPE2）样品的流动时间 2.48s，（PVC1＋CPE1）搅拌混合后样品的粉体流动性好于（PVC1＋CPE2）搅拌混合后样品。由 PVC1 更换为 PVC2 后，（PVC2＋CPE1）搅拌混合后样品的粉体流动性也好于（PVC2＋CPE2）搅拌混合后样品，说明不同厂家生产的 CPE 树脂对（PVC＋CPE）共混物的粉体流动性影响是不同的。此对比试验显示 CPE1 好于 CPE2，PVC 树脂与 CPE 树脂共混物的粉体流动性与 PVC 树脂流动性相当、比单一 CPE 树脂流动性好。这些有利于改善 PVC 干混料的流动性。

表 7-36　PVC 树脂与 CPE 树脂共混物的粉体流动性

项目	PVC1	PVC2	CPE1	CPE2	PVC1＋CPE1	PVC1＋CPE2	PVC2＋CPE1	PVC2＋CPE2
流动时间/s	2.35	2.46	2.6	2.78	2.4	2.48	2.38	2.5

CPE 用量的增加，能够改善 PVC 树脂与 CPE 树脂共混物的粉体流动性。表 7-37 是两种 PVC 树脂样品（PVC1、PVC2）分别与两种 CPE 树脂样品（CPE1、CPE2）混合，CPE 树脂样品变量分别是 10 份、11 份的流动性对比。对于（PVC1＋CPE1）样品，加入 10 份 CPE 树脂的粉体流动时间 2.4s，加入 11 份 CPE 树脂的粉体流动时间 2.37s。对于（PVC2＋CPE2）样品，加入 10 份 CPE 树脂的粉体流动时间 2.48s，加入 11 份 CPE 树脂的粉体流动时间 2.38s。可以看出，无论是（PVC1＋CPE1）样品还是（PVC2＋CPE2）样品，CPE 树脂用量由 10 份增加到 11 份，流动时间缩短，流动性提高。

表 7-37　CPE 树脂用量与共混物的粉体流动性

项目	PVC1＋CPE1	PVC1＋CPE1	PVC2＋CPE2	PVC2＋CPE2
CPE 加入量	10 份	11 份	10 份	11 份
流动时间/s	2.4	2.37	2.48	2.38

利用 CPE 树脂黏弹性对其他粉体颗粒黏附分散作用，可以改善 PVC 干混料粉体的流动性。取不同厂家的 CPE，即 CPE3、CPE4 样品，并且将 CPE3、CPE4 样品分别制成 PVC 干混料粉体。通过漏斗分别检测流动时间，考察不同厂家的 CPE 树脂对 PVC 干混料流动性影响（见表 7-38）。虽然 CPE3、CPE4 样品粉体表观密度不同，但是在 PVC 干混料中表观密度基本相同，与 CPE 生产厂家关系不大。CPE3 样品流动时间 6.87s，CPE4 样品流动时间 7.78s，含有 CPE3 样品的 PVC 干混料粉体流动时间 3.64s。含有 CPE4 样品的 PVC 干混料粉体流动时间 3.37s。两种 CPE 样品比较，CPE4 粉体流动性差，而用两种 CPE 产品制得的 PVC 干混料比较，CPE4 样品的 PVC 干混料粉体流动性好。所以，不同 CPE 树脂的流动性将影响到 PVC 干混料的流动性。一般 CPE 树脂粉体表观密度高，流动性差，反而制成的干混料流动性好，说明 CPE 树脂粉体利用其黏弹性特点对其他黏性较高的助剂颗粒起到了分散作用。

表 7-38　不同厂家的 CPE 树脂与 PVC 干混料流动性

项目	表观密度/(g/cm³)		流动性/s	
	CPE	干混料	CPE	干混料
CPE3	0.59	0.63	6.87	3.64
CPE4	0.51	0.63	7.78	3.37

总之，不同 PVC 树脂粉体、不同 CPE 树脂粉体流动性是不同的，不同 PVC 树脂粉体与不同 CPE 树脂粉体组合后的 PVC 干混料粉体流动性也是不同的，PVC 干混料应该有最佳 PVC 树脂粉体与 CPE 树脂粉体最佳厂家、最佳配比的组合。

3. 碳酸钙的影响

目前，碳酸钙在 PVC 加工过程中应用已十分普遍，并已成为降低产品成本的主要手段。

根据碳酸钙粉体平均粒径（d）的大小，可以将碳酸钙分为微粒碳酸钙（$d>5\mu m$）、微粉碳酸钙（$1\mu m<d<5\mu m$）、微细碳酸钙（$0.1\mu m<d\leqslant1\mu m$）、超细碳酸钙（$0.02\mu m<d\leqslant0.1\mu m$）和超微细碳酸钙（$d\leqslant0.02\mu m$）。在型材生产配方体系中常采用活性轻质碳酸钙。轻质碳酸钙的粉体特点是颗粒形状规则，可视为单分散粉体，粒度分布较窄，粒径小，平均粒径一般为 $1\sim3\mu m$。为了改善 PVC 树脂与碳酸钙相容性，对轻质碳酸钙进行活化处理，有效提高了 PVC 树脂与碳酸钙的相容性。活化处理后的碳酸钙粉体，表面由于形成了一种特殊的包层结构，能显著改善在高聚物基体中的分散性和亲和性，能够提高 PVC 制品的强度、耐热性和尺寸稳定性。但随着活性碳酸钙增加将影响到 PVC 干混料流动性，必将约束降低产品成本的手段。

考察 PVC 树脂、CPE 树脂及碳酸钙共混物的粉体流动性。取 PVC 树脂两种 PVC1、PVC2 样品，取 CPE 树脂两种 CPE1、CPE2 样品，分别检测单一 PVC 树脂、CPE 树脂；PVC 树脂＋CPE 树脂＋碳酸钙共混物的粉体流动性。将碳酸钙填加量分别确定为 20 份、23 份、25 份、28 份、30 份。共混物粉体的制备采用人工搅拌方式，流动性检测采用漏斗法。从图 7-7、图 7-8、图 7-9 考察结果可以看出，无论采取（PVC1＋CPE1）体系改变碳酸钙的加入量，还是采取（PVC1＋CPE2）体系改变碳酸钙的加入量或采取（PVC2＋CPE1）体系改变碳酸钙的加入量，随着碳酸钙的增加 PVC 干混料粉体流动性降低。这是因为碳酸钙增加，使 PVC 干混料粉体颗粒空隙减少；碳酸钙增加使 PVC 干混料粉体发黏，粉体内颗粒间附着力增大，PVC 干混料粉体内颗粒的堆积结构密实，安息角提高，PVC 干混料粉体容易起拱，降低了粉体的流动性。

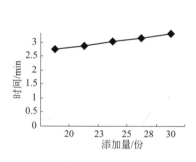

图 7-7　碳酸钙添加量与流动时间的
　　　　关系（PVC1＋CPE1）

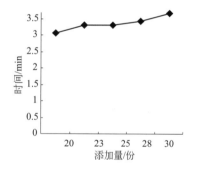

图 7-8　碳酸钙添加量与流动时间的
　　　　关系（PVC1＋CPE2）

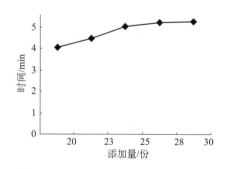

图 7-9　碳酸钙添加量与流动时间的关系（PVC2＋CPE1）

从料斗供料状态看，碳酸钙过多容易黏在料斗壁上，容易在料斗内出现 PVC 干混料一部分碳酸钙含量多、一部分碳酸钙含量少的状态，使型材生产连续性、质量控制不稳定。图 7-10 是料斗供料状态变化，随着挤出机生产不断消耗 PVC 干混料，使料斗中的 PVC 干混料由 a 状态—b 状态—c 状态（粉体粘在料斗壁上）—d 状态（粘在料斗壁上粉体塌落下）转变，出现这些转化是 PVC 干混料流动性不好的表现。一般塌落下的粉体碳酸钙含量多，使型材生产连续性差、质量控制不稳定。

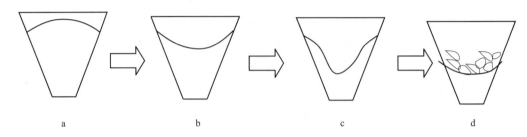

图 7-10　挤出机料斗中 PVC 干混料的供料状态变化

另外，不同厂家 CPE 树脂对于 PVC 干混料粉体流动性表现是不一样的，这是因为经过热混后，不同厂家 CPE 对碳酸钙在 PVC 干混料粉体分散作用不同所导致的。如在 CPE 树脂加入量不变化的情况下，更换 CPE 厂家，碳酸钙增加了 8%，PVC 干混料粉体流动性却提高了 11%。说明更换后 CPE 样品比更换前 CPE 样品对于 PVC 干混料粉体流动性改善有贡献。

4. PVC 干混料冷却工艺与 PVC 干混料流动性

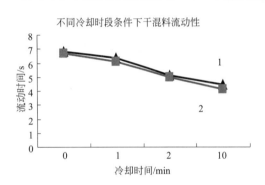

图 7-11　不同冷却时间的流动性

PVC 干混料经过热混合后必须进行充分的冷却才能保证其良好的流动性，从而保证型材质量的提高。我们采用两个配方体系，用小混合机进行制作 PVC 干混料，分别在热混后立即取样、1min 冷却、2min 冷却、10min 冷却后取样等阶段进行检测流动时间，结果是经过热混后产生的 PVC 干混料冷却时段不同其干流动性不同，且两个配方体系变化趋势基本是一样的，随着冷却时间延长，粉体通过漏斗的时间减少，流动性能提高（见图 7-11），避免在挤出机料斗中出现架桥现象。所以，为了保证型材生产的连续性、产品质量的稳定性，各个型材生产厂家都要求冷混放料温度低于 40℃，混合好的干混料要在室温下存放 8h 以上，目的就是提高干混料的流动性。

总之，PVC 型材生产连续性、稳定性一定程度上依赖于 PVC 干混料的粉体流动性，无论采用人工送料还是管道输送方式，对于料斗中供料状态取决于粉体流动性的优劣。从保证 PVC 型材生产的连续性、质量稳定性角度出发，应该重视 PVC 干混料流动性研究。

① PVC 树脂单体来源不同影响到其粉体的流动性，影响到 PVC 干混料的供料性能。一般采用乙烯法单体聚合的树脂流动性好于采用电石法单体聚合树脂，且乙烯法单体聚合的树脂干流动性波动较小。

② 对于采用电石法单体生产 PVC 树脂进行型材的生产，更换树脂生产厂家时特别要注意其流动性对型材生产连续性、质量稳定性的影响，可以通过其他助剂加以试验和调整，找出最佳配合比。

③ 抗冲剂 CPE 对于改善 PVC 干混料是有作用的，并且随着 CPE 树脂用量的增加有提

高 PVC 干混料流动性的作用。

④ 不同生产厂家 PVC 树脂与不同生产厂家 CPE 树脂的组合对于 PVC 干混料流动性影响是不同的，应根据型材企业生产环境和条件，确定最佳组合的 PVC 树脂生产厂家与 CPE 树脂生产厂家。

⑤ 活性碳酸钙加入量要充分考虑对于 PVC 干混料流动性影响，随着活性碳酸钙加入量增加，PVC 干混料流动性降低，特别是在供料体系料斗上流动性降低表现更为突出。

⑥ 不能忽视冷混工艺对于 PVC 干混料流动性的影响，充分冷却的 PVC 干混料可以保证型材生产连续性、提高质量稳定性。

第六节 国家 PVC 型材新旧标准的差异

新旧标准变化对比见表 7-39。

表 7-39 新标准与旧标准变化对比

项目	新标准		旧标准	
	内容	章节	内容	章节
名称	门、窗用未增塑聚氯乙烯（PVC-U）型材	1	门、窗框用硬聚氯乙烯（PVC）型材	1
实施日期	2004 年 10 月 1 日		1999 年 5 月 1 日	
颜色范围	$L^*\geqslant82,-2.5\leqslant a^*\leqslant5,-5\leqslant b^*\leqslant15$	1	—	
术语和定义	主、辅型材；可视面；直线偏差；型材厚度（D）；型材宽度（W）；新料、可重复利用的材料	3.1～3.9	—	
分类	按老化时间分为 M、S 类；按主型材落锤冲击分为Ⅰ、Ⅱ；按主型材壁厚分为 A、B、C 类	4.1～4.3	A 类：暴露于建筑物外侧的门框、窗框 B 类：不暴露于建筑物外侧的门框、窗框	3.1
产品标识	有		—	
材料性能要求	三项目	5.1	—	
外观	型材允许有由工艺引起不明显的收缩痕。	5.2	不允许有裂纹及影响使用的杂质和凹凸不平缺陷	3.2
尺寸和偏差	外形尺寸：厚度（D）≤80mm，为±0.3mm；厚度（D）＞80mm，为±0.5mm；宽度（W）为±0.5mm。	5.3.1	断面尺寸：±0.5mm	3.3
主型材壁厚	可视面壁厚≥2.8mm，非可视面壁厚≥2.5mm，为 A 类；可视面壁厚≥2.5mm，非可视面壁厚≥2.0mm 为 B 类；可视面和非可视面壁厚不规定为 C 类	4.3、5.3.2	—	
弯曲度允许偏差	（直线偏差）主型材：≤1mm；纱扇：≤2mm。从三根型材上各取 1m 试样	5.4、6.4	2.0mm/m，取 1m 试样	3.3、4.4
质量（米重）	主型材的每米长度的质量应不小于每米长度标称质量的 95%	5.5	型材单位长度的质量偏差应小于规定值的 5%	3.4
洛氏硬度	—	—	≥85	3.5
拉伸屈服强度	—	—	≥37MPa	3.5
断裂伸长率	—	—	≥100%	3.5
氧指数	—	—	≥38%	3.5
高低温反复尺寸变化率	—	—	±0.2%	3.5

项目	新标准		旧标准	
	内容	章节	内容	章节
加热后状态	150℃±2℃,30min。试样应无气泡、裂痕、麻点。共挤型材,共挤层不能出现分离	5.8、6.8	150℃±3℃,30min。试样应无气泡、裂痕、麻点	3.5
加热尺寸变化率	100℃±2℃,(60+3)min下主型材两可视面±2.0%,且两数据之差≤0.4%。辅助型材为±3.0%(试样250mm±5mm)从三根各取1个	5.6	100℃±3℃,60min下±2.5%(试样200mm±5mm)三个	3.5 4.12
主型材落锤冲击	从三根取(试样300mm±5mm)10个,落锤冲击1000g/1000mm为Ⅰ类;1000g/1500mm为Ⅱ类。在可视面上破裂的试样数≤1个。-10℃±2℃冷冻1h	5.7、6.7	取(试样300mm±5mm)10个,在可视面上破裂的试样数≤1个。-10℃±1℃冷冻4h。A类1000g/1000mm;B类1000g/500mm	3.5 4.10
维卡软化温度	B$_{50}$法的≥75℃	C.3.1	A法的≥83℃	3.5
弯曲弹性模量	≥2200MPa	C.3.3	≥1960MPa	3.5
简支梁冲击强度	≥20kJ/m² 试样跨距:L=62mm+0.5mm;试样采用1eA型,试样数量5个,取平均值。C类型材不考核此项	C.3.2	23℃±2℃下A类≥40kJ/m²、B类≥32kJ/m² -10℃±1℃下A类≥15kJ/m²、B类≥12kJ/m²	3.5、4.9
主型材可焊接性	焊角的平均应力≥35MPa,试样的最小应力≥30MPa。焊接试样为5个,不清焊缝,只清90°角的外缘。试样支撑面的中心长度a为(400±2)mm	5.10、6.10	—	
耐候性	老化试验:按GB/T 16422.2—1999中的A法进行。黑板温度为(65±3)℃,相对湿度(50±5)%,老化面为型材的可视面。M类老化4000h,S类老化6000h		按GB/T 3681的规定进行塑料自然气候暴露试验时,A类试验时间12个月,B类为8个月	
简支梁冲击强度	老化后冲击强度保留率:≥60%	5.9、6.9	按GB/T 9344的规定进行塑料氙灯光源暴露试验时,A类试验时间为1000h,B类试验时间为500h,每120min降雨时间为18min,黑板温度为63℃±3℃ A类≥28kJ/m²、B类≥22kJ/m²	3.5、4.15
颜色变化/级	颜色变化:使用CIE标准光源D65(包括镜子反射率),测定条件8/d或d/8(二者都没有滤光器)的分光光度仪 老化前后试样的颜色变化用ΔE*、Δb*表示。ΔE*≤5,Δb*≤3		颜色变化:≥3级	
状态调节和试验环境	在(23±2)℃的环境下进行状态调节,用于检测外观、尺寸的试样,调节时间不少于1h,其他检测项目调节时间不少于24h	6.1	在温度:(23±2)℃,湿度:45%~55%环境下进行状态调节,调节时间不少于24h	4.1
外观和颜色的试验方法	在自然光或一个等效的人工光源下进行目测,目测距离0.5m	6.2	在自然光线下目测	4.3
尺寸测量的量具精度	测量外形尺寸和壁厚,用精度至少为0.05mm的游标卡尺测量,外形尺寸和壁厚各测三点。壁厚取最小值	6.3	长度偏差用精度为1mm的量具测量,其他尺寸偏差用精度为0.02mm的游标卡尺测量	4.5
主型材永久性标识	主型材永久性标识:主型材应在非可视面上沿型材长度方向,每间隔一米至少应具有一组永久性标识,应包括老化时间分类,落锤冲击分类,壁厚分类	8.2	—	

项目	新标准		旧标准	
	内容	章节	内容	章节
拉伸冲击强度	B型试样,≥600kJ/m²	C3.4	—	
材料性能	型材应使用新料或加入部分可重复利用的材料生产	C1	—	
型式检验	一般情况下每年一次检验(老化指标除外)。每三年进行一次老化检验	7.1.2	为技术要求的全部内容	5.1.2
组批	以同一原料、工艺、配方、规格为一批,每批数量不超过50t。产量小不足50t,则以7日的产量为一批	7.2.1	以同一原料、工艺、配方、规格、连续生产不超过一个月,产量不超过20t的型材为一批	5.2.1
抽样	合格质量水平 AQL6.5,给出了批量范围为2~35000的抽样方案抽样方案的转移规则由企业自定	7.2.2	合格质量水平 AQL6.5,给出了批量范围为25~10000的抽样方案	5.2.2
型材的贮存	平整堆放,堆高不超过1.5m,避免阳光直射。型材贮存期一般不超过两年	9.3	平整堆放,堆高不超过1m,距离热源不小于1m	6.4

目前,国家标准 GB/T 28887—2012《建筑用塑料窗》于2013年6月1日实施,而国家标准 GB/T 8814—2004《门、窗用未增塑聚氯乙烯（PVC-U）型材》正在修订中,将进一步完善我国 PVC 塑料型材及门窗标准体系的框架,推动了我国 PVC 塑料型材和门窗的健康发展。

第八章　PVC 塑料型材表面彩色化

　　随着社会经济的发展，人们生活水平的不断提高，无论是写字楼还是住宅小区，其主体立面的设计、外墙颜色的搭配都在向迎合时尚生活的多姿多彩方面发展。对于配合建筑物整体风格的门窗，也在突破传统单调的颜色，转向绚丽多彩。通过在白色 PVC 塑料型材表面增加颜色形成彩色 PVC 塑料型材及门窗已成为一种趋势。彩色共挤型材满足了绚丽多彩的市场需要而广泛使用在塑料门窗上。PVC 塑料型材表面彩色化不仅使型材外形美观、色泽鲜艳光亮、耐老化、防褪色、强度高，具有防紫外线高抗冲击功能，而且满足了各种窗型使用。彩色 PVC 塑料型材按照表面着色工艺不同分为覆膜、共挤、喷涂三大类。

第一节　国内两个聚氯乙烯(PVC-U)彩色型材标准的比较

　　对于型材生产企业和塑料门窗生产企业来讲，有必要了解和掌握两个行业标准。而两个标准提到的与国家标准 GB/T 8814—2004《门、窗用未增塑聚氯乙烯（PVC-U）型材》相同的内容不在这里讨论。

一、彩色型材标准颁布背景

　　1. 彩色型材标准名称

　　(1) 中华人民共和国轻工行业标准 QB/T 2976—2008《门、窗用未增塑聚氯乙烯（PVC-U）彩色型材》

　　(2) 中华人民共和国建筑工业行业标准 JG/T 263—2010《建筑门窗用未增塑聚氯乙烯彩色型材》

　　2. 彩色型材标准前言比较

　　(1) 参照依据　QB/T 2976—2008 标准参照 GB/T 8814—2004《门、窗用未增塑聚氯乙烯（PVC-U）型材》和参考德国标准 DIN 16830—3：2000《门窗用高抗冲聚氯乙烯（PVC-U）型材　第 3 部分：表面彩色型材要求》。JG/T 263—2010 标准参考德国标准 DIN 16830—3：2000《高冲击韧性聚氯乙烯（PVC-HI）窗型材　第 3 部分：表面着色型材要求》。QB/T 2976—2008 标准强调在 GB/T 8814—2004 标准基础上，参考德国标准。

JG/T 263—2010 标准强调参考德国标准。

（2）与 GB/T 8814—2004 的主要差异

QB/T 2976—2008 标准与 GB/T 8814—2004 的主要差异如下：

——增加了装饰层与型材主体的粘接强度或附着力的要求；

——增加了热稳定性的要求；

——根据彩色型材各品种的装饰特性分别增加了相应技术要求；

——在彩色型材废旧材料的重复利用方面未做规定；

——对覆膜、喷涂、共挤三种彩色型材表面装饰层的维卡软化温度未做规定；

——在"5.3.2 主型材的壁厚"中，增加了 2009 年 12 月 31 日后 B 类非可视面壁厚应
　　≥2.2mm；C 类非可视面壁厚应≥2.0mm 的附加要求；

——将 GB/T 8814—2004 中 6.10.4 结果和表示中所述"中性轴"改为"质心轴"；

——在"5.6 彩色主型材的落锤冲击"中，对覆膜、涂装、共挤彩色型材的装饰面未规
　　定破损率要求。

JG/T 263—2010 标准没有这方面的陈述。

二、彩色型材标准内容比较

1. 两个标准范围表述

QB/T 2976—2008 标准范围表述：适用于四类门、窗用彩色型材，有覆膜彩色型材、
共挤彩色型材、涂装彩色型材、通体彩色型材。

JG/T 263—2010 标准适范围表述：用于以未增塑聚氯乙烯型材为基料，以共挤、覆膜、
涂装、通体着色工艺加工的建筑门窗用未增塑聚氯乙烯彩色型材。

两个标准一致将彩色型材分为四类，由于 JG/T 263—2010 标准在前言中没有提及的
GB/T 8814—2004 标准，所以提出"以未增塑聚氯乙烯型材为基料"内容。

2. 两个标准有关条款

（1）定义对比　QB/T 2976—2008 标准按照不同工艺结构的彩色型材分为共挤彩色型
材、覆膜彩色型材。

JG/T 263—2010 标准按照带有颜色的不同工艺结构的型材分为彩色共挤型材、彩色覆
膜型材。

在 JG/T 263—2010 标准中彩色共挤型材定义为表面以其他高分子材料，经共挤出工艺
加工的建筑用门窗彩色未增塑聚氯乙烯型材；彩色覆膜型材定义为表面用装饰膜，经覆膜工
艺加工的建筑用门窗彩色未增塑聚氯乙烯型材，与标准的标题《建筑门窗用未增塑聚氯乙烯
彩色型材》略有不同。

（2）标准对比　QB/T 2976—2008 标准有五项，优点是有壁厚、落锤高度、老化时间、
型材类型，缺点是没有表面材料名称。

JG/T 263—2010 标准有四项，优点是有表面材料名称、老化时间、型材类型，缺点是
没有壁厚、落锤高度。

3. 分类对比

QB/T 2976—2008 标准按照型材耐老化时间分为 M 类（老化试验时间 4000h）、S 类
（老化试验时间 6000h），另外还有按照落锤高度（表 8-1）、壁厚（表 8-2）或按照型材工艺
结构分类分为共挤（代号 GJ）、覆膜（代号 FM）、涂装（代号 TZ）、通体（代号 TT），比
较详细，与 GB/T 8814 标准接近。

表 8-1　主型材落锤冲击分类

项目	Ⅰ类	Ⅱ类
落锤高度/mm	1000	1500
落锤质量/g	1000	1000

注：建议冬季最冷月平均气温不大于－5℃的地区使用Ⅱ类型材。

表 8-2　主型材壁厚分类表

分类	A 类	B 类	C 类
可视面/mm	≥2.8	≥2.5	≥2.2

JG/T 263—2010 标准按照型材耐老化时间分为 M 类（老化试验时间 4000h）、S 类（老化试验时间 6000h），或按照型材工艺结构分类分为共挤（代号 G）、覆膜（代号 F）、涂装（代号 C）、通体（代号 T）。

对比来看，QB/T 2976—2008 标准的分类与 GB/T8814 标准接近，分类较严格。

4. 型材可视面壁厚要求对比

QB/T 2976—2008 标准按照 A、B、C 分类；JG/T 263—2010 标准按照门或窗分类，而且共挤层厚度两个标准要求不同（见表 8-3）。QB/T 2976—2008 标准着重点是型材生产质量标准，是 GB/T 8814 标准延伸，型材企业的生产和门窗企业生产选择范围较大。JG/T 263—2010 标准重点是从门窗应用角度提出型材生产质量标准，因为塑料门窗标准的行业标准是由中华人民共和国住房和城乡建设部发布的。

表 8-3　型材可视面壁厚要求对比

标准号	QB/T 2976—2008			JG/T 263—2010	
名称	A 类	B 类	C 类	窗用型材	门用型材
可视面	≥2.8mm	≥2.5mm	≥2.2mm	≥2.5mm	≥2.8mm
非可视面	≥2.5mm	≥2.0mm	不规定	≥2.0mm	≥2.5mm
可视面共挤层厚度	≥0.2mm	≥0.2mm	≥0.15mm	最小厚度不应小于 0.2mm	

5. 型材装饰层厚度检测

QB/T 2976—2008 标准规定"从三根型材上各截取试样一个，用精度为 0.001mm 的读数显微镜对装饰层断面进行测量，每个试样测量三点。结果取三个试样中的最小值"。JG/T 263—2010 标准规定"用测量最小精度为 0.001mm 的读数显微镜测量样品的涂（共挤）厚度"。两个标准共同点是采用读数显微镜测量样品，不同的是 QB/T 2976—2008 标准规定"每个试样测量三点，取三个试样中的最小值"。

6. 力学性能检测要求

（1）简支梁冲击强度检测　QB/T 2976—2008 标准规定"型材试样简支梁冲击强度：5 个试样的非装饰面的简支梁冲击强度应不小于 $20kJ/m^2$。老化后型材试样老化后的冲击强度保留率应不小于 60％"。

JG/T 263—2010 标准规定"型材试样简支梁双 V 形缺口冲击强度：非装饰面的简支梁冲击强度算术平均值不应小于 $40kJ/m^2$，单个值不应小于 $20kJ/m^2$，老化后型材试样老化后的冲击强度下降幅度不应超过 30％"。两个标准都对于彩色型材"非装饰面"的冲击强度做了规定，而且 JG/T 263—2010 标准规定的更严格些，特别是老化后型材试样老化后的冲击强度保留率提高了 10％。

（2）彩色型材落锤冲击要求检测对比　QB/T 2976—2008 标准规定"在 1.0m 或 1.5m 高度下，冲击非装饰面，10 个试样破裂数不应大于 1 个。

在 1.0m 或 1.5m 高度下，冲击装饰面，与基材不出现分离。三根型材取样 20 个，用于冲击非装饰面 10 个，冲击装饰面 10 个"。

JG/T 263—2010 标准规定"在 1.5m 高度下，冲击非装饰面，三根型材取样 10 个，试样破裂数不应大于 10%。在 1.5m 高度下，冲击装饰面，与基材不出现分离。"

两个标准相同点是落锤冲击试样破裂数都是指冲击非装饰面，同时破裂数要求也相同。不同的是 QB/T 2976—2008 标准规定有 1.0m 或 1.5m 高度两个要求，与 GB/T 8814—2004 标准有关内容一致，是 GB/T 8814—2004 标准的延伸。JG/T 263—2010 标准规定只有 1.5m 高度的要求。对于冲击装饰面，QB/T 2976—2008 标准有 10 个数量检测要求，而 JG/T 263—2010 标准没有规定数量检测要求。

（3）覆膜型材剥离强度检测　两个标准都对检测结果提出要求"覆膜型材 4 个试样的覆膜层与型材的剥离强度应不小于 2.5N/mm。

老化后 4 个试样的覆膜层与型材的剥离强度应不小于 2.0N/mm。"但是在检测条件上有所不同，QB/T 2976—2008 标准规定"检测条件：应在覆膜 7d 后进行取样、试验。"JG/T 263—2010 标准规定"检测条件：应在覆膜 72h 后进行取样、试验。"显然，JG/T 263—2010 标准规定要严于 QB/T 2976—2008 标准规定。

7. 提出共挤型材耐环境应力开裂检测方法

QB/T 2976—2008 标准规定"共挤层与型材不应产生分层、剥落（用 5 倍放大镜检查）。"

JG/T 263—2010 标准规定"试验后共挤层和基材都不应有裂纹，共挤层与基材不应分离（用 8 倍放大镜检查）。"

这方面 JG/T 263—2010 标准规定要严于 QB/T 2976—2008 标准规定。

8. 有关彩色型材颜色色差的规定

QB/T 2976—2008 标准规定"试样老化前后颜色变化 $\Delta E^* \leqslant 5$，$\Delta b^* \leqslant 3$。"JG/T 263—2010 标准规定"表面平整的试样老化前后颜色变化 ΔE^* 不应大于 5。"但是，JG/T 263—2010 标准有颜色偏差的规定（见表 8-4），这个规定有利于型材生产厂家在颜色偏差范围内组织生产。

表 8-4　颜色偏差

型材颜色范围	颜色偏差
在 $L^* \geqslant 82$，$-2.5 \leqslant a^* \leqslant 5$，$-5 \leqslant b^* \leqslant 15$ 内	$\Delta L^* \leqslant 1.0$
	$\Delta a^* \leqslant 0.5$
	$\Delta b^* \leqslant 1.0$
	$\Delta E^* \leqslant 1.0$

三、两个标准值得关注的内容

QB/T 2976—2008 标准提出热稳定性要求，标准规定：型材 PVC 材料的热稳定时间应不小于 30min。具体检测方法是，在型材 PVC 部分采用机械方式制成 2mm×2mm 的颗粒，采用刚果红试纸方法，将颗粒状试样放入试管中，刚果红试纸也放入试管中，然后将试管放入盛有甘油、温度（200±2）℃的烧杯内，开始计时，当刚果红试纸开始变蓝时所经过的时间即为热稳定时间。这个技术指标的提出，可以避免由于型材表面有耐候性材料，降低型材 PVC 部分热老化性能，侧重点应该是从彩色型材老化性能角度考虑的，从而保证彩色型材的产品质量。

JG/T 263—2010 标准提出主型材的短期焊接系数，标准规定"5.16 主型材的短期焊接系数：装饰面不应小于 0.7，非装饰面不应小于 0.8"。具体检测方法是，将型材两截面进行对焊，至少应取 5 个试验样品，不清理焊接缝，按照图 8-2 试样分别从装饰面和非装饰面上取样，测拉伸力 F_v。从型材取 5 个试样，按照图 8-1 试样分别在装饰面和非装饰面取样，测拉伸力 F_b。短期焊接系数等于 F_v/F_b。由于彩色型材采用两种高分子材料，JG/T 263—2010 标准提出这个技术指标可以考察两种高分子材料的可焊性及焊接强度，是主型材可焊接性技术指标的补充，侧重点应该是从塑料门窗应用强度角度考虑的，非常有必要。

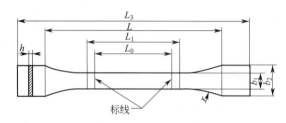

b_1—窄平行部分宽度：10mm±0.2mm；b_2—端部宽度：20mm±0.5mm；
h—厚度：≤1mm；L_0—标距长度：50mm±0.5mm；
L_1—窄平行部分的长度：60mm±0.5mm；L—夹具间的初始距离：115mm±5mm；
L_3—总长度：≥150mm；r—半径：≥60.0mm，推荐半径为 60mm±0.5mm

图 8-1 1B 型试样

第二节 共挤技术在 PVC 型材上的应用

从目前应用情况看，共挤技术应用在 PVC 塑料型材表面彩色化较多，彩色材料一般由树脂作为基材（或称为载体）与颜料、助剂按一定比例混配制得，在塑料型材表面应用较多的主要有 PVC、PMMA、ASA 等三种树脂。由于其材料的性能不同，挤出成型工艺条件不同以及成本的因素，目前国内型材生产厂家多以 ASA 与 PVC 共挤型材或 PMMA 与 PVC 共挤型材为主，来满足广大客户要求。

1. 产品特点

① 外表面彩色层，防老化性能优于 PVC 型材，提高耐候性、热稳定性及防紫外线和良好的抗冲击功能。

② 外（内）彩色表面易于与建筑色彩协调配套，具有良好的装饰效果。

③ 共挤机与挤出机（主机）共挤模头前端连接。采用共挤方式，在挤出型材时，附加彩色层与之共同进入机头部位再一同引入定型模。

2. 共挤出生产线的组成

① 所谓共挤技术就是 2 台挤出机通过一个挤出模具将彩色材料在 PVC 塑料型材表面实现着色。共挤机和主机是共挤技术中的重要组成部分，共挤出生产线的下游设备可与普通型材生产线的下游设备通用。用于共挤时需要在定型台后端配以 ϕ150mm 抛光轮的抛光装置、水冲洗冷却装置、吹风除水装置，保证连续生产的稳定性及产品质量，挤出机是挤出生产线中的关键。共挤型材生产过程和各环节的相互关系见工艺流程图（图 8-2）。

② 共挤机。一般专用共挤机选择 30、40 型单螺杆挤出机。它具有下列优点：结构紧凑、操作灵活，具有可移动式机架，螺筒水平方向 360°旋转，升降高度调整范围大，螺杆转速为无级调整，挤出性能稳定。

3. 不同材质的共挤层对比

（1）PVC 与 PVC 色料共挤 用 PVC 色粒料在 PVC 型材外表面上共挤一层 0.4～

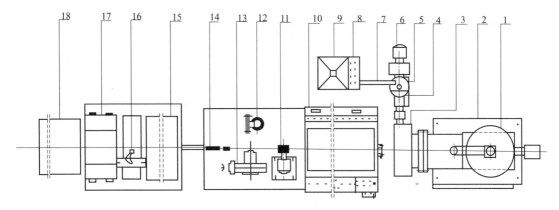

图 8-2 共挤设备配置图

1—大料斗；2—锥双螺杆挤出机；3—共挤模头；4—冷却水；
5—小料斗；6—单螺杆挤出机；7—真空输料管；8—真空输料装置；
9—烘干装置；10—定型台；11—水平抛光装置；12—侧向抛光装置；
13—鼓风机；14—水喷头；15—牵引机；16—覆膜装置；17—切割据；18—卸料台

0.6mm 厚的表层，达到丰富色彩的效果，而且可以根据客户要求生产不同颜色的共挤型材。这种共挤型材的优点是价格适中，型材焊接后对焊接角强度影响小，而它的缺点是抗紫外线功能较差，随着颜色的加深耐候性能减弱，表面光亮度不高，有不同程度的褪色现象。

（2）PMMA 与 PVC 双料共挤　选择 PMMA 作为型材共挤层，主要是 PMMA 具有良好的装饰效果，具有防紫外线功能，能起到对型材的保护防老化作用。为满足型材物理性能指标的要求，在 PMMA 性能指标的选择上要重点考虑流体流动速率、断裂伸长率、落锤冲击强度。在 PVC 型材的室外面上共挤一层 0.25～0.5mm 厚的 PMMA 改性材料，颜色艳丽，防老化性能优于 PVC 型材，提高耐候性、热稳定性及防紫外线。

（3）ASA 与 PVC 双料共挤　ASA 由美国通用电气下属的通用塑料集团的一种主要产品，并于 2002 年 8 月以 GEOLY 的注册商标将其作为共挤原材料推向中国 PVC 彩色共挤型材市场。具有有良好的力学性能；很强的表观质量和耐候性能；良好的耐高温性能；优良的抗冻性能。

4. 挤出工艺

① 要对 PMMA、ASA 进行干燥处理，一般要求烘干温度在 75～80℃，烘干时间为 6～8h，由于共挤机加热筒无排气装置，故烘干工艺是确保共挤层质量的重要条件之一。

② 共挤出型材的工艺编制比单挤出型材工艺要复杂，涉及面广，共挤出型材技术包含配方（工艺）设计、原料配混工艺，共挤出模具。重点是：共挤模头内两种物料各自沿着独立的流道流动至汇合，共同挤出口模，从而达到两种物料的黏附强度。共挤机与主机工艺参数的设定是保证型材质量和达到稳定生产的重要因素之一。

③ 共挤机的加热筒第一区温度的设定和控制是非常重要的一个环节，经验得出第一区加热温度控制在 220～225℃ 为适宜，若温度偏高容易引起下料口处物料发生轻度粘接而引起堵塞下料口，若温度偏低容易出现熔体流动性欠佳，造成共挤层厚度不稳定。

④ 保证共挤机长时间的连续稳定正常生产，对共挤机加热筒上的水冷却加以控制，通过调整回水口的流量并将回水温度控制在 45～50℃，另外，共挤模头与共挤机连接处的过渡套及连接法兰盘要注意温度的保持，由于此处结构方面的原因，易发生物料流动欠佳现象。必要时可在法兰盘连接处增添加热控温装置，均可收到较好效果。

第三节 彩色塑料门窗应用 ASA 材料的分析

彩色 PVC 门窗由于具有良好的耐候性能而广泛应用在民用居住建筑物上，满足了城市多样化、建筑个性化的需要。常见的彩色 PVC 门窗是在 PVC 型材表面覆盖一层具有良好耐候性能的彩色材料制成的。彩色材料的主要成分有 ASA（丙烯酸酯类橡胶体与 AN、苯乙烯的接枝共聚物）或 PMMA（聚甲基丙烯酸甲酯）。从材料的低温冲击性能看，ASA 材料好于 PMMA 材料。本节主要从 PVC/ASA 彩色门窗应用 ASA 材料进行分析。

一、ASA 材料简介

应用到 ASA/PVC 彩色型材上的 ASA 材料是由 ASA 树脂添加各种助剂及颜料经过混合、造粒而制得的。ASA 树脂结构式见图 8-3。

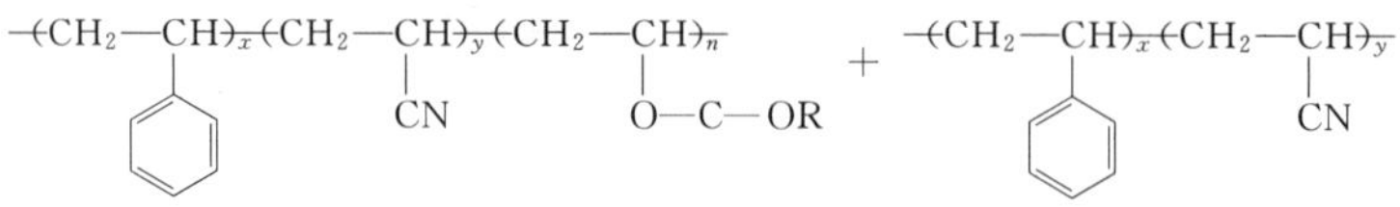

图 8-3 ASA 树脂结构式

ASA 树脂是 ABS 树脂的改性产品，因此，在分析 ASA 树脂的基本结构时，有必要了解一下 ABS 树脂的基本结构。ABS 树脂既不是均聚物，也不是简单的共聚物，而是由分散相和连续相构成的聚合物共混物；其中，分散相是接枝了苯乙烯（St）-丙烯腈（AN）共聚物（SAN）的聚丁二烯类橡胶颗粒，连续相是 SAN，也称为基体树脂相。所以，ABS 是用聚丁二烯类橡胶增韧 SAN 所得的二相共混物，或者说是将弹性体相分散于刚性 SAN 相中的三元共聚物。由于 ABS 树脂含有聚丁二烯橡胶，在户外应用时耐候性（抗紫外线性和抗氧化性）较差，因此科研人员采用耐候的弹性体取代聚丁二烯橡胶，以获得更好的耐候性。如用丙烯酸酯类弹性体（如丙烯酸丁酯）改性 SAN，开发出了耐候 ABS 树脂，即 ASA 树脂。聚丁二烯橡胶降解是因为紫外线和空气中的氧使其双键发生了反应，而丙烯酸酯类弹性体没有双键，因此 ASA 树脂的耐候性有了本质的改善，比 ABS 高出 10 倍左右，而其他力学性能、加工性能、电绝缘性、耐化学腐蚀性与 ABS 相似。不管是 ABS 树脂还是 ASA 树脂，它们的连续相均是 SAN，主要区别在于分散相的弹性体不同。

ASA 树脂的合成工艺与 ABS 类似，包含橡胶合成（乳液法或溶液法）、橡胶接枝 SAN 分散相合成、SAN 基体树脂合成和/或共混。ASA 树脂的生产工艺可简单地分为乳液法和本体法。乳液法通过乳液聚合完成橡胶相的合成和接枝，再用乳液法、悬浮法或本体法生产 SAN，最后用双螺杆挤出机造粒制得 ASA 树脂；本体法则是通过本体聚合连续完成橡胶的溶解和接枝、SAN 的合成及釜内共混制得 ASA 树脂。其中，本体法所用橡胶一般为溶液聚合产品。

1. SAN 的特性

一般采用乳液聚合、悬浮聚合或本体聚合等方法合成 SAN，其分子式：

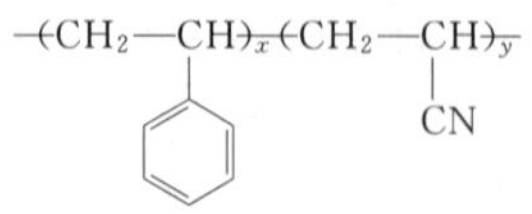

（1）化学和物理特性 SAN 是一种坚硬、透明的材料，其中的苯乙烯成分使 SAN 坚硬、透明并易于加工；AN 成分使 SAN 具有化学稳定性和热稳定性。SAN 具有很强的承受

载荷的能力、抗化学反应能力、抗热变形特性和几何稳定性。SAN 的维卡软化温度约为110℃，载荷下挠曲变形温度约为 100℃，收缩率为 0.3%～0.7%。

（2）AN 含量对 SAN 的影响　随着 AN 含量升高，SAN 的玻璃化温度上升、拉伸强度、热变形温度和溶液黏度明显上升，延伸率略有增加，平面应变断裂韧性提高，银纹应力呈线性增长。

2. 橡胶对 ASA 树脂的影响

橡胶含量对调控 ASA 树脂的熔体黏度和韧性非常重要。橡胶含量增加，ASA 树脂的黏度、韧性增加，模量下降。橡胶的种类也是 ASA 树脂的重要设计变量，低黏度橡胶（如星形、支化橡胶）有利于提高 ASA 树脂的加工流动性和低温韧性。此外，还可加入脂肪酸、脂肪酸盐、矿物油、芳香磷酸酯等助剂提高 ASA 树脂的流动性。橡胶颗粒在 ASA 树脂中的分散应均匀、无聚集。

SAN 接枝橡胶的粒径对 ASA 力学性能的影响：采用中小胶粒制得的 ASA 树脂的屈服应力、断裂应力都上升；添加大粒径胶粒可以改善 ASA 树脂的拉伸性能；冷拉能使 ASA 树脂沿拉伸方向延续银纹，终止裂纹形成。

随着 SAN 基体树脂中 AN 含量的升高，橡胶相 T_g 上升。在接枝率、橡胶含量相近时，SAN 基体树脂与接枝物中 AN 含量的差值影响 ASA 树脂中橡胶相的 T_g，当差值最小时，两相界面的偶合作用最强，橡胶相的 T_g 下降最多。

接枝率对橡胶相 T_g 的影响：在 SAN 接枝物与基体树脂中的 AN 含量接近时，接枝率增加，两相界面黏结力增强，橡胶可以活动部分减少，又因两相膨胀系数不同，在橡胶相内引起三维张力升高，从而使橡胶相 T_g 降低。

当橡胶颗粒较小时，ASA 树脂的最佳冲击强度出现在 SAN 接枝率较低时；而当橡胶颗粒较大时，ASA 树脂的最佳冲击强度出现在 SAN 接枝率较高时。

3. ASA 树脂的流动性

控制 ASA 树脂流动行为的关键因素是苯乙烯、AN 的含量，SAN 的分子质量以及橡胶的含量。AN 含量低，ASA 流动性好，但热变形温度下降。较低的 SAN 分子质量对 ASA 流动性有利，但其韧性会受到影响。丙烯酸酯也常作为单体参与苯乙烯和/或 AN 的聚合，以改善 ASA 的加工流动性。

4. ASA 树脂的耐热性

通过降低橡胶含量、增加 SAN 分子质量和 AN 含量而提高 ASA 树脂的耐热性，其热变形温度一般在 90～105℃。

5. 拉伸形变理论

Newman 等在研究 ABS 和 PVC 的拉伸形变时，提出了屈服膨胀理论。他认为，ASA 树脂中橡胶颗粒周围的基体树脂相中存在流体静拉伸应力，促使基体树脂相的自由体积增大，从而降低了它的玻璃化温度，使它能发生塑性流动，在分散相和连续相之间形成应力。形成这种应力的原因：一是热收缩差，橡胶膨胀系数比基体树脂大，材料成型后由高温冷至室温时，橡胶颗粒收缩比基体大，故形成这种应力。二是力学效应，橡胶泊松比大，横向收缩大；基体树脂泊松比比较小，横向收缩较小，故可形成这种应力。显然，良好的两相界面黏结力是上述原因分析的前提。此研究反映了 ABS 树脂多相结构与 PVC 树脂单相结构的差异性，多相结构是产生应力的一个原因。依据该理论，ASA 树脂也会存在与 ABS 树脂相同的屈服膨胀现象。

综上所述，ASA 树脂保留了 ABS 树脂的大部分特性，且耐候性更好，但唯一的缺点是低温韧性较 ABS 树脂低。

二、ASA 材料的红外光谱图及熔融指数分析

1. 红外光谱

红外光谱是一种吸收光谱。不同化合物中，同一种官能团的吸收振动总是出现在一个窄的波数范围内，但不是出现在一个固定波数上，具体出现在哪一波数，与基团在分子中所处的环境有关。图 8-4 是典型的 ASA［丙烯酸（酯）-苯乙烯-丙烯腈］共混物红外光谱图。

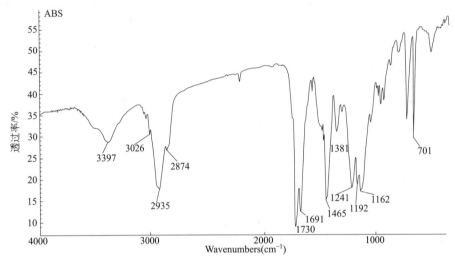

图 8-4　ASA［丙烯酸（酯）-苯乙烯-丙烯腈］共混物红外光谱图

ASA 树脂中主要有 3 种化合物，即苯乙烯、AN、聚丙烯酸酯橡胶，其特征官能团有苯环、氰基、羰基、醚等。

为了研究分析 ASA 材料的内部结构各种组分情况，笔者收集了国内外 4 个厂家生产的 ASA 材料，分析了其特征官能团的含量，见表 8-5。

表 8-5　红外光谱图中特征官能团的吸收率

样品号	氰基		羰基		苯环		醚	
	吸收率/%	波长/cm^{-1}	吸收率/%	波长/cm^{-1}	吸收率/%	波长/cm^{-1}	吸收率/%	波长/cm^{-1}
1	85	2238	99	1732.6	99	1449	99.5	1181.12
2	96	2238.9	99	1733.1	98	1450.4	98.7	1164.6
3	99	2237.66	99.5	1740.4	99.3	1450.7	99	1164.4
4	82	2238.28	100	1739.79	100	1464	100	1164

对表 8-6 的分析如下。

① 4 种 ASA 材料样品氰基在分子结构中的位置基本一致，但含量是不同的。ASA 材料中氰基含量大小排序为：3 号样品＞2 号样品＞1 号样品＞4 号样品。含量不同将影响 ASA 材料的性能。一般来说，氰基含量高，表明 ASA 材料中 AN 含量高。ASA 材料中 AN 含量高，耐热性好，热变形温度提高；AN 含量低，流动性好，热变形温度降低。

② 4 号 ASA 材料分子结构中苯环的位置与其他 3 个样品不同。ASA 材料中苯环的含量大小排序为：4 号样品＞3 号样品＞1 号样品＞2 号样品。苯环位置不同将影响 ASA 材料的性能。苯环的含量高，表明 ASA 材料中苯乙烯含量高。ASA 材料中苯乙烯含量高，强度提高；苯乙烯含量低，流动性好。

③ 3 号和 4 号 ASA 材料分子结构中羰基的位置与其他 2 个样品不同。羰基位置不同将

影响 ASA 材料的性能。ASA 材料中聚丙烯酸酯橡胶的含量大小排序为：4 号样品＞1 号样品＞3 号样品＞2 号样品。ASA 材料中羰基、醚键的含量，表明 ASA 材料中聚丙烯酸酯橡胶含量高。聚丙烯酸酯橡胶含量高，韧性提高，但是强度降低，耐寒性也降低；聚丙烯酸酯橡胶含量低，耐热性好，热变形温度提高；此表反映了 ASA 树脂的内部结构，也反映了 ASA 材料中助剂分子结构。

④ 综合 4 种样品的苯环、氰基含量，SAN 含量较高的是 3 号样品。一般情况下，SAN 含量高，热稳定性好，化学性能稳定，缺点是材料脆性较高。

2. 熔融指数

通过检测 4 种 ASA 材料样品的"熔融指数"指标（220℃/10kg 条件下），也可以看出 ASA 材料分子结构对性能的影响。一般情况下，"熔融指数"指标高，ASA 材料流动性好。1 号样品的"熔融指数"为 11.8g/10min，2 号样品的"熔融指数"为 16.2g/10min，3 号样品的"熔融指数"为 9.3g/10min，4 号样品的"熔融指数"为 12g/10min。比较 4 种 ASA 材料样品的"熔融指数"指标，3 号 ASA 材料样品流动性最差，2 号 ASA 材料样品流动性最好。2 号 ASA 材料流动性好，可能是与 SAN 含量低有关，但 SAN 含量低会导致 ASA 材料的热变形温度低，收缩率大。

三、ASA 材料在彩色 PVC 型材表面应用时存在的问题

1. 原因分析

ASA 树脂溶解度参数为 9.6～9.8$(J/cm^3)^{1/2}$，与 PVC 树脂的溶解度参数 [9.5～9.7$(J/cm^3)^{1/2}$] 非常接近，两者相容性很好，但通过挤出机以共挤的方式加热挤出后，ASA 材料与 PVC 材料接触表面只是黏合在一起，是以非共混的方式形成的彩色型材。由于 ASA 材料中聚丙烯酸酯橡胶的膨胀系数比连续相（SAN）大，共挤后由高温冷却到室温或更低温度时，橡胶的收缩大，因此在 ASA 材料内部形成了应力。在经历昼夜温差变化时，由于 ASA 材料内部存在应力，且 PVC 材料的收缩比 ASA 材料小，型材就会出现变形或焊角开裂现象。焊角开裂、变形是 ASA 材料内部应力释放的两种形式。同时，ASA 材料的生产厂家不同，ASA/PVC 彩色型材表面产生的焊角开裂、变形现象程度不同。有一个不完全的统计，在严寒地区，变形或者焊角开裂现象一般发生在窗框、窗梃上面，并且建筑北侧的 PVC 窗较多，经过一年的冷热交替后这个现象更为明显。虽然 ASA 材料已广泛应用于汽车车身、农机零部件、仪表外壳和家具，但 ASA 材料以共挤的方式应用到 PVC 型材表面是两种高聚物材料的非共混使用，是一个需要深入研究的复杂课题。

国内许多 ASA 材料生产厂家购买国外的 ASA 树脂，混合一些颜料、助剂，通过挤出造粒来生产 ASA 材料。个别国内 ASA 材料生产厂家外购丙烯酸酯类橡胶、SAN，采用乳液接枝-本体掺混法，先让丙烯酸酯类橡胶接枝，再与 SAN 共混。此外，许多 ASA 材料生产厂家对于 ASA 材料中丙烯酸酯类橡胶的接枝率和含量及其与 SAN 共混的比例往往是保密的，给使用者的技术资料往往是较笼统的概念，没有从不同地区（特别是严寒地区）的使用者角度考虑 ASA 材料的应用，只考虑了 ASA 材料和 PVC 树脂共混的相容性，对 ASA 和 PVC 基本结构及非共混使用研究不够，从而不能解释 ASA/PVC 彩色型材中 ASA 材料变形或焊角开裂原因。

以 ASA/PVC 塑窗为例，对 ASA 材料变形或焊角开裂的原因进行探讨。由于窗扇的尺寸较小并且独立存在，所以 ASA 材料的应力释放使窗扇的型材变形较小。由于窗框与墙体连接固定，中梃与窗框连接固定，所以 ASA 材料的应力释放使窗框、中梃型材变形较大。当气温变化幅度较大时，在中梃内腔与钢衬连接固定钉间距较大的情况下，ASA 材料应力

的释放使中梃型材变形。如果在严寒地区应用，随着中梃长度的增大，型材的变形加大。当气温变化幅度较大时，在型材内腔与钢衬的连接固定钉间距较小的情况下，由于钢衬约束了型材变形，此时 ASA 材料的应力通过在框型材与框型材、梃型材与框型材焊接处产生焊角开裂而释放。如果在严寒地区应用，焊接处的焊角开裂会加大。

2. 收缩率试验

考察了 2 种 ASA 材料（代号 A、B）与 1 种 PVC 材料的收缩率。采用双辊塑炼机分别将 ASA 材料和 PVC 材料进行塑炼，达到塑炼要求后纵向拉伸下片，在平板硫化机上压成 120mm×120mm×2mm 的试片，并在室温下放置 24h 后，观察 3 个试片的纵向收缩情况。试验结果为：PVC 试片的纵向收缩率为 0.004%，ASA_A（熔融指数为 2.6g/10min）试片的纵向收缩率为 0.23%，ASA_B（熔融指数为 3.4g/10min）试片的纵向收缩率为 0.43%。可以看出，2 种 ASA 材料的纵向收缩率明显高于 PVC 材料，并且 ASA 材料的熔融指数越高，流动性越好，纵向收缩率越大。放置 24h 后，3 个试片都没有发生翘曲、变形的现象。将 ASA 试片与 PVC 试片进行复合，通过平板硫化机压成 120mm×120mm×2mm 试片，并在室温下放置 24h，观察试片的纵向收缩情况。试验结果为：ASA_A/PVC 试片的纵向收缩率为 0.113%；ASA_B/PVC 试片的纵向收缩率为 0.073%；同时，2 个试片均有明显的翘曲、变形现象，并且均向 ASA 材料的方向翘曲。ASA_B/PVC 试片的翘曲严重，其翘曲高度比 ASA_A/PVC 试片高 3.5%。

四、改善 ASA 材料在 PVC 型材表面应用的思考

上述分析表明，ASA/PVC 彩色型材的变形、焊角开裂问题（特别是在严寒地区）是一个较复杂的问题，目前仍然在边使用、边研究、边改进的阶段。要充分认识到 ASA 树脂是一种不均匀体系——聚合物共混体系，ASA 树脂与 PVC 树脂的共混/非共混应用的效果是不同的。如何改善 ASA 材料在 PVC 型材表面的应用，笔者有如下 4 点思考。

1. ASA 树脂本身分子结构的调整

根据严寒地区门窗应用特点，调整 ASA 树脂中 SAN 的含量以及 AN/苯乙烯的比例，调整聚丙烯酸酯橡胶的含量及其接枝 SAN 的接枝率，控制橡胶粒径分散状态，避免聚集结团，使 SAN 接枝物中 AN 基团的含量与 SAN 中 AN 基团的含量相近，提高和改善分散相（接枝 SAN 的聚丙烯酸酯橡胶颗粒）与连续相（SAN）界面偶合作用，降低共混物玻璃化温度，从而提高 ASA 材料的低温性能。

2. 优化 ASA 材料的配方设计

研究 ASA 材料与 PVC 材料非共混应用的特点，选择适合严寒地区的助剂，调整配方体系。

3. 提高 ASA 材料中聚丙烯酸酯橡胶的耐寒性

在 ABS 树脂中，聚丁二烯橡胶的玻璃化温度在 -70~-80℃，耐寒性能好，但耐老化性不好；在 ASA 树脂中，聚丙烯酸酯橡胶玻璃化温度在 -40~-50℃，耐老化能好，但耐寒性不好。应该针对 ASA 树脂的结构特点，调整 ASA 树脂的配方和生产工艺，降低其玻璃化温度，提高耐寒性。

第四节　彩色塑料型材及门窗生产过程差异性思考

PVC 材料是 PVC 塑料门窗用型材主要材料之一，其主要成分为 PVC 树脂。由于 PVC 分子结构中存在较不稳定的活泼的 Cl^-，容易形成的双键结构使 PVC 树脂耐候性变差，在

户外使用过程中容易受太阳光中紫外线破坏而引起树脂发黄、发红等变色现象。所以，PVC 材料是 PVC 树脂与各种助剂按照一定配比制成的，通过添加一定比例的热稳定剂提高 PVC 树脂的热稳定性；添加一定比例的金红石型 TiO₂ 折射屏蔽紫外线提高 PVC 树脂的光稳定性，从而对 PVC 塑料型材及门窗表面的变色起到了抑制或延缓作用。然而普通 PVC 塑料门窗在与建筑物外立面色彩匹配上不免有些单调，而且 PVC 材料在耐候性方面目前仍不尽人意。因此，通过在 PVC 白色型材表面增加颜色形成彩色 PVC 塑料型材及门窗已成为一种趋势。

ASA 材料主要成分是 ASA 树脂，ASA 树脂是由丙烯腈（A）、苯乙烯（S）和丙烯酸酯（A）组成的三元共聚物，也称 AAS 树脂。与 ABS 树脂相比，由于引入不含双键的丙烯酸酯橡胶取代了丁二烯橡胶，因而耐候性有了本质的改善，比 ABS 树脂高出 10 倍左右，其他力学性能、加工性能、电绝缘性、耐化学品性与 ABS 相似。ASA 树脂最早由德国 BASF 公司在 1962 年实现工业化生产，ASA 材料在国内 PVC 塑料型材加工上的应用，首先是美国 GE 公司，其 Geloy 共挤原料于 2002 年推向彩色共挤 PVC 塑料型材市场。随着韩国、日本等国家生产的 ASA 材料相继被引入到国内 PVC 塑料型材生产中，巨大的市场诱惑激发了国内科研院所、生产工程塑料的生产企业研究 ASA 材料的热情，一些 ASA 材料样品先后问世，一些 ASA 材料生产企业开始为 PVC 塑料型材生产企业供货，促进了 ASA 彩色塑料门窗的广泛应用。

一、ASA 材料与 PVC 材料的差异性的思考

ASA 材料与 PVC 材料的差异性主要表现在 ASA 树脂与 PVC 树脂的差异性。首先是 ASA 树脂与 ABS 树脂耐候性比较，由于 ASA 树脂中不含碳碳双键，主链上氢的离解能为 376kJ/mol，换算为波长在 300nm 以下；ABS 树脂中的橡胶相含有碳碳双键，其双键邻位上氢的离解能为 163kJ/mol，换算为波长在 700nm 以下。太阳能的能量基本都分布在 290nm 以上，因而 ASA 树脂具有卓越的耐候性。克服了 ABS 树脂长期露置室外其机械强度显著下降和受日光的分解而使颜色变黄等缺点。PVC 树脂主链上氯的离解能为 298kJ/mol，换算为波长在 364nm 以下。可以看出，离解能越大物质越稳

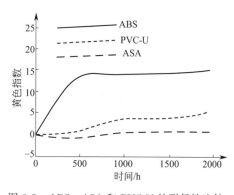

图 8-5　ABS、ASA 和 PVC-U 的耐候性比较

定。通过三种材料的黄色指数比较，进一步看出它们之间的区别。图 8-5 是 ASA、ABS、PVC-U 三种材料的耐候性比较，纵坐标是材料的黄色指数，横坐标是材料的老化时间，三种材料随着老化时间不同，表现出黄色指数是不同的，ABS 材料随着老化时间的增加，黄色指数快速增加，600h 黄色指数值为 14。PVC-U 材料随着老化时间的增加，黄色指数慢速增加，2000h 黄色指数值为 4。ASA 材料随着老化时间的增加，黄色指数基本没有变化。三种材料在耐候性方面，ASA 树脂＞PVC 树脂＞ABS 树脂，ASA 材料最好。所以，从材料的耐候性角度看，ASA 材料应用在 PVC 塑料门窗表面成为发展的必然。

ASA 材料与 PVC 材料的差异性还表现在生产 ASA 彩色型材过程中或 ASA 彩色型材在存贮过程中，有时会出现 ASA 彩色型材弯曲变形现象；在彩色塑料门窗使用过程中，有时出现彩色塑料门窗杆件变形。在窗框、梃、扇三种型材断面结构中，框型材由于与墙体连接受墙体拉力，变形较小，窗的开启扇一般尺寸比较小，变形较小，而中梃尺寸往往比较长，

变形较大。同时，无论彩色型材存贮变形还是用彩色型材制作的塑料窗，其彩色中梃型材杆件变形，基本是向彩色面方向翘曲。这种宏观现象是两种材料结合在一起微观结构差异性的反映，需要认真思考。

资料显示：ASA 树脂与 PVC 树脂的溶解度参数十分接近，ASA 树脂溶解度参数 δ 为 $9.6 \sim 9.8 (J/cm^3)^{1/2}$，与 PVC 树脂的溶解度参数 δ 为 $9.5 \sim 9.7 (J/cm^3)^{1/2}$ 非常接近，理论上讲二者相容性很好，可以混合形成塑料合金，能够改善 PVC 材料力学性能。按照以上理论两种材料用在一起，应该不会有较大的变化。实际上，制作彩色塑料型材的 PVC 材料是含有各种助剂及填料的，不是纯 PVC 树脂，ASA 材料也是含有各种助剂及填料，只是与 PVC 材料相比填料用量比较少。高聚物溶解度参数是用来表示分子链间相互作用力的大小。两种树脂溶解度参数接近只是为两种树脂共同使用提供了相容的可能，而应用在彩色塑料型材上就应充分考虑两种树脂加有各种助剂及填料成为材料后的相容性及各种性能。

为了说明两种材料的差异性，笔者通过统计彩色塑料型材（表面含有 ASA 材料的 PVC 塑料型材）与 PVC 白色塑料型材的热尺寸变化率对比值，研究 ASA 材料与 PVC 材料的宏观现象差异性。以中梃塑料型材为例，进行了 4 组彩色 PVC 塑料型材和 PVC 塑料型材的热尺寸变化率的随机抽样调查。方法是在车间随机分别抽取彩色塑料型材样品和 PVC 白色塑料型材样品，分 4 个时间段在生产线上抽取，在每个时段同时抽取同样断面结构的彩色塑料型材样品和 PVC 白色塑料型材样品，每个时段为一组，每个样品长度 25cm，在电热鼓风箱内 100℃ 条件下，加热 60min 后，分别检测塑料型材两个可视面热尺寸变化率及它们的差值。共收集彩色塑料型材与 PVC 白色塑料型材各 395 个样品，其中第一组 87 个样品，第二组 84 个样品，第三组 88 个样品，第四组 136 个样品，以型材热尺寸变化率差值制成散点图（图 8-6）。从图 8-6 可以看出两种塑料型材两个可视面热尺寸变化率差值分布，彩色塑料型材两个可视面差值与 PVC 白色塑料型材两个可视面差值比较，彩色塑料型材大于 PVC 白色塑料型材，在差值＞0.4 时，彩色塑料型材的尺寸变化率差值大的多且离散度大，其中第二组、第三组彩色型材差值大的多且离散度较大，而第一组彩色型材差值离散度最大。说明 ASA 材料对于 PVC 塑料型材可视面热尺寸变化的稳定性有很大影响，即 ASA 材料热稳定性与 PVC 材料有一定的差距。

从彩色塑料型材受热后两个表面冷却速度比较，也可以看出彩色塑料型材的两个表面热变形不同。图 8-7 表示彩色型材受热后不同冷却时段的表面温度，纵坐标表示温度，横坐标表示样品数量排序。随机截取不同颜色的彩色塑料型材样品 29 个，每个样品长度 30cm。我们把彩色塑料型材样品中的彩色侧可视面称为彩面，由 ASA 材料与 PVC 材料组成；非彩色侧可视面（简称为白面），由 PVC 材料组成。从彩色侧可视面壁厚上看，ASA 材料占彩面的 1/6。将每个样品放到电热鼓风箱内 80℃ 条件下，加热 1h 取出样品后，在不同的冷却时段下用测温仪检测彩色塑料型材两个可视面的表面温度，每个样品每个可视面检测三个点取平均值。图 8-7 是彩色型材热状态散点图，从中可以看出，彩面 1 和白面 1 是在 80℃、加热 1h 条件下取出后室温下立即检测的表面温度，非彩色面温度明显高于彩色面温度，二者有很大区别。显然，彩色面降温速度较快，ASA 树脂的分子链快速收缩，非彩色面降温速度较慢。彩面 2 和白面 2 是从 80℃、加热 1h 条件下取出，在室温下冷却 10min 后检测的表面温度，非彩色面温度仍然略高于彩色面温度。彩面 3 和白面 3 是从 80℃、加热 1h 条件下取出，在室温下冷却 15min 后检测的表面温度，彩色表面和非彩色表面温度基本接近。由此看来，彩色型材受热后进行冷却时，彩色面散热较快，而非彩色面散热慢，如果型材长度为 6m，这种散热差将导致型材向彩色面弯曲的现象。说明两种材料的应力松弛时间不同导致的变形是不同的。所以，要充分思考这两种材料的热变形温度对彩色塑料型材生产的影响。

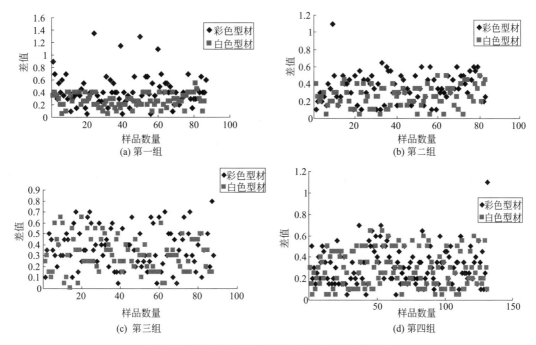

图 8-6 彩色型材与白色型材热尺寸变化率对比

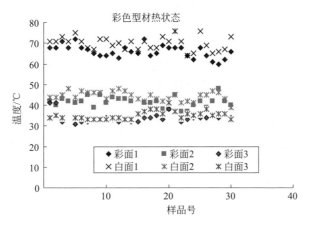

图 8-7 彩色型材受热后不同冷却时段的表面温度

二、ASA 材料与 PVC 材料加工性能的差异性思考

PVC 树脂与 ASA 树脂均属于热塑性高分子材料,从适应加工工艺要求的热塑性高分子材料性能看,一般遵循图 8-8 中所示规律,随着分子量的增大,熔融指数值减少,即流动速率降低。不同分子量及熔融指数适合不同的加工方法,从加工方法看,注射成型需要分子量较低、熔融指数值较大的热塑性高分子材料,挤出成型需要分子量较高、熔融指数值较小的热塑性高分子材料。对于挤出成型的彩色塑料型材,PVC 树脂与 ASA 树脂分子量应该高一些比较适合,同时两种材料应该有良好的共挤匹配要求。也就是说,满足注射成型要求的树脂不一定满足挤出成型的要求,因为注射成型是间歇式生产,挤出成型是连续式生产,加工方法是不同的。但是,PVC 树脂与 ASA 树脂分子量应该多大概能满足挤出加工又能保证产

品的性能，需要认真思考。

```
分子量:低 ──────────→ 高
熔融指数:大 ──────────→ 小
加工方法:纺丝→注射→中空吹塑→挤出
```

图 8-8　热塑性高分子材料的方法与分子量的关系

ASA 材料和 PVC 材料（又称 PVC 干混料）的流动性与 PVC 树脂、ASA 树脂是不同的，特别在挤出成型过程中加工性能是不同的，影响塑料型材的性能，主要反映在塑料型材的内应力、热应变上。塑料制品冷却的应力分布从制品的表层到内层越来越大，并呈抛物线变化。

ASA 材料在 220℃条件下，通过熔融指数仪进行检测，随着加热温度的提高或试验负荷的增加，流动性不断提高，而 PVC 材料因为有大量的填料，随着加热温度的提高或试验负荷的增加，在熔融指数仪上表现不出流动性，不流动，说明 PVC 材料只有在热和剪切的共同作用下才能流动。

为什么会出现两种材料流动性不同的现象，我们知道，高分子的流动不是简单的整个分子的迁移，而是各个链段分段运动的总结果，在外力作用下，高分子链不可避免地要沿外力的方向有所伸展，即高聚物进行黏性流动的同时伴随着一定量的高弹形变，外力消失后高分子链又要卷曲，形变要恢复一部分。ASA 材料、PVC 材料不是单一的高分子材料，ASA 材料是添加改性材料，而 PVC 材料是共混改性＋添加改性材料。对于 ASA 材料是以高聚物为主体、高聚物-无机、有机填充的混合体系为特征，通过熔融状态下的物理混合而成的。PVC 材料是以高聚物-高聚物共混、高聚物-无机有机填充共混体系为特征，通过剪切将各种粉料干混合而成，表现为典型的多相体系，热和剪切的共同作用对材料的性能会产生很大的影响。在大多数的情况下，高聚物的共混体系并不能形成微观的均相体系，而是一种多相的织态结构，因此共混高聚物的性能不仅与各组分的结构有关，还与这种织态结构有关，也就是两相之间的界面结构及界面强度、两相连续相、分散相的相畴尺寸以及分散相颗粒的形状等均会影响共混高聚物的性能。另外，高聚物的共混是改善高聚物性能的重要手段之一。通过共混可以达到提高应用性能、改善加工性能或降低成本的目的，因而引起了广泛的关注。因此研究共混高聚物的形态-结构是相当重要的。

ASA 材料特征决定了在热的作用下容易流动，而在剪切作用下，流动性更好，PVC 材料特征决定了在热、剪切作用下，才体现出流动性。由于两种流动性差异性较大，彩色型材一般由两种挤出机加工而成，用于塑料型材表面的彩色材料需要造粒且由单螺杆挤出机（剪切力小）加工，用于塑料型材基材的 PVC 材料直接采用粉料由锥形双螺杆挤出机加工。因此，选择单螺杆挤出机挤出 ASA 材料流动性要与锥形双螺杆挤出机挤出 PVC 材料流动性相匹配才最理想。这就出现了五个因素的系统平衡：ASA 材料、PVC 材料、单螺杆挤出机、双螺杆挤出机、模具模头流道设计。树脂的分子量大小、分子量分布也影响材料的力学性能，需要思考 ASA 树脂的分子量大小、分子量分布以及 PVC 树脂的分子量大小、分子量分布。需要思考 ASA 树脂与 PVC 树脂热变形、添加改性剂的 ASA 材料与共混改性＋添加改性的 PVC 材料。

笔者曾经对同一厂家不同批号的 ASA 材料、同一配方的 PVC 材料（PVC 干混料）进行了研究。在 220℃/5kg 条件下，采用熔融指数仪，对三个批次的 ASA 材料进行熔融指数检测，结果见表 8-6。同时，采用这三个批次的 ASA 材料通过挤出机加工三根彩色塑料型材（型材大面为彩色表面），然后在每根彩色塑料型材上分别截取彩色面与白色面样片，分别检测其彩色面与白色面样片的拉伸冲击强度和断裂伸长率，计算它们的差值，从而比较三根彩色型材的彩色面与白色面样片拉伸冲击强度和断裂伸长率的差值。结果显示：采用熔融指数小的 ASA 材料加工的彩色塑料型材，其彩色面与白色面拉伸冲击强度和断裂伸长率差值小。说明 ASA 材料的熔融指数对彩色塑料型材的物理机械性能有影响，熔融指数小的 ASA 材料与我们目前使用的 PVC 材料在型材生产过程中宏观表现基本相近，反映了两种材料变形的断裂伸长率基本相近。由于彩色塑料型材彩色面取的样片是含有 PVC 材料的，不是纯的 ASA 材料。为此，笔者又采用这三个批次的 ASA 材料、同一配方 PVC 材料分别在双辊开炼机塑炼，通过硫化机上压成试片，分别检测两种材料试片的拉伸冲击强度和断裂伸长率，分别计算三个批次 ASA 材料试片与 PVC 材料试片检测的差值，比较三个批次 ASA 材料试片与 PVC 材料试片的差值。结果显示：熔融指数小的 ASA 材料试片，与 PVC 材料试片比较，二者之间的拉伸冲击强度和断裂伸长率差值小，与在彩色塑料型材上截取彩色面与白色面样片检测的差值上的趋势是一致的。再次验证了熔融指数小的 ASA 材料与 PVC 材料在型材生产过程中宏观表现基本相近，反映了两种材料变形的断裂伸长率基本相近。综合这两次试验，从拉伸冲击强度的差值看，熔融指数小的 ASA 材料，型材彩色面与型材白色面差值非常小，说明型材彩色面与型材白色面强度接近，应力变化不大；而型材彩色面与型材白色面差值小于 ASA 材料试片与 PVC 材料试片差值 20 倍，是因为型材彩色面是 ASA 材料＋PVC 材料，制约了彩色面的变化。从断裂伸长率的差值看，熔融指数小的 ASA 材料，型材彩色面与型材白色面差值小，说明型材彩色面与型材白色面热变形比较接近；而型材彩色面与型材白色面差值略小于 ASA 材料试片与 PVC 材料试片差值，基本变化不大。所以，ASA 材料的熔融指数对彩色型材拉伸冲击强度影响较大。究竟 ASA 材料熔融指数高好还是低好，还应该与各厂家的 PVC 塑料型材生产配方有关，一般情况下，ASA 材料熔融指数低的较好。另外，提高 PVC 材料的热变形温度使型材彩色面与型材白色面热变形接近，也是一个很好的改善彩色型材变形的方法。

表 8-6　不同熔融指数 ASA 与 PVC 材料、型材的性能比较

熔融指数/(g/10min)	220℃/5kg 条件下	3.4	2.6	3.4
拉伸冲击强度/(J/m²)	型材上分别取彩色面与白色面样片的差值	233	37	320
	ASA 材料与 PVC 材料分别压片的差值	857	739	831
断裂伸长率/%	型材上分别取彩色面与白色面样片的差值	28.4	15	23.3
	ASA 材料与 PVC 材料分别压片的差值	23	17	24

　　从材料的收缩率来看，在塑料成型线性收缩量方面：ASA 为 0.004～0.008mm/mm，硬质 PVC 为 0.001～0.005mm/mm，ASA 塑料成型线性收缩量大，是硬质 PVC 塑料成型线性收缩量的 1.6～4 倍。收缩率的大小可用来评价与聚合物链的变形和分子取向有关的剩余取向应力或剩余取向。收缩率值大者，成型条件发生变化时收缩率就有较大的波动，收缩率的波动值越小，尺寸误差越小。表 8-7 是 PVC 和 ASA 成型收缩率，可以看出，PVC 浇口方向收缩率平均值 0.2%，垂直浇口方向收缩率平均值 0.12%。ASA（AAS）浇口方向和垂直浇口方向收缩率均值 0.6%。二者在浇口方向收缩率相差 3 倍，二者在垂直浇口方向收缩率相差 5 倍，表明两种材料的收缩率相差很大。

　　图 8-9 是彩色塑料型材成型过程，PVC 材料挤出口与彩色型材的产出方向一致，而 ASA 材料挤出口与 PVC 材料挤出口及彩色型材的产出方向相垂直，根据表 8-7 的数据的分析，显然在彩色型材产出方向，ASA 材料与 PVC 材料的收缩率相差 3 倍。虽然 ASA 材料在型材表面厚度很薄，ASA 材料收缩率仍然是引起彩色塑料型材变形、弯曲的不可忽视原

因。所以，在彩色型材生产过程中要注意两种材料及原材料流动方向和产出方向的收缩率，应从原材料有关技术指标、加工工艺参数上加以考虑。此外，大多数彩色型材的颜料均是有机颜料也是引起 ASA 材料收缩率大于 PVC 材料不可忽视的原因。

表 8-7　几种树脂注射成型圆板的成型收缩率　　　　　　　单位：%

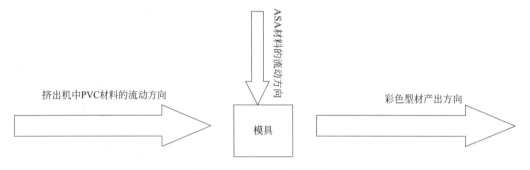

树脂	浇口方向 a 的收缩率	垂直于浇口方向 b 的收缩率
PC	0.68～0.70(0.69)	0.64～0.70(0.68)
ABS	0.51～0.57(0.54)	0.48～0.56(0.53)
AS	0.42～0.44(0.43)	0.40～0.46(0.42)
PE	2.49～2.69(2.57)	1.82～2.08(1.93)
PVC	0.12～0.30(0.20)	0.09～0.17(0.12)
ACS	0.50～0.62(0.58)	0.48～0.60(0.56)
AAS	0.54～0.64(0.60)	0.57～0.64(0.60)

注：表中数值为收缩率%，括号中为平均值；模具圆板直径的平均值为 89.91mm。

图 8-9　彩色型材成型过程

三、ASA 表面共挤 PVC 塑料门窗加工的思考

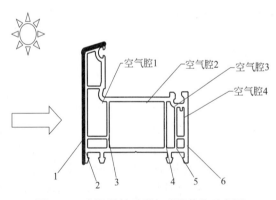

图 8-10　太阳照射下彩色型材传热示意图
1—ASA 材料；2,3,4,5,6—PVC 材料

ASA 表面共挤 PVC 塑料门窗加工是指 ASA 表面共挤 PVC 塑料型材（彩色塑料型材）。彩色塑料型材比 PVC 塑料型材的表面颜色深，夏季太阳光照射在型材外表面时，彩色塑料型材表面受光照后吸热量及其温度会比白色型材高得多。由于 ASA 材料传热系数比 PVC 材料大，在彩色塑料型材中室外 ASA 彩色表面首先接触阳光，吸热速度快，而 PVC 基材吸热速度相对慢，当环境温度低，ASA 材料降温快、PVC 材料降温慢，导致型材断面各层之间的热收缩变形是不同的。我们把彩色型材光照后吸热过程用图 8-10 表示，彩色塑料型材断面结构传热过程分为 10 个层面。空气腔为 4 个层面，分别为空气腔 1、空气腔 2、空气腔 3、空气腔 4；型材断面 6 个层面，1 为 ASA 材料、2 为 PVC 材料、3 为 PVC 材料、4 为 PVC 材料、5 为 PVC 材料、6 为 PVC 材料。当有太阳照射条件下，受热传递过程为：此时型材断面各层温度高低为 1>2>3>4>5、6，ASA 材料受热快，PVC 材料受热相对慢，当照射一段时间后，"2"层、"3"层、"4"层温

度接近，由于"1"层是 ASA 材料，温度高一些。同时，3 个空气腔内发生不同的热膨胀。当彩色塑料型材无太阳照射冷却时，"1"层与户外环境进行热交换先行降温，在"1"层带动下"2"层也降温，"3"层、"4"层降温较慢，此时各层温度高低为 6、5＞4＞3＞2＞1，各层降温的微观表现为分子链收缩。由于"1"层降温分子链收缩速度大于"2"层，且"1"层、"2"层以及空气腔热膨胀的作用下，型材向"1"层面弯曲，即向彩色面弯曲变形。如果塑料型材全部是 PVC 材料，"1"层、"2"层属于同一层，分子链收缩变化不明显（图 8-11）。

1→2→空气腔→1→3→空气腔 2→4→空气腔 3→5→空气腔 4→6

图 8-11   型材热传递过程

吸收热量对于型材内部的影响表现为热量通过门窗型材外壁和内筋向室内侧传递，其热量传递过程中是逐渐衰减的，塑料型材是多腔室结构，腔室与外界或其他腔室之间不连通，彼此封闭。因此，处于室外侧的腔室在高温热量的影响下，腔室内的密闭空气层就会受热膨胀，室外侧膨胀程度大于室内侧，门窗框扇型材因此而变形，结果可能出现门窗框扭变、影响门窗密封性能。

为此，为了缓解或解决彩色塑料门窗受热弯曲变形，在彩色塑料门窗加工过程中，常常在门窗框型材焊接前，在彩色塑料型材外表面的密闭腔室（空气腔 1）立筋处钻铣排气孔（位置如图 8-12 所示），使这些腔室内的空气与外界连通，以便高温暴晒下的腔室中的空气受热膨胀后能够释放。排气孔不应与装配钢衬的型材主腔室连通，以防水分、雾气进入主腔，侵蚀钢衬。排气孔的钻铣应不影响塑料门窗的配合间隙和密封性能，排气孔的数量及分布，应视型材腔室的断面的情况而定。

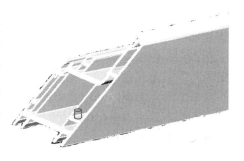

图 8-12   彩色型材钻铣排气孔位置图

通过对 ASA 材料与 PVC 材料的差异性、ASA 材料与 PVC 材料加工性能的差异性、颜料影响 ASA 材料的加工性、ASA 表面共挤 PVC 塑料门窗的加工等四个方面的讨论，影响 ASA 彩色型材（以 ASA 材料为表面的 PVC 塑料型材）热变形、弯曲的因素如下。

① ASA 材料与 PVC 材料的流动性是不同的。

② ASA 材料从挤出口流出方向与 PVC 材料挤出口流出方向及彩色型材的产出方向相垂直，两种材料的收缩率相差比较大。

③ 由于 ASA 材料含有颜料，其有机颜料会使 ASA 材料收缩率大于 PVC 材料。

④ 颜料在 ASA 材料中应具有均一性、加工性、耐候性，热加工过程中无迁移现象。

⑤ ASA 彩色型材在户外阳光照射下，室外 ASA 彩色表面和 PVC 基材的吸热速度和降温速度不同会导致型材断面各层之间的热收缩变形不同。

因此，为了改善彩色型材加工过程和使用过程的热变形状况，在生产和使用 ASA 彩色型材（以 ASA 材料为表面的 PVC 塑料型材）过程中，采用熔融指数低的 ASA 材料有利于与 PVC 材料加工工艺协调；调整 PVC 材料配方设计，提高 PVC 材料的热变形温度；充分考虑 ASA 材料流出方向与 PVC 材料流出方向，调整彩色塑料型材的加工工艺，使两种材料的收缩率趋于接近；采用无迁移现象的 ASA 材料；在门窗角部型材焊接前，离焊接处彩色塑料型材外表面的密闭腔室钻铣排气孔，使这些腔室内的空气与外界连通。

第五节　彩色共挤 PVC 塑料型材表面变色分析

笔者花了 1～5 年时间，对表面材料以 PVC 树脂为基材的 PVC 塑料型材（简称 PVC/PVC 彩色共挤塑料型材）、表面材料以 ASA 树脂为基材的 PVC 塑料型材（简称 ASA/PVC 彩色共挤塑料型材）变色现象进行了观察和分析，认为彩色共挤 PVC 塑料型材表面变色与颜料、表面树脂有关。

一、颜色在塑料型材表面作用与影响

目前，市场常见的彩色共挤 PVC 塑料型材表面颜色大部分是棕色、墨绿色，有些建筑物需要与墙体立面结构相适应的颜色，型材表面颜色也有黄色、红色、深灰色、普蓝色、古铜色等，一般这些颜色大多数采用有机颜料。又由于型材模具结构不同、工艺不同，型材表面颜色可以是光面、彩纹等形式。

对彩色共挤 PVC 塑料型材，表面颜色来源于颜料在树脂中分散，无论采用 PVC 树脂为基材还是 ASA 树脂为基材，颜料的存在保证了彩色共挤 PVC 塑料型材表面具有鲜艳的颜色。颜色的产生：颜色的辨认是人眼受到一定波长和其强度辐射能的刺激后所引起的一种视觉神经的感觉，通过这种光波物理刺激人的生理系统，而引起人的心理反应。人类可以看到作为颜色的特定波长 400～700nm。颜色的三要素：色调、明度、饱和度，也称为彩色三要素。色调又称色相，是色彩最主要的特征，是色与色的主要区别，红、黄、绿、蓝等色调构成了色环（孟塞尔色环）。明度又称色值，光波的反射率、透射率或辐射光不同，视觉效果是不同的，这个变化的量称为明度，就是颜色有明暗之分。饱和度也称色度、纯度，是在色调"质"的基础上表现出的颜色纯度。因此，颜料的色调、明度、饱和度在型材表面彩色方面起到非常重要的作用。颜色的褪色首先是明度发生变化，即失光，然后是饱和度（色度）发生变化。显然，颜料的耐热性、耐光性、附着性、分散性等非常重要。

颜料分为无机颜料和有机颜料。无机颜料通常是指金属的氧化物、硫化物、硫酸盐、铬酸盐、钼酸盐等盐类及炭黑。氧化系列的颜料主要有二氧化钛、氧化铁、氧化铬。二氧化钛有良好的耐光性。硫化物颜料有铬黄、镉红等。一般无机颜料耐热性、耐光性能好。

有机颜料按化学结构和使用量来看，主要有偶氮颜料、酞菁颜料，其优点是色泽鲜艳、着色力强，从颜色的鲜艳性来看，虽然有机颜料优于无机颜料，然而其耐光性、耐热性、耐迁移性却不如无机颜料。

有机颜料在应用时，是以细微粒子状态分布于着色的介质中。因此，颜料粒子的形状、大小、晶型和表面状态等物理构造和介质的不同都会影响入射光的反射、吸收和散射的比例，从而使颜色表现出不同色光和性能。不同化学结构的颜色，其色光、牢度等各项性能各不相同，即使化学结构相同，但是由于颜料的物理构造不同，也会表现出不同性能。如耐候性方面，如颜料粒径越小，其比表面积就愈大，吸收光能就多，加上水蒸气、空气中的其他氧化和还原物质的破坏作用也越厉害，使颜料很快褪色或变色，耐光、耐候性更差。当颜料粒径较大时，遮盖力不好，随着粒径减少，遮盖力增加。当颜料粒径达到某一临界范围时，可得到遮盖力最大值。此后随着粒径减小，遮盖力下降。

颜料在紫外线作用下发生变色机理是，颜料分子吸收紫外线后发生物理和化学反应。首先，光吸收后的物理反应表现为在室温下，颜料分子处于最低振动能级，当吸收光后，电子位移到较高能级的轨道，电子跃迁过程中，分子被激化成各种振动和转动能级状态的概率分布情况。最大概率的跃迁，吸收最强，是产生高色度颜色的因素，经过光物理过程使所吸收的能量转变成无害的热。则当电子位移到较高的轨道后，因为分子吸收了能量所以变得很不稳定，其能量大得令人难以置信，一个分子吸收紫外线的光子所获得的能量仿佛是将分子加热到1500℃以上。然后，光吸收后的光化学反应表现在颜料在光的作用下，分子吸收光子形成的激发状态与其他分子反应导致发色体系变化或破坏，降低其剩余能量。后者使颜料出现光褪色。

根据颜料的变色机理，用于彩色共挤PVC塑料型材中的颜料应满足：a.耐温性，要求颜料在160～220℃的加工温度范围内不分解；b.不受HCl影响；c.耐迁移性好；d.粒径形状、大小及遮盖力能保证耐候性好；e.价廉。因此，在制作用于彩色共挤PVC型材表面的彩色材料过程中，只有了解颜料在型材表面作用与影响，才能选用有利于彩色共挤PVC塑料型材表面的耐热、耐光的颜料，才能保证彩色材料的耐候性，从而保证彩色共挤PVC型材表面不褪色。

二、表面材料以PVC树脂为基材的PVC塑料型材表面变色分析

PVC/PVC彩色共挤塑料型材是将颜料混入硬质PVC树脂载体中，并配合加工助剂加工制成色母料，用色母料在PVC型材表面共挤一层带色薄层，达到色彩丰富的装饰效果。其显著的优点是彩色PVC作为共挤层原料，与ASA相比，成本最低，而且型材表面共挤层和型材基体主要成分都是PVC树脂，生产过程易于控制。

以PVC树脂为基料与颜料混配制得的色母料应用在彩色共挤塑料型材，其型材彩色表面的耐候性来自于PVC树脂和颜料的影响。笔者收集了两组照片，都是经过1年使用的表面材料以PVC树脂为基材的PVC塑料型材照片，从楼盘面向阳光一侧的彩色塑料窗拍照并截取的照片。图8-13是PVC/PVC彩色共挤塑料型材，塑料窗的型材表面颜色为墨绿色的，图8-13左侧是塑料窗室内方向的型材表面，紫外线没有直接照射到其表面，表面仍然是墨绿色，没有发生变色现象；而图8-13右侧是塑料窗室外方向、经过一年阳光照射的型材表面，表面发生了颜色的明度下降，色度发生变化，色调发生很大的改变，已经不是墨绿色了，严重褪色且发白。图8-14是表面为棕色PVC/PVC彩色共挤塑料型材，塑料窗的型材表面颜色为棕色的，经过一年已经发生了颜色的明度下降，色度发生了变化，色调发生了改变，严重褪色。图8-14中1号样是紫外线照射前的型材表面，颜色为棕色；2号样是紫外线照射一年后的型材表面，颜色由棕色变成黄色，并且表面附

光照射前后

图8-13　PVC/PVC彩色共挤塑料型材墨绿表面光照前后对比

有一层白色类似泛白现象；3号样是将紫外线照射一年后的型材表面，颜色由棕色变成黄色并且表面用水擦拭过，表面黄色的颜色比2号样鲜艳些。

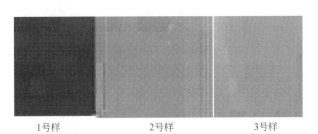

1号样　　　　　　2号样　　　　　　3号样

图8-14　PVC/PVC彩色型材棕色表面光照射前后对比

为什么是这么一个现象呢？我们知道，PVC 树脂是稳定性最差的碳链聚合物之一。从内部结构看，PVC 降解的主要方式是脱 HCl 作用。PVC 的降解不可避免地生成潜在的活性中心氯烯丙基团，同时，连续地生成多烯序列组，生成生色团伴随发生聚合物初始颜色的变化，使它的物理、机械及其他使用性能大大劣化。聚氯乙烯降解交联，线型大分子先转化为支链结构，最终转化为交联的体型结构。这时，聚合物的溶解性及其加工性能显著劣化。因此，聚氯乙烯分解时，其长链的化学转化主要与取代基的转化反应（降解）和结构化过程（交联）有关。从使用环境看，聚氯乙烯在紫外线照射过程中发生降解和交联，还生成共轭多烯和氯化氢。由于脱氯化氢反应改变了聚氯乙烯的吸收光谱，生成的多烯结构使聚氯乙烯变色。

此外，PVC 型材生产过程中，其表面不均匀性、多孔性、裂纹，是聚合物在紫外线辐射下，也是产生降解的根源之一。这种不均匀性强化了 PVC 脱 HCl 共轭键体系和光的吸收，促进 PVC 光化学反应的进行，同时，紫外线是 PVC 交联反应的催化剂，使交联和生色团的生成，反应在材料被辐照的表面薄层内进行。随着辐射时间延长，大分子交联密度增加，而更深的层内会发生长链断裂。因此，在光作用下，PVC 力学性能的恶化程度比在热作用下要大。还有，在加工条件下（137～252℃），在强烈的热-力同时作用时，PVC 的降解必定被大大加速。机械作用使脱 HCl 的速度增加 0.5～1 倍。强化机械作用会导致聚氯乙烯降解的加速。

虽然，在制作彩色 PVC 材料配方设计中，加入了稳定剂可以抑制内因引起的变色速度，加入了钛白粉可以吸收紫外线，使外因紫外线光照的影响减弱，在一定程度上能够减缓变色的现象的产生，但是由于 PVC 树脂本身具有的不稳定因素，使 PVC 塑料型材在应用过程中，表面变色还是时有发生。

因为聚氯乙烯树脂降解后产生 HCl，PVC 热稳定性和耐光性较差。所以选用的着色剂不能与其发生不良反应，严格地说要耐酸碱性好。色素中氧化铁红能与 HCl 反应，产生的铁化合物是一种使聚氯乙烯降解的强催化剂。着色颜色中的某些金属离子会促使树脂氧化分解，如色淀红铝盐、铬黄、镉黄、色淀红钙盐，加热至 180℃时色相变化，这是由于颜料中含有金属离子促使 PVC 分解加快，在同一色淀中所含金属离子不同色差不同，钙色淀与锰色淀相比，锰金属促使 PVC 脱 HCl 而色差大。各种颜料对 PVC 塑料的热分解按下面顺序依次增加：群青、氧化铬、铬黄、镉红、酞菁绿、酞菁蓝、铁蓝、钴紫、钴蓝、钛白、铁红。对于不耐酸的镉红、群青最好不在 PVC 中使用。由于 PVC 树脂在加工过程中或使用过程中，在高热、强紫外线照射下，PVC 树脂降解产生出 HCl，PVC 分子链中双键基团增多，产生变色现象，同时 HCl 和双键的存在，加快了颜料分子物理和化学反应，使颜料分子发生分解变色，颜色的色调、明度、色度发生了重大的变化，已经变成其他颜色了。图 8-13 说明，PVC/PVC 彩色共挤塑料型材表面变色过程中有一层白色类似泛白现象，是

图 8-15　白色塑料型材擦拭前后对比

PVC 树脂降解后宏观的一个反映，表面用水擦拭后，颜色的明度有所提高。说明 PVC 型材表面 PVC 树脂降解后颜色的色调已经发生变化，表面褪色泛白，而 PVC 型材表面静电作用黏附了大量的灰尘导致产生颜色明度降低，用水擦拭后，颜色的明度才有所提高。是不是由于颜料的存在加速了 PVC 型材表面变色？笔者观察了一些在户外暴晒架上放置了 3 年的白色 PVC 塑料型材表面。图 8-15 是型材在紫外光照射 3 年后拍摄的表面擦拭前后对比照片，在照片的左侧型材表面没有用水擦拭过，由

于 PVC 塑料型材表面静电作用 3 年后黏附了大量的灰尘，使型材表面颜色的色调发生了变化，表面的明度、色度比较低。右侧用水擦拭过，白色型材的表面用水擦拭后，型材表面颜色的明度有提高，颜色的色调基本变化不大。显然，所观察的白色 PVC 塑料型材表面没有发生 PVC 降解变色。说明在表面没有颜料存在的条件下，白色 PVC 塑料型材表面颜色的色调变化不是很大。通过对白色 PVC 塑料型材和 PVC/PVC 彩色共挤塑料型材、PVC 树脂和颜料的分析，很显然，PVC 分子链中脱 HCl 和双键的存在，加快了颜料分子发生分解变色，这是 PVC/PVC 彩色共挤塑料型材表面变色的主要原因。所以，PVC/PVC 彩色共挤塑料型材表面退色表现为颜料明度、饱和度降低、颜色的色调变化，是紫外线照射下，颜料变色和 PVC 树脂降解加快颜料变色共同作用的结果。

有关用于 PVC 塑料型材表面共挤的 PVC 色母粒，由于国内市场的 PVC 塑料型材产能过剩，激烈的市场竞争导致彩色 PVC 色母粒生产厂家为了降低成本，调整了配方体系，降低稳定剂的用量，将减弱了抑制 PVC 材料变色本身变色的作用，降低钛白粉的用量，将减弱了抑制 PVC 材料变色外来因素变色的作用，将这种彩色 PVC 材料应用在彩色 PVC 共挤塑料型材表面，会使表面变色现象更为突出。

三、表面材料以 ASA 树脂为基材的 PVC 塑料型材表面变色分析

ASA/PVC 彩色共挤塑料型材是用色母料在 PVC 型材表面共挤一层带色薄层，达到色彩丰富的装饰效果，这种色母料是 ASA 树脂与颜料、助剂按一定比例混合加工造粒的产品。其显著的优点是彩色 ASA 作为共挤层原料，耐候性好。以 ASA 树脂为基料与颜料、助剂混配制得的色母料应用在彩色共挤塑料型材，其型材彩色表面的耐候性来自于 ASA 树脂和颜料的影响。笔者收集了表面材料以 ASA 树脂为基材的彩色 PVC 塑料型材，表面颜色分别是古铜色、绿色、墨绿色，放置在户外暴晒架上，经历 67 个月（5 年多时间）的紫外线照射，在各个时间段进行了紫外线照射后的拍照，将照片截取整理后制成图。首先看一下在户外放置 1 年的照片，图 8-16 是三种颜色的彩色共挤塑料型材在 1 年内不同月份拍摄并且按照上、中、下层摆放整理的图片，上层彩色塑料型材表面是古铜色，中层彩色塑料型材表面是绿色，下层彩色塑料型材表面是墨绿色。图 8-16 中 "0" 表示彩色塑料型材表面原样，"1、7、9、10、11、12" 表示拍摄月份。照片显示，三种塑料型材表面颜色在一个月后变深，颜色的色调发生了变化，但颜色的明

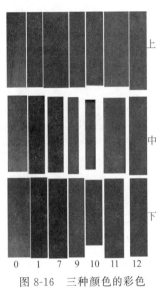

图 8-16 三种颜色的彩色共挤塑料型材表面紫外线照射 1 年内各月份的照片

度变化不大，古铜色变成棕色，可能古铜色中的铜粉渗出的有关。绿色变成深绿色；墨绿色变成深墨绿色，墨绿色、绿色颜色壁变深是其颜料在紫外线作用下，发生了物理反应使颜料分子吸收能力强，从而产生了色度加深变化的结果。9～10 个月开始，三种塑料型材表面颜色发生了明度和色度下降的趋势，这种变化，如果不与原始样品对比，一般不会注意颜色变化。说明 ASA/PVC 彩色共挤塑料型材表面在紫外线照射下，颜料有褪色现象。

三种颜色的彩色共挤塑料型材按照放置 1 个月、6 月、12 月（1 年）、18 月、24 月（2 年）、28 月、34 月、40 月、47 月、49 月、55 月、62 月、67 月时间段拍摄后组成三组图片（图 8-17、图 8-18、图 8-19）。图 8-17 表面为古铜色的彩色塑料型材不同时间段的图片，图 8-18 表面为绿色彩色塑料型材不同时间段的图片，图 8-19 表面为墨绿色彩色塑料型材不同

时间段的图片。图片显示，在观察的时间段，每个型材表面颜色发生变化不是线性的现象，有反复，通过肉眼目视的方法观测型材表面颜色在色调、明度、色度方面的变化并且列成表（表 8-8）进行比对。设颜色的明度出始状态为 6 个"·"，如果颜色明度降低，"·"个数逐渐减少；设色调出始状态为 6 个"＊"，如果颜色色调降低，"·＊"逐渐改变；设色度出始状态为 5 个"△"，如果颜色色度降低，"△＊"逐渐降低。综合图 8-17、图 8-18、图 8-19、表 8-8 的结果，与 PVC/PVC 彩色共挤塑料型材表面变色相比，ASA/PVC 彩色共挤塑料型材表面颜色的明度、色调、色度虽然有变化，但并没有发生颜色的显著变化。

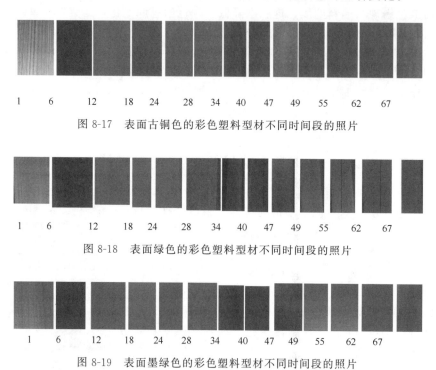

图 8-17　表面古铜色的彩色塑料型材不同时间段的照片

图 8-18　表面绿色的彩色塑料型材不同时间段的照片

图 8-19　表面墨绿色的彩色塑料型材不同时间段的照片

表 8-8　ASA/PVC 彩色共挤塑料型材表面在户外暴晒架颜色变化

时间/月	古铜色			绿色			墨绿色		
	明度	色调	色度	明度	色调	色度	明度	色调	色度
0	······	＊＊＊＊＊＊	△△△△△	······	＊＊＊＊＊＊	△△△△△	······	＊＊＊＊＊＊	△△△△△
6	······	＊＊＊	△△△	······	＊＊＊	△△△	······	＊＊＊	△△△
12	····	＊＊＊	△△△	····	＊＊＊	△△	····	＊＊＊	△△△
18	····	＊＊＊＊	△△△	····	＊＊＊	△△	····	＊＊＊	△△△
24	···	＊＊＊＊	△△△	····	＊＊＊	△△	····	＊＊＊	△△△
28	···	＊＊＊	△△△	···	＊＊＊	△△△	····	＊＊＊	△△△
34	···	＊＊＊	△△△	···	＊＊＊＊	△△	····	＊＊＊＊	△△△
40	···	＊＊＊＊	△△△	···	＊＊＊＊	△△	···	＊＊＊＊	△△
47	··	＊＊＊	△△	··	＊＊＊	△△	···	＊＊＊＊	△△
49	··	＊＊＊	△△△	··	＊＊＊	△△	··	＊＊	△△△
55	··	＊＊＊	△△△	··	＊＊＊	△△	··	＊＊＊	△△
62	··	＊＊＊	△△	··	＊＊＊	△△	··	＊＊＊	△△
67	··	＊＊＊	△△	··	＊＊	△△	··	＊＊	△△

　　这是因为耐候级 ASA 树脂是基于 ABS 树脂含有聚丁二烯橡胶使其产品不具有户外应用所需的耐候性，较差的抗紫外线（UV）和氧化的性能而开发的。所以，采用耐候不含双键

的弹性体取代聚丁二烯橡胶可以获得更好的耐候性，即用丙烯酸酯类弹性体（如丙烯酸丁酯）改性苯乙烯-丙烯腈共聚物（SAN）得到 ASA 树脂。因为聚丁二烯橡胶降解源于 UV 和空气中的氧使其双键发生反应而破坏，而没有双键的丙烯酸酯类橡胶抗这种反应的能力更大，耐候性有了本质的改善。

ASA 材料与 PVC 材料在彩色共挤塑料型材表面表现出来的变色差异性，除了颜料外，主要表现在 ASA 树脂与 PVC 树脂的差异性。从 ASA、PVC 两种树脂的分子链主链上氢的离解能看，由于 ASA 树脂中不含碳碳双键，主链上氢的离解能为 376kJ/mol，换算为波长在 300nm 以下；PVC 树脂主链上氯的离解能为 298kJ/mol，换算为波长在 364nm 以下太阳能的能量基本都分布在 290nm 以上，PVC 树脂分子链受日光的分解而使颜色变黄。可以看出，离解能越大物质越稳定，ASA 树脂分子链主链上氢的离解能大，所以具有卓越的耐候性。由此可以看出，ASA/PVC 彩色共挤塑料型材表面变色主要是颜色的变化，在紫外线的作用下，颜料发生物理和化学反应，包括受光后产生的热使颜料迁移，明度、色度有下降趋势，但色调没有发生明显变化。

这里还要注意颜色的耐热性，避免颜料的迁移。如果 ASA 材料中颜料有迁移性，容易在热状态下出现颜料转移。有的 PVC 塑料型材生产厂家在生产表面共挤 ASA 材料的彩色 PVC 型材过程中，型材通过模具定型模后用手来回摸彩色塑料型材表面，会出现有颜料掉色而沾到手上的现象，是典型的颜色迁移。笔者曾经做过对比试验，将不同厂家的 ASA 材料经过双辊开炼机混炼下片，再经过硫化机加热、加压条件下制成试片，结果发现有一个 ASA 材料生产厂家提供的绿色 ASA 材料在制成试片后，将用于隔离用的聚酯膜染成了绿色（聚酯膜与 ASA 试片接触过的地方），发生了颜色高温迁移（图 8-20）。因此，这种迁移不仅影响将到生产过程，容易使颜色附着在型材定型模的内表面，堵塞水气孔道，而且影响型材产品的耐候性。

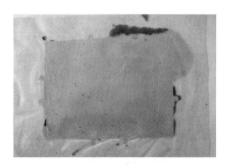

图 8-20　ASA 材料发生颜色迁移

PVC/PVC 彩色共挤塑料型材表面变色主要是由 PVC 树脂降解加速颜料褪色和颜料本身褪色共同作用的结果，ASA/PVC 彩色共挤塑料型材表面变色是主要是颜料本身褪色的结果。显然，颜料选择很重要，说 ASA 材料不变色是不准确的，而是相对 PVC 材料在材料变色方面有明显提高，ASA 材料只是单纯的颜料褪色，树脂没有发生变化。

第九章 PVC 挤出物料的流变特征

PVC 物料的流变性或流变行为是其流动和变形时聚集态不同结构的表现，通常分为弹性、黏性、黏弹性。研究其流变特征，对于提高 PVC 挤出物料质量、提高 PVC 挤出物料塑化质量，有着一定的指导意义。本章就从 PVC 高聚物的流变性入手，研究流变曲线与 PVC 挤出物料聚集态的关系，探讨 PVC 物料在挤出机中和在转矩流变仪中的流变特征，探讨流变曲线各个区间与挤出机各个区间的关系，提出 PVC 物料标准转矩流变曲线概念，探讨转矩流变仪在 PVC 型材生产与质量管理中的应用，探讨 PVC 塑料型材配方设计与电能耗关系。

第一节 PVC 高聚物的流变性

我们把研究流动和形变的科学称流变学。从流变学的观点来看，纯弹性形变和纯黏性形变是材料形变的两种极端行为，也是形变的两种基本方式。PVC 属于非晶态线型高聚物，其力学形变通常是介于弹性固体与黏性液体之间的性质，它们具有弹性和黏性结合在一起的黏弹性。因此，当外力使之发生形变后再将外力释去时，仅有弹性形变这一部分回复，而不能回复的那一部分则为黏性流动造成的永久形变，而 PVC 高聚物熔体流动通常是发生在成型加工过程中。

从高分子物理学理论来看，PVC 高聚物在恒负荷作用下，其温度-形变曲线呈现三种不同的力学形变（见图 9-1）。在玻璃化温度（T_g）以下，表现普弹形变；在 $T_g \sim T_f$ 范围内，表现高弹形变；而在黏流温度（T_f）以上与低于热分解温度（T_d）之间则表现塑性形变。

温度在 T_g 以下，高聚物处于玻璃态，黏滞性大，热运动能量低，链段运动与大分子

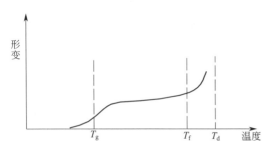

图 9-1 PVC 高聚物温度-形变曲线

运动都受冻结，此时，外力的作用尚不足推动链段或大分子沿作用力方向做取向位移运动，仅表现刚性玻璃体的普弹形变。普弹形变是键角与键长畸变所贡献的，内应力大、模量大、形变值小；在极限应力范围内，形变具有可逆性，形变与恢复形变不依赖于时间（瞬时的），且随着温度变化很小。

在较高温度下，即 $T_g \sim T_f$ 区间，高聚物处于高弹态，链段运动被激活了，但大分子链间的相互滑移仍受阻滞。此时，在外力作用下，高聚物呈现出最独特的运动形式——高弹形变，即链段沿力作用方向做取向位移运动，形变是由链段取向运动所引起的大分子构象舒展而做出的贡献；因链段运动是相对自由的（有内摩擦），故形变时内应力小、模量小、形变值大；当外力除去后，由于链段的无规热运动而恢复大分子的卷曲构象，从而决定了形变的可逆性。但是，当到达高弹形变的平衡值与完全恢复形变都是有时间依赖性时，此过程所需时间的长短则视温度的高低和观察时标而定。

当温度继续升高至 T_f 以上，随着温度升高黏度急剧下降，热能量不仅激活了链段运动，也激活了大分子长链间的相互滑移运动，这时，高聚物的两种动力学单元的运动同时显现，在外力作用下，卷曲的大分子链段既沿力作用的方向取向舒展，而且大分子链与链之间又沿着力作用的方向相对滑移运动，这样，便表现出黏滞液体的不可逆塑性形变或黏性流动。从聚集态结构来看，高聚物熔体是处于黏流温度以上的熔融状态高聚物。熔体受到外力作用时不仅表现出黏性，还表现出弹性和塑性，即不但有流动，而且有形变。此时，高聚物熔体是弹性液体，所受的力都是或者主要是剪切力，熔体按切变方式流动，在剪切力作用下同时有高弹形变和不可逆形变发生。弹性形变起初迅速增大，以后逐渐减慢并且达到恒定值。不可逆形变开始时发展缓慢，以后逐渐增大，最后随时间而持续进行。高弹形变达到恒定值，不可逆形变随时间持续进行的状态，称为稳态流动。所以，PVC 物料质量及挤出质量关键控制熔体黏度是否达到稳定流动以及稳定流动的时间。

影响熔体黏度的因素有：

① 黏度随分子量增大而增大。同时高聚物分子量越高，熔体黏度对温度敏感性越大。

② 在平均分子量相同时，随着分子量分布的变窄，高聚物熔体黏度迅速下降，非牛顿性表现增强，对剪切作用的敏感性增大。

③ 带有长支链的高聚物的熔体黏度低于相同分子量的线型高聚物的熔体黏度（长支链的高聚物分子间缠结较少）。

④ 分子量分布窄的高聚物，其熔体黏度随温度的上升迅速下降，而分子量分布加宽时黏度的温度敏感性下降。

⑤ PVC 粒径差异大或粒径分布有明显差异，影响到熔体黏度。

第二节　转矩流变仪流变曲线与双螺杆挤出机螺杆三区的对应关系

一、两种设备的工作原理

转矩流变仪在国外早已广泛使用在科研、生产，哈克（HAAKE）流变仪、布拉奔德（BRABENDER）流变仪是这类仪器的代表，但是价格较贵。随着国内 PVC 挤出加工技术的发展，国内具有科研能力的单位也相继开发了同类产品。例如，哈尔滨理工大学开发的、哈尔滨哈普电气技术有限责任公司生产的 RM 系列转矩流变仪（图 9-2），由于价格适中、性能优良，实现了转矩流变仪从为科研机构服务，向为更多生产企业服务的转变，为研究

PVC 物料流变性能提供了良好的工具。

转矩流变仪的基本组成为由三大部分：控制平台、混合器、主机。主机由转矩传感装置、电动传动装置组成，控制平台由 PC 机与相应软件系统组成，混炼器由两个转子、混炼室、加压锤、加热系统组成。

转矩流变仪工作原理：在特定的温度、特定的转子转速下，一定量的 PVC 物料投入到特定的混料腔中，由粉状固体变成熔体的塑化过程中，受转子转动、压锤等作用下产生的阻抗而描绘出的模拟 PVC 物料由玻璃态逐渐到高弹态、再逐渐到黏流态的聚集态转变的实际动态加工的一种试验装置。通过转矩传感器反映到 PC 机中特定的软件系统上，可获得物料在设定温度、剪切速率条件下转矩随时间及温度随时间的轨迹图，将聚集态宏观不可见的变化过程转化成宏观上可见的曲线变化过程。PVC 物料的流变特性以 6 个区间、4 个峰值反映出来，它们分别是 O-A 区、A-B 区、B-C 区、C-D 区、D-E 区、E-F 区、加料峰、最小峰、最高峰、分解峰（见图 9-3）。涉及 11 个参数是加料时间及转矩；达到最小峰值的时间及转矩；达到最高峰值的时间及转矩；达到平衡态的时间及转矩；达到分解的时间及转矩；融合时间。

图 9-2　RM 系列转矩流变仪

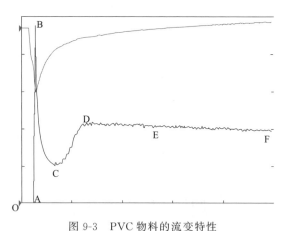

图 9-3　PVC 物料的流变特性

PVC 物料挤出成型加工设备常用的是锥形双螺杆挤出机，涉及 PVC 物料流变性能的几大主要部件有：机筒、螺杆、加热装置（由机筒四个加热区及螺杆芯加热组成）、冷却装置等。

挤出机工作原理：PVC 物料在挤出机机筒加热、螺杆剪切力和推力、物料与机筒的摩擦力等作用下，PVC 大分子由粉状固体变成熔体的塑化过程中，并在挤出塑化过程中呈现出玻璃态—高弹态—黏流态的三种力学形变，实现动态加工的挤出成型生产设备。如果把 PVC 颗粒看做一种多重结构，在热、剪切力作用下，PVC 树脂挤出塑化过程是 PVC 颗粒破碎过程，即颗粒破碎—初级粒子破碎——级粒子破碎—自由的大分子链。我们把 PVC 物料在挤出机内运动、推进过程中三种力学形变或 PVC 颗粒破碎过程，在螺杆上以固体输送区、熔融区、熔体输送（挤出）区三个区域分别表现出来。

二、两种设备的主要特征

1. 转矩流变仪的主要特征

① 物料在固定腔体内受剪切力的作用翻转，不能移动。

② 物料由玻璃态—高弹态—黏流态转变过程，通过转矩与时间变化值反映出来。

③ 物料塑化的全过程由曲线记录下来并且可以存储；直观了解温度、压力、转矩和黏度等工艺条件，动态耐热、耐剪切稳定性，物料融熔速率等 PVC 在高温和高剪切速率下的熔体行为。

④ 可以对物料的塑化质量有一个量的评价。

2. 双螺杆挤出机的主要特征

① 物料在固定腔体内受剪切力的作用翻转同时向前移动。

② 物料由玻璃态—高弹态—黏流态转变过程，通过挤出机主机电流、电压的变化值反映出来。

③ 物料塑化的过程看不到，只能从挤出机的熔体压力表反映出来物料的熔体黏度。

④ 对物料的塑化质量只能进行经验评价。

三、物料的流变曲线及其分析

PVC 物料在转矩流变仪典型的流变曲线和在双螺杆挤出机螺杆三区及模具内流变状态，见图 9-4。

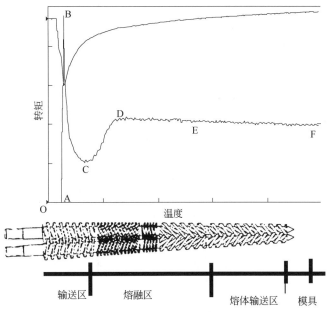

图 9-4　流变曲线与双螺杆挤出机三区及模具内流变状态

在 O-A 区，物料投入到转矩流变仪混炼室内时间，只有转子转动，无负荷加载，宏观上松散的粉（颗粒）料物料正在受热（蓬松状态的物料体积大于混炼器内腔体积）。

在 A-B 区，压锤向混炼室中的物料逐渐加压，将蓬松状态的物料在混炼器内逐渐被压实，此时物料中处于固态各个粒子发生相对滑动，形成较大的摩擦力，增加了对转子转动的阻力，反映到曲线上转矩急剧增加，当对物料的负荷加载结束时，即形成了加载峰尖，加料峰 B 点时阻抗最大，转矩值最高，此时物料粒子没有发生化学变化。宏观上是密实的粉料，一般表观密度大的干混料，其加载峰值较高。相当于温度-形变曲线中 T_g 以下状态，表现刚性玻璃体的普弹形变。

在 B-C 区由于停止加载负荷后，在热与转子翻转、捏合作用下，各个粒子相对滑动减少，开始发生破裂而阻力下降，PVC 颗粒开始破碎成初级粒子，产生形变使体积逐渐缩小，物料微粒间孔隙度逐渐减少，所占体积减少，使转矩流变仪的混炼室中的自由空间逐渐增大、转子的阻力不断减少，反映到曲线上，转矩值从加载峰值逐渐向下滑，C 点时阻抗最小，大部分 PVC 颗粒破碎成初级粒子后形成了最低转矩。宏观上呈现出软状态。相当于温度-形变曲线中 T_g 状态，仍然是刚性玻璃体的普弹形变。

在 C-D 区，由于外界加热作用，以及转子对物料施加的剪切作用，产生摩擦热，在这双重热量的作用下，树脂粒子逐渐熔融成为均匀的熔体。此时，PVC 颗粒完全破碎成初级粒子，同时大部分初级粒子开始破碎成一级粒子，使转矩流变仪的混炼室中的自由空间逐渐减小、转子的阻力不断增大，反映到曲线上，转矩值从最小峰值逐渐向上升，形成熔融峰 D 点，此时 PVC 颗粒由初级粒子完全破碎成一级粒子及部分自由大分子链团。相当于聚集态的高弹态及部分黏流态，没有玻璃态。相当于温度-形变曲线中 $T_g \sim T_f$ 状态。宏观上物料表现为棉絮状。

在 D-E 区，经过 D 点以后，物料的流动已由前段的树脂粒子的相对滑动转变熔体的均匀变型，成为大分子链（链段间）的相对位移过程。PVC 一级粒子继续破碎，继续产生自由大分子链团，使大分子链缠结减少、自由运动增大，不可逆塑性形变逐渐增加，熔体流动性逐渐增加，高弹形变平衡值抵抗压锤的压力由大逐渐减少，反映到曲线是转矩值上下变化，并且这种梯度变化逐渐减弱，同时曲线向下滑。此时 PVC 颗粒的大部分一级粒子破碎成自由大分子链，相当于温度-形变曲线中 T_f 状态，物料宏观上呈半塑化状态。所以，从 D-E 区是高弹态、黏流态动态平衡区看，说明高分子聚集态转化需要时间。

在 E-F 区，随着外热与翻转、捏合的作用下，PVC 自由大分子链更加活跃，与其他助剂进一步分散同时流动性增加，转子的阻力降低，反映在曲线上转矩逐渐下降。当高弹形变恒定值后，不可逆形变随时间持续进行达到稳态流动，反映在曲线上 F 点是稳定转矩（平衡扭矩），表明熔体黏滞阻力的大小，从 F 点开始曲线趋于平稳，此时 PVC 塑化程度在 70％左右，转矩流变曲线试验可以结束。如果要看观察 PVC 动态热稳定性，从 F 点到 T_d 点（分解温度，曲线在 F 点之后出现拐点处，此图未标出）距离越长（即时间越长），PVC 物料越稳定，动态热稳定性越好。相当于温度-形变曲线中 $T_f \sim T_d$ 状态。物料宏观上呈塑化状态。

影响 PVC 物料在转矩流变仪中流变性的因素有：PVC 物料干混温度、加工温度、稳定体系、润滑体系、转速、其他助剂等六大方面，可以下面的函数形式表示。

$$B = f \ (MT、PT、S、I、M、O)$$

式中　　B——流变曲线；

　　　　MT——物料干混温度；

　　　　S——配方中稳定体系；

　　　　M——流变仪中设定转速；

　　　　PT——流变仪中设定温度；

　　　　I——配方中润滑体系；

　　　　O——配方中其他助剂。

以上参数的变化将影响转矩流变曲线的走向，即装载峰、最低峰、最高峰、平衡态、熔合时间等参数的变化。

四、物料在双螺杆挤出机螺杆及模具内流变状态及其分析

物料在挤出机的塑化过程中，一定温度下螺杆在机筒内转动，对 PVC 物料完成加料、输送、压缩、熔融、混合和排气等 6 大基本功能。对于其流变状态，有的学者提出沿着螺杆旋转前进方向分为三段七区，分得较细，三段为固体输送段、熔融段、熔体输送段，固体输送段又分非塞流区和塞流区；熔融段又分上熔膜区、熔池区、环流区、固相破碎区。有的学者提出沿着螺杆旋转前进方向分为固体输送区、熔融区、熔体输送（挤出）区等三个区。

在固体输送区，对应于机筒第 1 加热区段，螺杆转动将受热、剪切下的 PVC 物料由螺距宽且螺杆外缘与机筒间隙大地方向螺距窄且螺杆外缘与机筒间隙小的地方推进，PVC 粒子被致密地压实后，在螺槽上形成滑动的“固体塞”。固体塞向前运动是依靠机筒表面与固体塞之间的摩擦力，而螺杆与固体塞之间的摩擦力却阻止固体塞向前运动。所以在机筒内造成 PVC 粒子运动不在同一方向前进，在受热、剪切同时不时地翻滚、打滑，随螺杆旋转一部分向前运动、另一部分向后运动“架桥”，在“桥”后堆积起来，而下一个固体塞突破“桥”向前运动，随着物料挤出和在机筒内的流动，这种过程是反复进行的。在此区域中，PVC 颗粒 70% 破碎成初级粒子，各种助剂粒子与 PVC 初级粒子分散，相当于转矩流变曲线 O-A、A-B、B-C 区域物料的状况，相当于温度-形变曲线中 T_g 状态。

在熔融区，对应于机筒第 2～3 加热区段，物料在被挤压致密的过程中建立了相当大的压力，这些压力与周围热介质的软化作用在一起。此时，螺杆转动将物料继续向螺距窄且螺杆外缘与机筒间隙小的地方推进，把压实的颗粒变成密实的“固体膏状床”，成为黏流态。此时的“固体膏状床”是由一部分 PVC 高弹态与一部分 PVC 玻璃态、少量的 PVC 黏流态组成的混合状态。“固体膏状床”具有螺旋形螺槽的形状并且在螺槽内滑动。由于这种相对运动，在“固体膏状床”和机筒内表面之间的熔膜内便产生了速度分布。于是，“固体膏状床”开始沿螺纹方向推进而流动，PVC 熔膜遇到螺棱时，螺棱便将熔体从机筒内表面上“刮下”，并且聚集在推进螺纹前方的螺槽后部的熔池中。当“固体膏状床”沿着螺槽运动时，越来越多的熔料被带入熔池，“固体膏状床”被逐渐破坏而成为黏流态向前输送。在此区域中，PVC 粒子破碎成一级粒子、大分子链基团共存，各种助剂粒子与 PVC 一级粒子进一步分散，相当于扭矩流变曲线 C-D、D-E 区域物料的状况，相当于温度-形变曲线中 T_g～T_f 状态。

在熔体输送（挤出）区及模具区，对应于机筒第 4 加热区段及模具加热区，PVC 大分子在剪切力作用下，螺杆转动将物料继续向螺距窄且螺杆外缘与机筒间隙小的地方推进，此时 PVC 塑化程度在 70% 左右，流动的物料黏流体不断地定量挤出，形成熔体压力，保证了 PVC 异型材的最终成型产品的密实度。此区域中，PVC 粒子已破碎成大分子链运动，大分子链缠结减少，链与链段运动自由空间较大，呈现高聚物熔体的特征，各种助剂粒子分子与 PVC 大分子链均匀分散，相当于温度-形变曲线中 T_f 以上状态。在这里，PVC 熔体的均匀性，与各种助剂分散的均匀性，直接关系到 PVC 熔体的流动性，进而影响到挤出后的产品质量，相当于转矩流变曲线 E-F 区域物料的状况。

这里，影响挤出机对 PVC 物料流变性的因素有：

① 机筒的加热温度的设定。一般设定温度高，PVC 物料黏度降低、流动性好。但是，温度过高，固体输送区、熔融区减少，熔体输送区增大、熔体压力增大，容易造成设备主机电流增大（转矩大）。所以，对于设定的 PVC 物料应有特定的机筒加热温度。

② 螺杆转速的提高，提高了物料的剪切力，可以降低 PVC 物料的黏度、提高了流动

性，但是，如果转速过高，也要会引起设备主机电流增大。

③ 风冷装置是控制机筒对物料加热温度，当剪切热使物料温度上升，超过设定温度能够及时制冷。否则，机筒附近的物料过热粘贴在机筒上，接近温度-形变曲线中 T_d 而分解。

④ 螺杆油温控制主要是将过热的 PVC 物料温度及时带走，保证成型所需的熔体温度。否则，螺杆附近的物料过热，接近温度-形变曲线中 T_d 而分解，严重时产生煳料现象。

此外，原材料质量、配方的设计合理性也影响到 PVC 物料流变性，通过挤出机上各个参数上表现出来。如果外润滑剂不足，在挤出机内表现为物料熔体与螺杆及螺筒摩擦大，型材表面颜色容易呈浅黄色。如果外润滑剂过多，在挤出机内的物料的熔体与螺杆及螺筒摩擦小，主机转矩或电流降低，型材表面不光滑。PVC 树脂分子量大，主机转矩或电流降低，表现为塑化时间延长，熔体黏度增大；PVC 树脂分子量分布宽，主机转矩或电流增大，表现为塑化时间短，熔体黏度降低。ACR 加工助剂加入，提高了主机转矩或电流，提高了塑化速率。CPE 的加入使体系的塑化时间明显减少。填充剂的增加，会推迟塑化时间，主机转矩或电流降低，进行表面处理的活性填料，会出现过润滑现象，使熔融时间延长。配方的设计不合理，体系内没有平衡，会在主机转矩或电流值反映出来。

PVC 流变性在挤出机、流变仪虽然特征不一样，数值不能一一对比，但是，外部加热、剪切或翻转、捏合热对于 PVC 物料流变性影响规律基本是一致的。如：温度高，流变曲线峰趋于尖且转矩增大，在挤出机中塑化速率快，主机电流或转矩增大。所以，对于挤出成型加工，高分子理论是基础，流变仪是工具，产品质量是结果，以温度-变形理论指导流变试验，以流变曲线考察配方体系及混合工艺，以产品质量进一步确认配方体系及混合工艺。当然，$T_f \sim T_d$ 时间适当延长，有利于提高挤出产品的热稳定性，从而提高产品的质量。

在没有转矩流变仪之前，为了研究 PVC 塑化质量，查看物料在挤出机内状态，一般采取以下方法：在挤出机生产线挤出生产过程中突然停止转动后，将螺杆从机筒中取出，查看螺杆黏附的物料状态，可以直观区分加料段、熔融段、计量段，从中可以判断物料的转矩流变性能。这种方法只能看到的是静止态的 PVC 物料塑化状态，而且转矩流变仪看到的是动态的 PVC 物料塑化状态曲线。

五、PVC 物料两种流变特征之间的关系

将 PVC 物料在挤出机、流变仪表现的两种流变特性有机结合起来，可以指导生产企业组织生产。两种流变特征对比列在表 9-1 中。

挤出机与转矩流变仪中参数的关系如下。

① 通过转矩流变仪试验，可以确定符合本单位生产设备及环境的配方及混合工艺。将能够满足挤出机生产并且产品符合国家型材标准的 PVC 物料抽取若干样，通过转矩流变仪确定一组生产流变曲线，作为 PVC 物料中原材料检测、配方调整、混合工艺等方面的考察、比较工具。

② 通过转矩流变仪中的流变曲线参数、物料状态，提出挤出机型材生产的参考加工工艺；通过挤出机加工过程主机电流或转矩的变化、物料状态、产品的力学性能验证流变曲线可行性，从而改进配方体系及混合工艺。

③ 当外部加热温度过高，物料在流变曲线上 A-C、C-D、D-E 时间短；物料在挤出机输送区、熔融区时间缩短、熔体停留在输送计量区时间长。当配方中滑剂增多，流变曲线峰趋于平缓且转矩降低，在挤出机中塑化速率减慢，主机电流或转矩降低。所以，通过 PVC 物料在转矩流变仪中做流变曲线试验，能够指导 PVC 物料在挤出机中的设定值及流变性。

④ 通过转矩流变仪可以快速调整配方体系，缩短在挤出机上的试验周期，降低了试验

生产的原材料及能源的消耗。

⑤ 通过转矩流变曲线能够解释挤出机生产过程出现的一些质量问题。

表 9-1　两种流变特征对比表

项目		流变特征	宏观现象
1	挤出机	机筒加热 1 区(输送区),在螺杆转动条件下,物料通过单螺杆机计量加入到双螺杆挤出机中,依靠挤出机螺杆的螺距变化及螺杆与机筒间隙变化、螺杆之间剪切推进压实,相当于温度-形变曲线中 T_g 以下状态	挤出机主机电流或转矩发生变化,逐渐增大,松散的粉状物料被挤压成密实的物料
	转矩流变仪	O-C 区在转子转动条件下,物料投入到流变仪混合腔内,依靠上顶栓加压进行剪切、压实,转矩迅速升高。在热、剪切作用下,PVC 粒子破碎形成初级粒子堆积密度增加,粒子表皮变软,混炼器自由空间继续增大	形成曲线装载峰,物料密实,腔内温度先下降然后逐渐升温,料温逐渐升高,形成曲线装载峰和最小峰
2	挤出机	机筒加热 2 区(熔融 1 区)在螺杆转动条件下,依靠螺杆的螺距变化及螺杆与机筒间隙变化、螺杆之间剪切推进压实,相当于温度-形变曲线中 $T_g \sim T_f$ 以下状态	主机电流或扭矩发生变化,继续增大,从挤出机筒顶端的排气孔(2 区与 3 区之间)看到物料呈棉絮状
	转矩流变仪	C-D 区,PVC 物料依靠转子转动,随着时间进一步被剪切,PVC 粒子由初级粒子逐渐破碎成一级粒子,黏度增加,转矩逐渐上升到最高值	物料密实且黏,在 D 点物料呈棉絮状,形成曲线最高峰
3	挤出机	机筒加热 3 区(熔融 2 区),部分物料呈熔融状态,在螺杆推进下进一步剪切,相当于温度-形变曲线中 T_f 以下状态	挤出机主机电流或扭矩发生变化,继续增大,形成熔体压力
	转矩流变仪	D-E 区,PVC 物料依靠转子转动,一级粒子逐渐破碎成自由大分子,随着时间进一步破碎,高弹形变向塑性转变	颗粒的高弹形变抵抗上顶栓压力,使混炼器上的上顶栓运动,随着翻转、捏合时间的延长,物料高弹形变逐渐减弱,最后成为流动的熔体
4	挤出机	机筒加热 4 区(塑化挤出区)物料呈熔融状态,在螺杆推进下均化,形成稳定熔体压力,定量挤出,相当于温度-形变曲线中 $T_f \sim T_d$ 以下状态	挤出机主机电流或转矩处于稳定状态,模头挤出量稳定
	转矩流变仪	E-F 区,PVC 物料依靠转子转动,一级粒子破碎成自由活动的大分子,物料得到均化、分散	物料呈熔融状态,曲线的转矩逐渐向下滑,达到 F 点是稳定的熔融态,即平衡态

第三节　转矩流变仪在 PVC 型材生产与质量管理中的应用

PVC 型材行业经过 10 多年的市场竞争与整合,已经向规模化、理性化转变,企业生产与质量管理上由粗放型向精细化型转化、由原材料依赖性采购向鉴别性采购转化,在这转化过程中,借助先进的高科技设备进行产品的检测、跟踪产品生产过程已经被越来越多的企业所认识、所重视,转矩流变仪出现与应用满足了这种需要,比传统的检测、跟踪产品更科学、更便捷,将双螺杆挤出机内不可见的 PVC 物料熔体状态客观地反映出来。

一、理想的 PVC 物料标准转矩流变曲线

通过转矩流变仪流变曲线与双螺杆挤出机螺杆三区的对应关系分析,笔者认为,结合 PVC 塑料型材生产企业的自身情况,有必要建立一个理想的 PVC 物料的标准转矩流变曲线,相当于挤出加工生产模型,将生产转矩流变曲线与理想的标准转矩流变曲线进行比较,对于指导企业生产与质量管理有着现实意义。

所谓的理想的 PVC 物料的标准转矩流变曲线是能够满足挤出生产设备、工艺条件及产品的特殊要求、保证经济、连续地生产出合格优质的产品的 PVC 物料的转矩流变曲线,即"标准样"。此时的理想的 PVC 物料的标准转矩流变曲线有特定的最低转矩、最高转矩、平衡转矩、达到各个转矩的时间及塑化时间。注意,这个理想曲线来源于生产现场实践总结。

图 9-5 是生产转矩流变曲线与理想的标准转矩流变曲线的关系。图中由三条曲线组成，中间那条是理想标准流变曲线，上面那条是塑化较快曲线，下面那条是塑化较慢曲线。理想PVC 物料标准转矩流变曲线基本参数定义：最低转矩 B，达到最低转矩时间 C，最高转矩 A，达到最高转矩时间 D。生产转矩流变曲线只有在理想的标准曲线一定区域内上下变化，才能保证 PVC 物料能够连续地生产出合格优质的产品。生产转矩流变曲线与理想的标准曲线对比分析如下：

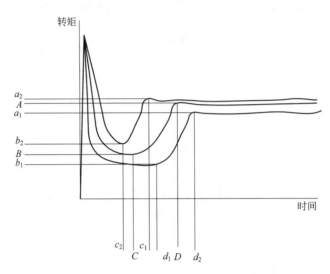

图 9-5　理想流变曲线与生产流变曲线的关系

A—最高转矩；B—最低转矩；C—最低转矩时间；D—最高转矩时间；

a_1、a_2 越接近 A 越好；b_1、b_2 越接近 B 越好；c_1、c_2 越接近 C 越好；d_1、d_2 越接近 D 越好

如果 a_1、a_2 到 A 的距离越小，说明生产曲线越接近标准曲线，其物料越能满足生产要求，一般 a_1、a_2 变化在 ± 1N・m 左右；如果 b_1、b_2 到 B 的距离越小，说明生产曲线越接近标准曲线，其物料越能满足生产要求，一般 b_1、b_2 变化在 ± 1N・m 左右；如果 c_1、c_2 到 C 的距离越小，说明生产曲线越接近标准曲线，其物料满足生产要求，一般 c_1、c_2 变化在 ± 20s 左右；如果 d_1、d_2 到 D 的距离越小，说明生产曲线越接近标准曲线，其物料越能满足生产要求，一般 d_1、d_2 变化在 ± 20s 左右。为什么用 ± 1N・m 或 ± 20s 来讨论生产转矩流变曲线与理想转矩流变曲线，不用百分比来讨论呢？因为这个将来是经过上百次试验比较后总结的结果，转矩流变曲线变化如果超过这个范围容易给正常连续化生产造成一定的负面影响，所以这种方法更直观、更科学，而采用百分比需要计算较复杂。

值得指出的是：这里谈的理想 PVC 物料标准曲线是为研究 PVC 型材生产与质量提供了一个挤出加工生产模型，是研究 PVC 物料流变曲线的一个科学方法。同时，理想 PVC 标准曲线是相对的，常常受到配方体系与生产设备等因素的影响，所以每个型材生产企业的理想标准曲线应该是不相同的。

二、PVC 物料转矩流变曲线在 PVC 塑料型材生产与质量管理中的应用

1. 建立型材生产车间 PVC 物料生产标准曲线库

为什么要建立转矩流变曲线库？过去对 PVC 物料流变特征（塑化质量）控制往往是通过观察挤出机口模出料状态经验判断加以调整。结果，常常出现两种情况：一是挤出机机组不同，表现出物料塑化质量不同，看不出是 PVC 物料工艺操作问题还是设备问题；二是虽

然挤出机上各种生产工艺参数均未改变却容易产生波动使物料塑化不良或过塑化现象，不能判断这些现象是否与配方体系、配方称量、物料的工艺操作有关。所以，有了标准的转矩流变曲线，可以实现挤出机塑化质量由事后分析转为事前分析，即采用转矩流变仪对比生产标准曲线库直观曲线分析，从而缩短了调整时间，避免了原材料的浪费。PVC物料生产标准曲线建立的方法是：在型材生产车间中，选定所生产的型材物理力学性能最好的生产配方，依据此配方物料的转矩流变曲线作为标准的转矩流变曲线，当更换或调整配方中某些原材料后，建立相应的转矩流变曲线，从而建立不同配方体系PVC物料生产标准曲线库。

如何将转矩流变曲线与挤出机生产结合起来？笔者认为，挤出机机筒温度的设定，直接关系到材料的物理机械性能，根据转矩流变曲线数据可以提供出参考设定温度，根据流变曲线反映出其热稳定性，可以知道物料在挤出机中停留的时间范围，进而结合挤出机的结构特点，确定主机及螺杆转速。

从转矩流变曲线的转矩值来看，一般平衡转矩值大表示有利于物料的塑化、密实，型材的物理性能好。温度曲线变化平缓，表明配方体系受外界影响小，即在挤出机生产过程中波动较少，有利于产品的质量的稳定。

通过转矩流变仪曲线，对比特定的标准曲线，可以判断配料是否准确无误、判断混合工艺执行情况、判断混合设备的完好程度、判断原材料的波动情况等。如型材生产常常出现表面有深浅不一的黄色线条，除了螺杆与机筒的间隙不合理的因素外，不能忽视配方及混料工艺正确性。配方设计不合理、热混合温度不合理也能产生黄色线条，采用流变曲线可以判断出来。

2. 评价PVC物料（干混料）的热稳定性

PVC物料的热稳定性好坏直接影响到PVC型材热加工性能及后期的热稳定性能。通过改变转矩流变仪混炼器的温度、转速、干混料投入量等工艺参数看，观察转矩流变曲线变化情况，可以评价PVC物料的热稳定性能。如果曲线变化不大，说明该物料动态热稳定性好、应用面广，不仅可以在不同挤出机生产、满足新旧螺杆、不同模具的需要，而且说明该物料生产的型材在使用过程中热老化性能好。如果曲线变化较大，说明该物料热稳定性不够好、应用面小、热老化性能不好。

图9-6、图9-7是含有A、B两种稳定剂的PVC物料在转矩流变仪混炼器的温度设定、转速设定、干混料投入量等不同条件下的曲线图。在图9-6中，1为含有A稳定剂的PVC物料的标准曲线，2为增加物料投入量后的PVC物料流变曲线，3为转速设定提高后的PVC物料流变曲线，4为温度设定提高后的PVC物料流变曲线，从图中可以看出，虽然PVC物料在转矩流变仪混炼器中改变投入量、转速设定、温度设定，但是曲线变化较小，说明含有A稳定剂的PVC物料动态热稳定性比较好，工艺较稳定，适合于不同厂家的挤出设备的生产需要。在图9-7中，1为含有B稳定剂的PVC物料的标准曲线，2为增加物料投入量后的PVC物料流变曲线，3为转速设定提高后的PVC物料流变曲线，4为温度设定提高后的PVC物料流变曲线，从图中可以看出，转速提高和温度提高后曲线变化基本一致，与标准曲线变化较小，而投入量变化引起曲线变化较大（1与2比较），说明含有B稳定剂的PVC物料动态热稳定不好，对于不同厂家的挤出设备，要采取不同的工艺要求才能保证生产。通过图9-6和图9-7比较，显然，图9-6含有A稳定剂的PVC物料动态热稳定性能好，适应性强，对生产和质量控制有利。

从转矩流变仪混合器中取出的塑化物状态的外观，也能够看出PVC物料热稳定性能。在转矩流变仪的温度设定、转速设定、干混料投入量相同的条件下，外观呈黄色或微黄色的物料说明此PVC物料动态热稳定性不好，不适合生产使用。图9-8是两种PVC物料在转矩流变仪混合器中动态热稳定性能的塑化物，右边的PVC物料热稳定性能差。

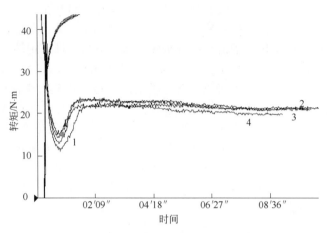

图 9-6 含有 A 稳定剂的 PVC 物料的曲线图

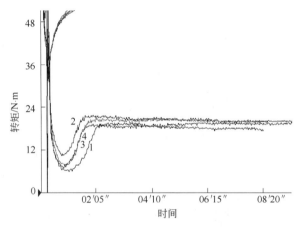

图 9-7 含有 B 稳定剂的 PVC 干混料的曲线图

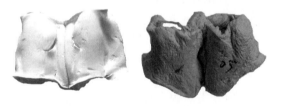

图 9-8 两种 PVC 物料的塑化物

3. 流变曲线与 PVC 物料在流变仪中加工后的塑化物关系

PVC 物料通过转矩流变仪进行加工后在仪器显示了流变曲线图，同时产生了 PVC 塑化物，在特定的配方、工艺条件下，配方中原材料的调整将会影响流变曲线的走势，也使其塑化物外观形状有一定的变化，所以，PVC 塑化物与流变曲线走势有一定的关系。某程度上讲，从流变曲线可以判断塑化物的外观形状，从塑化物的外观形状可以知道流变曲线的大概走势。图 9-9 是加工助剂 ACR 多的流变曲线与塑化物对比图，图 9-10 是碳酸钙过多的流变曲线与塑化物对比图，图 9-11 是调整润滑剂、加工助剂后的流变曲线与塑化物对比图，图 9-12 是内润滑剂多的流变曲线与塑化物对比图，图 9-13 是外润滑剂多的流变曲线与塑化物对比图，图 9-14 是正常配方的流变曲线与塑化物对比图。

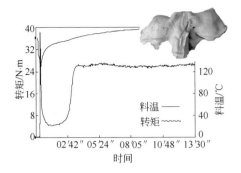

图 9-9　ACR 过多流变曲线与塑化物

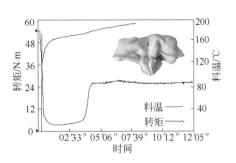

图 9-10　碳酸钙过多流变曲线与塑化物

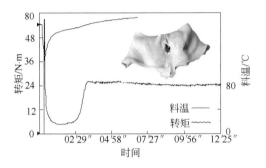

图 9-11　调整润滑剂、加工助剂流变曲线与塑化物

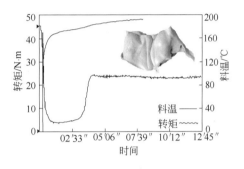

图 9-12　内润滑剂多的流变曲线与塑化物

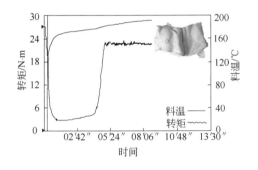

图 9-13　外润滑剂多流变曲线与塑化物

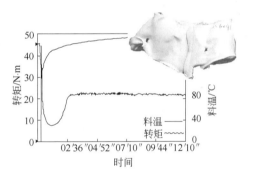

图 9-14　正常配方的流变曲线与塑化物

　　由 PVC 塑化物外观形状可以看出流变曲线的塑化速度快慢，塑化速率较慢的塑化物表面光滑度差且有捏合不好的现象（图 9-15），塑化速率快的塑化物表面光滑细腻（图 9-16）。

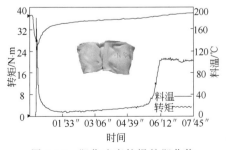

图 9-15　塑化速度较慢的塑化物

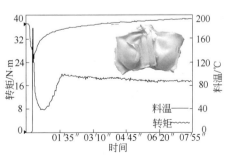

图 9-16　塑化速度快的塑化物

4. 设计、调整生产配方

在没有使用转矩流变仪之前，有的型材生产厂家在调整配方、试验料时往往带有盲目性。依据原材料生产厂家推销人员介绍其产品可以等量代换说法进行配方试验，结果出现挤出机上工艺参数超过设定值导致挤出机电流或转矩急剧变大，造成设备的损害。不仅如此，PVC物料流变性能无法进行科学评价。因此，更换某一原材料，原来的配方不用调整就可以使用的说法，显然没有科学根据。

我们可以通过采用转矩流变仪对PVC物料流变曲线变化的解读，进行配方的设计与调整。下面是对转矩流变曲线解读的实例。

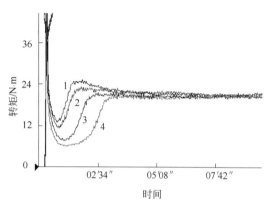

图 9-17 润滑剂影响转矩流变曲线

① 润滑剂影响PVC物料转矩的4个流变曲线（见图9-17）。如果外润滑剂不足（1曲线、2曲线），在挤出机内的物料熔体与螺杆及螺筒摩擦大，主机转矩或电流增大，型材表面颜色容易呈浅黄色，而在转矩流变仪中物料流变曲线的最低峰值高且尖，转矩大，物料塑化时间及达到平衡时间较短，熔体温度上升快，容易粘壁且表面发黄。

如果外润滑剂过多（4曲线），在挤出机内PVC物料的熔体与螺杆及螺筒摩擦小，主机转矩或电流降低，型材表面不光滑，而在转矩流变仪中PVC物料转矩流变曲线的最低峰很宽，各时期的转矩低，物料达到平衡时间较长。外润滑过量时，最低峰及塑化峰更低，塑化峰很宽，各时期的转矩值降低。

内润滑剂过多，在挤出机内的物料熔体内分子间摩擦减少、物料的摩擦热减低使升温较慢，流动性降低，使主机转矩或电流增大、挤出物料不好，而反映到转矩流变仪上是最低峰及塑化峰宽，转矩降低（内润滑过多析出起外润滑作用）。内润滑过量时，也可导致塑化峰、最低峰及转矩低。

值得注意的是，转矩流变曲线的走势不但与内外润滑有关，与混合器内的温度也有关。如果温度高，各时期的转矩均提高，内外润滑剂的各自作用可能会发生变化。相当于挤出机机筒的设定温度提高，主机转矩或电流提高。所以，内润滑与外润滑作用是相对的，润滑剂的总量及作用随着配方体系的变化而发生变化。

② PVC树脂的影响（见图9-18、图9-19）。PVC树脂分子量大，转矩流变曲线表现为塑化时间延长，熔体黏度增大；PVC树脂分子量分布宽，转矩流变曲线表现为塑化时间短，熔体黏度降低。不同厂家生产的同型号树脂，其塑化特性及加工性能有较大的差别，这在塑料加工时加工操作弹性的宽窄、制品好坏上能够反映出来，加工弹性窄的树脂，在加工时，应加一些内润滑剂。

对于含有不同厂家PVC的物料流变曲线有如下解释。

a. 曲线转矩高、塑化时间短与下列因素有关：聚合转化率过高、不稳定结构比例增加；电石法生产树脂中乙炔等低沸物杂质形成 p-π 键；PVC粒径较合理。

b. 曲线转矩低、塑化时间长与下列因素有关：PVC粒径皮厚；PVC颗粒变粗、粒径分布较宽；PVC聚合过程分散体系的选择不好、粒径大。

③ ACR加工助剂的影响（图9-20）。ACR加工助剂加入量增加，PVC熔体黏度增加，使挤出机主机转矩或电流提高，提高了塑化速率，而在转矩流变仪上表现为在塑化峰的上升段，

最低转矩提高，最低峰变尖，提高了塑化转矩，塑化时间缩短，然而对平衡转矩影响较小。

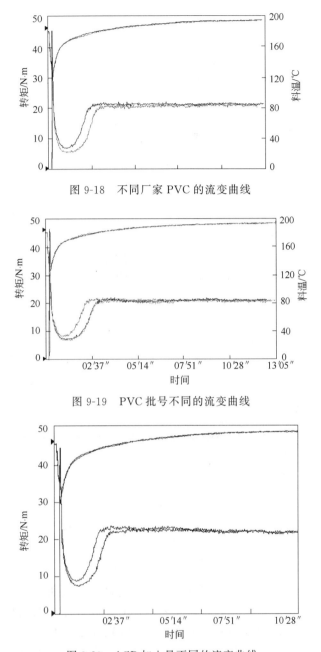

图 9-18　不同厂家 PVC 的流变曲线

图 9-19　PVC 批号不同的流变曲线

图 9-20　ACR 加入量不同的流变曲线

④ CPE 的加入同样可以使体系的塑化时间明显减少，但对熔体转矩/黏度的提高无ACR 明显，这主要是因为 CPE 与 PVC 相容性好，具有一定的增塑作用。由图 9-21 可以看出，CPE 生产厂家不同，PVC 物料的流变曲线有很大区别，与厂家生产工艺不同、采用隔离剂不同及用量有关。显然，1 号曲线涉及的 CPE 影响 PVC 物料的塑化质量。

⑤ 填充剂的增加，会推迟塑化时间，转矩稍降低，进行表面处理的活性填料，填充量多会出现过润滑现象，使熔融时间延长。纳米填料有明显的促进体系凝胶化特点，使熔融时间缩短。

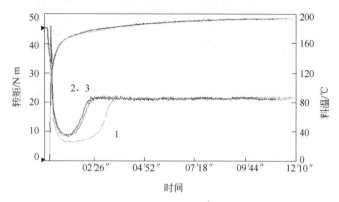

图 9-21　三个厂家 CPE 的流变曲线

图 9-22 显示的是填充量不同的流变曲线图。1 为含有 10 份活性轻质碳酸钙的 PVC 物料流变曲线，2 为含有 15 份活性轻质碳酸钙的 PVC 物料流变曲线，3 为含有 20 份活性轻质碳酸钙的 PVC 物料流变曲线，4 为含有 25 份活性轻质碳酸钙的 PVC 物料流变曲线，从图中可以看出，含有 25 份活性轻质碳酸钙的 PVC 物料流变曲线变化较大，使熔融时间或称为塑化时间延长。

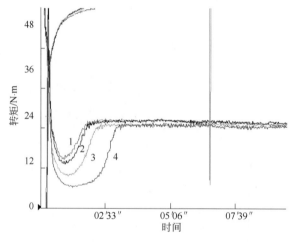

图 9-22　填充量不同的流变曲线

⑥ 采用正交试验设计的方法进行配方的设计，通过对流变曲线的解读分析配方组分的影响。下面是以 $L_9(3^4)$ 正交试验表，在配方设计时，进行加工助剂和润滑剂变量影响试验。具体试验方法是，采用 PVC 物料的固定配方，分别改变加工助剂、硬脂酸钙、硬脂酸、硬脂酸十八酯四个因素三个水平的用量（见表 9-2），制成因素水平表，从而确定九个试验配方（见表 9-3），在制成 PVC 物料基础上，通过转矩流变仪的加工形成流变曲线的最高转矩、最低转矩、塑化时间等参数，并且将这些参数进行分析（表 9-4）。

表 9-2　因素水平表

因素	加工助剂(1)	硬脂酸钙(2)	硬脂酸(3)	硬脂酸十八酯(4)
水平 1	1.5	0.2	0	0.3
水平 2	2	0.4	0.2	0.6
水平 3	2.5	0.6	0.3	0.9

表 9-3 PVC 干混料试验配方

试验号	加工助剂(1)	硬脂酸钙(2)	硬脂酸(3)	硬脂酸十八酯(4)
1	1.5	0.2	0	0.3
2	1.5	0.4	0.2	0.6
3	1.5	0.6	0.3	0.9
4	2	0.2	0.2	0.9
5	2	0.4	0.3	0.3
6	2	0.6	0	0.6
7	2.5	0.2	0.3	0.6
8	2.5	0.4	0	0.9
9	2.5	0.6	0.2	0.3

* 配方其他组分不改变。

表 9-4 流变试验结果分析

试验号	变量				流变特征		
	1	2	3	4	最高转矩/N·m	最低转矩/N·m	塑化时间/s
1	1.5	0.2	0	0.3	26.1	3.5	258
2	1.5	0.4	0.2	0.6	23.9	3.7	251
3	1.5	0.6	0.3	0.9	22.9	4.1	213
4	2	0.2	0.2	0.9	22.8	2.8	283
5	2	0.4	0.3	0.3	24.4	3.4	236
6	2	0.6	0	0.6	25.7	4.1	188
7	2.5	0.2	0.3	0.6	25.5	4.2	250
8	2.5	0.4	0	0.9	26.7	4.4	195
9	2.5	0.6	0.2	0.3	26.2	4.9	182

最高转矩/N·m					最低转矩/N·m			
	1	2	3	4		1	2	3	4
$\Sigma 1$	72.9	74.4	78.5	76.7	$\Sigma 1$	11.3	10.5	12	11.8
$\Sigma 2$	72.9	75	72.9	75.1	$\Sigma 2$	10.3	11.5	11.4	12
$\Sigma 3$	78.4	74.8	72.8	72.4	$\Sigma 3$	13.5	13.1	11.7	11.3
R	5.5	0.6	5.7	4.3	R	3.2	2.6	0.6	0.7

塑化时间/s				
	1	2	3	4
$\Sigma 1$	722	791	641	676
$\Sigma 2$	707	682	783	689
$\Sigma 3$	627	223	699	691
R	95	568	142	15

通过试验结果可以看出，流变曲线显示的最高转矩：硬脂酸＞加工助剂＞硬脂酸十八酯＞硬脂酸钙（3＞1＞4＞2），其中硬脂酸影响最高转矩的主要因素；流变曲线显示的最低转矩：加工助剂＞硬脂酸钙＞硬脂酸十八酯＞硬脂酸（1＞2＞4＞3），其中加工助剂是影响最低转矩的主要因素；流变曲线显示的塑化时间：硬脂酸钙＞硬脂酸＞加工助剂＞硬脂酸十八酯（2＞3＞1＞4），其中硬脂酸钙是影响塑化时间的主要因素。所以，对于一定的配方体系，硬脂酸可以提高流变曲线的最高转矩，加工助剂可以提高流变曲线的最低转矩，硬脂酸钙可以加快 PVC 物料的塑化速率，通过最高转矩、最低转矩、塑化速率变化可以判断配方的可行性能，进而指导车间挤出工艺。

5. 质量控制

（1）检测原材料的产品质量　过去原材料入厂基本上是按批次进行取样、检验分析，这样固然重要，但是配制试剂、做分析项目较多，比较麻烦，而且不能反映 PVC 物料热稳定性能。采用转矩流变仪可以实现快速检测，用在标准配方下调换某一原材料的物料曲线与标准配方下物料曲线进行比较，从而判断该原材料是否达到质量要求。而判断需要考虑是：第一个问题，对于不同批次原材料的采用，当判断该原材料的物料曲线在标准曲线范围内，可以生产使用。第二个问题，对于不同新原材料的采用，当判断该原材料的物料曲线在标准曲线范围内，然后采用该原材料的物料在挤出机上进行产品试验，判断产品的物理性能满足标准配方物料生产的产品指标，才可以进行试生产使用。

（2）监控配方执行、热混合工艺 通过转矩流变曲线的变化可以判断配方的执行情况、热混合工艺的执行情况，实现挤出前混合物料的监控，为挤出机生产线挤出生产型材奠定了质量基础，保证了型材的产品质量。所以，使用转矩流变仪可以控制源头—原材料质量、控制混料质量—为挤出生产的奠定基础、保证物料的塑化质量—确定型材生产工艺参数，从而提高 PVC 型材生产与质量的管理水平。

以上是使用转矩流变仪在 PVC 型材生产与质量管理中的一些实践与研究的体会，然而还有很多需要进一步研究的内容，比如纯 PVC 转矩流变特性与微观状态的关系，PVC 物料转矩流变特性与微观状态关系，PVC 物料混合前后各组分对型材的各种参数贡献如何等。

第四节　PVC 塑料型材配方设计与电能耗关系

在 PVC 塑料型材生产过程中，配方设计及工艺参数的设定，不但影响到 PVC 塑料型材产品质量，而且会影响到生产设备电能耗的变化。笔者通过转矩流变仪对 PVC 塑料型材配方设计与电能耗的关系进行了研究。

一、PVC 物料在转矩流变仪塑化过程中电能耗表现形式

目前，转矩流变仪从为科研机构服务，向为更多生产企业服务的转变，为研究 PVC 物料流变性能提供了良好的工具。因此，笔者使用该转矩流变仪中能量积分的功能对 PVC 物料在转矩流变仪中塑化过程中电能耗进行了研究。

转矩流变仪是基于 PVC 物料由粉状固体变成熔体的塑化过程中，在转子转动、压锤等作用下产生的阻抗而描绘出的模拟 PVC 物料由玻璃态向黏流态转变的实际动态加工的一种试验装置。通过试验，可获得干混料在设定温度、剪切速率条件下扭矩与时间及温度与时间的轨迹图。

转矩流变仪的基本组成为由三大部分，它们是控制平台、混合器、主机。主机由转矩传感装置、电动传动装置组成，控制平台由 PC 机与相应软件系统组成，混炼器由两个转子、混炼室、加压锤、加热系统组成。

转矩流变仪工作原理：在特定的温度、特定的转子转速下，一定量的 PVC 物料投入到特定的混料腔中，从玻璃态逐渐到高弹态、再逐渐到黏流态的聚集态变化过程，通过转矩传感器反映到 PC 机中特定的软件系统上，形成转矩与时间、温度与时间的曲线，将聚集态宏观不可见的变化过程转化成宏观上可见的曲线变化过程。

PVC 物料是指 PVC 树脂与加工助剂经过高速混合机高速混合达到设定的温度并且经过低速混合冷却放出后的粉体物料。图 9-23 是典型的 PVC 物料的流变曲线，图中 PVC 物料的流变特性以 4 个区间、三个峰值反映出来，它们分别是 O-A 干混料压缩、吸热区、A-B 吸热微熔区、B-C 吸热及放热微熔区、C-D 放热及熔融区，A、B、C 分别代表加料转矩峰、塑化最低转矩峰、塑化最高转矩峰，从图中可以看出，B 点之前是 PVC 物料吸热开始熔融，C 点是 PVC 物料同时处于吸热和放热、塑化熔融状态，该点对应的时间就是 PVC 物料塑化时间，D 点是 PVC 物料放热塑化且处于黏流状态。转矩流变仪软件不但反映出 PVC 物料流

变曲线，也能够反映 PVC 物料在塑化过程中的电能耗变化，以能量积分曲线表现出来。为了便于比较 PVC 物料在转矩流变仪混炼器中熔融状态时的能量积分，将流变曲线图中从 O 点到塑化时间 C 点处裁剪后形成达到塑化时间时的流变曲线图并且保存（见图 9-24），然后使用转矩流变仪软件将已经保存的 DAT 文件打开，在混炼器报告编辑器中选"工具"菜单，单击"能量积分"，出现 PVC 干混料能量积分曲线图（见图 9-25），图中纵坐标为电能量（kJ），横坐标为塑化时间

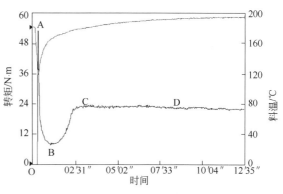

图 9-23　PVC 物料流变曲线

（s）。能量积分曲线图中曲线反映 PVC 物料塑化过程中，随着塑化时间的增加，其形态由玻璃态—高弹态—黏流态三态转化过程中吸收的能量逐渐增加，吸收的能量来自电加热。为了便于比较不同原材料、工艺对 PVC 物料吸收能量的影响，将能量积分曲线图中吸收能量对塑化时间的积分定义为电能耗，即将曲线图中的曲线近似看成斜线，由纵坐标、横坐标、斜线围成的三角形面积定义为电能耗。电能耗计算公式为：电能耗＝纵坐标值×横坐标值÷2。电能耗的值越高，反映 PVC 物料塑化过程中消耗电量高。

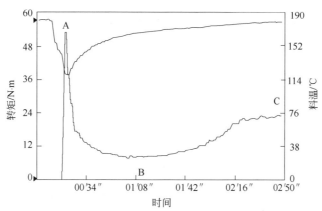

图 9-24　达到塑化时间的 PVC 物料流变曲线

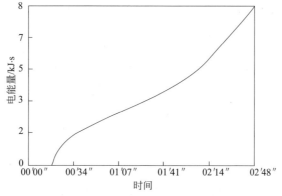

图 9-25　达到塑化时间的 PVC 物料能量积分图

二、PVC 塑料型材配方设计与转矩流变仪中的电能耗

对于特定的 PVC 塑料型材生产配方体系，PVC 物料应该有标准的流变曲线图，该标准的流变曲线图中应该有上下浮动范围的概念。一般情况下，加入不同批次原材料的生产配方，其流变曲线应该在标准的流变曲线图的范围内，有利于 PVC 塑料型材生产和质量的稳定。在工艺条件不变的情况下，如果改变 PVC 塑料型材配方组分的用量或者更换原材料生产厂家将影响到 PVC 物料的流变曲线，其塑化时间将发生变化，电能耗也随之发生变化。当配方组分、用量不变时，改变 PVC 物料的混合工艺条件，其塑化时间将发生变化，电能耗也将发生变化。现在，就 PVC 物料配方设计与其在转矩流变仪中的电能耗进行下面对比试验。

设定试验条件：配方组分不变，只是更换一种原材料的生产厂家；PVC 物料的热混温度和冷混温度是固定不变的，转矩流变仪中混炼室各区加热温度 178℃，转子转速 35r/min，每次投入 PVC 物料 62g。

1. 不同原材料的 PVC 物料在转矩流变仪中的电能耗

(1) 加入不同生产厂家 PVC 树脂的 PVC 物料在流变仪中的电能耗　笔者制备了加入 5 个厂家 PVC 树脂的 PVC 物料，进行电能耗的对比试验。结果显示，使用厂家 1 的 PVC 树脂的 PVC 物料塑化时间 3min44s，电能耗为 1120kJ·s，使用厂家 3 的 PVC 树脂的 PVC 物料塑化时间 2min55s，电能耗为 700kJ·s（见表 9-5）。

表 9-5　不同生产厂家 PVC 树脂对于 PVC 物料的影响

生产厂家	厂家 1	厂家 2	厂家 3	厂家 4	厂家 5
塑化时间/s	224	189	175	191	194
电能耗/kJ·s	1120	756	700	764	776

表 9-5 表明，对于加入不同厂家 PVC 树脂的 PVC 物料，与厂家 1 的 PVC 树脂相比，使用厂家 2 塑化时间缩短了 15.6%，电能耗降低了 32.5%；使用厂家 3 塑化时间缩短了 21.8%，电能耗降低了 37.5%；使用厂家 4，塑化时间缩短了 14.7%，电能耗降低了 31.7%；使用厂家 5，塑化时间缩短了 13.4%，电能耗降低了 30.7%。

从表 9-5 中塑化时间和电能耗看出，出现不同厂家的 PVC 树脂在进行干混料流变曲线试验时，塑化时间和电能耗是有差别的，这与其 PVC 树脂微观结构有关。肉眼可见的 PVC 颗粒，其直径约 $100\mu m$，通常有皮膜包覆。每个颗粒是由初级粒子松散地堆砌在一起的，而初级粒子是由微区结构聚合而成的。PVC 树脂的颗粒粒子皮膜厚度、平均直径和粒度分布、形态、孔隙率、孔径和孔径分布、比表面积、密度分布等均会影响树脂的加工性能，PVC 颗粒粒子皮膜厚、颗粒平均直径大、不光滑、粒度分布不均等会在进行 PVC 物料流变试验时，实现高分子三态转变过程中吸收较多的能量，反映出塑化时间延长和电能耗提高。从加入 5 个厂家 PVC 树脂的 PVC 干混料在流变仪中塑化时间和电能耗看，生产 PVC 塑料型材过程中，厂家 2、厂家 4、厂家 5 等三家 PVC 树脂可以互换使用。如果以加入厂家 3 的 PVC 树脂的物料塑化时间作为指导 PVC 塑料型材生产标准的话，那么加入厂家 1 的 PVC 树脂的物料由于在流变仪中表现电能耗增加，因此，在 PVC 塑料型材生产过程中，需要考虑适当调高挤出机设定温度来弥补 PVC 物料塑化时间长的不足，满足塑料型材质量要求。

(2) 加入不同生产厂家钛白粉的 PVC 物料在流变仪中的电能耗　笔者制备了加入 6 个厂家钛白粉的 PVC 物料，进行电能耗的对比试验。试验显示，加入厂家 1 钛白粉的 PVC 物

料塑化时间 2min5s，电能耗为 375kJ·s，加入厂家 6 钛白粉的 PVC 物料塑化时间 3min5s，电能耗为 740kJ·s（见表 9-6）。PVC 物料在流变仪中的塑化时间的最高值与最低值比，相差 1min，在流变仪中消耗的电能耗的最高值与最低值比，相差 1 倍。

表 9-6　不同生产厂家钛白粉对于 PVC 物料的影响

钛白粉生产厂家	厂家 1	厂家 2	厂家 3	厂家 4	厂家 5	厂家 6
塑化时间/s	125	152	179	173	166	185
电能耗/kJ·s	375	608	716	692	664	740

从表 9-6 可知，与厂家 1 的钛白粉 PVC 物料相比，加入厂家 2 的钛白粉塑化时间延长 27s，即延长时间 21.6%，电能耗提高了 54.8%；加入厂家 3 钛白粉塑化时间延长了 43%，电能耗提高了 91%；加入厂家 4 钛白粉塑化时间延长了 38%，电能耗提高了 84%；加入厂家 5 钛白粉塑化时间延长了 32.8%，电能耗提高了 77%；加入厂家 6 钛白粉塑化时间延长了 48%，电能耗提高了 92%。由电能耗对比可以看出，钛白粉厂家不同，影响到 PVC 物料的塑化曲线和时间，塑化时间延长导致 PVC 干混料流变试验电能耗提高。产生的原因是，钛矿石成分不同、粒径分布不同、工艺处理方式不同的钛白粉，使 PVC 物料在流变仪塑化过程中吸热时间不同，电能耗不同。加入厂家 6 钛白粉的 PVC 物料虽然达到了热混温度，但钛白粉存在粒径大小不均或钛矿石有杂质、颗粒表面处理后皮膜过厚，使钛白粉颗粒吸热过多，PVC 树脂并没有达到预期的塑化程度，导致 PVC 物料作流变试验时，需要加热弥补 PVC 树脂塑化不足，使 PVC 物料塑化时间过长、电能耗高。

（3）加入不同生产厂家稳定剂的 PVC 物料在流变仪中的电能耗　分别制作加入 3 个生产厂家的稳定剂的 PVC 物料，进行流变曲线对比。结果显示，加入厂家 1 的稳定剂的 PVC 物料塑化时间 3min8s，电能耗为 752kJ·s，加入厂家 2 的稳定剂的 PVC 物料塑化时间 2min23s，电能耗为 572kJ·s，加入厂家 3 的稳定剂的 PVC 物料塑化时间 1min50s，电能耗为 385kJ·s（见表 9-7）。

表 9-7　不同生产厂家稳定剂对于 PVC 物料的影响

生产厂家	厂家 1	厂家 2	厂家 3
塑化时间/s	188	143	110
电能耗/kJ·s	752	572	385

表 9-7 表明，与加入厂家 1 的稳定剂的 PVC 物料相比，加入厂家 2 稳定剂的塑化时间缩短 24%，电能耗降低了 24%；加入厂家 3 稳定剂的塑化时间缩短 41.5%，电能耗降低了 49%。加入厂家 1 稳定剂的 PVC 物料在流变仪中电能耗最高，可能与厂家 1 稳定剂中外润滑剂含量过多有关。因为 PVC 物料在热混合过程中，保持热混温度不变，稳定剂中外润滑剂含量过多，PVC 颗粒之间摩擦不够，预塑化效果不好，导致在流变仪试验中塑化时间延长，增加电能耗来弥补热混合过程的预塑不足，满足 PVC 物料塑化的要求。

（4）加入 ACR 生产厂家及参数不同的 PVC 物料在流变仪中的电能耗　比较加入 2 个厂家 ACR 且参数不同的 PVC 物料电能耗。加入厂家 1 的 ACR 的 PVC 物料在流变仪中塑化时间 4min24s，电能耗为 924kJ·s，加入厂家 2 的 ACR 的 PVC 物料在流变仪中塑化时间 2min52s，电能耗为 516kJ·s（表 9-8）。

表 9-8　不同生产厂家 ACR 对于 PVC 干混料的影响

生产厂家	厂家 1	厂家 2
塑化时间/s	264	172
电能耗/kJ·s	924	516

加料转矩/N·m	36.6	38.8
最高转矩/N·m	19.4	20.4

与加入厂家1的ACR的PVC物料相比，加入厂家2的ACR的在流变仪中塑化时间缩短34.8%，电能耗降低了44%，但是加料转矩提高了6%、塑化最高转矩提高了5%。显然，加入厂家2的ACR的PVC物料虽然有利于塑化，电能耗较低，有利于PVC物料在型材挤出生产过程中塑化质量的提高，但应考虑转矩发生了变化。所以，选用哪种ACR，应该将加入ACR的PVC干混料在流变仪中塑化时间与型材挤出设备的设定温度结合起来考虑，应该考虑ACR的加入对挤出设备转矩或电流以及型材的物理性能指标的影响。

2. 加入不同用量碳酸钙的PVC物料在流变仪中的电能耗

碳酸钙加入量不同，PVC物料的电能耗表现不同。笔者在固定基本配方组分条件下，将碳酸钙加入量确定为10份、15份、20份、25份。碳酸钙用量10份的塑化时间2min14s，电能耗为603kJ·s，碳酸钙用量15份的PVC物料塑化时间2min52s，为774kJ·s，碳酸钙用量20份的PVC干混合料塑化时间3min21s，电能耗为904.5kJ·s，碳酸钙用量25份的PVC干混合料塑化时间4min51s，电能耗为1309.5kJ·s（表9-9）。

表 9-9　碳酸钙用量变化对于 PVC 物料的影响

碳酸钙用量变化	10 份	15 份	20 份	25 份
塑化时间/s	134	172	201	291
电能耗/kJ·s	603	774	904.5	1309.5

从表9-9中看出，15份碳酸钙的PVC物料比10份碳酸钙的PVC物料塑化时间延长28%，电能耗增加28%；20份碳酸钙的PVC物料比10份碳酸钙的PVC物料塑化时间延长50%，电能耗增加50%；25份碳酸钙的PVC物料比10份碳酸钙的PVC物料塑化时间延长117%，电能耗增加117%。随着碳酸钙用量的增加，塑化时间变化与电能耗变化呈现出线性关系，具有一定规律性。对于PVC型材配方加入碳酸钙用量，当PVC物料达到同样热混温度条件下，随着碳酸钙用量的增加，PVC干混料在流变仪中塑化时间延长，这是因为随着碳酸钙增加，无机粉体颗粒之间的摩擦热增加，促使PVC干混料达到热混温度，而PVC树脂并没有达到预期的塑化程度，在进行流变试验过程中塑化时间延长导致电能耗增加，其中包含了弥补PVC树脂在热混时间预塑化的不足。如果保持PVC物料热混温度不变情况下，碳酸钙用量增加，要保持原有的型材挤出塑化度，需要考虑提高挤出设备的机筒的设定温度，显然提高了挤出设备的电能耗。

3. 转矩流变仪不同设定条件下PVC物料在流变仪中的电能耗

在PVC物料的热混温度、加入量不变化的情况下，就某个配方体系，改变转矩流变仪转子转速、加热温度，结果是不同的。笔者制定了三个工艺条件，条件1是转矩流变仪各个区的加热温度的设定温度178℃、转速35r/min；条件2是转矩流变仪的设定温度178℃、转速40r/min；条件3是转矩流变仪设定温度182℃、转速35r/min。从表9-10可以看出，当条件1时，PVC物料是塑化时间3min8s，电能耗940kJ·s；条件2时，转速提高14.2%，PVC干混料塑化时间缩短了21.3%，电能耗降低了21.2%；条件3时，温度提高2.2%，PVC干混料塑化时间缩短了33%，电能耗降低了53%。由此可以看出，在PVC干混料热混温度不变情况下，在流变仪中，提高温度要比提高转速，对于电能耗影响较大。同理，在PVC干混料热混温度不变、预塑化不足的情况下，型材挤出过程中如果要提高塑化度，需提高挤出设备的机筒设定温度，而不是提高挤出设备的主机转速。

表 9-10　工艺变化对于 PVC 物料的影响

工艺条件	条件 1	条件 2	条件 3
塑化时间/s	3min8s	2min28s	2min6s
电能耗/kJ·s	940	740	441

因此，对于经过多年使用、经过实践验证较好的 PVC 塑料型材生产配方，其 PVC 物料已经形成了标准的流变曲线图，标准的流变曲线图是一个范围图。常常将该图作为指导型材挤出生产的评价依据。当需要调整配方某个组分，改变后的流变曲线图的塑化时间超过范围且预塑化不足时，就应调整配方体系，不建议用提高挤出设备设定温度来缩短塑化时间。因为升高温度不但电能耗增加，而且意味着消耗 PVC 物料中的热稳定剂，势必影响型材的后期老化性能。

4. 不同的热混温度 PVC 物料在转矩流变仪中的电能耗

笔者曾经作过 PVC 塑料型材不同配方体系、不同热混温度，PVC 物料在转矩流变仪中的电能耗的对比。对于 A 种配方体系，PVC 配方组分不变，PVC 物料热混温度分别为 120℃和 125℃。表 9-11 结果表明，125℃热混的 PVC 物料加料转矩有些降低，最高转矩相同，PVC 物料塑化时间多 23s，但是电能耗高 28.6%。同时，观察两个不同热混温度的 PVC 干混合料在挤出设备进行塑料型材生产时，设备设定温度没有调整，能够正常生产。对两种 PVC 物料生产的塑料型材进行物理性能检测，虽然塑料型材的物理性能都在型材的标准规定的范围内，但是，125℃热混的 PVC 物料生产的塑料型材焊角破坏力提高了 3.5%，热尺寸变化率差值（ΔR）却提高了 150%。因此，对于一定的 PVC 塑料型材生产配方、固定的挤出设备，既然两个热混温度都能满足挤出设备生产和塑料型材标准情况下，从节约能源角度和降低电能耗出发，热混温度不宜设置过高。

表 9-11　热混温度对于 PVC 物料的影响

热混温度/℃	120	125
塑化时间/s	2min27s	2min50s
电能耗/kJ·s	684	880
加料转矩/N·m	53.7	48.4
最高转矩/N·m	22.8	22.8

对于 B 种配方体系，PVC 配方组分不变，PVC 物料的热混温度分别为 120℃和 130℃。表 9-12 结果表明，130℃热混的 PVC 物料加料转矩有些提高，最高扭矩相同，PVC 物料塑化时间缩短 34s，电能耗却降低了 64%。显然，PVC 物料塑化时间缩短，可适当调低挤出设备的机筒设定温度，有利于产品质量稳定。减少挤出设备的电能耗，可以考虑适当提高 PVC 物料的热混温度，达到良好预塑化效果。对于 A、B 两种配方体系，在考虑电能耗时，应该从 PVC 物料的热混温度、挤出设备的设定温度、型材的物理性能综合考虑才能确定。

表 9-12　热混温度对于 PVC 物料的影响

热混温度/℃	130	120
塑化时间/s	2min22s	2min56s
电能耗/kJ·s	504	828
加料转矩/N·m	48.6	45.4
最高转矩/N·m	21.8	22.2

5. PVC 物料在流变仪中的电能耗与挤出机工艺温度

将两种不同配方的 PVC 物料用于挤出机生产型材，并且进行观察。首先，将两种不同配方的 PVC 物料在流变仪中作流变曲线，然后在固定挤出机机组、型材断面、模具的条件下生产型材。图 9-26 是两种配方的 PVC 物料流变曲线，与 1 号配方比较，2 号配方 PVC 干混料的流变曲线塑化时间增加了 92s，最低转矩降低了 17.4N·m。通过计算两种配方的 PVC 干混料在流变仪中的电能耗，结果 2 号配方 PVC 干混料塑化的电能耗大（表 9-13），表明 2 号配方 PVC 干混料的加工性能差，要达到 2 号配方 PVC 干混料的塑化质量，能量消耗就要大。两种配方的 PVC 物料在挤出机上生产型材，将它们在挤出机机筒设定温度值列在表 9-14 中，从表 9-14 中两种配方的 PVC 物料在挤出机上工艺参数比较可以看出，由于 2 号配方 PVC 物料电能耗大，导致挤出机机筒设定温度平均提高了 9.2℃，说明 PVC 物料配方不同，在流变仪中的电能耗不同，挤出机生产工艺温度就不相同。另一方面，由于每个挤出机的剪切效果不同，可能带来的挤出机的机筒温度提高的幅度不同。所以，PVC 物料在流变仪中的电能耗对挤出机工艺温度有影响。

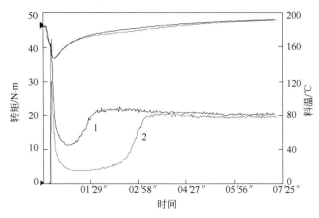

图 9-26　两种配方的时间 PVC 干混料流变曲线

表 9-13　两种配方的 PVC 物料与流变曲线对比

PVC 干混料配方	最高转矩	最低转矩	塑化时间	电能耗
1 号	11.3N·m	21.3N·m	96s	220kJ·s
2 号	20.4N·m	3.9N·m	191s	450kJ·s

表 9-14　两种配方的 PVC 物料在挤出机上工艺参数比较

PVC 干混料配方	C_1/℃	C_2/℃	C_3/℃	C_4/℃	合流芯/℃	平均/℃
1 号	198	194	170	156	150	173.6
2 号	199	194	170	185	166	182.8

目前，在 PVC 塑料型材生产供大于求的情况，为了提高产品的市场竞争力，必须重视内部节能挖潜、降低能耗，PVC 塑料型材配方设计与电能耗关系的研究值得思考，可作为制定具有可操作的经济型 PVC 塑料型材生产配方体系、工艺条件参考依据。

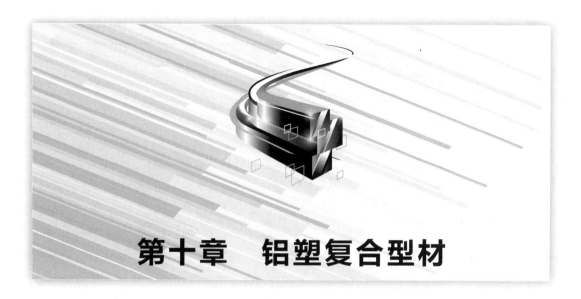

第十章　铝塑复合型材

铝塑复合型材是由铝合金型材与 PVC 塑料型材通过特殊的设备复合而成的。由于铝合金材料具有质量轻、强度好、易加工、外观艳丽、耐腐蚀性、耐老化性、耐低温性等特性，是其他材料不能比拟的，因此有广泛的建筑市场应用空间。目前，含有铝合金材料的门窗型材大致有三种：铝合金型材、断桥铝合金型材（又称为隔热铝合金型材）、铝塑复合型材。

铝合金型材具备了铝合金材料所有特性，不足之处是保温性能较差。断桥铝合金型材除了保留铝合金材料所有特性外，在型材内外两侧之间加入了尼龙隔热条从而提高了整体型材保温性能。有资料表明，铝合金型材传热系数 $5.5W/(m^2 \cdot K)$，断桥铝合金型材传热系数 $3.4W/(m^2 \cdot K)$，即带有尼龙隔热条的铝合金型材比铝合金型材的传热系数降低近 40%。铝塑复合型材是近几年发展起来的，是为了满足严寒地区保温性能要求，在断桥铝合金型材基础上进行改进和完善的一种新型门窗用型材，由于是隔热材料与腔体设计的改进，使铝塑复合型材的传热系数大大降低。

第一节　含有铝合金材料的门窗用型材保温性能分析

通过计算断桥铝合金型材热阻和铝塑复合型材热阻，比较它们保温性能的区别。因为型材热阻值越大，传热系数值越小，保温性能越好。

所谓传热阻是指围护结构的传热阻，表示热量从围护结构的一侧传至另一侧空间所受的总阻力。传热阻是说明围护结构在稳定传热条件下保温性能的重要指标。这个稳定传热条件是室内外温度均不随时间而变，围护结构内各层的温度也不随时间而变，单位时间通过围护结构的热流是一个恒量。门窗是围护结构中重要的构件，铝塑复合型材是门窗构件中的一个重要部分。根据建筑热工学理论，复合型材传热阻计算基于以下考虑：复合型材结构是用两种材料组合而成的组合结构，且型材为封闭型腔，每个腔室材料由两部分组成，即实心材料和空心材料，在冬季使用时封闭型腔中的空气传热阻随着型腔宽度不同而不同（见表 10-1）。复合型材的传热阻是多个型腔室的平均传热阻与实心材料传热阻之和。而每个型腔室的平均传热阻是由腔室传热阻与腔室中空气传热阻之和。

表 10-1　　冬季封闭空气热阻　　　　　　　　　单位：$(m^2 \cdot K)/W$

空气腔厚度 d	≤10	≤20	≤30	>30
R	0.14	0.16	0.17	0.18

空心材料的传热阻 $R_空 = d/\lambda$（这里主要指空气）

计算公式为：

$$R = \frac{F_1 + F_2}{\dfrac{F_1}{R_{0(1)}} + \dfrac{F_2}{R_{0(2)}}} \qquad (10\text{-}1)$$

式中　F_1、F_2——材料与热流方向垂直的各个传热面的面积，m^2；

　　　$R_{0(1)}$、$R_{0(2)}$——腔室某材料的传热阻；

　　　　　R——某一个型腔室的平均传热阻。

型材总热阻 $R_总 = R_1 + R_2 + R_3 + R_4 + R_5$

一、断桥铝合金型材保温性能分析

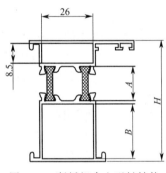

图 10-1　断桥铝合金型材结构

以图 10-1 断桥铝合金型材结构图为例，计算其隔热体尺寸、铝型材腔体空气层厚度尺寸变化对整体型材热阻的影响，即型材保温性能的影响。A 代表中间隔热体尺寸（尼龙隔热条长度），B 代表内侧铝型材腔体空气层厚度尺寸，H 代表断桥铝合金型材厚度尺寸。当我们保持中间隔热条 $A = 14.8mm$ 长度、外侧铝型材腔体空气层厚度不变时，内侧铝型材腔体空气层厚度 B 分别为 23mm、24mm、26mm、28mm、29mm、31mm、34mm、39mm、41mm，使断桥铝合金型材厚度 H 分别变化为 52mm、53mm、55mm、57mm、58mm、60mm、63mm、68mm、70mm，分别计算断桥铝合金型材不同型材厚度的热阻。表 10-2 显示的是断桥铝合金型材厚度与热阻的关系，可以看出，断桥铝合金型材厚度从 52mm 增加到 70mm，厚度增加 18mm，热阻从 $0.1194(m^2 \cdot K)/W$ 增加到 $0.1204(m^2 \cdot K)/W$，仅发生小数点后 3 位数的小变化。计算结果表明，无论如何变化铝型材腔体空气层厚度尺寸，隔热条部分热阻占断桥铝合金型材热阻的比例为 97.7% 左右。说明铝型材腔体空气层厚度尺寸变化对整体型材热阻影响甚微。不但保温性能几乎没有变化，却增加了断桥铝合金型材重量和成本。

表 10-2　　断桥铝合金型材厚度与热阻的关系

铝塑铝厚度/mm	52	53	55	57	58	60	63	68	70
热阻/$[(m^2 \cdot K)/W]$	0.1194	0.1195	0.1196	0.1197	0.1197	0.1198	0.12	0.1203	0.1204

当我们保持外侧铝型材腔体空气层厚度 8.5mm、内侧铝型材腔体空气层厚度 $B = 23mm$ 不变时，增加断桥铝合金型材中间隔热体尺寸 A（尼龙隔热条长度）分为 14.8mm、16mm、24mm，使断桥铝合金型材厚度 H 变化为 52mm、53mm、61mm，分别计算断桥铝合金型材不同型材厚度的热阻。图 10-2 显示的是断桥铝合金型材隔热条长度与热阻的关系，可以看出，断桥铝合金型材中间隔热体从 14.8mm 增

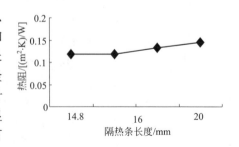

图 10-2　隔热条长度与热阻的关系

加到 24mm，热阻仅从 $0.1188(m^2 \cdot K)/W$ 增加到 $0.16(m^2 \cdot K)/W$，发生了小数点后 2 位数的变化。隔热体尺寸变化对整体型材热阻有一定的影响，虽然热阻变化比增大铝材腔体空气层厚度变化大，但型材整体的保温性能变化仍然很小。同时，隔热条尺寸增大，使型材整体的刚度降低，从而影响到门窗的强度。综合以上计算表明，对于断桥铝合金型材断面结构，无论是采取增大铝材的空气层厚度，还是采取增大隔热条尺寸方法来提高其热阻、降低传热系数，进一步提高其保温性能都有很大难度。

二、铝塑复合型材保温性能分析

通过市场收集到的部分铝塑复合型材断面结构图，应用建筑热工学理论，计算与比较其传热阻性能，从节能角度确定铝塑复合型材比较好的断面结构图。

1. 铝塑复合型材类型及传热阻计算

铝塑复合型材可以分为三大类，PVC 塑料型材与铝型材复合组成的 PVC 铝塑复合型材；PA66 塑料条与铝型材复合组成的 PA 隔热铝型材；PU 塑料注入到铝型材复合组成的 PU 隔热铝塑复合型材。前两种使用范围及使用量较多，一般统称为铝塑复合型材。前两种铝塑复合型材按照断面结构的分类有九种，其传热阻是不同的。

为了便于比较，我们将收集到的九种类型的铝塑复合型材断面结构图（图 10-3），统一设定为厚度（或称高度）58mm，PVC 塑料型材厚度 2.8mm；筋厚度 1.2mm。铝型材厚度 1.2mm，尼龙 66 条宽度 2mm。把几种材料的传热系数列在表 10-3 中。

表 10-3　材料的传热系数 单位：$W/(m^2 \cdot K)$

材料	PVC 材	尼龙 66	铝合金材	玻璃
λ	0.16	0.3	203	0.76

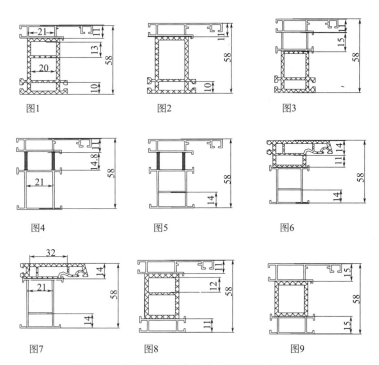

图 10-3　九种类型铝塑复合型材的断面结构图

利用计算公式（10-1）计算上述九种铝塑复合型材的传热阻，将结果列在表 10-4 中。

表 10-4　各种断面结构型材的热阻对比　　　　　单位：$(m^2 \cdot K)/W$

断面图号	1	2	3	4	5	6	7	8	9
R	0.411	0.323	0.2865	0.1176	0.1176	0.2595	0.141	0.314	0.198

从传热阻值大小可以有下列排序：小图 1＞小图 2＞小图 8＞小图 3＞小图 6＞小图 9＞小图 7＞小图 4、小图 5，即小图 1 结构主要是塑料型材结构，其传热阻最大；小图 4、小图 5 结构主要是铝合金型材，其传热阻最小。在德国把小图 4、小图 5 结构的复合型材列为铝合金型材序列。

所以，从节能角度考虑，小图 1、小图 2、小图 8 型材的断面结构可以采用，其他不宜采用。

2. 铝塑复合型材传热阻分析

铝型材、塑料型材内腔高度（或称厚度）对传热阻的影响见图 10-4、图 10-5。

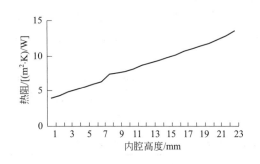

图 10-4　铝型材内腔高度对热阻的影响　　　图 10-5　塑料型材内腔高度对热阻的影响

由图 10-4、图 10-5 可以看出：无论铝型材还是塑料型材，其型腔高度增加热阻随之增加，虽然铝型材传热阻变化较塑料型材变化的快，由于铝型材传热阻基数太小，不管如何增长，铝型材的传热阻低于塑料型材传热阻 100 倍。

型材型腔对传热阻的影响见表 10-5。

表 10-5　型材腔室数量对热阻的影响

腔室数量	腔高/mm	$R/[(m^2 \cdot K)/W]$
铝型材单腔	8.6	4.11×10^{-4}
	32.2	13.58×10^{-4}
铝型材双腔	26	10.7×10^{-4}
	32.2	13.67×10^{-4}
	33	14.02×10^{-4}
	44	19.32×10^{-4}
塑料型材单腔	22.4	0.162
塑料型材双腔	25	0.2156
	32	0.243
	36	0.271
	47	0.28
塑料型材三腔	47	0.389

在型材同一高度基础上，对于铝型材的单腔变为双腔的传热阻变化不大；对于塑料型材，双腔比单腔传热阻值增加 $0.1(m^2 \cdot K)/W$，三腔比单腔值增加 $0.2(m^2 \cdot K)/W$。所以，在节能要求高的地区，塑料型材采用多腔结构是适宜的。

从保温角度，型材断面最好设计为多腔型材，腔壁垂直于热流方向分布。因为型材内的多道腔体壁对通过的热流起到多重隔阻作用，腔内传热（对流、辐射和导热）相应被削弱。特别是辐射传热强度随腔数量增加而成倍减少。但是对于金属型材（如铝材），虽然也是多腔，保温性能的提高并不理想，其原因是铝材导热性能太好，通过腔壁传导的热量远远大于腔内空气导热、对流和壁面辐射传热量之和。

3. 符合新颖性和节能性要求的铝塑复合型材

通过对九种断面结构的铝塑复合型材传热阻的计算与分析，可以看出，严寒地区居住建筑节能门窗如果采用铝塑复合型材，建议采取图 10-3 中小图 1 断面结构或小图 8 断面结构，而且塑料型材部分应该是多腔的，这样才能发挥铝型材及塑料型材各自的优势。对于尼龙 66 结构的铝塑复合型材应该归类为铝合金型材。在欧洲，铝合金门窗大多数情况下是指尼龙 66 隔热铝合金门窗，从发展趋势看，国内市场上的铝合金型材及门窗将被隔断铝合金型材及门窗所代替。当然，这里谈的传热阻计算与比较只是考虑了门窗节能设计中一个重要因素，要实现门窗节能还要考虑铝材与塑料材复合点的结构；框、梃、扇组合节点设计；五金件安装槽设计及配套等诸多因素。

第二节　铝塑复合门窗用型材设计

铝塑复合门窗型材设计充分利用铝合金型材的高强度、外观装饰性、耐低温性、耐老化性和 PVC 塑料型材热阻高的优点，改善了断桥铝合金型材保温性能差的不足。设计时考虑两方面内容：在保持复合型材厚度 66mm 条件下，一是将内外侧铝型材的厚度减少、中间隔热体的厚度增加，二是将断桥铝合金型材中间隔热条材改为带有多个空气腔的 PVC 塑料型材，同时将铝材槽口按照塑料型材槽口设计。因此，将多腔结构的 PVC 塑料型材与铝合金型材复合，可以大大提高复合型材的热阻，降低其传热系数。铝塑复合门窗其特点是将铝材装饰性好（可以挤压出装饰线条，可喷涂上百种的各种不同颜色）、铝材的刚度好，而塑材的保温性能好两者的优点组合在一起，同时将两者的不足（如铝材保温性能不好、塑材易老化变形变色）相互弥补。

一、铝塑复合门窗型材 PVC 型材隔热体设计

PVC 塑料型材及门窗在建筑市场上的广泛应用给了我们有益的启示。大家知道，PVC 塑料型材本身热阻比铝型材热阻高许多倍，而热阻随着 PVC 塑料型材厚度增加而增大，随着腔体空气层数量增加而增大。将断桥铝合金型材中的隔热条改为与铝材宽度相适应的 PVC 型材隔热体，分别计算 PVC 型材隔热体厚度与热阻、PVC 型材隔热体中空气层数量与热阻。

图 10-6 为 PVC 型材隔热体，当 A 分别表示 PVC 型材隔热体厚度为 20mm、22mm、24mm、26mm 时，其隔热体厚度与热阻的关系见表 10-6。说明 PVC 型材热阻比铝材热阻增加了近 4 倍，同时，PVC 型材隔热体厚度从 20mm 增加到 26mm，厚度只增加 6mm，其热阻却从 $0.43(m^2 \cdot K)/W$ 增加到 $0.45(m^2 \cdot K)/W$，发生小数点后 2 位数的变化，说明 PVC 型材隔热体厚度尺寸变化对整体型材热阻有影响。当 PVC 型材隔热体厚度 A 为 27.6mm 保持不变时，在此隔热体中分别设置空气层数量为 1、2、3，其隔

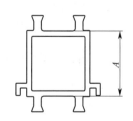

图 10-6　PVC 型材隔热体

热体中空气层数量与热阻的关系见图 10-7、表 10-7。说明 PVC 型材隔热体空气层数量变化对整体型材热阻影响比 PVC 型材隔热体厚度要大，从空气层数量从 1 个增加到 3 个，热阻

从 $0.45(\text{m}^2 \cdot \text{K})/\text{W}$ 增加到 $0.6(\text{m}^2 \cdot \text{K})/\text{W}$，却发生小数点后 1 位数的变化。由此可见，PVC 塑料型材本身、厚度变化、腔体数量变化使型材热阻增大比较明显，远大于断桥铝合金型材厚度、腔体数量等增加热阻的变化。

图 10-7　隔热体中空气层数量与热阻的关系

表 10-6　隔热体厚度与热阻的关系

隔热体厚度/mm	20	22	24	26
热阻/[(m²·K)/W]	0.4311	0.4355	0.439	0.4499

表 10-7　隔热体中空气层数量与热阻的关系

空气层数量	1	2	3
热阻/[(m²·K)/W]	0.4523	0.554	0.599

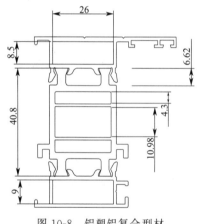

图 10-8　铝塑铝复合型材

图 10-8 为铝塑铝复合型材结构，外侧铝型材腔体空气层厚度仍然是 8.5mm、内侧铝型材腔体空气层厚度减少到 9mm，采用 PVC 三腔结构塑料型材作为中间的隔热层，PVC 三腔结构塑料型材壁厚 2.5mm，筋厚 1.3mm，复合点处铝塑之间又形成二个空气层，使铝塑复合型材腔体达到 7 个。通过公式（10-1）计算热阻发现，铝塑复合型材的热阻为 $0.50228(\text{m}^2 \cdot \text{K})/\text{W}$，其中 PVC 塑料型材多腔结构隔热部分热阻为 $0.50117(\text{m}^2 \cdot \text{K})/\text{W}$，占铝塑复合型材的热阻比例为 99%。显然，铝塑复合型材热阻主要是 PVC 三腔体结构塑料型材贡献的。铝塑型材的断面向塑料门窗断面靠拢，断面较大，多腔室 PVC 塑料型材作为隔热材料，三层中空玻璃、开启扇三道密封结构，大多数铝塑型材的厚度 65、66 系列。

通过断桥铝合金型材和铝塑复合型材传热阻计算比较可知，铝塑复合型材传热阻是断桥铝合金型材的 5 倍，所以，能满足严寒地区保温方面要求。

二、铝塑复合门窗用型材复合角设计

在确定了采用 PVC 塑料型材作为隔热材料后，就要考虑如何设计复合角，作为铝塑复合型材中的隔热体 PVC 塑料型材复合角形状可以参考断桥铝合金型材中尼龙隔热条复合角形状进行设计。隔热条是隔热铝合金型材与普通铝合金型材最直观、也是最本质的结构性差异，隔热条对于隔热铝合金型材是结构件，不是一个简单的连接件；也是隔热铝合金型材的功能件；隔热条及铝材复合角形状的尺寸精度直接决定复合成型后的隔热铝合金型材尺寸精度。因此，在铝塑复合型材中 PVC 塑料型材同样是结构件、功能件，并且铝型材复合角形状的尺寸精度直接决定复合成型后铝塑复合型材尺寸精度。所以，对于铝塑复合型材中铝型材设计要考虑两个问题，一是铝型材复合角形状设计问题，断桥铝合金型材中铝材复合角内侧尖，尼龙隔热条内含有玻璃纤维韧性较好，铝型材复合角内侧尖可以压入尼龙隔热条内，增加铝材与塑料的摩擦力，保证一定的剪切力。如果铝塑复合型材中铝材复合角内侧也尖，由于 PVC 型材有一定的脆性，复合后容易在 PVC 型材表面产生应力而出现微裂纹，影响到铝塑复合型材强度。如果铝塑复合型材中铝材复合角内侧较圆，对 PVC 型材压力比较合理。二是铝塑复合型材中铝材复合角形状在复合机上能不能实现复合的问题，铝塑复合型材的中间隔热体是型材而不是隔热条，如果复合机复合轮厚度碰到铝塑复合型材中间的塑料型材边缘就不能进行复合或复合不到位。

图 10-9 是铝塑复合型材中五种铝合金型材复合角形状设计。

图 10-9(a) 形状与断桥铝合金型材中铝合金型材复合角基本相近，只是角尖一些，这种形状的复合角由于没有背角，复合过程中容易发生铝材或塑料型材的形变而影响型材的垂直度。

图 10-9(b) 形状与断桥铝合金型材中铝材复合角相近，角尖一些，容易在 PVC 型材产生应力而产生微裂纹，影响到铝塑铝复合型材强度，并且影响到复合机复合轮的复合工作。

图 10-9(c) 形状与断桥铝合金型材中铝材复合角不同，角被拉长，复合机复合轮进行复合比较容易，但是没有尖角，影响复合剪切力。

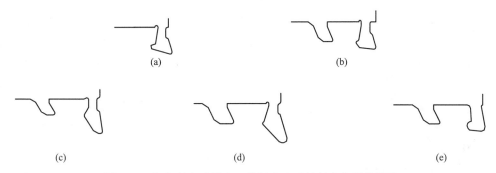

(a)   (b)

(c)   (d)   (e)

图 10-9　铝塑复合型材中五种铝合金型材复合角形状设计

图 10-9(d) 形状与断桥铝合金型材中铝材复合角不同，角被拉长，复合机复合轮进行复合容易，有一定的尖角，可以提高复合剪切力。

图 10-9(e) 形状与断桥铝合金型材中铝材复合角完全不同，没有尖角，虽然复合机复合轮容易进行复合，但铝合金型材与塑料型材摩擦小且复合剪切力低。

将具有五种复合角形状的铝材与塑料型材复合成铝塑复合型材，分别在铝塑复合型材剪切力检测台上进行检测。结果是 a 形状复合角的复合型材剪切力为 2.6N/mm，b 形状复合角的复合型材剪切力为 16.4N/mm，c、d、e 形状复合角与断桥铝型材不同，c 形状复合角的复合型材剪切力为 29.3N/mm，d 形状复合角的复合型材剪切力为 36.3N/mm，e 形状复合角的复合型材剪切力为 22N/mm。因此，c、d 形状复合角比较好。

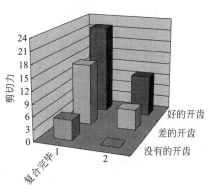

图 10-10　复合角开齿质量对比

值得注意的是，铝材复合角内侧开齿质量不能忽视。由于铝材复合角内侧开齿能够增加铝材与塑料的摩擦力，从而保证铝材与塑料牢固复合成为一个整体，所以开齿质量越高，铝材与塑料型材之间的抗剪切力强度越高。图 10-10 是复合角开齿质量对比，可以明显看出三种开齿质量不同导致剪切力不同。笔者做过对比检测，铝材复合角内侧没有开齿，与塑料型材复合成铝塑复合型材后，其剪切力是 11.3N/mm；铝材复合角内侧开齿的，与塑料型材复合成铝塑复合型材后，其剪切力是 34.3N/mm。此外，抗剪切力强度还依赖于滚压盘的运转稳定性及一致性。从铝塑复合型材强度（刚度）考虑，铝材在铝塑复合型材中的比例合理状态，铝材截面积占铝塑复合型材截面积的 45%～55%，铝材重量占铝塑复合型材重量的 60%～70%。

以上是有关铝塑复合型材结构的设计。随着我国经济发展及城市化进程的加快，建筑市场对门窗多样化、多彩化要求的不断提高，铝塑复合型材正是适应这个建筑市场新的产品，其具备表面美观、耐老化性能好、耐低温性能好、高强度、传热系数低、保温性能好等优点，因此将会得到迅速发展与应用，必将促进门窗型材行业的健康发展。

三、满足铝塑复合门窗角部连接的强度设计

铝塑复合门窗角部连接的强度设计主要是指铝塑复合门窗用型材的铝型材部分，角部连接主要是铝型材连接。强度设计与角部铆接形式、影响组角可靠性的因素、合理使用组角胶等有关。

1. 角部铆接形式

角部铆接形式来源于铝门窗 45°，角部连接至少有五种方式：螺接、铆接、组角、拉角和胀角，而应用最多的是组角方式（也有叫撞角）。铝塑复合型材组窗角部采用 4 孔组角和 8 孔组角两种形式。常见铝窗一角单侧采用 2 孔组角方式，一个角共 4 个挤角点组角，采用铝窗五金件。对于铝塑复合门窗组窗角部设计，组窗一角单侧保证 4 个挤角点，一个角共 8 个挤角点组角，从而增加结构强度及抗变形能力，提高整窗强度，同时，采用塑窗五金件，可以降低整窗成本。

图 10-11 焊角检测仪

为了检测铝塑复合门窗组窗角部强度设计的效果，分别制作三个样角，作 4 孔组角和 8 孔组角强度对比。保证挤角位置点，使一角单侧保证 4 个挤角点，一个角共 8 个挤角点，它们是窗组角为一角单侧保证 2 个挤角点，一个角共 4 个挤角点的样角；制作窗组角为一角单侧保证 4 个挤角点，一个角共 8 个挤角点的样角；制作窗组角为一角单侧保证 4 个挤角点，一个角共 8 个挤角点、同时角部涂结构胶的样角。用塑料型材的焊角检测仪对样角进行施压，进行角部破坏试验对比（图 10-11），当角部的组角处出现开裂现象并且继续施压开裂现象不会产生变化时，记录角部破坏时的力值。图 10-12 是三个样角角部破坏时的力值曲线图。显然，角部连接必须采用每个角 8 个挤角点、同时角部涂结构胶的方式，才能提高角部连接的强度，从而保证了铝塑复合窗的整窗强度。

2. 组角可靠性决定因素

（1）铝型材的设计与加工

a. 铝型材的型腔结构力求合理。关于铝型材腔室，人们常常特别关注在强度、密封、外观等方面，而对组装的工艺性有时稍有忽略。从原理上讲，铝门窗型材毕竟是薄壁件，稍有设计不当，便可能使得组角工序变得比较麻烦，甚至无法组角。

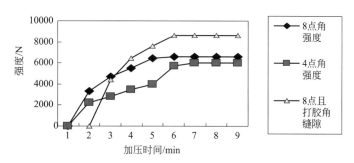

图 10-12　铝塑复合门窗角部破坏试验对比

b. 铝型材的壁厚，对组角可靠性的影响同样重要。在这里我们不讨论型材本身的强度，单就组角工序来说，因为组角连接，是通过型材的变形来实现的，所以，铝型材的壁厚不宜小于 1.4mm。

c. 铝型材的挤出精度。在铝塑复合门窗组装过程中，我们时常遇到切割角度、切割长度不稳定的情况，操作人员经常在加工设备的精度方面找不到原因；其实在很多情况下，铝塑复合型材的不规范（如扭曲、翘曲）会导致切割角度和长度的不准确（1m 长度，铝型材翘曲小于1mm）。图 10-13 中，型材翘曲 1mm，其在双角锯上切割的长度，比规范铝型材的长度要小 2mm。这些误差在加工过程中是无法消除的。铝塑复合型材长度的误差，最终影响到铝塑复合窗组角的精度。

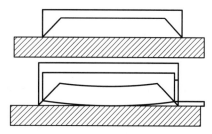

图 10-13　铝塑复合型材翘曲误差

d. 铝塑复合型材的下料（切割）精度。铝塑复合型材中铝型材的挤出精度，影响铝塑复合门窗加工精度并影响组角可靠性，而加工设备的工作精度同样是影响其加工精度主要因素。要使铝塑复合门窗的组装精度达到国家标准要求，其型材加工精度则必须高于国家标准要求，见表 10-8。

表 10-8　铝塑复合型材加工精度的国家标准要求

	项目	修改值
工作精度	重复定长精度	0.2mm
	切割角度极限偏差	7′
	切割型面对定位面的垂直度	0.1/100
	切割型面的平面度	0.05mm
制作精度	主轴径向圆跳动	0.012mm
	主轴端面圆跳动	0.012mm

事实上，当前我们使用的双头切割锯的工作精度（主轴径向圆跳动、主轴端面圆跳动）已经达到 0.005mm。

（2）角码的选用与加工

a. 角码型材嵌槽口合理。在合格的角码型材上，嵌槽口的角度是个标准的入刀角度。如果角度不合适，将影响组角机稳定性，甚至无法组角。

b. 角码型材厚度合适。角码型材挤出厚度同主型材行腔的配合间隙应不大于 0.2mm。否则将影响组角稳定性，甚至无法组角。

c. 角码下料长度合格。角码切割长度，同主型腔的配合间隙最好不大于 0.2mm，这样一方面避免门窗相邻构件错位，另一方面充分发挥组角胶的潜能。

d. 角码切割面的垂直精度足够。角码切割面的垂直度不大于0.1mm。由于主型材型腔同角码的配合间隙不大于0.2mm，所以，如果角码切割垂直度大于0.1mm，该角码连接的两根型材就可能发生扭曲。

e. 切下的角码不能留有小尖角。这需要角码切割锯拥有可靠的导向压紧装置，使得切割的角码不留有尖角，即使切割不大于3mm长的角码也不留有尖角。

f. 角码使用前的处理。为了提高角码质量和刀具耐用度，切割角码时一般用"锯切油"或低标号机油进行润滑，所以切割完毕的角码上都留有油渍，对这些油渍需要用纯碱或其他清洗剂处理干净，以保证后面工序中组角胶连接可靠。如果使用专用的锯切油，属于"水性油"，切割后的角码用清水清洗就可以了。

3. 合理使用组角胶

① 铝塑复合门窗生产过程中，只要切割设备的切割精度较高，角码配合适当，加上组角机组角固定，这种简单的机械固定的连接是一种刚性连接，存在连接接缝难以密封到位，雨水容易渗漏缺陷，很难适应铝塑复合门窗在生产、运输、安装和长期使用中所遇到的各种力的作用而不被损坏。角部打胶可使铝塑复合门窗的角部强度和密封性达到要求。

② 在铝塑复合门窗生产、安装过程中，由于搬运、运输、安装施工时的挪动误差，以及门窗安装完成后，铝塑复合门窗要长期承受自身重量作用，承受窗洞口、建筑物墙体变形静应力误差，开关窗、风压、环境声波等尖峰冲击和频率不一的振动影响，这种振动有时会诱发门窗产生共振，对铝塑复合门窗整体强度造成影响。

上述这些原因都会使门窗角部的间隙随着时间的推移逐渐加大和错位，造成铝塑复合门窗气密性、水密性、隔声、隔尘性能下降，严重的还会造成铝塑复合门窗变形，产生不良后果。所以，铝塑复合门窗的角部强度和密封使用专用的铝合金门窗组角胶能够解决上述问题。有两种打胶方式，在组角时加入，采用单组分、双组分胶；在组角后加入，但是涉及角码的设计。真正认识到专用组角胶在提高门窗整体质量上的重要作用。所以，使用合格的组角胶，不仅解决密封问题，更有利于提高连接可靠性。对接面涂胶均匀，保证牢固黏结且不浪费胶。及时清理残余胶，以免固化后清理时损伤型材表面，影响门窗外观。

4. 铝塑复合窗密封设计

门窗雨水渗漏的主要原因基本上可分为四大类：一是由于铝门窗设计过程中门窗本身结构存在缺陷所引起，二是由于铝门窗在加工和安装过程中达不到质量要求引起，三是铝门窗材料及附件材质不合格引起，四是铝门窗与洞口墙体连接部位的密封处理不当引起。所以，门窗框、扇杆件连接牢固，装配间隙应进行有效的密封，紧固件就位平整并且进行密封处理。门窗附件安装牢固，开启扇五金件运转灵活并进行密封处理。框梃、框组角、扇组角连接处的四周缝隙应有密封措施。密封措施使铝塑复合窗不产生雨水渗漏。门、窗应有排水措施。

（1）中梃与外框的接合部位　目前中梃与外框的连接多采用螺钉固定后纵向拉紧，由此产生如下两个问题：一是由于硬质连接及型材悬臂轻微变形，造成气密和水密极难满足很高的要求。二是中梃与外框接合处形成贯通，造成空气的冷热传导，影响节能效果。解决办法：a. 在目前情况下应框、扇外侧打胶密封。b. 提高外框与中梃榫接配合精度（0.05～0.15mm），既可满足同一平面最大误差不大于0.15mm，又可避免中梃轴向承加玻璃荷载后的扭转。

（2）框扇搭接结构设计　框与开启扇的密闭设计；框与开启扇的密闭有两种形式：框与开启扇外侧为开放式和框与开启扇外侧为封闭式。对于框与开启扇外侧密闭为开放式外窗的水密性，有雨幕原理这种说法。雨幕原理是一个设计原理即下雨时外窗的外表面被雨水淋成的一层水幕，雨水对这一层"幕"的渗透将被阻止的原理。由于水的性质和水的表面自由能的特点，这层水幕有保持其完整性和不易被渗透的特性，应用在建筑外窗上主要是指在窗开启部位内部设有空腔，空腔内的气压在所有部位上和任何情况下一直要保持和室外气压相等，处于等压状态。压力平衡的取得不是由于窗外表面的开启缝严密密封所构成的，而是有意令其处于敞开状态，使窗外表面的开启缝两侧不存在任何气压差。但是雨幕原理只是考虑外窗的水密性，忽视了外窗的保温性能。在严寒地区，外窗的保温性能是主要的，应该采用框与开启扇外侧密闭为封闭式结构。

四、铝塑复合门窗其他设计

1. 铝塑复合门窗应采取防雷设计

防雷设计主要采取防侧击和等电位保护措施，与建筑物防雷装置进行可靠连接。

① 《建筑物防雷设计规范》（GB 50057）对建筑门窗的防雷有如下规定。

a. 第一类防雷建筑物，突出屋面的屋顶门窗及 30m 及以上外墙上的门窗应与防雷装置连接。

b. 第二类防雷建筑物，突出屋面的屋顶门窗及 45m 及以上外墙上的门窗应与防雷装置连接。

c. 第三类防雷建筑物，突出屋面的屋顶门窗及 60m 及以上外墙上的门窗应与防雷装置连接。

② 门窗防雷做法　用钢带作为引下线，一端与主体结构防雷体系可靠连接，另一端采用铜带或不锈钢片过渡与门窗边框相连接。边框连接部位应清除非导电保护层。

2. 排水槽、排水盖排水孔（槽）的设计

① 排水孔及排水导流方式：内开窗框外侧虽然处于开放状态，由于有等压胶条的阻隔，可以在一定程度上减缓冷热空气的传导（损失也较大）。而窗框、扇排水方式以直通式居多，少数企业开启扇采用排水腔导流实现下排水。尤其是开启扇直通式排水，由于铣通空气腔，致使中空玻璃四周间隙处于开放状态，造成冷热空气的直接传导到开启扇的内侧形成冷热空气的快速交换，造成能量的消耗和节能效果的降低。

窗框构件的加工：窗下框型材的排水槽，采用仿形铣加工，尺寸在 6mm×30mm，左右各一个，排水槽距离窗框边缘 100mm，内外排水槽错开 80mm，窗较宽时，每间隔600mm 开一个排水槽。

② 通风孔的设置，避免玻璃炸裂通风槽（孔）用钻床或仿形铣加工，通风槽（孔）用于玻璃槽的通风，位于连角附近。窗扇下部型材的玻璃槽上，应有两个尺寸最小为 5mm×15mm 通风槽或两个直径最小为 8mm 通风孔，加工通风孔时应同时局部切除玻璃槽底部阻碍排水的型材型面。另外，窗扇上部型材连角附近和两侧型材的上部，均应加工一个尺寸为8mm 的通风孔。窗较宽时，通风孔的间距为 600mm。

③ 固定片的连接：固定片与铝塑复合门窗框的连接采用卡槽连接方式或自攻螺钉连接方式，但自攻螺钉连接方式需要在钉头处密封。固定片的安装位置，固定片距角部距离不大于 150mm，相邻两个固定片中心距离不大于 500mm。

目前，铝塑复合门窗已经有了国家标准，GB/T 29734.2—2013《建筑用节能门窗 第 2部分：铝塑复合门窗》。

第十一章　PVC 塑料型材及门窗节能设计

据统计，我国建筑能耗占全国社会总能耗的 30% 以上，而且此比例还有不断上升的趋势。每年我国新竣工建筑面积为 20 亿平方米，其中 80% 以上是高能耗建筑。既有建筑 400 亿平方米，95% 以上也是高能耗建筑，单位建筑面积能耗是发达国家的 2～3 倍及以上。窗户是建筑围护结构的开口部，门窗不仅起到建筑物采光的作用，更重要的是起到建筑围护结构节能的作用。从建筑围护结构的热损失来看，门窗的热损失最大，是最薄弱的环节，其能耗占整个建筑能耗的一半左右。在严寒地区，门窗保温已经成为首要的功能不能忽视，保温的前提是门窗应具有节能作用，即在同样的供暖条件下，能够提高室内温度。在众多门窗种类中，PVC 塑料门窗表现出节能的突出特点。PVC 塑料门窗不是简单地由型材、玻璃、密封材料、五金件等部件组成的产品，而是一个有机的系统，这个系统与 PVC 塑料型材及门窗设计有关。

第一节　PVC 塑料型材断面结构的一般设计

PVC 塑料型材断面设计是 PVC 塑料门窗节能的基本要素之一。其断面设计需要考虑型材厚度、壁厚、腔室结构与数量等，可以通过计算围护结构热阻方法来确定塑料型材厚度、壁厚、腔室结构与数量，以满足塑料门窗节能的要求。

一、型材断面腔体数量设计

塑料型材是由多腔断面结构组成的，根据窗的使用特点，由室外向室内排列，型材断面封闭腔内可以有 1～6 个空气腔。通过计算型材的腔体数量对其传热阻的影响，确定节能型材断面腔体数量设计。所谓传热阻是指围护结构的传热阻，表示热量从围护结构的一侧传至另一侧空间所受的总阻力。传热阻是说明围护结构在稳定传热条件下保温性能的重要指标，门窗是围护结构中重要的构件。这个稳定传热条件是室内外温度均不随时间而变，围护结构内各层的温度也不随时间而变，单位时间通过围护结构的热流是一个恒量。根据建筑热工学理论，型材传热阻计算基于以下考虑：型材结构为封闭型腔，每个腔室材料由两部分组成：

实心材料和空心材料（计算公式见表11-1），在冬季使用时封闭型腔中的空气传热阻随着型腔宽度不同而不同（见表11-2）。型材的传热阻是多个型腔室的平均传热阻与实心材料传热阻之和，而每个型腔室的平均传热阻是由腔室传热阻与腔室中空气传热阻之和。型材传热阻值高，说明传热系数低，保温性能好。

表 11-1　腔室材料计算公式

腔室材料 传热阻公式	实心材料 $R = d/\lambda$	空心材料 $R = d/\lambda$（这里主要指空气）

注：d 为材料的宽度、单位 mm；λ 为材料的热导率，单位 W/(m·K)。

表 11-2　冬季封闭空气传热阻

空气腔厚度 d/mm	≤10	≤20	≤30	>30
传热阻 R/[(m²·K)/W]	0.14	0.16	0.17	0.18

表 11-3　腔体数量与型材传热阻的关系

腔数量/个	1	2	3	4	5	6
钢衬腔尺寸/mm	61	47.5	39	33	33	33
传热阻/[(m²·K)/W]	0.227	0.354	0.464	0.536	0.583	0.615
增加值/[(m²·K)/W]	0	0.127	0.11	0.072	0.047	0.032

注：塑料型材厚度 66mm，可视面壁厚 2.5mm。

　　计算传热阻时，不考虑型材支壁的影响而将型材作为一个矩形封闭腔，计算封闭腔内的腔体数量变化对传热阻的影响，传热阻值大，提高了型材节能保温性能。腔体数量与型材传热阻关系见表11-3。型材断面封闭腔内的腔体数量从 4 个增加到 6 个，传热阻变化较缓慢。说明有 4 个或 4 个以上腔体的塑料型材，传热阻值变化大，节能保温效果明显。所以，节能型材断面结构设计应该采用 4 个或 4 个以上腔体。

　　有人采用设计辅助 CAE 分析软件对型材腔体不同与传热系数的影响进行了模拟测试。图 11-1 为腔体数量与传热系数计算值的关系。型材腔体的增加使传热系数降低，提高了型材的节能保温性能，进一步验证了传热阻计算的结果。由图 11-1 中数据可知，1 个腔体增加到 4 个腔体的传热系数降低较明显。有 4 个或 4 个以上的腔体，传热系数值变化较大，隔热效果明显。所以，CAE 分析软件也说明，节能型材断面结构设计应该采用 4 个或 4 个以上的腔体。

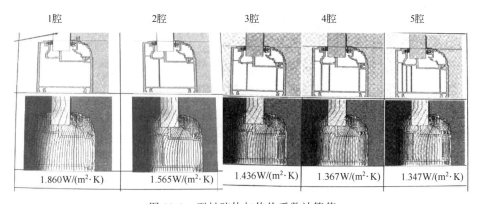

图 11-1　型材腔体与传热系数计算值

　　为了规范塑料型材热工计算，2009 年 5 月 1 日实施的国家行业标准 JGJ/T 151《建筑门窗玻璃幕墙热工计算规范》附录 B 给出的典型窗框传热系数，即带有钢衬的塑料型材传热系数，两个腔体结构为 2.2W/(m²·K)、三个腔体结构为 2.0W/(m²·K)，比两个腔体结构的传热系数降低了 9%。也进一步说明，随着塑料型材腔体数量的增加，传热系数是降低的，而且为节能型材断面结构提供了设计依据。

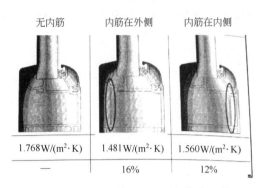

图 11-2　两腔内筋位置不同与传热系数

由此可知，无论采用计算传热阻方法，还是采用设计辅助 CAE 分析软件对型材腔体不同对传热系数的模拟测试方法，或执行国家行业标准的方法，其结果是一样的，节能型材断面结构设计应该采用 4 个或 4 个以上腔体。目前，单腔体结构的塑料型材已被禁止使用，市场基本已经见不到了。

二、型材腔体内筋位置的设计

有人采用设计辅助 CAE 分析软件对型材腔体的内筋位置不同与传热系数的影响进行了模拟测试，图 11-2 为型材腔体由 1 个增加到 2 个时，内筋位置在型材的腔体外侧（室外侧）和内筋的位置在型材腔体内侧（室内侧）。可以看出，型材断面腔体数量相同，如果内筋位置不同传热系数不同。腔体由 1 个增加到 2 个且内筋位置在外侧，传热系数由 $1.768\text{W}/(\text{m}^2\cdot\text{K})$ 下降到 $1.481\text{W}/(\text{m}^2\cdot\text{K})$，比 1 个腔体的型材降低了 16%；而腔体由 1 个增加到 2 个且内筋位置在内侧，传热系数由 $1.768\text{W}/(\text{m}^2\cdot\text{K})$ 下降到 $1.56\text{W}/(\text{m}^2\cdot\text{K})$，比 1 个腔体的型材降低了 12%。从两个腔体的内筋位置不同看，内筋位置在外侧比在内侧低 $0.08\text{W}/(\text{m}^2\cdot\text{K})$，传热系数相差 4%，显然内筋位置在型材腔体外侧，型材节能保温效果好。图 11-3 为型材腔体由 3 个增加到 4 个时，内筋位置在外侧和内筋位置在内侧可以看出，腔体由 3 个增加到 4 个且内筋位置在外侧，传热系数降低了 9%，而腔体由 3 个增加到 4 个且内筋的位置在内侧，传热系数降低了 8%。说明型材断面腔体数量大于 4 个或等于 4 个时，内筋的位置在内侧或外侧对型材的传热系数影响不大。因此，从 CAE 分析软件对型材腔体的内筋位置不同传热系数的模拟测试，节能型材断面结构设计腔体内筋位置应在外侧。

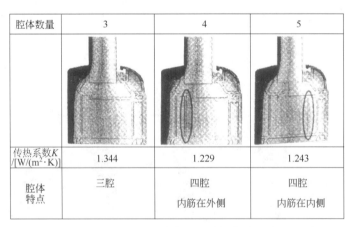

图 11-3　四腔内筋位置不同与传热系数

三、型材厚度设计

图 11-4 是通过传热阻计算公式来计算型材不同厚度与型材传热阻的关系。当型材厚度在 60mm 时，传热阻 $0.47(\text{m}^2\cdot\text{K})/\text{W}$；型材厚度在 66mm 时，传热阻 $0.57(\text{m}^2\cdot\text{K})/\text{W}$；

型材厚度在 70mm 时，传热阻 $0.73(m^2 \cdot K)/W$。说明随着型材厚度的增加，传热阻是增加的。同样型材厚度在 60mm 时，四腔比三腔型材的传热阻高 14％；同样型材厚度在 66mm 时，五腔比四腔型材的传热阻高 9.3％。所以，对于节能要求高的地区，如严寒地区，节能型材的设计厚度应大于 66mm 且不小于四个腔体断面结构。

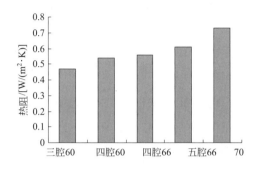

图 11-4　型材不同厚度与型材传热阻

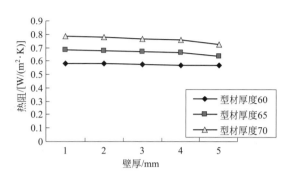

图 11-5　型材不同可视面壁厚与型材传热阻

四、型材可视面壁厚的设计

图 11-5 是通过传热阻计算公式来计算型材不同可视面壁厚与型材传热阻的关系。型材厚度分别为 60mm、65mm、70mm，当型材厚度不变时，传热阻随着可视面壁厚增加，没有发生显著变化。如型材厚度 65mm，可视面壁厚分别是 2.2mm、2.5mm、2.8mm、3.0mm、3.3mm，传热阻分别是 $0.69(m^2 \cdot K)/W$、$0.68(m^2 \cdot K)/W$、$0.67(m^2 \cdot K)/W$、$0.66(m^2 \cdot K)/W$、$0.64(m^2 \cdot K)/W$，传热阻没有发生显著变化。这是由于型材厚度不变时，虽然增加可视面壁厚，但是减少空气腔的尺寸，从而使型材的传热阻变化有下降的趋势。所以，节能型材可视面壁厚设计，从节能角度看壁厚不是主要的，但要兼顾节能型材的力学性能，可视面壁厚设计应大于 2.5mm。

需要指出的是，门窗作为一个系统节能，不仅注重主型材的腔室设计，而且应该注重辅型材的保温隔热性能设计。

第二节　PVC 塑料型材断面结构的功能设计

近年来，PVC 塑料型材行业已经由快速发展模式向注重规模、环保的可持续发展模式转变；由盲目简单模仿国外产品、单纯追求出材率高的薄壁 PVC 型材模式向具有节能功能、应用性能好的厚壁 PVC 型材模式转变。因此，在这个转变过程中，应该认真学习和借鉴国外特别是欧洲已经积累了丰富的 PVC 型材断面结构相关的设计理论与经验。本节介绍 PVC 塑料型材断面结构功能设计。

一、PVC 型材增强型钢腔的设计

改进前的结构设计是 PVC 塑料型材断面结构功能设计型材增强型钢腔壁与型钢紧密连接。实际应用中，往往是型钢外形尺寸小于 PVC 型材型钢腔内形尺寸，且固定时容易向靠打钉一侧偏移，使 PVC 型材增强型钢腔壁与型钢紧密连接（见图 11-6 改进前）。从传导角度分析，在冬季冷气通过墙体传递到 PVC 型材上，再通过 PVC 型材传递到与其紧密连接的型钢上而产生冷桥，降低了 PVC 型材的热阻。同时，在连接处表现为固定片与钢衬夹持着 PVC 型材增强型钢腔壁，冷桥现象会更为严重，使 PVC 型材热阻降低更多。

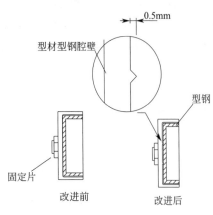

图 11-6　PVC 型材型钢腔的不同设计

较好的设计是 PVC 型材增强型钢腔壁通过一个小尖角与型钢紧密连接，相当于在 PVC 型材增强型钢腔壁与型钢之间形成了一个空气腔（见图 11-6 改进后），降低了在冬季冷气通过墙体传递到型钢上的冷桥效果，提高了 PVC 型材的热阻。通过热阻计算可知，与改进前的设计结构比较，热阻增加了近 2 倍，降低了 PVC 型材的传热系数。同时，这种结构在连接处表现为固定片与钢衬之间除了 PVC 型材增强型钢腔壁外，还有空气腔，使冷桥现象减少。由于在 PVC 型材增强型钢腔内有小尖角，对型钢腔壁的强度有一定提高，而且在门窗制作过程中，型钢固定方便、不容易偏移。

所以，改进后的设计降低了 PVC 型材的传热系数，提高了窗框与墙体的保温性能，有利于塑料门窗的保温性能提高，同时对 PVC 型材的型钢腔壁的强度有一定提高。图 11-7 为国外框、梃、扇三种 PVC 型材断面结构设计图，图中有圆圈标注处即为尖角设计。图 11-8 为国外框扇组合图，图中有圆圈标注处为尖角设计，可以看到型钢在 PVC 型材的型钢腔中位置，这种设计有利于提高 PVC 型材保温性能。

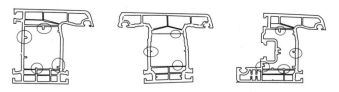

图 11-7　国外 PVC 塑料型材结构

在严寒地区使用塑料门窗刚才中，为了提高窗框与墙体的保温性能，可以有两种改进设计方法，一是在窗框下加"附框" PVC 型材；二是在窗框断面设计中，在 PVC 型材与墙体接触面的一侧增加一个型腔。图 11-9 是与墙体连接处带有保温腔的 PVC 框型材一种设计，该结构设计减少了墙体与窗框的冷、热气体的交换，使冬季冷气通过墙体传递到型钢上而产生的冷桥现象减少，提高了窗的整体保温性能。

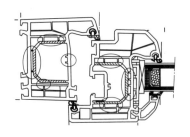

图 11-8　国外框扇组合图

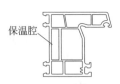

图 11-9　与墙体连接带保温腔的 PVC 框型材

二、PVC 型材的排水结构设计

PVC 型材排水结构的设计包括 PVC 型材积水槽和 PVC 型材排水筋位置的设计。对于塑料内平开窗，塑料 PVC 型材积水槽深度 h 的数值大小直接影响塑料平开窗水密性能，h

值越大其水密性能越好，如果兼顾塑料平开窗水密性能和节约材料，建议将 h 值设计为不小于 4mm，特别是在大雨状态，塑料型材的 h 值更为重要。图 11-10 左边是改进前 PVC 型材没有积水槽的设计，在大雨的状态下由于排水槽排出慢，容易在 PVC 型材上面产生积水，严重时积水会流入室内。图 11-10 右边是改进后 PVC 型材有积水槽设计，在大雨的状态下，雨水暂存在积水槽中而在 PVC 型材表面不产生积水。因此，PVC 型材积水槽深度实现暂存积水、有利于排水槽及时排出雨水，同时由于窗框（PVC 型材）表面无积水，减少了对中空玻璃边缘的密封胶及对开启部分密封胶条的雨水腐蚀作用。

PVC 型材排水筋位置的设计，即排水筋到窗框底面距离 b 值的设计，对于保证窗户安装后，进入到窗内的雨水能否顺利通过排水筋导向到排水槽口排到室外有着重要作用。应该考虑两方面内容：一是不影响外墙体窗口抹灰高度，二是窗户在安装后不影响雨水正常排出。图 11-11 左边是改进前的 PVC 型材断面排水筋的位置设计得太低且筋呈平直状态，如果排水槽底部与排水筋平行，在进行墙体窗口抹灰时容易将排水槽堵塞，在大雨的状态下容易在 PVC 型材表面产生积水，严重时积水会流入室内。如果排水槽底部高于排水筋位置，虽然可以解决墙体抹灰堵塞排水槽现象，但由于筋呈平直状态使雨水不易流动，导致在 PVC 型材内排水筋处积水，在冬季 PVC 型材容易产生冻胀现象。为此，应改进断面结构设计，图 11-11 右边是改进后的 PVC 型材断面，排水筋位置 b 值不小于 18mm，排水筋有一定的坡度设计，与外可视面约成 80°角，能够保证窗户安装后有利于排水槽排出雨水。

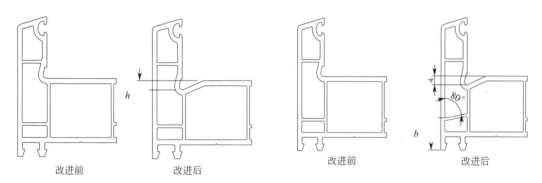

改进前　　　改进后　　　　　改进前　　　改进后

图 11-10　PVC 型材积水槽的设计　　　　图 11-11　PVC 型材排水筋的不同设计

三、PVC 型材五金槽口设计

五金槽口的设计关系到 PVC 塑料门窗的开启、密封等重要功能。目前使用的塑料内平开窗大多数属于欧式窗，与之相配套的五金件称为欧式五金件，而安装五金件的槽口称为欧洲标准槽口（简称欧标槽口）。因为在欧洲五金件和 PVC 型材生产实现了标准化和通用性。

PVC 型材钉线设计，又称为定位线的设计，为方便门窗的制作，位置主要在安装五金件锁块处、固定片与 PVC 型材连接处、型钢与 PVC 型材连接处等需要紧固螺钉的地方，过去在设计时往往不大注意，有些 PVC 型材的断面结构设计都没有钉线。

图 11-12 是框 PVC 型材钉线的设计，PVC 型材背部中部钉线设计可以作为紧固固定片的螺钉中线。图 11-13 是 PVC 型材锁块钉线及螺钉定位槽的设计，在锁块槽口处设计钉线作为紧固锁块的螺钉中线，设计螺钉定位槽是解决螺钉的握紧力。对于定位槽有两种深度，根据受剪切力大小不同而深度不同，一般固定传动器的定位槽深度≥6mm，固定锁块的定位槽深度≥4.5mm（见图 11-14）。门窗扇传动器槽口除了钉线设计外，也设计了螺钉定位槽来保证螺钉的握紧力（图 11-15）。图 11-16 是 PVC 梃型材小面螺钉定位槽的设计方案，

可以看出螺钉定位槽的设计结构有两种形式。

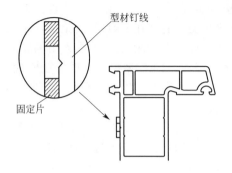

图 11-12　框 PVC 型材钉线的设计

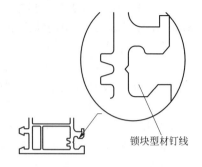

图 11-13　框 PVC 型材锁块钉线及螺钉定位槽设计

固定传动器的定位槽　　　　固定锁块的定位槽

图 11-14　两种定位槽形式

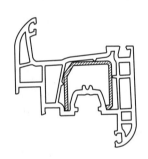

图 11-15　PVC 扇型材钉线及螺钉定位槽设计

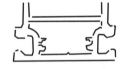

图 11-16　PVC 梃型材
螺钉定位槽的设计

四、窗框与中梃连接方式

在制作 PVC 塑料门窗过程中，对于 PVC 框型材与梃型材连接、梃型材之间的十字连接，目前主要有焊接和螺接两种方式，国外主要采用螺接方式，而国内主要采用焊接方式。焊接方式与螺接方式的不同点在于：焊接方式是 PVC 型材采用热融化焊接结合在一起，而 PVC 型材中的增强型钢之间没有连接在一起，表现为 PVC 型材柔性连接结构，在制作较大窗型时 PVC 型材容易变形。而螺接方式是 PVC 型材和增强型钢通过特殊的连接件用螺钉连接在一起，PVC 型材之间和 PVC 型材腔中的增强型钢共同作用，表现为钢性连接结构，在制作大型窗时 PVC 型材不容易变形。所以，采用螺接结构要比焊接结构的强度要高出许多，特别在梃 PVC 型材之间的十字连接时，螺接结构的优势表现更为突出。所以，在设计断面结构时要充分考虑螺接结构及螺钉孔的设计，建议 PVC 框型材与梃型材连接、PVC 梃型材之间的十字连接采用螺接方式，以提高塑料门窗的强度。

此外，门窗的制作有些细节也应引起注意。比如框或扇 PVC 型材与钢衬结合采用螺钉连接，往往螺钉打完后没有进行处理，因此，为了防止雨水顺着螺钉进入框扇内腐蚀增强型钢，螺钉与框扇连接处应进行防水密封处理。再比如窗框的内外排水槽加工过程中，内外排水槽中心距较近时，尘土容易从室外进入到室内，所以，应将内外排水槽中心距离控制在80mm左右为好。

第三节　PVC 塑料门窗节能的建筑玻璃结构设计

建筑玻璃是非金属材料，热导率 0.8～1W/(m·K)，远远低于金属，窗玻璃厚度一般为 4～6mm，自身热阻非常小几乎可以忽略不计，对于一套门窗系统，玻璃的能耗占 70%，因此，建筑玻璃在 PVC 塑料门窗节能设计非常重要。

一、节能玻璃的选择与结构设计

在 PVC 塑料门窗中，玻璃除了具有采光的功能外，更重要的是保温节能的功能。从热损失来看（见图 11-17），门窗的热损失主要表现在辐射、传导、对流、空气渗透等，其中玻璃主要表现为辐射、对流的热损失；窗框与玻璃安装缝隙主要表现为传导的热损失；门窗与墙体安装缝隙主要表现为空气对流的热损失。显然，控制玻璃的辐射、对流的热损失必须选择节能玻璃，从而保证门窗系统的节能。

1. 玻璃传热机理与节能玻璃

对于建筑物来说，自然界有两种热量形式。其一是太阳辐射，能量主要集中在 0.3～2.5μm 波段之间，其中可见光占 46%，近红外线占 44%，其他为紫外线和远红外线，各占 7% 和 3%。其二是环境热量，其热能形式为远红外线，能量主要集中在 5～50μm 波段之间，在室内，这部分能量主要是被阳光照射后的物体吸收太阳能量后以远红外线形式发出的能量及家用电器、采暖系统和人体等以远红外线形式发出的能量；在室外，这部分能量主要是被阳光照射后的物体吸收太阳能量后以远红外线形式发出的能量。

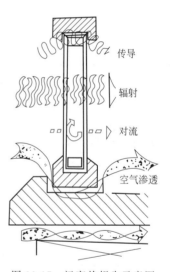

图 11-17　门窗热损失示意图

玻璃传热机理：普通浮法玻璃是透明材料，其透明的光谱范围是 0.3～4μm，即可见光和近红外线，刚好覆盖太阳光谱，因此普通浮法玻璃可透过太阳光能量的 80% 左右。对于环境热量，即 5～50μm 波段的远红外线，普通浮法玻璃其透过率是 0，其反射率也非常低，但吸收率非常高，可达 83.7%。玻璃吸收远红外线后再以远红外线的形式向室内外二次辐射，由于玻璃的室外表面换热系数是室内表面换热系数的三倍左右，玻璃吸收的环境热量 75% 左右传到室外，25% 左右传到室内。在冬季，室内环境热量就是通过玻璃先吸收后辐射的形式，将室内的热量传到室外。

所谓节能玻璃是人们将某些玻璃的性能与普通玻璃比较后提出的，是一个相对的概念，目前，我国还没有关于节能玻璃具体的衡量指标。一般认为，节能玻璃通常是指具有隔热和遮阳性能的玻璃。节能玻璃有三种分类方法：按生产工艺分类，按性能分类，按产品分类。

节能玻璃按生产工艺分类：分为一次制品和二次制品。一次制品的节能玻璃主要有着色玻璃、在线 Low-E 玻璃、在线热反射镀膜玻璃等；二次制品的节能玻璃主要有镀膜着色玻璃、离线 Low-E 玻璃、离线热反射镀膜玻璃、中空玻璃、夹层玻璃、真空玻璃等。

节能玻璃按性能分类，分为隔热型节能玻璃、遮阳型节能玻璃、吸热型节能玻璃等。隔热型的节能玻璃有中空玻璃、真空玻璃等；遮阳型节能玻璃有 Low-E 玻璃、热反射镀膜玻璃等；吸热型的节能玻璃有吸热玻璃等。

节能玻璃按产品分类：分为玻璃原片、表面覆膜结构、夹层结构和空腔结构。

2. 单层玻璃热损失分析

由于普通单层玻璃窗的能量损失约占建筑物冬季保温或夏季降温能耗的一半以上。玻璃的热损失分析常采用传热系数来进行。所谓传热系数，它的定义为当室内外温度为 1K 时，单位时间通过 $1m^2$ 面积的玻璃从室内空气到室外空气传递的热量，我国法定计量单位为 $W/(m^2 \cdot K)$，我国和欧洲称为 K 值；美国称为 U 值。一般指在没有太阳辐射条件下的冬季传热系数。目前，建筑物广泛使用的玻璃基本上是 K 值比较大的浮法平板玻璃，这种单层玻璃不能作为节能玻璃。因为玻璃的 K 值越大，它的隔热能力就越差，通过玻璃的能量损失就越多。从表 11-4 可以看出，随着玻璃厚度增加，传热系数变化不是很明显，玻璃厚度从 3mm 增加到 19mm，厚度增加了 5.3 倍，传热系数只降低 12%，同时也增加了玻璃的重量，不利于安装，也不能起到节能作用。说明玻璃厚度的增加对传热系数的贡献基本可以忽略不计。对于普通玻璃，太阳光照射玻璃上，热量由高处（室外）向低处（室内）传导，79% 透射到室内，而通过玻璃吸收 13.7% 也有 4.9% 二次透射到室内，接收热量合计 83.9%。同样，当室外温度低于室内时，室内将有大部分热量散到室外，降低室内的温度。

表 11-4　平板玻璃的传热系数（K 值）

厚度/mm	3	5	6	8	10	12	15	19
传热系数 $K/[W/(m^2 \cdot K)]$	5.55	5.45	5.4	5.3	5.22	5.14	5.1	4.86

3. 中空玻璃排列方式

中空玻璃由于在二片或多片玻璃以有效支撑均匀隔开并周边粘接密封，在玻璃之间形成了一定厚度的气体层，中间空气或其他气体层的流动被限制从而减少了单层玻璃的对流和传导传热，因此它具有较好的保温隔热能力，有人称为节能玻璃。中空玻璃排列方式是指中空玻璃中的玻璃数量、种类、玻璃间隔距离等。如果其中一层玻璃为低辐射玻璃，那么中空玻璃不但具有较好的保温隔热能力，又具有较好的降低辐射能力，才能称为真正的节能玻璃。节能玻璃之所以节能，是因为它比普通玻璃具有更高的隔热性能或遮阳性能，一般用传热系数 K 值表示。

表 11-5　不同中空玻璃排列方式的传热系数

玻璃类型	玻璃结构/mm	传热系数 $K/[W/(m^2 \cdot K)]$
单层玻璃	5	6.2
双层中空玻璃	5×9×5	3.26
三层中空玻璃	5×9×5×9×5	2.22

中空玻璃根据其中空气层数，分为双层玻璃、三层玻璃，层数不同，传热系数是不同的（表 11-5）。

表 11-6 可以看出中空玻璃的玻璃间距影响。对于双层中空玻璃，气体层为干燥空气时，如每片玻璃厚度都是 4mm，空气层厚度（两片玻璃排列距离）分别为 6mm、9mm、12mm，空气层厚度每增加 3mm，传热系数降低 $0.2W/(m^2 \cdot K)$，提高保温性能 6%。对于双层中空玻璃的每片玻璃厚度都是 4mm、空气层厚度 12mm，当其中一片玻璃更换为 Low-E 玻璃，与玻璃厚度、空气层厚度不变的双层中空玻璃比较，传热系数降低 $1.0W/(m^2 \cdot K)$，提高保温性能 33%。对于三层中空玻璃的每片玻璃厚度都是 4mm、空气层厚度 12mm，与厚度、空气层厚度不变的双层中空玻璃比较，传热系数降低 $1.4W/(m^2 \cdot K)$，提高保温性

能 46%。显然，三层中空玻璃节能效果优于两层中空玻璃。

表 11-6 玻璃间距与其传热系数

玻璃类型	玻璃结构/mm	传热系数 $K/[W/(m^2 \cdot K)]$
双层中空玻璃	4＋6＋4	3.4
	4＋9＋4	3.2
	4＋12＋4	3.0
	4＋12＋4 Low-E	2.0
三层中空玻璃	4＋12＋4＋12＋4	1.6

图 11-18 反映了双层中空玻璃气体间隔层厚度由 1～15mm 变化，随着气体间隔层厚度的增加，传热系数降低。气体间隔层为干燥空气，采用低辐射玻璃制作的中空玻璃与采用白色玻璃制作的中空玻璃比较，随着中空玻璃气体间隔层厚度的增加，传热系数降低的较明显。采用低辐射玻璃制作的中空玻璃，气体间隔层为氩气与干燥空气比较，随着中空玻璃气体间隔层厚度的增加，传热系数降低。无论玻璃不同，还是气体间隔层的气体不同，随着中空玻璃气体间隔层厚度的增加，基本间隔层厚度在 12mm 就基本上没有大的变化。

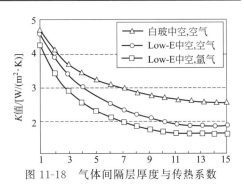

图 11-18 气体间隔层厚度与传热系数

4. 不同玻璃在节能玻璃中的贡献

因为普通玻璃不能作为节能玻璃来选择，所以选择其他玻璃作为节能玻璃，主要有低辐射玻璃（Low-E 玻璃）、真空玻璃等。

（1）低辐射玻璃 低辐射玻璃（Low emissivity glass，简称 Low-E 玻璃），它是在玻璃表面镀银膜或掺氟的氧化锡膜厚，利用上述膜层反射远红外线的性质，达到隔热、保温的目的。由于上述膜层与普通浮法玻璃比具有很低的辐射系数（普通浮法玻璃辐射系数 0.84，Low-E 玻璃一般为 0.1～0.2 甚至更低）。

Low-E 玻璃按膜层的遮阳性能分为高透型和遮阳型。以采暖为主的北方地区极为适用高透型 Low-E 玻璃，遮阳系数 $S_c \geqslant 0.5$，对透过的太阳能衰减较少，冬季太阳能波段的辐射可透过 Low-E 玻璃进入室内，经室内物体吸收后变为 Low-E 玻璃不能透过的远红外热辐射，并与室内暖气发出的热辐射共同被限制在室内，从而节省暖气费用。以空调制冷的南方地区极为适用遮阳型 Low-E 玻璃，遮阳系数 $S_c < 0.5$。

二氧化硅半导体功能膜
过渡层
SnO₂ 膜层
玻璃

在线 Low-E 玻璃

外层介质膜
功能膜
第一层介质膜
玻璃

离线 Low-E 玻璃

图 11-19 Low-E 玻璃结构

目前，成熟的 Low-E 玻璃生产技术主要分为：离线真空磁控溅射法和在线化学气相沉积法。离线真空磁控溅射法生产的 Low-E 玻璃膜系基本结构由介质膜、功能膜、外层介质膜组成。在线化学气相沉积法生产的 Low-E 玻璃的膜层结构由三层氧化物组成：加氟的二氧化锡、氧化物过渡层、二氧化硅半导体功能层（Low-E 玻璃主要结构），图 11-19 是 Low-E 玻璃结构。

离线 Low-E 玻璃膜系分类：单银 Low-E 玻璃、双银 Low-E 玻璃、阳光控制 Low-E 玻璃、改进型 Low-E 玻璃四个品种。

单银 Low-E 玻璃具有较高的可见光透射比和太阳光透射比、较低的传热系数以及相对较高的遮蔽系数，可获得更多的太阳能。该产品是节能玻璃推广应用的佳品之一。

双银 Low-E 玻璃在冬季具有良好的隔热保温效果，在夏季又有良好的太阳能遮蔽作用，可广泛用于中、高纬度地区。

阳光控制 Low-E 玻璃是一种既具有 Low-E 玻璃性能，又具有热反射性能的产品，适应于冬季凉爽、夏季炎热的地区使用。

改进型单银 Low-E 玻璃具有可见光透射比仍保持在 $80\% \sim 84\%$，辐射率却降低至 $0.05 \sim 0.06$，与双银 Low-E 玻璃相媲美，而且遮蔽系数较高，可以更多地利用太阳能，更适用于冬季寒冷的北方地区建筑物的门窗中空玻璃。

表 11-7　Low-E 玻璃中空玻璃性能

产品类型	玻璃结构	膜层位	可见光		K 值 /[W/(m²·K)]	S_c
			透射率/%	反射率/%		
白玻＋离线 Low-E	6＋12＋6	3#	63	11	1.75	0.64
白玻＋在线 Low-E	6＋12＋6	3#	73	17	1.8	0.74

表 11-7 中可看出，辐射率、K 值离线产品好于在线产品，但是在严寒地区，希望冬季得到太阳光照射，S_c 值越大越好，在炎热地区，希望玻璃能够遮阳，S_c 值越小越好。

表 11-8 是建立建筑面积 4445m^2，窗墙比 21%，两种 Low-E 玻璃节能效果对比，可以看出，在炎热地区离线 Low-E 略优于在线 Low-E 的节能效果；在严寒地区，在线 Low-E 优于离线 Low-E 的节能效果。

表 11-8　不同气候 Low-E 玻璃中空玻璃性质

产品类型	广州	上海	北京	哈尔滨
离线 Low-E(高透型)	30%	22.5%	22%	22%
在线 Low-E	29%	22%	23%	25%

图 11-20 是普通中空玻璃与 Low-E 玻璃在冬季使用对比，光透射率：普通中空玻璃 84%，Low-E 玻璃中空玻璃 65%，Low-E 玻璃中空玻璃光透射率降低了 19%；室内向外热传导损失：普通中空玻璃 80%，Low-E 玻璃中空玻璃 40%，Low-E 玻璃中空玻璃热传导损失降低了 40%。由此可见，Low-E 玻璃中空玻璃在冬季使用保温效果比较明显，减少了室内向外热传导损失 50%，同时，光透射率降低了 19%，有一定的遮阳作用。

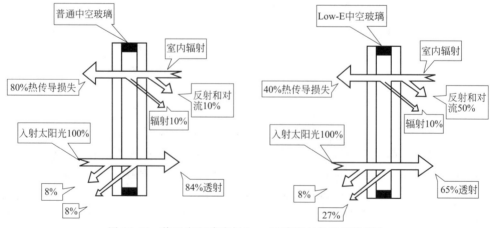

图 11-20　普通中空玻璃与 Low-E 玻璃在冬季使用对比

（2）真空玻璃 定义：真空玻璃是两片平板玻璃中间由微小支撑物将其隔开，玻璃四周用钎焊材料封边，通过抽气口抽真空，然后封接抽气口保持真空层的特种玻璃。

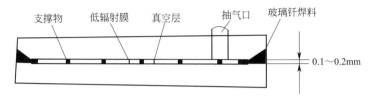

图 11-21 真空玻璃的基本结构

真空玻璃具有非常好的保温性能，其保温原理和常用的保温瓶相似，玻璃周边密封材料的作用和保温瓶塞的作用相同，都是阻止空气的对流作用，因此真空双层玻璃的构造，最大程度地隔绝了热传导（图 11-21）。研究表明，用两层 3mm 厚的玻璃制成的真空玻璃与普通的双层中空玻璃比较，在一侧为 50℃ 的高温条件下，真空玻璃的另一侧表面与室温基本相同，而普通双层中空玻璃的另一侧则烫手。如果用热反射玻璃或 Low-E 玻璃制成真空玻璃，还能够降低辐射传热，具有良好的保温效果。

真空玻璃把传导、对流、辐射都基本阻断，所以具有如此优异的隔热保温性能。

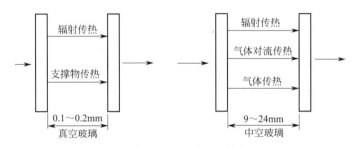

图 11-22 真空玻璃和中空玻璃的传热机理示意图

真空玻璃隔热、隔声原理见图 11-22，由于真空玻璃的两层玻璃之间间距 0.1～0.2mm，远远小于双层中空玻璃的两层玻璃之间的间距，气体流动传热非常小，可忽略不计；同时，真空玻璃两层玻璃之间四周支撑物直径 0.3～0.5mm，远远小于双层中空玻璃的两层玻璃之间四周支撑物宽度 5～8mm，传热非常小，可忽略不计。

所以，真空玻璃外表上与普通玻璃并无差别，但其传热系数比普通玻璃低 6 倍，比普通中空玻璃低 3 倍，节能性能大大优于镀膜玻璃、低辐射玻璃。真空玻璃、中空玻璃、单片玻璃传热系数的比较见表 11-9。

表 11-9 真空玻璃、中空玻璃、单片玻璃传热系数的比较

玻璃品种	厚度 D/mm	K 值/[W/(m² · K)]
单 Low-E 真空玻璃	6～8	0.9
单 Low-E 中空玻璃（包括充氩气）	24	2.1
单片 Low-E 玻璃	6	4.5
单片透明玻璃	6	6

当然，还有其他的节能玻璃，比如吸热玻璃的节能是通过太阳光透过玻璃时，将 30%～40% 的光能转化为热能而被玻璃吸收，热能以对流和辐射的形式散发出去从而减少太阳能进入室内，因此吸热玻璃具有较好的隔热性能。所以若用吸热玻璃制成中空玻璃，则隔热效果更加显著。

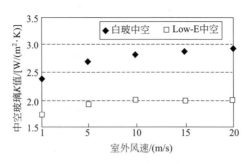

图 11-23　室外风速对中空玻璃节能特性的影响

5. 其他因素对中空玻璃的影响

（1）风速对中空玻璃的节能特性有影响　中空玻璃的节能特性在整窗的节能特性中起着重要的作用，室外冷空气通过对流和辐射的形式向室内传递，在有风的作用下，这种传递会加快，这就是为什么在冬季在有风的情况下，人们在室内感到更寒冷的原因。图 11-23 是风速与中空玻璃传热系数的关系，无论采用普通玻璃还是采用低辐射玻璃制作的中空玻璃，随着室外风速的提高，传热系数是提高的，即节能特性（保温性能）是下降的，普通玻璃制作的中空玻璃比较明显。室外风速提高 20 倍，普通玻璃制作的中空玻璃传热系数提高了14%，即节能特性下降了 14%。而采用低辐射玻璃制作的中空玻璃，室外风速对其节能特性影响较小。

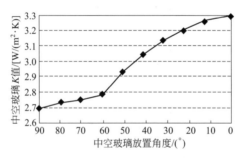

图 11-24　中空玻璃放置角度与传热系数

（2）中空玻璃放置角度对节能特性的影响　中空玻璃的放置角度对其传热系数也有影响。图 11-24 表示中空玻璃的放置角度由 90℃到 0℃变化与其传热系数的关系。图中显示，放置角度 90℃到 70℃变化对中空玻璃的传热系数影响较小，60℃到 0℃变化对中空玻璃的传热系数影响较大，中空玻璃的传热系数提高迅速，节能特性大大降低。所以，在楼盘门窗设计时，要使用节能门窗，中空玻璃放置角度不能小于 60℃，否则，会降低中空玻璃的节能特性。

（3）风压对中空玻璃的影响　在设计节能窗时，要充分考虑玻璃的最大许用面积和两对边支承玻璃的许用跨度，如果设计的玻璃最大许用面积过大或两对边支承玻璃许用跨度过大，在风压作用下，将使玻璃发生变形，影响到窗的保温性能。

玻璃的最大许用面积

$t \leqslant 6mm$　$A_{max} = 0.2at^{1.8}/W_K$

$t > 6mm$　$A_{max} = a(0.2t^{1.6} + 0.8)/W_K$

其中，t 为玻璃的厚度，mm；a 为抗风压调整系数，中空玻璃 1.5；

两对边支承玻璃的许用跨度 $L = 0.142a^{1/2}t/W_K^{1/2}$。

表 11-10　中空玻璃最大许用面积与玻璃厚度的关系

玻璃厚度/mm	4	5	6	7	8	9	10
最大许用面积/m²	1.4	2.1	2.9	3.06	3.68	4.3	5.06
两对边支承玻璃的许用跨度/m	0.43	0.52	0.65	0.76	0.86	0.97	1.08

表 11-10 是满足 4 级风压条件下，计算出中空玻璃最大许用面积与玻璃厚度的关系。玻璃厚度由 4mm 增加到 5mm，最大许用面积增加 50%，变化最明显；玻璃厚度从 5mm 增加到 10mm，每增加 1mm，最大许用面积增加 16%～20%。玻璃厚度由 4mm 增加到 6mm，两对边支承玻璃的许用跨度增加 21%～25%；玻璃厚度从 6mm 增加到 10mm，每增加 1mm，许用跨度增加 11%～17%。

目前新建的商品房很少使用普通单层玻璃，大都选用中空玻璃，如双层或三层中空玻璃、中空镀膜玻璃、低辐射玻璃等，不仅保证了室内正常的采光，对隔声、隔热、保温、减少紫外线辐射都起到了很好的作用。有科学实验表明，在夏季 38℃ 高温里，同一间房屋中若保持 10h，25℃ 的室温，一般窗户条件下需开启空调 9h，而节能型窗户只需开启 6～7h，节能效果十分显著。

在 2009 年 5 月 1 日实施的国家行业标准 JGJ/T 151—2008《建筑门窗玻璃幕墙热工计算规范》附录 A 内列出的典型整窗的传热系数看出，以玻璃的传热系数 1.9W/(m²·K)、窗框的传热系数 2.2W/(m²·K) 为例，当窗框面积占整窗面积 20% 时，整窗传热系数 2.0W/(m²·K)；当窗框面积占整窗面积 30% 时，整窗传热系数 2.1W/(m²·K)。显然，随着窗框面积占整窗面积的增加，意味着玻璃面积降低，整窗传热系数有所增加。说明玻璃面积大对降低传热系数有好处。同时，新标准的实施为节能塑料门窗的设计提供了理论依据。

6. 中空玻璃结构设计对塑料窗传热系数的影响

为了检验建筑玻璃在节能塑料门窗中的突出作用，我们做了如下试验：采用相同的多腔塑料型材，配置不同结构的节能玻璃，制作相同尺寸的三层玻璃三密封塑料窗，检测其整窗传热系数。检测结果是，同样的 66mm 系列五腔塑料型材，配置不同玻璃结构，制作塑料门窗，窗的传热系数有明显差异。如采用 66mm 系列五腔塑料型材，玻璃配置为三层中空玻璃，玻璃结构由 3 片 4mm 普通白玻璃组成的（N4＋A12＋N4＋A12＋N4），三级密封结构，整窗传热系数检测结果为 1.9W/(m²·K)。如采用 66mm 系列五腔塑料型材，玻璃配置为真空玻璃加中空玻璃，玻璃结构由 2 片 5mm Low-E 玻璃组成的真空玻璃＋18mm 中空层＋6mm 普通玻璃（L5＋V＋L5＋A18＋N6），三级密封结构，整窗传热系数检测结果为 1.0。配置真空玻璃＋中空玻璃结构的窗传热系数比配置三层中空玻璃结构的整窗降低了 47.3%，显著提高了整窗节能保温性能。如采用 70mm 系列多腔塑料型材，玻璃配置为真空玻璃加中空玻璃，玻璃结构由 2 片 5mmLow-E 玻璃组成的真空玻璃＋21mm 中空层＋5mm 普通玻璃（L5＋V＋L5＋A21＋N5），三级密封结构，整窗传热系数检测结果为 0.9W/(m²·K)。试验与检测结果表明，建筑玻璃在节能塑料门窗中的突出作用非常显著。

二、不可忽视的建筑玻璃风压计算

在建筑围护结构中，外门窗属于薄型围护结构的构件，具有采光、结构的作用。外门窗与风荷载相互作用反映到门窗型材杆件和玻璃构件，同时，随着城市化建设的加快，大型窗的应用有日益扩大的趋势，因此，在设计门窗结构中，除了考虑外门窗的型材杆件风荷载设计，不能忽视外门窗的玻璃的风荷载设计。2009 年 2 月 1 日实施的行业标准 JGJ 113—2009版《建筑玻璃应用技术规程》，借鉴了澳大利亚国家标准《建筑玻璃选择与安装》

AS 1288—2006版本有关内容，为我们玻璃的风荷载设计提供了依据。因此，有必要了解玻璃风荷载设计的三个版本标准的区别。

值得注意的是，在之前的《建筑玻璃应用技术规程》JGJ 113两个旧标准版本中规定建筑玻璃上的最小风荷载标准值不小于 0.75 kPa，提出高层建筑玻璃风荷载标准值为最小风荷载标准值的1.1倍。而2009版本中规定建筑玻璃上的最小风荷载标准值不小于 1 kPa，提出建筑玻璃上的风荷载设计值，风荷载设计值等于最小风荷载标准值与风荷载分项系数 1.4 的乘积。显然，新的规程提高了建筑玻璃上的风荷载标准值，更重视了玻璃使用的安全。

1. 玻璃长宽比

在之前的《建筑玻璃应用技术规程》JGJ 113两个旧标准版本中采用四边支承玻璃的最大许用面积来评价建筑玻璃上的风荷载是否满足正常使用要求。满足最大许用面积的建筑玻璃，没有考虑矩形玻璃长宽比对玻璃风压的影响。2009版《建筑玻璃应用技术规程》提出了建筑玻璃承载能力极限设计下的最大许用跨度和建筑玻璃正常使用极限设计概念，以及不同种类的建筑玻璃抗风压设计计算参数。在新的标准中，充分考虑了矩形长宽比的影响，将原来计算玻璃最大许用面积改为计算不同长宽比条件下的最大许用跨度，对于不同种类的玻璃采用不同的计算参数，中空玻璃玻璃最大许用面积改为按照风荷载分配系数各自独立计算。所以，新标准更科学、更合理、更全面、更精确。

① 从建筑玻璃厚度变化看，随着玻璃厚度的增加，玻璃承载风压的能力提高，最大许用跨度增大。同时，从建筑玻璃长宽比尺寸 b/a 变化看，随着长宽比的增加，建筑玻璃承载力极限最大许用跨度降低。

② 按照新标准计算的最大许用跨度下面积小于以前版本标准计算的最大许用面积，使玻璃正常使用安全性能提升。

③ 随着玻璃长宽比的提高，最大许用跨度减小，即玻璃短边减小、长边增大，玻璃的极限设计值降低，玻璃单位厚度最大许用跨度和最大许用跨度下挠度也降低，降低了玻璃的承载风压的能力。

2. 玻璃的风荷载

在之前的《建筑玻璃应用技术规程》JGJ 113两个旧标准版本风荷载标准低，只要外门窗型材杆件风荷载合格，一般情况下玻璃的风荷载也能够满足。而按照 2009 版标准，在进行外门窗风荷载计算时，不能忽视建筑玻璃的风荷载的计算。特别是目前大型窗的应用，为了满足门窗风荷载的要求，提高了门窗型材杆件的强度，建筑玻璃的风荷载的计算更为重要。应该注意以下问题：

①《建筑玻璃应用技术规程》（JGJ 113—2009 版）标准为城市的建筑物安全性能、舒适性能提供了依据，塑料门窗加工企业应该认真学习和掌握新的标准。

② 随着风荷载的增加，玻璃单位厚度跨度限值发生减小的变化。

③ 外门窗型材杆件风荷载计算通过，不能代表窗玻璃的风荷载计算通过，需要按照《建筑玻璃应用技术规程》（JGJ 113—2009 版）标准进行玻璃风荷载的计算。型材杆件和玻璃有一个不能满足风荷载的要求，不能应用在建筑物上。

第四节　PVC塑料门窗五金件和密封胶条的设计

节能窗除了选择节能型材、节能玻璃外，第三个要素就是五金件和密封胶条的选择，有人将密封胶条列为五金件范畴内。因为门窗是靠五金件来完成开启、关闭的功能的，同时，通过五金件和密封胶条实现门窗的气密性及水密性。门窗的气密性能是指门窗单位开启缝或单位面积上的空气渗透量。它考核的是门窗在关闭状态下，阻止空气渗透的能力。门窗气密性能的高低，对热量的损失影响极大，气密性能越好，则热交换就越少。冬季采暖或夏季通过空调降温其中 1/4 的能量通过门窗的缝隙消耗掉。因此，提高门窗的气密性能当务之急是减少门窗框与扇和扇与扇的缝隙。一个优质的门窗一定是合理的门窗五金件配置、优质的型材和玻璃、合理的门窗设计、优良的门窗制作工艺等各项指标的最佳综合反映。

1. 五金件应该与型材槽口设计相匹配

选择五金件和密封胶条应该注意不同型材五金件槽口设计、胶条口设计，应选择与型材五金件槽口、胶条口相匹配的五金件和密封胶条，如果选择不正确，即使采用节能塑料型材和节能玻璃，由于五金件或密封胶条不匹配，会造成密封不严而达不到塑料门窗节能的目的。国外有些型材生产厂家在设计型材同时，进行五金件、密封胶条的设计，从而保证型材五金件槽口、胶条口与五金件和密封胶条相匹配，保证了塑料门窗的制作质量。这点应该引起我们的借鉴和思考。

型材槽口尺寸设计中常常采用欧式槽口系列。图 11-25 是典型的欧式型材槽口设计，欧式的内开窗包括内平开窗，内平开/内倒窗和内开上悬窗，以及欧式的内开门。窗扇上欧槽分为两部分，上槽口为 16.2mm×2.2mm，是用于安装五金件联动机构盖板用的；下槽口为 12.2mm×9.5mm 是使联动机构在执手带动下的活动空间。窗扇上欧槽绕窗扇一圈，这个槽口的中心线，我们称为五金件中心线。五金件中心线到窗框内表面的尺寸一般有 9mm 和 13mm 两种规格，从节能窗需要，应该使用五金件中心线到窗框内表面的尺寸为 13mm。

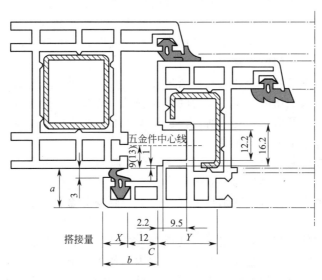

图 11-25　型材槽口尺寸设计

从图 11-25 中我们可以看到，窗扇和窗框之间最小的距离（c）为 12mm，这就是五金件的活动空间尺寸。装在窗扇上的联动五金件的锁舌和安装在窗框上的锁块各高为 8mm，因此锁舌和锁块之间理论上的接触面高为 4mm。为了保证窗扇搭在窗框并且在窗框上能够正常运转，扇用于密封和开启的外缘尺寸（b）在 20/22mm，外缘尺寸减去 12mm 的五金件活动空间尺寸即为搭接量，搭接量（x）在 8mm＋2 mm。国内普遍采用外缘尺寸（b）在 20mm，从而保证了窗扇和窗框之间的距离为 12mm，搭接量在 8mm。在安装欧式五金件之前，应仔细检测一下窗扇和窗框之间的距离，如果距离大于 13.5mm 和小于 11.5mm，都无法安装五金件，不能保证窗扇在窗框上的正常转动。为了保证良好的门窗的密封性能，窗扇外侧通过密封条扣搭在窗框上的距离（a）应大于16mm，即扣搭在窗框上窗扇厚度大于13mm。国内某些型材槽口设计单纯追求型材的出材率，外缘的尺寸（b）小于20mm，搭接量小于8mm，扣搭在窗框上窗扇厚度小于13mm，这些非标型材不能应用在节能塑料门窗上。

因此，节能塑料窗应使用12/20-13系列、扣搭在窗框上窗扇厚度应大于14mm的型材。

2. 锁点五金件对门窗密封性能的影响

按照对门窗密封性能来分类，大体可分为两类：多锁点五金件和单锁点五金件。多锁点五金件的锁点和锁座分布在整个门窗的四周；当门窗锁闭后，锁点、锁座牢牢地扣在一起，与铰链或滑撑配合，共同产生强大的密封压紧力，使密封条弹性变形，从而提供给门窗足够的密封性能，使扇、框形成一体；因此，多锁点五金件对门窗的密封有很多好处，可以大大提高门窗的密封性能。由于单锁点只能在门窗开启侧提供单点锁闭，与铰链或滑撑配合只能产生3、4处锁闭点，致使门窗有4个角处于无约束状态，因此，从两个无约束角到锁点之间产生缝隙，从而降低了门窗的密封性能。所以，单锁点五金件所产生的密封性能相对来说就要差很多。

采用三锁点后已可大大减少门窗扇的变形，提高密封性能。当然在满足强度和密封要求的条件下，不宜采用过多的锁点；否则会造成浪费。

3. 铰链（合页）的正确使用

在门窗中使用的铰链中，角部铰链或平开悬窗五金件在使用过程中常常把铰链位置的密封胶条割去，这部分由于安装铰链造成的对气密性的影响往往大家都视而不见。事实上由于割去密封胶条（而且是至关重要的密封位置）而产生的缝隙渗透对节能产生了的负面效果。所以，门窗五金件对门窗气密性产生的作用应该引起我们的足够重视，应选用不割密封胶条的角部铰或平铰链，保证门窗气密性。

因此，门窗五金件是静态和动态两种效果并存，而且必须同时满足。静态主要指五金件本身强度、耐用性、装配精度、窗关闭后的密封效果。动态主要指在风压、雨水作用下，门窗关闭时的密封变化、开启状态的灵活性。这从本质上已经决定了门窗技术的细腻化。

4. 节能门窗对五金件的性能要求

（1）能满足门窗的载荷要求　当窗型越大，楼层越高，除窗本身的自重大以外，外界的风载荷也增大，这些载荷最终施加到五金件上。

（2）具有良好的操作性能　特别是多锁点的平开悬窗五金件，它应具有操作简单灵活、有误操作的限位装置。

（3）良好的防盗性　当门窗关闭后，其锁点应在水平和垂直面上都必须锁定。德国制定了使用一般工具在15min无法破坏门窗而进入室内，作为五金件的可靠性标准。

（4）门窗的气密性及隔噪性能　除受门窗的材质及结构性能影响外，五金件的设计和制造精度也起着决定性的作用。

（5）使用寿命长　这也是对五金件的基本要求之一，良好的塑料门窗具有30年以上的使用寿命，因此，门窗五金件也应具有30年以上的使用寿命。德国公司对其产品做耐久性试验时，模拟在正常负载下，开关15000次不损坏为标准。因此在五金件强度设计时应有合理余量，应具有良好的抗腐蚀性能。

（6）制造精美　有良好的装饰效果，特别是外露部分，如操作执手等。

5. 门窗胶条

密封胶条是窗户的重要部件，通过水密性表现出的节能效果甚为明显不可忽视。如果门窗的水密性不好，在风雨天气中，雨水就可能会通过窗户渗入室内，使窗台装饰板受潮。时间久了，还会造成装饰板变形、变色，甚至发霉。门窗水密性差不但会给用户带来烦恼，还会损害门窗产品的名声。在窗扇和窗扇、窗扇和窗框间应该用良好的橡胶做密封胶条，窗扇关闭后，密封橡胶条被压缩达到密封性能很好。正常情况下，有良好的水密性和气密性，空气很难通过密封胶形成对流，因此对流热损失极少。

胶条按照材质分为三元乙丙橡胶密封条、PVC 改性橡胶密封条。从耐久性和密封性考虑，三元乙丙橡胶密封条最好。PVC 改性橡胶密封条有许多种价格，低廉价格的胶条用过一段时间后便失去弹性和产生严重的收缩，使门窗的保温性能降低。

框扇搭接用密封胶条的选择应该考虑胶条压缩后尺寸，一般框扇搭接间隙在 3mm、3.5mm、4mm，该间隙是塑料型材在设计时已经确定的，应根据不同间隙选择不同的胶条，保证压缩后的胶条，满足框扇搭接要求。如果塑料型材设计的框扇搭接间隙 4mm，选择胶条压缩后的尺寸 3mm，门窗关闭后有缝隙，密封效果不好；如果塑料型材设计的框扇搭接间隙 3mm，选择胶条压缩后的尺寸 4mm，门窗关不严，密封效果也不好。

风压较大地区建筑上安装塑料门窗，可以采用密封胶全方位粘接扇、玻璃与密封条，不仅可提高门窗的密封性能实现节能，而且可提高门窗的抗风压性能。

第五节　PVC 塑料窗的结构设计

门窗结构设计主要是指窗型、窗墙比、玻璃结构等，是塑料门窗节能的第二要素。

1. 窗型与热损失

从热力学中我们知道，热量的交换分为对流、传导和辐射。对流是在塑料门窗空隙间热冷气流的循环流动，导致热量交换，产生热量流失；传导则通过物体（塑料门窗）本身的一个面把热量传导至另一个相对的面，由分子运动进行热量的传递；辐射是以红外线能量直接传递的光辐射。

在设计窗型、窗墙比时要充分考虑如何减少热量的流失，才能真正起到节能的作用。窗型设计就是如何进行窗的分格，门窗分格的目的是支撑透光材料、通风，分格大小主要由开启扇的通风量来决定。进入 21 世纪，建筑物高度越来越高，又随着空调的普遍使用，人们要求室内采光宽敞明亮，希望门窗分格越少越好。但是应该注意，理想的门窗分格不是随意的，而应该与建筑结构协调一致、视觉效果应美观，同时应该考虑窗分格少产生的热损失是否满足节能要求，需要通过计算传热量来考量。窗型设计的基本形式有三种（见图 11-27）。以 60 系列塑料型材制作的塑料门窗为例，计算三种基本窗型的传热量进行比较。

传热量计算公式：$$W = KTS$$

式中　W——传热量；

K——材料的传热系数；

T——室内外温度差；

S——材料的表面面积。

表 11-11　三种窗型的传热量　　　　　　　　　　　　单位：W

窗型	图 11-26(a)	图 11-26(b)	图 11-26(c)
框材	41.8	34.2	29.58
玻璃	85.86	97.88	105.165
总计	127.66	132.08	134.75
玻框比	2.1∶1	2.86∶1	3.56∶1

设塑料型材传热系数为 1.71W/(m² · K)，12mm 间隔的双层中空玻璃传热系数为 2.7W/(m² · K)，室内外温度差 25℃，图 11-26 中三种基本窗型的外形尺寸一致（1.5m× 1.5m）。计算结果是：(a) 窗型传热量 127.66W；(b) 窗型传热量 132.08W；(c) 窗型传热量 134.75W。显然，传热量大小顺序为：(c) 窗型、(b) 窗型、(a) 窗型，框材用量减少 18%，传热量增加 24%；框材用量减少 30%，传热量增加 27%（表 11-11）。由此说明，随着框材量的减少，玻框比增加（玻璃面积增大），导致热流失增加而减低了节能效果。目前，有些开发商单方面要求大窗型，往往忽视大窗型分格少带来的热损失或者没有计算大窗型的传热量。节能标准虽然没有规定采用何种窗型，但在窗型设计中还是应当充分考虑传热量，要充分认识分格大影响到节能效果，如果仍采用大分格形式，为了减少热损失，应选用大断面型材、三层中空玻璃且有一层为低辐射 Low-E 玻璃。

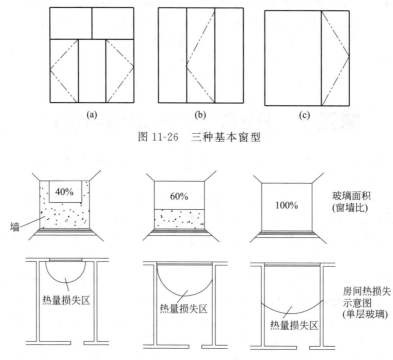

图 11-26　三种基本窗型

图 11-27　窗墙面积比与热量损失区（传热量）

2. 窗墙比与热损失

窗墙比对于塑料门窗节能有着重要的作用。从建筑围护结构各个部分热损失程度来看，塑料门窗＞外墙＞屋面，所以，按照 2010 年 8 月 1 日实施的《严寒和寒冷地区居住建筑节能设计标准》（JGJ 26—2010），对不同朝向的窗墙面积比做出强制性条文规定（表 11-12）。显然，北面的窗墙比小是为了减少缝隙冷风渗入，降低热量损失。从图 11-27 可以看出不同的窗墙面积比，热量损失区（传热量）是不同的，随着窗墙面积比的增加，热量损失增加，其中玻璃面积（窗墙面积比）为 100%，热损失最大。设外墙传热系数为 0.52、室内外温度差 25℃、窗墙面积比 0.5，以图 11-26 中（a）窗型为例进行计算，结果是：墙传热量 83.57W、窗传热量 127.66W，窗传热量占总传热量 60.4%。如果窗墙面积比达到 100%，窗传热量就是总传热量，传热量损失将更大。因此，窗墙面积比大小直接影响到建筑物围护结构热损失的大小。如果设计超过表 11-12 列出的窗墙比，可以采用三层中空玻璃、65mm 以上窗框、合理分格等方法，以减少围护结构的传热量。

表 11-12　不同朝向的窗墙面积比的规定

朝向	窗墙面积比	
	严寒地区	寒冷地区
北	0.25	0.3
东、西	0.3	0.35
南	0.45	0.5

除了窗墙比外，体形系数也影响到建筑围护结构的热损失。因为体形系数与门窗风荷载成正比，体形系数大使风荷载加大导致门窗杆件变形产生热渗漏。所以，建筑物的长度越大，体形系数就越大，热损失越大；同一个建筑物外墙立面的体形系数不同而热损失是不同，如同样的建筑物的高度，平面形式为圆形、正方形体形系数最小，热损失较小。此外，建筑物楼层数也影响体形系数，楼层数低体形系数大，所以正方形建筑物、高层建筑物热损失较小、节能效果好。

在相同的窗型、窗墙比条件下，如果玻璃结构不同，其热损失也是不同的。因为门窗体散热面积最大的是玻璃，而不是窗框，玻璃占整个成窗 80% 左右的面积，所以，玻璃及玻璃结构的选用对窗户的节能至关重大。玻璃种类有：平板玻璃、镀膜玻璃、低辐射镀膜玻璃。玻璃结构有：单层玻璃、玻璃间距在 12mm 或 9mm 的双层中空玻璃、三层中空玻璃、低辐射镀膜玻璃的中空玻璃。有人曾做过这样的检测，当室外温度为 -10℃ 时，单层玻璃室内窗前的温度为 -2℃，而中空玻璃室内窗前的温度是 13℃，说明玻璃结构的不同，散热量是不同的。表 11-13 是采用不同玻璃结构塑料窗的节能效果，很明显，Low-E 中空玻璃塑料门窗节能效果最好。

表 11-13　各类窗的节能效果

名称	$K/[(W/m^2 \cdot K)]$	节能效果/%
单玻璃窗	3.3～5.4	33～16
双玻中空玻璃窗	2.2～3.1	66～52
三玻中空玻璃窗	2.0	70
Low-E 中空玻璃	1.6	75

在欧洲已基本上采用镀膜中空玻璃或镀膜三玻中空玻璃，双玻间距一般为 14mm，玻璃厚度不小于 5mm。欧洲玻璃标准中要求传热系数不大于 $2W/(m^2 \cdot K)$，K 值在 1.3 充氮气或氩气的 Low-E 中空玻璃已经广泛应用。

国家有关部门非常重视中空玻璃在塑料门窗节能中的作用。2002 年，《中空玻璃应用技术规程》中的节能性能部分已经获得通过，标志着我国经过 38 个年头中空玻璃有了确定的节能性能指标。2004 年就提出了取消没有节能效果的塑料门窗，国家发改委发改产业 [2004] 746 号《关于进一步加强产业政策和信贷风险有关问题的通知》明确规定：建材行业禁止类有空腹钢窗、普通双层玻璃塑料门窗及单腔结构型塑料门窗。所以，门窗结构节能设计不能忽视窗型、窗墙比、玻璃结构。

在国家行业标准 JGJ/T 151《建筑门窗玻璃幕墙热工计算规范》中，提出了整樘窗的传热系数计算公式：

$$U = \frac{\Sigma A_g \times U_g + \Sigma A_f \times U_f + \Sigma L_\psi \times \psi}{A_t}$$

式中　A_g——窗玻璃面积；

A_f——窗框面积；

A_t——整窗面积。

由公式可知，在整窗面积不变的情况下，窗框（U_f）、窗玻璃（U_g）和窗框和窗玻璃之间（ψ）的传热系数小，整窗的传热系数就小。显然，窗框和窗玻璃的结构设计决定了其传热系数，而窗框和窗玻璃之间的传热系数与装配、安装有关。此公式将型材、玻璃、五金件作为整窗的节能因素进行综合考虑，也为进行型材、玻璃、五金件设计与选择提供了计算依据。

第六节　门窗其他因素的影响

门窗其他因素的影响主要指门窗的排水系统的设计与门窗的杆件变形影响。排水系统不畅通影响到门窗的水密性，而门窗的杆件变形不仅影响到门窗的水密性，还影响门窗的气密性，水密性能和气密性能降低将影响门窗的节能保温性能。

1. 排水系统的影响

排水系统的设计与加工影响到塑料门窗的保温性能，这方面并没有引起人们的足够重视，特别没有引起建筑开发商的足够重视。所谓的门窗排水系统应该是由排水孔（槽）和气压平衡孔两部分组成。排水孔按照加工后的形状有圆形和槽形之分，通过排水系统可以将淋到玻璃后积聚在玻璃胶条缝隙处和框扇密封处的雨水及时排出，如果不开排水系统或者只开排水孔（槽）不开气压平衡孔，使通过玻璃胶条、框扇密封胶条缝隙渗入到框、扇的雨水不能排出或者不能及时排出。排不出去的雨水积累到一定程度或者在阳光作用下排不出去的雨水蒸发成为水蒸气，会对中空玻璃的密封结构及密封胶条产生侵蚀，容易导致中空玻璃失效而减低了塑料门窗整窗的保温效果。此外，在风压的作用下，不开排水系统或者只开排水孔（槽）不开气压平衡孔的窗，容易在压条缝隙及压条与压条槽的装配间隙有水渗出。

另外，塑料型材断面结构中排水筋位置设计很重要，为了保证窗户在安装后不影响正常排水，排水筋到窗框底面距离不小于15mm。如果距离过小，在门窗安装后窗口抹灰容易堵塞排水孔，从而破坏了排水系统，导致塑料门窗节能保温效果降低。

2. 门窗的杆件变形的影响

如果塑料门窗抗风压强度性能低，其保温性能就会降低。这是因为抗风压强度性能低的情况下，在风压的作用下容易使窗的杆件产生变形，出现冷风渗漏或热量损失现象而引起门窗保温性能降低。影响窗的杆件变形主要因素有型材壁厚、钢衬壁厚、框梃连接方式、角部增强结构等。

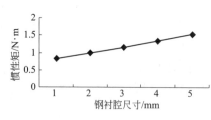

图 11-28　钢衬腔高度与惯性矩

门窗杆件变形一般用挠度值来表示，挠度与材料的惯性矩成反比，而惯性矩与材料的壁厚、横截面积有关，在相同条件下，提高惯性矩就可以减低挠度值，使门窗杆件变形降低，门窗保温性能提高，特别是高层建筑大型窗在这方面表现的更为突出。随着钢衬或型材惯性矩增加导致门窗杆件挠度减少的关系，而惯性矩增加是因为钢衬或型材壁厚增加发生的。钢衬、型材壁厚的增加，提高了钢衬、型材的惯性矩，而惯性矩的提高降低了挠度值，从而减少杆件的变形使门窗的保温性能提高。这里，与型材壁厚的增加比较，钢衬壁厚的增加对于降低挠度值影响较大。另外，型材钢衬腔的尺寸对于塑料门窗杆件变形的影响不能忽视。图 11-28 是钢衬腔在保持宽度不变的情况下，钢衬腔高度尺寸与钢衬惯性矩的变化关系。这是因为钢衬腔高度变化将带来钢衬高度的变化，图中表示的是钢衬高度由 26mm 变化到 34mm，钢衬的惯性矩逐渐增大，所以，惯性矩的提高降低了杆件的挠度值，从而减少杆件的变形使门窗的保温性能提高。因此，在设计门窗型材腔体结构时，既要虑考塑料型材腔体保温性能，又要考虑型材腔体中钢衬腔高度尺寸，以减少杆件的变形使门窗的保温性能提高。

框梃连接方式也影响到杆件变形。门窗框梃连接方式有焊接和螺接两种。所谓焊接是将框在与中梃连接处的相对位置切成 V 口，将中梃在与框材连接处的相对位置切成 V 尖，然后将框梃使用焊机进行焊接成整体，而框和中梃内的钢衬没有连接。所谓螺接是在框梃连接处采用连接件、螺钉将框与中梃连接成整体，同时框和中梃内的钢衬也进行了连接。对比螺接与焊接主要区别是焊接是塑料型材之间的连接；螺接是钢衬与钢衬、塑料型材与塑料型材之间的连接。中梃与框采用螺接结构要比焊接的强度高出许多，杆件变形要小。需要指出是：螺接结构连接处不能忽视进行密封处理，否则，影响塑料门窗的密封性能。

角部增强也是为了减少门窗扇杆件变形，达到门窗保温节能的目的。一般，门窗扇角部焊接部位采用增焊块或采用钢制连接件。因为塑料门窗扇角部强度单靠 PVC 塑料型材焊接强度一般是不够的，特别是在高层建筑中的大型窗容易出现杆件变形或掉扇现象。所以，在塑料型材焊接的基础上加以增焊块或钢制连接件来提高角部强度，以减少杆件变形，进而满足高层建筑塑料门窗抗风压强度及节能保温的需要。

第七节　PVC 塑料窗的安装

塑料门窗的安装上墙是门窗系统工程中的重要环节，塑料门窗只有安装在墙体上才能体现塑料门窗的节能保温性能，再好的窗户如果安装上墙质量不好，也达不到节能保温的效果。因此，安装质量直接影响到塑料门窗的保温性能，是塑料门窗节能的第四要素。

1. 安装间隙的确定

窗框与墙体之间的间隙要适中，不能过紧或过松，每边以 5mm 为宜，塑料门窗框与门窗洞壁之间的缝隙，用发泡聚氨酯等保温材料填实，窗内外边沿再用密封膏封闭起到防裂、防渗作用。如果间隙太大，发泡胶使用过多，不但浪费发泡胶而且发泡胶容易产生裂纹，冷风容易从这些裂纹渗漏导致塑料门窗的节能保温性能下降；如果间隙太小，在瓦工进行水泥抹口时容易造成排水孔堵塞，影响雨水排出，导致门窗保温性能的降低。这里，窗缝的处理很重要。

图 11-29 是窗缝未经处理状况与窗缝密封处理状况的气流运动对比。窗缝未经处理主要是指窗框与墙体未处理，还包括玻璃结构存在缺陷、密封胶条使用不当。窗缝未经处理时，部分气流运动到室内；而窗缝密封经处理后，气流运动不到室内。所以，塑料门窗框与门窗洞口之间的缝隙必须用发泡聚氨酯等保温材料填实、窗内外边沿再用密封膏封闭，同时玻璃结构合理、密封胶条起到密封作用，才能保证气流不流入室内。

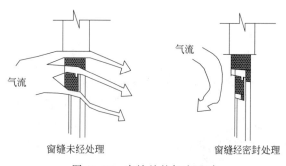

图 11-29　窗缝处的气流运动

2. 选择塑料门窗安装固定方法

安装分为先塞口和后塞口两种，后塞口是使用膨胀螺栓固定门窗方法，后塞口容易使雨水通过膨胀螺栓孔钉盖和窗框的缝隙进入钢衬腔和墙体，导致框钢衬与墙体的侵蚀，如果采用此方法，可以将孔钉盖密封好。先塞口是使用固定片固定门窗的方法，目前国内大部分工程采用这种方法。

3. 窗框下方安装窗台板或在窗框外可视面安装披水板

窗台板可以有效地将淋到外窗上的雨水排出，避免雨水流入到窗框与洞口缝隙中对密封材料产生腐蚀而降低了密封性能，影响到门窗的保温效果。在窗下框支臂上安装披水板（图11-30），同样是防止雨水流入窗框与洞口之间的密封缝隙中对密封材料产生腐蚀而降低了密封性能，影响到门窗的节能保温效果。

4. 高层建筑的墙体

对于高层建筑的墙体应该增强塑料门窗与墙体之间的连接强度，在高层建筑的墙体中加入预埋板，使窗框的增强型固定片与预埋板焊接，提高窗框与墙体之间的连接强度，降低杆件的变形，进而增加门窗的抗风压强度，避免了由于杆件的变形引起热量损失使保温性能下降。同时，通过增加扇框与墙体之间的连接件数量，可以满足高层建筑塑料门窗在抗风压强度性能方面的需要。

5. 门窗的渗漏措施

塑料门窗安装质量的好坏在一定程度上影响到该产品的三项基本物理性能，即：抗风压、空气渗透、雨水渗透性能，也影响到塑料门窗的使用功能。图11-31是窗在墙体安装后，墙体与窗框之间的容易出现空气渗漏示意图，避免这种渗漏必须是安装方法得当。

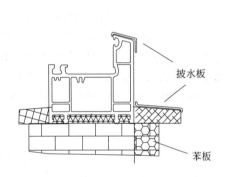

图11-30　窗下框支臂上安装披水板

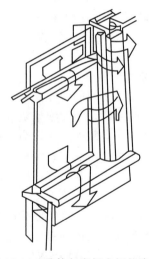

图11-31　墙体与窗框之间的渗漏

为了避免或减少这种渗漏，应采取如下措施。

① 认真测量塑料窗的洞口尺寸。验收合格的洞口是安装工作的基础，如果实测洞口尺寸比提供给窗的生产厂家的尺寸大，安装时将会造成窗框外边缘和墙体洞口边缘间隙过大，在进行墙体与窗框之间密封处理时，不但墙体与窗框之间的密封胶体不光滑、平直，观感质量差，而且塑料窗在使用过程中由于开启振动使抹灰脱落，墙体与窗框之间形成缝隙，出现渗漏。如果实际洞口尺寸比提供给组装厂家的尺寸小，塑窗将无法安装上墙，只能同土建施工单位协调，重新处理洞口，或窗的生产厂家根据洞口实际尺寸重新制作窗，否则，强行安装极易造成塑料窗外排水孔堵塞，而导致雨水内渗。

② 塑窗安装前在室内应竖直排放，并用枕木垫平，禁止与酸碱等一起存放。遇到热源

则应隔开 2m 以上，以保证门窗不受损变形，当存放在室外时，必须用方枕木垫平，并采取遮盖措施，以免日晒雨淋。

③ 采用合理的窗洞口结构，从结构上解决窗口渗漏问题。带有凸出的窗眉、窗台结构比较合理。为了避免窗台出现裂缝，除加强基础的刚性和各层增设圈梁之外，还要尽量推迟窗台抹灰时间，使结构沉降稳定后进行。窗台抹灰后应加强养护，以防止沙浆的收缩和产生裂缝。

④ 室外窗台应该低于室内窗台板 20mm 为宜，并设置顺水坡，雨水排放畅通。对窗框下框与窗台板间有缝隙以及墙体裂缝处的处理方法：可将缝隙清扫干净，涂刷防水胶嵌填密封材料。其颜色应与原色相同。

⑤ 塑窗安装完毕后，掌握密封胶的涂抹时间。一般要等到各种装饰工程完工后再涂抹密封胶。这里的装饰工程是指墙面抹灰、地面装饰、楼房垃圾清理等工作，在这个过程中涂抹密封胶，密封胶表面容易沾上大量灰尘，从而严重影响门窗的观感质量。

2010 年 8 月 1 日实施的国家行业标准 JGJ 205—2010《建筑门窗工程检测技术规程》提出，对于已隐蔽的外门窗框与墙体间密封缺陷可采用红外热像仪进行检测，目的就是保证门窗框与墙体间密封效果，减少框与墙体之间的空气渗透热交换。该标准的出台，为大力推动节能塑料门窗发展提供了技术保证。

因此，门窗热损失大致有三个途径：①门窗框扇与玻璃热传导；②门窗框扇之间、扇与玻璃之间、框与墙体之间的空气渗透热交换；③窗玻璃的热辐射。如果能对上述三种热交换进行最有效的阻断，可称为最好的节能窗。

第八节　严寒和寒冷地区居住建筑节能设计新旧标准之比较

中华人民共和国住房和城乡建设部 2010 年 3 月 18 日第 522 号公告发布了行业标准《严寒和寒冷地区居住建筑节能设计标准》(JGJ 26—2010)，从 2010 年 8 月 1 日开始实施。该标准是《民用建筑节能设计标准（采暖居住建筑部分）》(JGJ 26—95) 旧标准修改后的替代本。笔者近日学习了新标准中与门窗有关的条款，将新旧标准在严寒和寒冷地区居住建筑围护结构方面有关规定进行比较，以便更好地掌握新标准，在设计、使用门窗时遵循新标准的相关规定。

一、新标准与旧标准的重大区别

1. 标准的标题更加准确、明晰，符合国际标准

旧标准虽然表述适用于严寒和寒冷地区采暖居住建筑，但是标题上没有反映出严寒和寒冷地区；而新标准在标题上就表示出严寒和寒冷地区。旧标准没有规定强制性条文；而新标准规定了 14 个强制性条文，它们是第 4.1.3、4.1.4、4.2.2、4.2.6、5.1.1、5.1.6、5.2.4、5.2.9、5.2.13、5.2.19、5.2.20、5.3.3、5.4.3、5.4.8 条，其中 4.1.4、4.2.2、4.2.6 三个条款涉及门窗。所以，新标准中出台的强制性条款，反映了我国节能工作、特别建筑节能的紧迫性和重要性，体现了节能政策是国家的基本国策。

新标准将旧标准中第四部分"建筑热工设计"更改为"建筑与围护结构热工设计"，由原来 2 个大条款 11 个小条款调整为 3 个大条款 27 个小条款，更加明晰、具体，按照气候子区，规定了围护结构热工性能的限值，节能目标提高了。

2. 确定了新的节能目标

建筑节能是我国节能减排的重要内容之一。我国在第一阶段为 1986～1996 年，建筑节

能设计标准是节能 30％。第二阶段为 1996～2010 年，该阶段执行的节能设计标准就是本文所说的旧标准，规定从当地 1980 年到 1981 年住宅通用设计的基础上节能 50％（其中建筑物承担 30％，采暖系统承担 20％），即在第一阶段建筑节能的基础上再节能 20％。第三阶段为现阶段（自 2010 年 8 月起），制订了新的建筑节能设计标准。新标准在总结 15 年来各地节能工作的基础上，确定了新的节能目标，通过在建筑设计和采暖设计中采取有效的技术措施，将采暖能耗从当地 1980 年到 1981 年住宅通用设计的基础上节能 65％，即在旧标准的节能目标基础上再节能 15％。

3. 采用度日数作为气候子区的分区指标

在新标准的第三部分增加了"严寒和寒冷地区气候子区与室内热环境计算参数"取代旧标准"建筑物耗热量指标和采暖耗煤量指标"部分。新标准依据不同的采暖度日数（HDD_{18}）和空调度日数（CDD_{26}）将严寒和寒冷地区进一步细分成 5 个子区（见表 11-14）。为建筑节能提供了更具体的设计依据。

表 11-14 严寒和寒冷地区居住建筑节能设计气候子区

地区		采暖度日数（HDD_{18}）	空调度日数（CDD_{26}）
严寒地区（Ⅰ区）	A 区	$6000 \leqslant HDD_{18}$	
	B 区	$5000 \leqslant HDD_{18} < 6000$	
	C 区	$3800 \leqslant HDD_{18} < 5000$	
寒冷地区（Ⅱ区）	A 区	$2000 \leqslant HDD_{18} < 3800$	$CDD_{26} \leqslant 90$
	B 区	$2000 \leqslant HDD_{18} < 3800$	$CDD_{26} > 90$

4. 确定了建筑围护结构规定性指标（窗墙面积比）的限制要求

在新标准 4.1.4 条款对窗墙面积比按照严寒和寒冷地区分别提出强制性条文：严寒和寒冷地区居住建筑的窗墙面积比不应大于规定的限值（见表 11-12）。而旧标准按照严寒和寒冷地区列出窗墙面积比，并且不是强制性条文。

窗墙面积比是影响建筑能耗的重要因素，窗墙面积比越大，温差传热量也越大。目前居住建筑的窗有越开越大的趋势，同时，窗框和玻璃的技术比 15 年前有很大的提高，可以通过降低窗的传热系数来减少温差传热量，保证节能效果。所以，新标准将南向窗墙面积比进行了调整，严寒地区由 0.35 放大至 0.45，寒冷地区由 0.35 放大至 0.5，将寒冷地区东、西向窗墙面积比由 0.3 放大至 0.35，将寒冷地区北向窗墙面积比由 0.25 放大至 0.3，反映了我们国家在节能方面、特别在门窗节能方面的科技进步程度。

在新标准 4.1.4 条款对窗墙面积比又提出强制性条文：当窗墙面积比大于上述限值时，采用围护结构热工性能的权衡判断，并且在权衡判断时，各朝向的窗墙面积比最大也只能比上述限值大 0.1。

为什么这么规定？一般而言，窗户越大可开启的窗缝越长，窗缝通常是容易热损失的部位，而且窗户的使用时间越长，缝隙的渗漏也越厉害，再者，夏天透过玻璃进入室内的太阳辐射造成房间过热，从节能和室内环境舒适的双重角度考虑，对窗墙面积比应有严格限制。

5. 确定了建筑围护结构规定性指标（传热系数）的限制要求

在新标准 4.2.2 条款对不同气候分区的传热系数提出强制性条文：按照窗墙面积比，对严寒地区 A 区、B 区、C 区和寒冷地区 A 区、B 区的外窗分别规定了相应的热工性能参数限值（见表 11-15～表 11-19）。当超过规定的热工性能参数限值，需要进行围护结构热工性能权衡判断。在新标准 4.3.1 条款提出：建筑围护结构热工性能权衡判断应以建筑物耗热量指标为判断依据。提出判断方法，按照公式进行计算，应该小于或等于附录 A 建筑物耗热量的限值，而旧标准没有。

表 11-15　严寒 (A) 区围护结构热工性能参数限值

围护结构部位		传热系数 $K/[\mathrm{W}/(\mathrm{m}^2 \cdot \mathrm{K})]$		
		≤3 层建筑	(4～8)层的建筑	≥9 层建筑
外墙		0.25	0.40	0.50
外窗	窗墙面积比≤0.2	2.0	2.5	2.5
	0.2＜窗墙面积比≤0.3	1.8	2.0	2.2
	0.3＜窗墙面积比≤0.4	1.6	1.8	2.0
	0.4＜窗墙面积比≤0.45	1.5	1.6	1.8

表 11-16　严寒 (B) 区围护结构热工性能参数限值

围护结构部位		传热系数 $K/[\mathrm{W}/(\mathrm{m}^2 \cdot \mathrm{K})]$		
		≤3 层建筑	(4～8)层的建筑	≥9 层建筑
外墙		0.30	0.45	0.55
外窗	窗墙面积比≤0.2	2.0	2.5	2.5
	0.2＜窗墙面积比≤0.3	1.8	2.2	2.2
	0.3＜窗墙面积比≤0.4	1.6	1.9	2.0
	0.4＜窗墙面积比≤0.45	1.5	1.7	1.8

表 11-17　严寒 (C) 区围护结构热工性能参数限值

围护结构部位		传热系数 $K/[\mathrm{W}/(\mathrm{m}^2 \cdot \mathrm{K})]$		
		≤3 层建筑	(4～8)层的建筑	≥9 层建筑
外墙		0.35	0.50	0.60
外窗	窗墙面积比≤0.2	2.0	2.5	2.5
	0.2＜窗墙面积比≤0.3	1.8	2.2	2.2
	0.3＜窗墙面积比≤0.4	1.6	2.0	2.0
	0.4＜窗墙面积比≤0.45	1.5	1.8	1.8

表 11-18　寒冷 (A) 区围护结构热工性能参数限值

围护结构部位		传热系数 $K/[\mathrm{W}/(\mathrm{m}^2 \cdot \mathrm{K})]$		
		≤3 层建筑	(4～8)层的建筑	≥9 层建筑
外墙		0.45	0.60	0.70
外窗	窗墙面积比≤0.2	2.8	3.1	3.1
	0.2＜窗墙面积比≤0.3	2.5	2.8	2.8
	0.3＜窗墙面积比≤0.4	2.0	2.5	2.5
	0.4＜窗墙面积比≤0.45	1.8	2.0	2.3

表 11-19　寒冷 (B) 区围护结构热工性能参数限值

围护结构部位		传热系数 $K/[\mathrm{W}/(\mathrm{m}^2 \cdot \mathrm{K})]$		
		≤3 层建筑	(4～8)层的建筑	≥9 层建筑
外墙		0.45	0.6	0.7
外窗	窗墙面积比≤0.2	2.8	3.1	3.1
	0.2＜窗墙面积比≤0.3	2.5	2.8	2.8
	0.3＜窗墙面积比≤0.4	2.0	2.5	2.5
	0.4＜窗墙面积比≤0.45	1.8	2.0	2.3

在新标准 4.2.5 条款提出，居住建筑不宜设置凸窗，严寒地区除南向外，不应设置凸窗，寒冷地区北向的卧室、起居室不得设置凸窗。

在新标准 4.2.6 为强制性条款，规定：严寒地区外窗及敞开式阳台门的气密性等级不应低于国家标准《建筑外门窗气密、水密、抗风压性能分级及检测方法》GB/T 7106—2008 中规定的 6 级；寒冷地区 1～6 层的外窗及敞开式阳台门的气密性等级不应低于国家标准《建筑外门窗气密、水密、抗风压性能分级及检测方法》GB/T 7106—2008 中规定的 4 级，

7 层及 7 层以上不应低于 6 级。

6. 对居住建筑阳台的保温做了规定

在新标准 4.2.7 条款，对封闭式阳台的保温规定如下。

① 阳台和直接连通的房间之间应设置隔墙和门、窗。

② 如阳台和直接连通的房间之间不设置隔墙和门、窗时，应将阳台作为所连通房间的一部分，阳台与室外空气接触的墙板、顶板、地板的传热系数必须符合相应的热工性能参数限值的规定，阳台的窗墙面积比必须符合窗墙面积比限值。

③ 当阳台和直接连通的房间之间设置隔墙和门、窗，且所设隔墙、门、窗的传热系数不大于相应的热工性能参数限值，窗墙面积比不超过相关的窗墙面积比限值，可不对阳台外表面作特殊热工处理。

④ 当阳台和直接连通的房间之间设置隔墙和门、窗，且所设隔墙、门、窗的传热系数大于相应的热工性能参数限值时，阳台与室外空气接触的墙板、顶板、地板的传热系数不应大于相应的热工性能参数限值的 120%，严寒地区阳台窗的传热系数不应大于 2.5W/(m² · K)，寒冷地区阳台窗的传热系数不应大于 3.1W/(m² · K)，阳台外表面的窗墙面积比不应大于 60%，阳台和直接连通的房间隔墙的窗墙面积比不应超过相关的窗墙面积比限值。

7. 对外窗框与墙体之间的处理做了详细规定

① 在新标准 4.2.8 条款规定：外窗、门框与墙体之间的缝隙，应采用高效保温材料填堵，不得采用普通水泥砂浆补缝。

② 在新标准 4.2.9 条款规定：外窗、门洞口室外部分的侧墙面应做保温处理，并应保证窗、门洞口室内部分的侧墙面的内表面温度不低于室内空气设计温、湿度条件下的露点温度，减少附加热损失。

二、外窗传热系数与折合到单位建筑面积上单位时间内通过外窗传热量的讨论

新标准给出了折合到单位建筑面积上单位时间内通过外窗的传热量的计算公式：

$$q_{Hmc} = \sum (K_{mci} F_{mci} (t_n - t_e) - I_{tyi} C_{mci} F_{mci}) / A_0$$

式中　q_{Hmc}——折合到单位建筑面积上单位时间内通过外窗的传热量，W/m²；

K_{mci}——窗的传热系数，W/(m² · K)；

F_{mci}——窗的面积，m²；

I_{tyi}——窗外表面采暖期平均太阳辐射热，W/m²；

C_{mci}——窗的太阳辐射修正系数，$C_{mci} = 0.87 \times 0.7 \times S_C$；

S_C——窗的综合遮阳系数；

A_0——建筑面积（m²），应按各层外墙外包线围成的平面面积的总和计算；

t_n——室内计算温度，取 18℃；

t_e——采暖期室外平均温度。

利用上述公式，笔者选严寒地区和寒冷地区中具有代表性的北京[气候区属Ⅱ(B)]、哈尔滨[气候区属Ⅰ(A)]、海拉尔[气候区属Ⅰ(B)]三个地区，计算设定的一栋楼在三个地区通过外窗的传热量，对计算结果进行讨论。

设一栋楼，东西向长 30m、南北向宽 20m、高 25.6m、层高 3.2m、层数 8 层，墙体、屋面建筑结构相同；每层窗墙比相同，北侧窗墙比 0.35、南侧窗墙比 0.45、东侧和西侧窗墙比 0.45。三个地区的外窗传热系数 K_{mci} 见表 11-20，三个地区的采暖期平均太阳辐射 I_{tyi} 和室外平均温度见表 11-21，$S_C = 0.35$，$A_0 = 2560$。计算不同朝向通过外窗的传热量结果见表 11-22、表 11-23；计算整栋楼通过外窗的传热量结果表 11-24。

表 11-20 严寒和寒冷地区窗墙比与外窗传热系数

项目	窗墙比	传热系数/[W/m²·K]			
北京	0.35	1~3 层	2	4~8 层	2.5
	0.45	1~3 层	1.8	4~8 层	2
哈尔滨	0.35	1~3 层	1.6	4~8 层	1.9
	0.45	1~3 层	1.5	4~8 层	1.7
海拉尔	0.35	1~3 层	1.6	4~8 层	1.8
	0.45	1~3 层	1.5	4~8 层	1.6

表 11-21 严寒和寒冷地区主要城市的建筑节能计算用气象参数

城市	气候区属	天数	室外平均温度/℃	采暖期太阳总辐射平均强度 I_{tyi}/(W/m²)			
				南向	北向	东向	西向
北京	Ⅱ(b)	114	0.1	120	33	59	59
海拉尔	Ⅰ(A)	206	−12	82	27	47	46
哈尔滨	Ⅰ(B)	167	−8.5	86	28	49	48

表 11-22 折合到单位建筑面积上单位时间内通过外窗北、南向的传热量

地区	楼层	北向通过外窗传热量/(W/m²)			南向通过外窗传热量/(W/m²)		
北京	1~3 层	窗墙比 0.35	$K=2$ W/(m²·K)	2.8	窗墙比 0.45	$K=1.8$ W/(m²·K)	0.8
	4~8 层		$K=2.5$ W/(m²·K)	6.3		$K=2$ W/(m²·K)	2.2
哈尔滨	1~3 层	窗墙比 0.35	$K=1.6$ W/(m²·K)	3.6	窗墙比 0.45	$K=1.5$ W/(m²·K)	2.7
	4~8 层		$K=1.9$ W/(m²·K)	7.4		$K=1.7$ W/(m²·K)	5.7
海拉尔	1~3 层	窗墙比 0.35	$K=1.6$ W/(m²·K)	4.2	窗墙比 0.45	$K=1.5$ W/(m²·K)	3.5
	4~8 层		$K=1.8$ W/(m²·K)	8.1		$K=1.6$ W/(m²·K)	6.5

表 11-23 折合到单位建筑面积上单位时间内通过外窗东、西向的传热量

地区	楼层	东向通过外窗传热量/(W/m²)			西向通过外窗传热量/(W/m²)		
北京	1~3 层	窗墙比 0.45	$K=1.8$ W/(m²·K)	1.6	窗墙比 0.45	$K=1.8$ W/(m²·K)	1.6
	4~8 层		$K=2$ W/(m²·K)	3.3		$K=2$ W/(m²·K)	3.3
哈尔滨	1~3 层	窗墙比 0.45	$K=1.5$ W/(m²·K)	2.5	窗墙比 0.45	$K=1.5$ W/(m²·K)	2.5
	4~8 层		$K=1.7$ W/(m²·K)	4.9		$K=1.7$ W/(m²·K)	5
海拉尔	1~3 层	窗墙比 0.45	$K=1.5$ W/(m²·K)	3	窗墙比 0.45	$K=1.5$ W/(m²·K)	3
	4~8 层		$K=1.6$ W/(m²·K)	5.4		$K=1.6$ W/(m²·K)	5.5

表 11-24 折合到单位建筑面积上单位时间内通过外窗的传热量

地区	总热量/W	传热量/(W/m²)
北京	22387.7	8.7
哈尔滨	34755.2	13.58
海拉尔	39555.7	15.4

虽然新标准规定了不同地区外窗的传热系数不同，如哈尔滨地区外窗的传热系数比北京地区低，海拉尔地区外窗的传热系数比哈尔滨地区低，但是，计算结果表明，三个地区的不同朝向折合到单位建筑面积上单位时间内通过外窗的传热量：与北京地区相比，在北侧1～3层，哈尔滨地区高30%、海拉尔高50%；与北京地区相比，在北侧4～8层，哈尔滨地区高17%、海拉尔高28%。与北京地区相比，在南侧1～3层，哈尔滨地区高237%、海拉尔高337%；与北京地区相比，在南侧4～8层，哈尔滨地区高159%、海拉尔高195%。综合该楼四周门窗情况，折合到单位建筑面积上单位时间内通过外窗的传热量，与北京地区相比，哈尔滨地区高59%、海拉尔高77%。显然，即使考虑了气候区属地区的外窗传热系数，使用该标准规定的传热系数，折合到单位建筑面积上单位时间内通过外窗的传热量还是比较大的。显然，对于外窗的传热量比较大的地区，往往需要降低通过外墙的传热量来弥补外窗的传热量的不足，才能满足建筑围护结构传热量的要求。

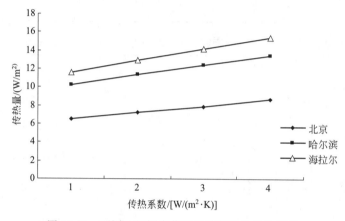

图 11-32 不同地区门窗传热系数与传热量的关系

再看一下外窗的传热系数与通过外窗的传热量的关系。如果在固定地区的其他参数的条件下，改变门窗的传热系数，对北京、哈尔滨、海拉尔地区的传热量进行计算，结果是外窗的传热系数降低5%～6%，能够使外窗的传热量降低8%～9%；外窗的传热系数降低10%～12%，能够使外窗的传热量降低16%～17%；外窗的传热系数降低15%～18%，能够使外窗的传热量降低24%～25%（图11-32）。

由此看来，外窗传热量作为围护结构传热量的一部分，降低严寒地区的外窗传热系数能够为降低外窗的传热量做出贡献。因此，提高门窗在节能方面的技术水平，降低门窗的传热系数是降低严寒地区通过外窗传热量的重要工作。

值得注意的是，严寒地区的地方建筑主管部门已经注意到居住建筑节能在建设节约型社会中的重要作用。早在2008年4月，黑龙江省建设厅就发布了地方标准DB 23/1270—2008《黑龙江省居住建筑节能65%设计标准》，从2008年6月1日起实施，比新标准早两年提出居住建筑节能65%设计要求，对严寒地区（A）、（B）的门窗的窗墙比、外窗传热系数、气密性提出了与新标准相同的强制性条款。新标准发布后，新疆维吾尔自治区住房和城乡建设厅2011年10月发布了地方标准XJJ 001—2011《严寒和寒冷地区居住建筑节能设计标准实施细则》，从2012年1月1日起实施，该《细则》把采暖能耗降低65%左右作为节能目标。在严寒和寒冷地区，采暖期室内外温差传热的热量损失占主要部分，《细则》中提到"窗墙比越大，建筑能耗就越多"，意味着窗墙不能太大，且对窗的传热系数提出了更高要求。北京市政府非常重视建筑节能，虽然国家发布了建筑节能设计新标准，但是，提出了高于新标准的地方标准，即 2012 年 6 月发布、2013 年 1 月起实施的 DB 11/891—2012《北京居住建筑节能设计标准》将居住建筑节能提高至 75%（在当地 1980 年到 1981 年住宅通用设计的基础上节能 75%），外窗的传热系数最低降到 1.5W/(m² · K)，与新标准所规定的严寒地区外窗的传热系数相当。然而，与国外发达国家比较，我们的节能工作还是很大差距，如德国 2002 年就制定了《节约能源法（ENEV）》，从 2002 年 2 月 1 日开始生效。标准规定外窗保温 U 值，2009 年达到 1.4W/(m² · K)，2010 年达到 1.10W/(m² · K)的水平，2012 年达到 0.9W/(m² · K)。

第十二章 PVC 塑料门窗的相关规定

PVC 塑料型材产品能不能很好地应用在 PVC 塑料门窗上是检验 PVC 塑料型材产品应用性能的关键内容，只有了解 PVC 塑料门窗制作、使用的过程及相关技术要求，才能在 PVC 塑料型材断面设计、生产与质量控制方面满足 PVC 塑料门窗制作与使用的要求。

第一节　PVC 塑料门窗制作概述

一、制作 PVC 塑料门窗主要涉及五大类材料

(1) PVC 塑料型材　PVC 塑料型材质量应该符合国家标准 GB/T 8814—2004《门、窗用未增塑聚氯乙烯（PVC-U）型材》。

这里应注意：满足塑料型材标准要求不一定满足塑料门窗标准要求。国家标准 GB/T 8814—2004 规定：型材可视面最小壁厚分为三类，即 A 类 2.8mm、B 类 2.5mm、C 类不规定。然而，国家标准 GB/T 28887—2012《建筑用塑料窗》规定：窗用主型材可视面最小实测壁厚不应小于 2.5mm，非可视面型材最小实测壁厚不应小于 2.0mm；国家标准 GB/T 2886—2012《建筑用塑料门》规定：门用主型材可视面最小实测壁厚不应小于 2.8mm，非可视面型材最小实测壁厚不应小于 2.5mm。

(2) 五金件　PVC 型材在断面槽口设计时，要考虑五金件安装位置及型号。五金件主要指：执手、合页（铰链）、传动锁闭器、下悬五金件、固定片。

执手按照结构形式分为四类：直柄插入式、弯柄插入式（分左、右弯柄两种）、直柄旋压式（分左、右直柄旋压式两种）、弯柄旋压式（分左、右弯柄旋压式两种）。按照插入轴形式分为两大类方轴执手和七字执手。方轴执手又分为单面执手和双面执手；单面执手又分为单面不带锁执手和单面带锁执手；双面执手又分为双面不带锁执手和双面带锁执手。

传动锁闭器系列分为两大类平开门窗传动器锁闭器和推拉门窗传动器锁闭器。在严寒地区和寒冷地区，建筑物大多数 PVC 塑料门窗使用平开门窗传动器锁闭器，平开门窗传动器锁闭器又分为平开不带锁传动器、平开带锁传动器；平开不带锁传动器有中心距 7.5mm、

15mm、20mm、22.5mm、25mm、30mm、35mm、40mm；平开带锁传动器有中心距25mm、30mm、35mm、40mm。

合页（铰链）系列分为板式合页、角部铰链、隐形合页、滑撑、三维可调合页。也可以分为页片式合页、分体式合页、马鞍式合页、角部合页。又可以分为嵌入式外开铰链、转角式铰链、可调门铰链、新门铰链。铰链分为内固定铰链、加重铰链、马鞍铰链、舌头铰链。

门窗执手的质量应该符合 JG/T 124—2007《建筑门窗五金件 传动机构用执手》；门窗合页（铰链）的质量应该符合 JG/T 125—2007《建筑门窗五金件 合页（铰链）》；门窗传动锁闭器的质量应该符合 JG/T 126—2007《建筑门窗五金件 传动锁闭器》；门窗滑撑的质量应该符合 JG/T 127—2007《建筑门窗五金件 滑撑》；门窗撑挡的质量应该符合 JG/T 128—2007《建筑门窗五金件 撑挡》；门窗滑轮质量应该符合 JG/T 129—2007《建筑门窗五金件 滑轮》；门窗单点锁闭器的质量应该符合 JG/T 130—2007《建筑门窗五金件 单点锁闭器》；门窗固定片的质量应该符合 JG/T 132—2000《PVC 门窗固定片》；门窗下悬五金件的质量应该符合 GB/T 24601—2009《建筑窗用内平开下悬五金系统》。

（3）玻璃 PVC 塑料型材在断面槽口设计时，要考虑玻璃型号和使用要求。玻璃按使用要求分为：单层玻璃、双层或三层中空玻璃。

制作中空玻璃用五种材料：各种玻璃（浮法白色玻璃、镀膜玻璃、钢化玻璃、夹层玻璃）；空气间隔条；干燥剂；惰性或干燥气体；边部密封材料。中空玻璃的质量应该符合国家标准 GB/T 11944—2012《中空玻璃》；普通玻璃的质量应该符合国家标准 GB 11614—2009《平板玻璃》，该标准替代了 GB 11614—1999《浮法玻璃》、GB 4871—1995《普通平板玻璃》、GB/T 18701—2002《着色玻璃》；镀膜玻璃的质量应该符合国家标准 GB/T 18915.1—2013《镀膜玻璃 第 1 部分：阳光控制镀膜玻璃》、符合国家标准 GB/T 18915.2—2013《镀膜玻璃 第 2 部分：低辐射镀膜玻璃》；钢化玻璃的质量应该符合国家标准 GB 15763.2—2005《建筑用安全玻璃 第 2 部分：钢化玻璃》；夹层玻璃的质量应该符合国家标准 GB 15763.3—2009《建筑用安全玻璃 第 3 部分：夹层玻璃》；真空玻璃的质量应符合 JC/T 1079—2008《真空玻璃》。空气间隔条的质量应该符合行业标准 JC/T 2069—2011《中空玻璃间隔条 第 1 部分：铝间隔条》或 JC/T 1022—2007《中空玻璃用复合密封胶条》。干燥剂的质量应该符合行业标准 JC/T 2072—2011《中空玻璃用干燥剂》。边部密封材料的质量应该符合行业标准 JC/T 914—2014《中空玻璃用丁基热熔密封胶》和 JC/T 29755—2013《中空玻璃用弹性密封胶》。

（4）增强型钢 增强型钢又称为钢衬，有镀锌钢衬、浸漆钢衬两大类，浸漆钢衬由于容易腐蚀已经被淘汰。根据 PVC 型材内腔不同，确定不同的钢衬壁厚和外形尺寸。门窗增强型钢的质量应该符合 JG/T 131—2000《聚氯乙烯（PVC）门窗增强型钢》。

（5）密封胶条 对于平开门窗，门窗胶条在用途上分为：玻璃密封条（胶条），扇框搭接密封条两大类，玻璃密封条主要起到玻璃与扇及框之间的密封作用，扇框搭接密封条用于扇框之间的密封，门窗胶条是一种必不可少的附件。密封胶条应具有很强的拉伸强度和比较好的弹性，以满足隔声、防尘、防冻、保暖要求，还需要满足的耐温性和耐老化性要求。

我国建筑能耗占全社会终端能耗量的 27.5%，透过封闭不严门窗四周缝隙损失的能量通常占建筑能耗的 37%～40%左右。因此，提高扇框与玻璃间特别是窗框与窗扇间的密封性能显得十分重要。在进行 PVC 型材断面槽口设计时，要考虑密封胶条的位置和型号。密封胶条质量应该符合国家标准 GB/T 24498—2009《建筑门窗、幕墙用密封胶条》。目前密封条市场主要以改性 PVC，硫化三元乙丙橡胶（EPDM）和热塑性三元乙丙橡胶（EPDM/PP）胶条为主。PVC 密封条主要问题是用过一段时间后便失去弹性和产生严重的收缩。改性 PVC 密封条是用与 PVC 相容性较好的橡胶材料对经过增塑软质 PVC 共混改性得到的。橡胶材料为丁腈橡胶 P83（美国固特异公司生产，粉末状），PVC 树脂为聚合度 2500。增塑剂为 DOP、DBP、DOS。硫化三元乙丙橡胶密封条在密封弹性持久性方面比 PVC 胶条有很大的加强，但由于需要微波硫化线定型，加工能耗高，通常是 PVC 加工的 20 倍以上，产品不能回用。热塑性三元乙丙橡胶密封条是近几年从国外引进技术和国内自主研发的基础上发展起来的一种新材料，主要用于汽车门窗密封条，近几年开始用于建筑门窗密封条。它的突出优点是：性能和使用寿命与硫化三元乙丙橡胶密封条相当，加工能耗与 PVC 密封条相当，不含卤素和铅等重金属，若干年后可回收，符合绿色建材要求，相对密度小（仅为 0.9～0.95）。

二、制作塑料门窗主要材料的基本特征

1. 塑料门窗用型材结构的基本特征

（1）塑料型材结构的基本特征是中空腔室结构　通常塑料型材中腔室结构有 3～7 个（增强腔、排水腔、保温腔及五金件腔）。增强腔是主腔室，放置具有静力承载能力的加强材料（如钢衬）。排水腔主要是给排水孔提供一个通道，不让雨水流进增强腔。保温腔主要作用是提高型材的保温效果，一般由 1～3 个腔组成。五金件腔的设置是为了使紧固五金件的螺钉穿过两层壁厚更加牢固。

（2）塑料型材结构的第二个特征是型材外壁和筋肋的厚度　塑料型材的惯性矩与截面积尺寸有关，为了得到较好的惯性矩，应将塑料型材的重量尽可能地分布在塑料型材的边缘地区，外壁比内筋要厚，一般内筋的厚度通常不超过外壁厚度的 80%，内筋的多少，决定腔室的多少，也决定了型材外壁的厚度。德国的型材单腔结构壁厚 4mm，多腔结构的壁厚3mm。内筋的合理分布可以提高异型材的落锤冲击强度。

（3）塑料型材结构的第三个特征是功能性沟槽结构　所谓功能性沟槽是满足塑料门窗安装各种配件所需的沟槽。如玻璃安装槽、压条固定槽、五金件槽、密封条槽。

（4）塑料型材结构的第四个特征是外形尺寸。

2. 五金件的基本特征

五金件铰链部分有隐藏式和外露式，隐藏式一般表面只做防腐处理，采用电镀方法在金属件表面镀上保护层；外露式一般表面颜色与型材色彩配套。按照欧洲标准，五金件中心线到窗框内表面的尺寸不同分为 12/20-9 和 12/20-13 两种系列，五金件活动空间 $c = 12mm$。

3. 中空玻璃的基本特征

中空玻璃是由两片或多片玻璃用有效的间隔均匀隔开，并周边粘接密封，形成中间干燥气体空间层的制品。

① 中空玻璃由两片以上玻璃组成。

② 玻璃层间有干燥气体。

③ 支撑物质与玻璃边缘粘接密封。

中空玻璃种类：按隔条形式分为槽铝式中空玻璃和胶条式组中空玻璃；按密封形式分为单道密封和双道密封。

用间隔铝框制备的中空玻璃应采用双道密封，用于中空玻璃第一道密封的热熔性丁基密封胶质量应符合国家现行标准《中空玻璃用丁基热熔密封胶》JC/T 914—2014 的有关规定。第二道密封胶质量应符合国家现行标准《中空玻璃用弹性密封胶》JC/T 29755—2013 的有关规定。

4. 钢衬的基本特征

采用不低于 GB/T 11253 规定中 Q235 钢带力学性能的 10 号冷轧薄钢板或 20 号钢板冷

压加工而成，钢衬厚度不能小于1.5mm，内外表面涂防锈漆或冷镀锌处理。外形尺寸满足PVC型材钢衬腔（又称增强型腔）尺寸的要求。

5.密封胶条的基本特征

按照材料成分有PVC密封条和改性PVC密封条、三元乙丙密封条三种，按照外形分有（O、K、PK、PO条）；按照使用功能分为玻璃密封和框扇搭接密封。

三、 塑料门窗的种类

按开启方式分：平开门、推拉门、折叠门、上翻门等11种；平开窗、推拉窗、折叠窗、固定窗等9种。

按构造分：夹板门、玻璃门、百叶门、连窗门等10种；单层窗、双层窗、三层窗、落地窗等10种。

按用途分：内门、外门、防火门等20种；防火窗、保温窗、亮窗等13种。

按型材断面结构分：欧式、美式。

按型材内腔数量分：三腔、二腔、四腔。

按用途分：塑料门窗、塑料门连窗。

按型材的厚度分：45系列、60系列、58系列、66系列、75系列。

四、制作PVC塑料门窗所需要的组装设备

（1）按门窗加工流程分 切、铣、钻设备；焊接清角设备；五金安装设备；成窗检验设备。

（2）按设备的加工功能分 V形锯、三位焊机、玻璃压条锯、双头锯床、仿形铣、清角设备、空气压缩机、电钻、增强型钢切割锯。

（3）按设备的类别分 切割锯类有单头锯、双角锯、V形锯、玻璃压条锯以及组合锯。

焊接机类有单点焊、二点焊、三点焊、四点焊、四角六点焊。

铣削设备有单轴仿形铣，双轴仿形铣，一、二、三、四轴水槽铣，端面铣，组合钻床。

清角设备有角缝清理机、V型清理机、手提清角机、内外角铣。

（4）塑料门窗自动生产线 通过塑料门窗自动生产线开发，电子计算机智能化操作，减少了人工成本，全面规范和提升了门窗制造标准和水平，引领中国门窗制造业向集约化发展，同时，为大型门窗厂提供系统解决方案。塑料门窗自动生产线包括：塑料门窗锯切加工中心、塑料门窗框焊接清角自动线、塑料门窗扇焊接清角自动线等。图12-1所示为高档塑料门窗钻铣加工中心；图12-2所示为塑料门窗锯切加工中心；图12-3所示为高档塑料门窗焊接清角自动生产线；图12-4所示为高档塑料门窗焊接清角自动生产线。

图12-1　高档塑料门窗钻铣加工中心

图12-2　塑料门窗锯切加工中心

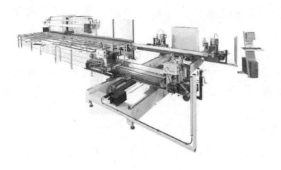

图 12-3　高档塑料门窗焊接清角自动生产线　　图 12-4　高档塑料门窗焊接清角自动生产线

五、工程技术规范对塑料门窗的规定

（一）通用标准

参考 GB/T 7106—2008《建筑外门窗气密、水密、抗风压性能分级及检测方法》，见表 12-1～表 12-6。

（1）抗风压性能

表 12-1　建筑外窗抗风压性能分级（GB/T 7106—2008）

分级代号	1	2	3	4	5
分级指标值（P_3）/kPa	$1.0 \leqslant P_3 < 1.5$	$1.5 \leqslant P_3 < 2.0$	$2.0 \leqslant P_3 < 2.5$	$2.5 \leqslant P_3 < 3.0$	$3.0 \leqslant P_3 < 3.5$
	6	7	8	9	
	$3.5 \leqslant P_3 < 4.0$	$4.0 \leqslant P_3 < 4.5$	$4.5 \leqslant P_3 < 5.0$	$P_3 \geqslant 5.0$	

（2）保温性能

表 12-2　建筑外窗保温性能分级（GB/T 8484—2008）

等级	1	2	3	4	5
传热系数 K/[W/(m²·K)]	$K \geqslant 5.0$	$5.0 > K \geqslant 4.0$	$4.0 > K \geqslant 3.5$	$3.5 > K \geqslant 3.0$	$3.0 > K \geqslant 2.5$
等级	6	7	8	9	10
传热系数 K/[W/(m²·K)]	$2.5 > K \geqslant 2.0$	$2.0 > K \geqslant 1.6$	$1.6 > K \geqslant 1.3$	$1.3 > K \geqslant 1.1$	$K < 1.1$

（3）空气声隔声性能

表 12-3　建筑外窗空气声隔声性能分级（GB/T 8485—2008）

等级	1	2	3
R_w/dB	$20 \leqslant R_w + C_{tr} < 25$	$25 \leqslant R_w + C_{tr} < 30$	$300 \leqslant R_w + C_{tr} < 35$
等级	4	5	6
R_w/dB	$35 \leqslant R_w + C_{tr} < 40$	$40 \leqslant R_w + C_{tr} < 45$	$R_w + C_{tr} \geqslant 75$

（4）水密性能

表 12-4　建筑外窗水密性能分级（GB/T 7106—2008）

等级	1	2	3
ΔP/Pa	$100 \leqslant \Delta P < 150$	$150 \leqslant \Delta P < 250$	$250 \leqslant \Delta P < 350$
等级	4	5	6
ΔP/Pa	$350 \leqslant \Delta P < 500$	$500 \leqslant \Delta P < 700$	$\Delta P \geqslant 700$

（5）气密性能

表 12-5　建筑外窗气密性能分级（GB/T 7106—2008）

等级	1	2	3	4	5	6	7	8
单位缝长分级指标值 $q_1/[\text{m}^3/(\text{m}\cdot\text{h})]$	$4.0\geqslant q_1$ >3.5	$3.5\geqslant q_1$ >3.0	$3.0\geqslant q_1$ >2.5	$2.5\geqslant q_1$ >2.0	$2.0\geqslant q_1$ >1.5	$1.5\geqslant q_1$ >1.0	$1.0\geqslant q_1$ >0.5	$q_1\leqslant 0.5$
单位面积分级指标值 $q_2/[\text{m}^3/(\text{m}^2\cdot\text{h})]$	$12\geqslant q_2$ >10.5	$10.5\geqslant q_2$ >9.0	$9.0\geqslant q_2$ >7.5	$7.5\geqslant q_2$ >6.0	$6.0\geqslant q_2$ >4.5	$4.5\geqslant q_2$ >3.0	$3.0\geqslant q_2$ >1.5	$q_2\leqslant 1.5$

（6）采光性能

表 12-6　建筑外窗采光性能分级（GB/T 11976—2002）

等级	1	2	3	4	5
T	$<0.30,\geqslant 0.20$	$<0.40,\geqslant 0.30$	$<0.50,\geqslant 0.40$	$<0.60,\geqslant 0.50$	$\geqslant 0.60$

注：新标准 GB/T 11976—2015《建筑外窗采光性能分级》将在 2015 年 12 月 1 日实施。

（二）对塑料门窗的规定

《民用建筑热工设计规范》GB 50176—1993 为强制性国家标准，对塑料门窗有严格的规定。

（1）第 4.4.1 条中对窗户的传热系数规定见表 12-7。

表 12-7　窗户的传热系数

窗框材料	窗户类型	空气厚度/mm	窗框窗洞面积比/%	传热系数/[W/(m²·K)]
木、塑料	单层窗	—	30～40	4.7
	单框双玻璃	12	30～40	2.7
		16	30～40	2.6
	双层窗	20～30	30～40	2.5
	单层＋单框双玻窗	100～140	30～40	2.3
		100～140	30～40	2.0

（2）第 4.4.2 条对窗户的保温性能规定如下。

① 严寒地区各朝向窗户，不应低于 GB 8484—87 规定的 Ⅱ 级（相当于 GB 8484—2002 规定的 7 级、GB 8484—2008 规定的 5 级）水平。

② 寒冷地区各朝向窗户，不应低于 GB 8484—87 规定的 Ⅴ 级（相当于 GB 8484—2002 规定的 2 级 GB 8484—2008 规定的 1 级）水平。

（3）第 4.4.4 条对窗户的气密性能规定如下。

① 在冬季室外平均风速小于 3.0m/s 的地区，对于 1～6 层建筑，不应低于 GB 7107—86 规定的 Ⅲ 级（相当于 GB 7107—2002 规定的 3 级、GB/T 7106—2008 规定的 5 级）水平；对于 7～30 层建筑不应低于 GB 7107—86 规定的 Ⅱ 级（相当于 GB 7107—2002 规定的 4 级、GB/T 7106—2008 规定的 7 级）水平。

② 在冬季室外平均风速大于或等于 3.0m/s 的地区，对于 1～6 层建筑，不应低于 GB 7107—86规定的 Ⅳ 级（相当于 GB 7107—2002 规定的 2 级、GB/T 7106—2008 规定的 3 级）水平；对于 7～30 层建筑不应低于 GB 7107—86 规定的 Ⅲ 级（相当于 GB 7107—2002 规定的 3 级、GB/T 7106—2008 规定的 5 级）水平。

国家行业标准《严寒和寒冷地区居住建筑节能设计标准》（JGJ 26—2010）中强制性条款 4.2.6 规定："严寒地区外窗及敞开式阳台的气密性等级不应低于国家标准《建筑外门窗气密、水密、抗风压性能分级及检测方法》（GB/T 7106—2008）中规定的 6 级。寒冷地区 1～6 层的外窗及敞开式阳台的气密性等级不应低于国家标准（GB/T 7106—2008）中规定的 4 级，7 层及 7 层以上不应低于 6 级。"

（三） 塑料门窗所用材料的质量检验内容

1. PVC 门窗用 PVC 塑料型材

一般检验项目：外观质量、外形尺寸、硬度、拉伸强度、断裂伸长率、冲击强度、低温落锤冲击。

其他检验项目：加热尺寸变化、加热后状态、弯曲弹性模量、耐候性。

2. 玻璃

一般检验项目：外观质量（气泡、划伤、麻点等）、规格尺寸、弯曲度。

3. 中空玻璃

一般检验项目：初始露点、密封试验、紫外线照射、高温高湿、气候循环试验。

4. 密封条

一般检验项目：外观质量（绒毛：致密、挺直、平整；底板：平直、不得裂纹、气泡）、尺寸偏差。

其他检验项目：稳定性、空气渗透性。

5. 五金配件

一般检验项目：材质、外观质量、规格尺寸、适用性能。

（1）PVC 门窗执手　材料要求：手柄采用 GB/T 16746 规定中 $ZnAl_4CuIMg$；基座和手柄相同材料不低于聚甲醛的工程塑料；方轴 GB/T 905 中 Q235 冷拉方钢；表面粉末喷涂采用聚酯型。

（2）PVC 门窗合页（铰链）　材料要求：座和活页应选用 GB/T700 中的 Q235 碳素钢；轴应选用 GB/T905 中的 Q235 碳素钢；盖帽应选用尼龙 1010。

（3）PVC 门窗传动锁闭器　种类有两种：推拉传动锁闭器、平开传动锁闭器。

材料要求：动杆、定杆采用力学性能不低于 GB/T 11235 规定的 Q235 钢；锁块、支架应采用力学性能不低于 GB/T 16746 规定的 $ZnAl_4CuMg$ 铸造锌合金；锁柱采用力学性能不低于 GB/T 905 规定中 Q235 材料；齿轮力学性能不低于 GB/T 702 规定中 08F 材料。

（4）PVC 门窗固定片　种类有两种：单向固定片、双向固定片。

固定片采用 Q235A 冷轧钢板，表面应作防腐处理（镀钵），其厚度不小于 1.5mm，宽度不小于 15mm。材料要求：不低于 GB/T 11253 规定中 Q235 力学性能。

（5）PVC 门窗增强型钢（钢衬）　钢衬的材料一般用 Q235 热轧带钢制作，对于优质门窗选用 10 号冷轧薄钢板或 20 号钢板加工而成，钢衬厚度不能小于 1.2mm，厚度还有 1.5mm、2.0mm。材料要求：采用不低于 GB/T 11253 规定中 Q235 钢带力学性能的材料轧制，内外表面进行涂防锈漆或冷镀锌处理。

6. 玻璃垫块的选择与安装

玻璃垫块的作用：避免玻璃与框、扇直接接触；保证雨水渗入框、扇中后能畅通流出。

玻璃垫的种类：按形状分为平垫和斜垫。斜垫的两个合用，可以调整厚度（间隙）尺寸。其长度 80～150mm，厚度按照框、梃（扇）与玻璃的间隙确定，为 2～6mm。

按材料分为 PVC、ABS、硬橡胶等，硬橡胶垫邵尔硬度为 70～90。

第二节　PVC 塑料门窗的相关规定

PVC 塑料门窗标准对比如下。

1. 背景资料

为了推动了我国塑料型材及塑料门窗的发展，国家建设部曾在1994年12月5日批准颁布《PVC塑料门》（JG/T 3017—94）标准和《PVC塑料窗》（JG/T 3018—94）标准，它们等效采用德国DIN 18055、DIN 4108及DIN 4109中有关门（窗）的技术要求。当时，GB 8814—1998型材标准、JG/T 3017—94门标准和JG/T 3018—94窗标准构成了我国塑料型材及门窗质量标准体系的框架。之后，修订的JG/T 180—2005《未增塑聚氯乙烯（PVC-U）塑料门》代替了JG/T 3017—94《PVC-U塑料门》和JG/T 3051—1998《PVC-塑料地簧门》，JG/T 140—2005《未增塑聚氯乙烯（PVC-U）塑料窗》代替了JG/T 3018—94《PVC-U塑料窗》和JG/T 140—2001《塑料旋转窗》。随着塑料型材及门窗大量广泛应用，出现一些标准与实际应用不相适应的内容，住房和城乡建设部委托中国建筑金属结构协会塑料门窗委员会主编了《建筑用塑料门》《建筑用塑料窗》两项国家标准。其中《建筑用塑料门》标准号为GB/T 28886—2012、《建筑用塑料窗》标准号为GB/T 28887—2012，首次发布日期为2012年11月5日，实施日期为2013年6月1日。新增国标相比以前一直使用的建筑工业行业标准JG/T 140—2005《未增塑聚氯乙烯（PVC-U）塑料窗》和JG/T 180—2005《未增塑聚氯乙烯（PVC-U）塑料门》，在塑料窗的材料、外观质量、窗的装配、性能这四个方面都有所修改，提出的技术要求更细更严格，这也符合现在塑料窗提升质量的要求。其中GB/T 28887—2012《建筑用塑料窗》标准中的气密性、水密性、抗风压性能分级和其检测方法GB/T 7106—2008《建筑外门窗气密、水密、抗风压性能分级及检测方法》标准中的分级是一致对应的。这样就不会出现同一个性能指标，依据新、老标准分级混乱的情况。因此，国家标准GB/T 28886—2012《建筑用塑料门》和国家标准GB/T 28887—2012《建筑用塑料窗》，与原建筑工业行业标准JG/T 140—2005《未增塑聚氯乙烯（PVC-U）塑料窗》和JG/T 180—2005《未增塑聚氯乙烯（PVC-U）塑料门》二者并无替代关系。

2. 主要差异

① 术语：增加了未增塑聚氯乙烯（PVC-U）塑料窗、彩色型材、装配式结构三个术语，主要是在正文中用到，但在相关标准中未提到的术语。

② 示例中规格按照GB/T 5824来标记，并增加了产品现行的标准号。

③ 主型材壁厚：可视面的实测值不应小于2.5mm，非可视面的实测值不应小于2.0mm。主要是要保证窗的使用性能和在生产过程中的加工、装配质量。

④ 窗用密封胶条：应符合JG/T 187的要求，框扇间密封用胶条回弹回复（D_r）达到5级以上，热老化回弹回复（D_a）应达到4级以上。标准中对框扇间密封用胶条的性能做明确规定，目的是保证窗用密封胶条的长期使用性能，与窗同寿命，进而保证窗的力学性能和物理性能。

⑤ 窗的装配：加工制作彩色外窗时，应在彩色型材最外侧的封闭腔体处加工排气孔。主要是考虑到彩色型材容易吸收热量，在气温较高的情况下运输和使用，随着气温的升高，型材密闭的腔室内的气体会膨胀，使型材变形，加工排气孔满足该腔体与外界相通的要求，防止型材变形。

⑥ 中空玻璃的安装尺寸：与JGJ 113规定的不完全一致，主要是根据塑料窗型材的断面结构和玻璃的安装方法而确定的。

⑦ 焊接角破坏力：平开窗类，窗框焊接角最小破坏力的计算值不应小于2000N，窗扇焊接角最小破坏力的计算值不应小于2500N，且实测值均应大于计算值；推拉窗，窗框焊接角最小破坏力的计算值不应小于2500N，窗扇焊接角最小破坏力的计算值不应小于1800N，且实测值均应大于计算值。主要目的是考虑控制型材断面越来越小，壁厚越来越薄，以保证

窗的各项性能指标和窗的长期使用性能。

⑧ 物理性能：根据新修订的标准 GB/T 7106—2008《建筑外门窗气密、水密、抗风压性能分级及检测方法》、GB/T 8484—2008《建筑外门窗保温性能分级及检测方法》和 GB/T 8485—2008《建筑门窗空气声隔声性能分级及检测方法》，并根据塑料窗的性能特点，在气密性能和保温性能中均已删除了最低的几个指标级别。

⑨ 增加塑料窗的遮阳性能：随着建筑节能的不断推进和居住建筑节能设计标准的实施，在夏热冬冷地区以南均对窗的遮阳性能提出了要求。

3. 《未增塑聚氯乙烯（PVC-U）塑料窗》与《建筑用塑料窗》标准的区别与对比有关塑料窗的行业标准与国家标准对比见表 12-8。

表 12-8　有关塑料窗的行业标准与国家标准对比

项目 标准	中华人民共和国行业标准 内容	章节	中华人民共和国国家标准 内容	章节	备注
标准号	JG/T 140—2005		GB/T 28887—2012		升级为国家标准
名称	未增塑聚氯乙烯（PVC-U）塑料窗		建筑用塑料窗		名称与建筑紧密联系
发布单位	国家建设部		国家质量检验检疫总局 国家标准化管理委员会		
归口单位	建设部建筑制品与构配件产品标准化技术委员会		全国建筑幕墙标准化技术委员会		归口单位不同
范围	适用由未增塑聚氯乙烯（PVC-U）型材制作的建筑用窗，不适用于本标准中未规定性能的其他窗	1	适用由基材为未增塑聚氯乙烯（PVC-U）型材制作的建筑用窗。其他种类的塑料窗可参照采用	1	
术语	彩色型材的术语	3.2、3.4	无彩色型材术语	3	
分类	开启形式与代号按表 1 规定	4.1	按用途分，开启形式与代号按表 1 规定	4.1.1、4.1.2	增加了按用途分，明确内外平开窗
型材	彩色型材分通体着色型材、双色共挤型材、表面涂层型材、覆膜型材；平开窗主型材可视面实测最小壁厚不应小于 2.5mm，推拉窗主型材可视面实测最小壁厚不应小于 2.2mm	5.1、5.3、5.5	对于型材提出老化要求和主型材壁厚要求。外窗用型材老化时间不小于 6000h，外窗用型材老化时间不小于 4000h；窗主型材可视面的实测值不应小于 2.5mm。非可视面的实测值不应小于 2.0mm	5.1.2.1、5.1.2.2	原标准未提主型材老化、主型材非可视面壁厚要求，新标准没有平开窗主型材和推拉窗主型材之分，主要是为了保证窗的使用性能
增强型钢	增强型钢的最小壁厚不应小于 1.5mm	6.2.1	增强型钢应满足工程强度设计要求，且最小壁厚不应小于 1.5mm	5.1.3	强调满足工程强度设计
密封胶条	窗用密封胶条见附录 B	5.6	应符合 JG/T187 的要求，框扇间密封用胶条弹回恢复（D_r）达到 5 级以上，热老化回弹回复（D_a）应达到 4 级以上	5.1.5	对框扇间密封用胶条的性能做明确规定，目的是保证窗用密封胶条的长期使用性能，与窗同寿命，进而保证窗的力学性能和物理性能
窗装配	窗主型材构件长度大于 450mm 时，其内腔应加增强型钢	6.2.14	窗框、扇、梃应加增强型钢	5.3.1	主要是要保证窗的使用性能
	外窗框、窗扇应有排水通道	6.2.3	外窗框、扇、梃应有排水通道和气压平衡孔	5.3.3	保证窗的使用性能和在生产过程中的加工、装配质量

标准 项目	中华人民共和国行业标准		中华人民共和国国家标准		备注
	内容	章节	内容	章节	
窗装配	无彩色外窗应加工通气孔要求		彩色外窗应在彩色型材最外侧的封闭腔体处加工通气孔	5.3.4	主要是考虑到彩色型材容易吸收热量，在气温较高的情况下运输和使用，随着气温的升高，型材密闭的腔室内的气体会膨胀，使型材变形，加工排气孔满足该腔体与外界相通的要求，防止型材变形
外观质量	窗外观要求焊缝清理后，刀痕应均匀、光滑、平整	6.1	窗外观要求焊缝应清理，清理后可视面刀痕宽度不应大于4mm，深度不应大于0.3mm，刀痕应均匀、光滑平整	5.2.1、5.2.2	
相邻构件装配	窗框、窗扇相邻构件装配间隙不应大于0.5mm；相邻构件焊接处同一平面高度不应大于0.6mm	6.2.7	机械式连接框、扇、梃相邻构件装配间隙不应大于0.3mm；相邻构件焊接处同一平面高低差不应大于0.4mm	5.3.5、5.3.8	主要是要保证窗的使用性能
压条装配	压条角部对接处的间隙不应大于1mm	6.2.12	压条角部对接处的间隙不应大于0.5mm	5.3.15	主要是要保证窗的使用性能和在生产过程中的加工、装配质量
玻璃安装	玻璃的选用应符合JGJ113规定，玻璃装配应符合JGJ113的规定	5.9 6.2.13	中空玻璃的安装尺寸符合表3和图6的要求，玻璃装配的其他要求应符合JGJ113的相关规定	5.3.16	比JGJ113规定的更具体，主要是根据塑料门型材的断面结构和玻璃的安装方法而确定的。
性能	抗风压、气密性、水密性、保温性、隔声、采光采用2002年的相关标准；挠度单层玻璃$L/120mm$、挠度中空玻璃$L/180mm$	6.3.2.1、6.3.2.2、6.3.2.3、6.3.2.4、6.3.2.5、6.3.2.6、7.6.1	抗风压、气密性、水密性、保温性、隔声、采光采用2008年的相关标准，补充了遮阳性能挠度单层玻璃$L/100mm$、挠度中空玻璃$L/150mm$、相对挠度最大值20mm	6.5.2.1、6.5.2.2、6.5.2.3、6.5.2.4、6.5.2.6、6.5.2.7、6.5.2.5、5.4.2.1.3	根据塑料窗的性能特点，在气密性能和保温性能中均以删除了最低的几个指标级别在夏热冬冷地区以南均对窗的遮阳性能提出了要求，为使塑料门的应用范围更加广泛和生产企业的重视，在标准中提出了遮阳性能，提高了挠度要求
焊接角破坏力	焊接角破坏力试验按照GB/T8814方法进行；推拉窗扇焊接角最小破坏力的计算值不应小于1400N	7.5.3、6.3.1	焊接角破坏力试验按照GB/T 11793—2008方法进行；推拉窗扇焊接角最小破坏力的计算值不应小于1800N	6.5.1、5.4.1	主要考虑控制型材断面越来越小，壁厚越来越薄，目的是保证窗的各项性能指标和长期使用性能
检验规则	产品检验分出厂检验和型式检验	8	产品检验分为过程检验、出厂检验和型式检验	7.1.1	原标准中出厂检验包含了生产过程检验

第三节　PVC 塑料门窗安装与质量验收

一、国家有关塑料门窗安装与质量验收的两个规范

有关塑料门窗安装与质量验收，国家建设部制定了相应的标准加以规定。有两个标准，一个是由建设部批准 2002 年 3 月 1 日施行的 GB 50210—2001 的中华人民共和国国家标准《建筑装饰装修工程质量验收规范》，从建筑工程质量管理验收的角度，提出了塑料门窗的验收标准。另一个是由建设部 2008 年 8 月 5 日批准，2008 年 11 月 1 日实施的 JGJ 103—2008 行业标准《塑料门窗工程技术规程》，针对未增塑聚氯乙烯（PVC-U）塑料门窗制作与安装提出技术要求，属于塑料门窗安装专业性规程。

JGJ 103—2008 行业标准《塑料门窗工程技术规程》是在 JGJ 103—93 行业《塑料门窗安装及验收规程》基础上进行了全面修订。修订的主要技术内容是：修改了规范的名称，将《塑料门窗安装及验收规程》更名为《塑料门窗工程技术规程》。新增了术语、工程设计及保养维修的相关内容，其中包括：①增加了术语一章，对安全玻璃、相容性、定位垫块、承重垫块、附框、遮蔽条等名词术语做了解释；②新增了工程设计一章，增加了安全玻璃的使用要求，并对抗风压性能、水密性能、气密性能、隔声性能、保温与隔热性能、采光性能等方面提出了设计要求；③第四章增加了对增强型钢、中空玻璃、密封胶、聚氨酯发泡胶、附框、拼樘料连接件等材料的质量要求，取消了安装五金配件时增设金属衬板及不宜使用工艺木衬的要求，取消了滑撑铰链不得使用铝合金材料的要求，将五金件的装配要求放入第六章；④第五章增加了门窗进场复验的要求及对塑料门窗扇及分格杆件作封闭型保护要求；⑤第六章新增了旧窗改造、直接固定法、附框安装、保温墙体洞口的安装、窗台板安装等新的安装方法及安装节点图，细化了固定片的使用及安装要求、拼樘料与墙体的连接、聚氨酯发泡胶及密封胶的打注等操作步骤，使门窗安装可操作性更强；⑥细化了施工安全及门窗成品保护的要求；⑦第八章取消了门窗验收的具体内容，工程验收按国家标准《建筑装饰装修工程质量验收规范》GB 50210 执行，新增了门窗保养与维修的相关内容。因此，它们是相互补充的标准，学习与掌握安装与质量验收这两个标准，是塑料门窗生产厂家保证塑料门窗安装质量的前提。为了便于学习，现将两个标准主要内容列于表 12-9～表 12-12，供塑料门窗安装的相关人员在实际工作中参考运用。

表 12-9　有关塑料门窗安装与质量验收标准主要内容对比

条款	GB 50201—2001 《建筑装饰装修工程质量验收规范》	JGJ 103—2008 《塑料门窗工程技术规程》
总则	建筑装饰装修工程的质量验收，除应执行本规范外，还应符合国家现行有关标准的规定	适用于未增塑聚氯乙烯（PVC-U）塑料门窗的设计、施工、验收及保养维修，除应按照本规程的规定执行外，还应符合国家现行的有关标准的规定
门窗生产一般要求	（1）承担建筑装饰装修工程设计的单位应具备相应的资质，并应建立质量管理体系。由于设计原因造成的质量问题应由设计单位负责。建筑装饰装修设计应符合城市规划、消防、环保、节能等有关规定 （2）建筑装饰装修工程所用材料的燃烧性能应符合现行国家标准《建筑内部装修设计防火规范》（GB 50222）、《建筑设计防火规范》（GBJ 16）和《民用建筑设计防火规范》（GB 50045）的规定	（1）塑料门窗的性能指标及有关设计要求应根据建筑物所在地区的气候、环境等具体条件和建筑物的功能要求合理确定 （2）塑料门窗的热工性能设计应符合国家居住建筑和公共建筑节能设计标准的有关规定。门窗受力杆件内衬增强型钢的惯性矩应满足受力要求，增强型钢与型材内腔紧密吻合 （3）玻璃承重垫块应选用邵氏硬度 70～90（A）的硬橡胶或塑料，不得使用硫化再生橡胶、木片或其他吸水性材料。垫块长度宜 80～100mm，宽度应大于玻璃厚度 2mm 以上，厚度应按框、扇（梃）与玻璃的间隙确定，并不宜小于 3mm

条款	GB 50201—2001 《建筑装饰装修工程质量验收规范》	JGJ 103—2008 《塑料门窗工程技术规程》
门窗安装的一般规定	(1)门窗安装前,应对门窗洞口尺寸进行检验。除检查单个每处洞口外,还应对能够通视的成排或成列的门窗洞口进行目测或拉通线检查。如果发现明显偏差,应向有关人员反映,采取处理措施后方可安装门窗 塑料门窗的品种、类型、规格、尺寸、开启方向、安装位置、连接方式及填嵌密封处理应符合设计要求,内衬增强型钢的壁厚及设置应符合国家现行产品标准的质量要求 (2)塑料门窗安装应采用预留洞口的方法施工,不得采用边安装边砌口或先安装后砌口的方法施工。其原因主要是防止门窗框受挤变形和表面保护层破损 (3)塑料窗组合时,其拼樘料的尺寸、规格、壁厚应符合设计要求。型钢与型材内腔紧密吻合,其两端必须与洞口固定牢固。组合窗拼樘料不仅具有连接作用,还是组合窗的重要受力部件,应使组合窗能够承受本地区的瞬时风压值 (4)建筑外门窗的安装必须牢固。在砌体上安装门窗严禁用射钉固定 (5)门窗工程施工前,应对下列材料及其性能指标进行复验 塑料门窗的抗风压性能、空气渗透性能和雨水渗漏性能	安装前要求: (1)门窗应采用预留洞口法安装,不得采用边安装边砌口或先安装后砌口的施工方法 (2)门窗及玻璃的安装,应在墙体湿作业完工且硬化后进行,当需要在湿作业前进行时,应采取保护措施。门的安装应在地面工程施工前进行 (3)应测出各窗口中心线,并逐一做出标记。多层建筑塑料窗安装,可从高层一次垂吊。对高层建筑,可用经纬仪找垂直线,并根据设计要求弹出水平线 安装要求: ① 塑料门窗应采用固定片法安装。 ② 根据设计要求,可在门、窗框安装前预先安装附框。附框宜采用固定片法与墙体连接牢固。 ③ 安装门窗时,如果玻璃已装在门窗上,宜卸下玻璃,并做标记。 (4)应根据设计图纸确定门窗框的安装位置及门扇的开启方向。当将窗框装入洞口时,其上下框中心线应与洞口中线对齐;窗的上下框四角及中横框的对称位置用木楔或垫块塞紧作临时固定。然后按设计图纸确定窗框在洞口墙体厚度方向的安装位置
门窗安装工程质量验收的一般规定	(1)门窗工程验收时,应检查下列文件和记录: a. 门窗工程施工图、设计说明及其他设计文件; b. 材料的产品合格证书、性能检测报告、进场验收记录和复验报告; c. 特种门及其附件的生产许可证; d. 隐蔽工程验收记录; e. 施工记录。 (2)塑料门窗框、副框和扇的安装必须牢固。固定片或膨胀螺栓的数量与位置应正确,连接方式应符合设计要求。固定点应距窗角、中横框、中竖框150~200mm,固定点间距应不大于600mm。 塑料门窗拼樘料内衬增强型钢的规格、壁厚必须符合设计要求,型钢应与型材内腔紧密吻合,其两端必须与洞口固定牢固。窗框必须一拼樘料连接紧密,固定点间距应不大于600mm (3)塑料门窗框与墙体间缝隙应采用闭孔弹性材料填嵌饱满,表面应采用密封胶密封。密封胶应黏结牢固,表面应光滑、顺直、无裂纹 (4)门窗工程应对下列隐蔽工程项目进行验收: a. 预埋件和锚固件; b. 隐蔽部位的防腐、嵌填处理。 (5)各分项工程检验批,应按以下规定划分: a. 同一品种、类型和规格的塑料门窗及门窗玻璃,每100樘应划分为一个检验批,不足100樘也应划分为一个检验批; b. 同一品种、类型和规格的特种门,每50樘应划分为一个检验批,不足50樘也应划分为一个检验批; (6)工程验收时的检查数量,应符合下列规定: 塑料门窗及门窗玻璃,每个检验批应至少抽查5%,并不得少于3樘,不足3樘时应全数检查;高层建筑的外窗,每个检验批应至少抽查10%,并不得少于6樘,不足6樘时应全数检查	塑料门窗工程的验收应按现行国家《建筑工程施工质量验收统一标准》(GB 50300)及《建筑装饰装修工程质量验收规范》(GB 50201)有关规定执行。有特殊要求的门窗工程,可按合同约定的相关条款执行

条款	GB 50201—2001 《建筑装饰装修工程质量验收规范》	JGJ 103—2008 《塑料门窗工程技术规程》
门窗存放与使用	室内外装饰装修工程施工的环境条件应满足施工工艺的要求。施工环境温度不应低于5℃。当必须在低于5℃气温下施工时,应采取保证工程质量的有效措施	贮存门窗的环境温度应低于50℃;与热源的距离不应小于1m。当存放门窗的环境温度为15℃以下时,安装前应将门窗移至室内,在不低于15℃的环境下放置24h。门窗在安装现场放置的时间不应超过两个月
玻璃质量与安装要求	(1) 玻璃的品种、规格、尺寸、色彩、图案和涂膜本身应符合设计要求。单块玻璃大于1.5m时应使用安全玻璃。检查产品合格证书、性能检测报告和进场验收记录 门窗玻璃裁割尺寸应正确。安装后的玻璃应牢固,不得有裂纹、损伤和松动。 玻璃表面应洁净,不得有密封胶、涂料等污渍。中空玻璃内外表面均应洁净,玻璃中空层内不得有灰尘和水蒸气。 门窗玻璃不应直接接触型材 (2) 单面镀膜玻璃的镀膜层及磨砂玻璃的磨砂面应朝向室内。中空玻璃的单面镀膜玻璃应在最外层,镀膜层应朝向室内 (3) 密封条与玻璃、玻璃槽口的接触应紧密、平整。密封胶与玻璃、玻璃槽口的边缘应黏结牢固、接缝平齐。 带密封条的玻璃压条,其密封条必须与玻璃全部贴紧,压条与型材之间应无明显缝隙,压条接缝应不大于0.5mm	(1) 塑料门窗用钢化玻璃的质量应符合国家现行标准《钢化玻璃》GB 15763.2 的有关规定 (2) 塑料门窗用中空玻璃应符合国家现行标准《中空玻璃》GB/T 11944 的有关规定。中空玻璃用间隔条可采用连续弯折型或插角型且内含干燥剂的铝框,也可使用热压复合式胶条;用间隔铝框制备的中空玻璃应采用双道密封,第一道密封采用热熔性丁基密封胶。第二道密封应采用聚硅氧烷、聚硫类中空玻璃密封胶,并应采用专用打胶机进行混合、打胶 (3) 用于中空玻璃第一道密封的热熔性丁基密封胶质量应符合国家现行标准《中空玻璃用丁基热熔密封胶》(JC/T 914) 的有关规定。第二道密封胶质量应符合国家现行标准《中空玻璃用弹性密封胶》(JC/T 486) 的有关规定 (4) 塑料门窗用镀膜玻璃应符合现行国家标准《镀膜玻璃 第1部分 阳光控制镀膜玻璃》(GB/T 18915.1) 及《镀膜玻璃 第2部分 低辐射镀膜玻璃》(GB/T 18915.2) 的规定 (5) 玻璃应平整,安装牢固,不得有松动现象,内外表面均应洁净,玻璃的层数、品种及规格应符合设计要求,单片镀膜玻璃的镀膜层及磨砂玻璃的磨砂层应朝向室内。镀膜中空玻璃的应朝向中空气体层 (6) 安装好的玻璃不得直接接触型材,应在玻璃四边垫上不同作用的垫块,中空玻璃的垫块宽度应与中空玻璃的厚度匹配。竖框(扇)上的垫块,应用胶固定 (7) 当安装玻璃密封条时,密封条应比压条略长。应将玻璃装入框、扇内,然后应用玻璃压条将其固定 (8) 安装窗五金配件时,应将螺钉固定在内衬增强型钢或内衬局部加强板上,或使螺钉至少穿过塑料型材的两层壁厚
门窗质量	(1) 塑料门窗扇应开关灵活、关闭严密,无倒翘。推拉门窗扇必须有防脱落措施。 塑料门窗配件的型号、规格、数量应符合设计要求,安装应牢固,位置应正确,功能应满足使用要求 (2) 塑料门窗表面应洁净、平整、光滑,大面应无划痕、碰伤。 塑料门窗扇的密封条不得脱槽。旋转窗间隙应基本均匀。 玻璃密封条与玻璃及玻璃槽口的接缝应平整,不得卷边、脱槽 (3) 塑料门窗安装的允许偏差和检验方法应符合5.4.13的规定	(1) 门窗采用的型材应符合国家现行标准《门窗用未增塑聚氯乙烯(PVC-U)型材》(GB/T 8814) 的有关规定,其老化性能应达到S类的技术指标要求。型材壁厚应符合国家现行标准《未增塑聚氯乙烯(PVC-U)塑料门》(JG/T 180)、《未增塑聚氯乙烯(PVC-U)塑料窗》(JG/T 140) 的有关规定 (2) 塑料门窗采用的紧固件、五金件、五金配件等应符合国家现行标准的有关规定 (3) 增强型钢的质量应符合国家现行标准《聚氯乙烯(PVC)塑料门窗增强型钢》的有关规定。增强型钢的装配应符合国家现行标准《未增塑聚氯乙烯(PVC-U)塑料门》JG/T 180、《未增塑聚氯乙烯(PVC-U)塑料窗》JG/T 140 的有关规定 (4) 塑料门窗安装的允许偏差和检验方法应符合6.2.6的规定

表 12-10 塑料门窗安装的允许偏差和检验方法（GB 50210）

项次	项目		允许偏差/mm	检验方法
1	门窗槽口宽度、高度/mm	≤1500	2	用钢尺检查
		>1500	3	
2	门窗槽口对角线长度/mm	≤2000	3	
		>2000	5	
3	门窗框的正、侧面垂直度		3	用1m水平尺和塞尺检查
4	门窗横框的水平度		3	
5	门窗横框标高		5	用钢尺检查
6	门窗竖向偏离中心		5	用钢直尺检查
7	双层门窗内外框间距		4	用钢尺检查
8	同樘平开门窗相邻扇高度差		2	用钢直尺检查
9	平开门窗铰链部位配合间隙		+2 −1	用塞尺检查
10	推拉门窗扇与框搭接量		+1.5 −2.5	用钢直尺检查
11	推拉门窗扇与竖框平行度		2	用1m水平尺和塞尺检查

表 12-11 塑料门窗安装的允许偏差和检验方法（JGJ 103—2008）

项次	项目			允许偏差/mm	检验方法
1	门、窗框外形(高、宽)尺寸长度差/mm		≤1500	2	用精度1mm钢卷尺检查，测量外框两相对外端面，测量部位距端部100mm
			>1500	3	
2	门、窗框两对角线长度差/mm		≤2000	3	用精度1mm钢卷尺检查，测量内角
			>2000	5	
3	门、窗框(含拼樘料)正、侧面的垂直度			3	用1m垂直检测尺检查
4	门、窗框(含拼樘料)水平度			3.0	用1m水平尺和精度0.5mm塞尺检查
5	门、窗下横框的标高			5	用精度1mm钢直尺检查，与基准线比较
6	双层门、窗内外框间距			4.0	用精度0.5mm钢直尺检查
7	门、窗竖向偏离中心			5.0	用精度0.5mm钢直尺检查
8	平开门窗及上悬、下悬、中悬窗	门、窗扇与框搭接量		2.0	用深度尺或精度0.5mm钢直尺检查
		同樘门、窗相邻的水平高度差		2.0	用靠尺和精度0.5mm钢直尺检查
		门、窗框扇四周的配合间隙		1.0	用楔形塞尺检查
9	推拉门窗	门、窗扇与框搭接量		2.0	用深度尺或精度0.5mm钢直尺检查
		门、窗扇与框或相邻扇立边平行度		2.0	用精度0.5mm钢直尺检查
10	组合门窗	平面度		2.5	用2m靠尺和精度0.5mm钢直尺检查
		竖缝直线度		2.5	用2m靠尺和精度0.5mm钢直尺检查
		横缝直线度		2.5	用2m靠尺和精度0.5mm钢直尺检查

表 12-12　塑料门窗安装工程质量验收标准（GB 50210）

项目	项次	质量要求	检验方法
主控项目	1	塑料门窗的品种、类型、规格、尺寸、开启方向、安装位置、连接方式及填嵌密封处理应符合设计要求，内衬增强型钢的壁厚及设置应符合国家现行产品标准的质量要求	观察；尺量检查；检查产品合格证书、性能检测报告、进场验收记录和复验报告；检查隐蔽工程验收记录
	2	塑料门窗框、副框和扇的安装必须牢固；固定片或膨胀螺栓的数量与位置应正确，连接方式应符合设计要求；固定点应距窗角、中横框、中竖框 150～200mm，固定点间距应≤600mm	观察；手扳检查；检查隐蔽工程验收记录
	3	塑料门窗拼樘料内衬增强型钢的规格、壁厚必须符合设计要求，型钢应与型材内腔紧密吻合，其两端必须与洞口固定牢固；窗框必须与拼樘料连接紧密，固定点间距应≤600mm	观察；手扳检查；尺量检查；检查进场验收记录
	4	塑料门窗扇应开关灵活、关闭严密，无倒翘；推拉门窗扇必须有防脱落措施	观察；开启和关闭检查；手扳检查
	5	塑料门窗配件的型号、规格、数量应符合设计要求，安装应牢固，位置应正确，功能应满足使用要求	观察；手扳检查；尺量检查
	6	塑料门窗框与墙体间缝隙应采用闭孔弹性材料填嵌饱满，表面应采用密封胶密封；密封胶应粘接牢固，表面应光滑、顺直、无裂纹	观察；检查隐蔽工程验记录
一般项目	7	塑料门窗表面应洁净、平整、光滑，大面应无划痕、碰伤	观察检查
	8	塑料门窗扇的密封条不得脱槽；旋转窗间隙应基本均匀	观察；开启和关闭检查
	9	塑料门窗扇的开关力应符合规定：平开门窗扇平铰链的开关力≤80N；滑撑铰链的开关力≤80N，并≥30N；推拉门窗扇的开关力≤100N	观察；用弹簧秤检查
	10	玻璃密封条与玻璃及玻璃槽口的接缝应平整，不得卷边、脱槽	观察检查
	11	排水孔应畅通，位置和数量应符合设计要求	

注：本表根据国家标准 GB 50210—2001《建筑装饰装修工程质量验收规范》的相应条文编制。

二、国家标准《建筑节能工程施工质量验收规范》中有关塑料门窗验收的规定

1. 门窗节能工程

① 适用于建筑外门窗节能工程的质量验收，包括金属门窗、塑料门窗、木质门窗、各种复合门窗、特种门窗、天窗以及门窗玻璃安装等节能工程。

② 建筑门窗进场后，应对其外观、品种、规格及附件等进行检查验收，对质量证明文件进行核查。

③ 建筑外门窗工程施工中，应对门窗框与墙体接缝处的保温填充做法进行隐蔽工程验收，并应有隐蔽工程验收记录和必要的图像资料。

④ 建筑外门窗工程的检验批应按下列规定划分。

a. 同一厂家的同一品种、类型、规格的门窗及门窗玻璃每 100 樘划分为一个检验批，不足 100 樘也为一个检验批。

b. 同一厂家的同一品种、类型和规格的特种门每 50 樘划分为一个检验批，不足 50 樘也为一个检验批。

c. 对于异性或有特殊要求的门窗，检验批的划分应根据其特点和数量，由监理（建设）单位和施工单位协商确定。

⑤ 建筑外门窗工程的检查量应符合下列规定

a. 建筑门窗每个检验批应抽查5%，并不少于3樘，不足3樘时应全数检查；高层建筑的外窗，每个检验批应抽查10%，并不少于6樘，不足6樘时应全数检查。

b. 特种门每个检验批应抽查50%，并不少于10樘，不足10樘时应全数检查。

2. 主控项目

(1) 建筑外门窗的品种、规格应符合设计要求和相关标准的规定。

检验方法：观察、尺量检查；核查质量证明文件。

检查数量：按本规范第6.1.5条执行；质量证明文件应按照其出厂检验批进行核查。

(2) 建筑外墙的气密性、保温性能、中空玻璃露点、玻璃遮阳系数和可见光透射比应符合设计要求。

检验方法：核查质量证明文件和复验报告。

检查数量：全数核查。

(3) 建筑外窗进入施工现场时，应按地区类别对其下列性能进行复验，复验应为见证取样送检。

① 严寒、寒冷地区：气密性、传热系数和中空玻璃露点。

② 夏热冬冷地区：气密性、传热系数、玻璃遮阳系数、可见光透射比、中空玻璃露点。

③ 夏热冬暖地区：气密性、玻璃遮阳系数，可见光透射比、中空玻璃露点。

检验方法：随机抽样送检；核查复验报告。

检查数量：同一厂家同一品种同一类型的产品各抽查不少于3樘（件）。

(4) 建筑门窗采用的玻璃品种应符合设计要求，中空玻璃应采用双道密封。

检验方法：观察检查；核查质量证明文件。

检查数量：按本规范第6.1.5条执行。

(5) 金属外门窗隔断热桥措施应符合设计要求和产品标准的规定，金属副框的隔断热桥措施应与门窗框的隔断热桥措施相当。

检验方法：随机抽样，对照产品设计图纸，剖开或拆开检查。

检查数量：同一厂家同一品种、类型的产品各抽查不少于1樘。金属副框的隔断热桥措施按检验批抽查30%。

(6) 严寒、寒冷、夏热冬冷地区的建筑外窗，应对其气密性做现场实体检验，检测结果应满足设计要求。

检验方法：随机抽样现场检验。

检查数量：同一厂家同一品种、类型的产品各抽查不少于3樘。

(7) 外门窗樘或副框与洞口之间的间隙应采用弹性闭孔材料填充饱满，并使用密封胶密封；外门窗框与副框之间的缝隙应使用密封胶密封。

检验方法：观察检查；核查隐蔽工程验收记录。

检查数量：全数检查。

(8) 严寒、寒冷地区的外门安装，应按照设计要求采取保温、密封等节能措施。

检验方法：观察检查。

检查数量：全数检查。

(9) 外窗遮阳设施的性能、尺寸应符合设计和产品标准要求；遮阳设施的安装应位置正确、牢固，满足安全和使用功能的要求。

检验方法：核查质量证明文件；观察、尺量、手扳检查。

检查数量：按本规范第 6.1.5 条执行；安装牢固程度全数检查。

（10）特种门的性能应符合设计和产品标准要求；特种门安装中节能措施应符合设计要求。

检验方法：核查质量证明文件；观察、尺量检查。

检查数量：全数检查。

（11）天窗安装的位置、坡度应正确，封闭严密，嵌缝处不得渗漏。

检验方法：观察、尺量检查；淋水检查。

检查数量：按本规范第 6.1.5 条执行。

3. 一般项目

（1）门窗扇密封条和玻璃镶嵌的密封条，其物理性能应符合相关标准的规定。密封条安装位置应正确、镶嵌牢固，不得脱槽，接头处得的开裂。关闭门窗时密封条应接触严密。

检验方法：观察检查。

检查数量：全数检查。

（2）门窗镀（贴）膜玻璃的安装方向应正确，中空玻璃的均压管应密封处理。

检验方法：观察检查。

检查数量：全数检查。

（3）外门窗遮阳设施调节应灵活，能调节到立。

检查方法：现场调节试验检查。

检查数量：全数检查。

三、国家标准《建筑门窗洞口尺寸协调要求》与建筑门窗标准化

虽然有了门窗制作与安装标准，但是仍然存在建筑门窗洞口土建施工尺寸误差远大于建筑门窗加工精度，导致建筑门窗的实际安装位置在洞口定位时存在较大偏差，造成安装后的建筑门窗性能下降，甚至影响到安全使用。为了规范建设单位、监理公司、施工企业对建筑门窗洞口的设计、生产和安装。由国家质量监督检验检疫总局、国家标准化管理委员会，于 2014 年 6 月 9 日发布于 2014 年 12 月 1 日实施的国家标准《建筑门窗洞口尺寸协调要求》（GB/T 30591—2014）。该标准由中华人民共和国住房和城乡建设部提出，由全国建筑幕墙门窗标准化技术委员会（SAC/TC448）归口管理。标准适用于民用建筑常用的标准规格外门窗和洞口的尺寸协调，规定了建筑标准门窗洞口尺寸协调和应用要求。标准对建筑门窗常用洞口系列进行了归纳，与我国现行相关标准协调，提出了标准规格门窗的概念。

本标准将部分常用基本参数尺寸的门窗列为标准规格门窗，并与门窗标准洞口尺寸协调，有利于实现建筑门窗大批量工业化生产、保证加工质量和安装质量稳定。标准规格门窗应在工厂完成框、扇组装及五金安装后整体出厂，并在洞口装修阶段或装修完成后整体安装，可简化安装过程，为后续更换维修提供便利，推动建筑门窗的技术进步。因此，对建筑门窗和洞口尺寸进行规范和协调，是实现建筑门窗标准化、工业化生产和确保安装质量的关键措施。

《建筑门窗洞口尺寸协调要求》的制定和实施将推动门窗的设计、制造、安装和维护等各种环节的标准化；能够更好地利用门窗材料，节约大量资源；还将提高门窗企业的生产效益，降低生产成本；更好地协调门窗采光、节能、装饰等之间的关系，使我们的门窗设计更科学、更合理、更实用、更美观；形成门窗规则的统一，使门窗厂

能够实现大批量的规模生产，推进门窗生产的机械化程度，保证门窗的质量；同时还将推动门窗整体节能水平的提高；促进门窗市场的优胜劣汰，促进门窗市场的规范等，最终有利于建筑门窗标准化、工业化，对建筑门窗的设计、生产和安装具有重大意义，对进一步加强和提高我国建筑门窗的安装质量和效率，促进我国门窗行业健康有序发展将起到积极的作用。

第四节　建筑玻璃风荷载与塑料门窗型材杆件风荷载

在建筑围护结构中，外窗属于薄型围护结构的构件，具有采光、结构的作用。外窗与风荷载相互作用反映到窗型材杆件和玻璃构件，同时，随着新城市化建设的加快，大型窗的应用有日益扩大的趋势，因此，在窗型设计中，除了考虑外窗的型材杆件风荷载计算，不能忽视外窗玻璃的风荷载计算。由国家住建部 2009 年 7 月 9 日第 347 号公告批准，2009 年 12 月 1 日起实施的行业标准 JGJ 113—2009 版《建筑玻璃应用技术规程》在玻璃风荷载设计与计算方面提供了新的依据。《建筑玻璃应用技术规程》行业标准从 1997 年制订以来，已经修改两次，共有三个版本。国家行业标准《建筑玻璃应用技术规程》JGJ 113—1997、JGJ 113—2003 版借鉴了澳大利亚国家标准《建筑玻璃选择与安装》AS 1288—1989 版本有关内容，《建筑玻璃应用技术规程》JGJ 113—2009 版借鉴了澳大利亚国家标准《建筑玻璃选择与安装》AS 1288—2006 版本有关内容。因此，有必要了解玻璃风荷载设计的三个版本标准的区别。

一、三个版本在玻璃风荷载设计条款的区别

在《建筑玻璃应用技术规程》三个版本标准中，对于建筑玻璃风荷载标准值的规定，《建筑玻璃应用技术规程》（JGJ 113—1997 或 JG J113—2003 版）规定建筑玻璃最小风荷载标准值不小于 0.75 kPa，提出高层建筑风荷载标准值为最小风荷载标准值的 1.1 倍。《建筑玻璃应用技术规程》（JGJ 113—2009 版）规定建筑玻璃最小风荷载标准值不小于 1 kPa，提出建筑玻璃风荷载设计值，风荷载设计值等于最小风荷载标准值与风荷载分项系数 1.4 的乘积。显然，新的标准提高了建筑玻璃上的风荷载标准值，更重视了玻璃使用的安全。三个版本标准在在玻璃的风荷载设计条款列在表 12-13。

表 12-13　三个版本标准在玻璃风荷载设计条款的比较

内容	1997 版本	2003 版本	2009 版本
风荷载标准值所采用的标准	4.1.1 条款：国家标准 GBJ 9《建筑结构荷载规范》	4.1.1 条款：国家标准 GB 5009《建筑结构荷载规范》	3.1 条款：国家标准 GB 5009《建筑结构荷载规范》
建筑玻璃上的风荷载标准最小值	4.1.2 条款：0.75kPa,高层建筑加 10%	4.1.2 条款：0.75kPa;高层建筑加 10%	5.1.2 条款：1.0kPa
风荷载设计值公式	—	—	5.1.1 条款：风荷载标准值与风荷载分项系数 1.4 的乘积
玻璃种类	—	—	增加了真空玻璃
建筑玻璃正常使用极限状态的设计下的最大挠度限值	—	—	最大许用跨度的 1/60
建筑玻璃承载力极限状态（建筑玻璃风荷载设计值）	4.2.2 条款：采用最大许用面积	4.2.2 条款：采用最大许用面积	5.2.2 条款：采用最大许用跨度

对比表明，与旧标准比较，新的标准中玻璃风荷载标准最小值提高了 33%，比旧标准

高层建筑风荷载标准最小值高21%。提出了玻璃风荷载设计公式、风荷载最大许用跨度值。在旧标准提出玻璃承载能力极限状态基础上，新标准提出了玻璃正常使用极限状态设计，说明新标准提升了外窗薄型围护结构的安全性能。

二、建筑玻璃风荷载的设计与计算

关于建筑玻璃风压的设计与计算，《建筑玻璃应用技术规程》JGJ 113—1997 或 JGJ113—2003 版、JGJ 113—2009 版三个版本标准是有区别的。

《建筑玻璃应用技术规程》JGJ 113—1997 或 JGJ 113—2003 版中建筑玻璃风荷载标准值计算公式：

$$\omega_k = \beta_{gz}\mu_s\mu_z\omega_0 \qquad (12\text{-}1)$$

式中　ω_k——风荷载标准值，kPa；

β_{gz}——风振系数，可取 2.25；

μ_s——风荷载体形系数；

μ_z——风压高度变化系数；

ω_0——基本风压，kPa。

当基本风压 ω_0 取 0.55 kPa，风荷载体形系数 μ_s 取 1.5，风压高度变化系数 μ_z 取 1（建筑高度 30m，C 类），利用公式(12-1)计算风荷载标准值 ω_K 为 1.85 kPa。如风压高度变化系数 μ_z 取 1.62（建筑高度 90m，C 类），风荷载标准值 ω_K 为 3.1 kPa。

《建筑玻璃应用技术规程》JGJ 113—1997 或 JGJ 113—2003 版采用四边支承玻璃的最大许用面积来评价建筑玻璃上的风荷载是否满足正常使用要求。有两种方法可以获取玻璃的最大许用面积。一种方法是根据风荷载标准值，通过查阅标准中附录 A 获得。一种方法是通过公式(12-2)计算建筑玻璃上的最大许用面积。公式(12-2)显示：玻璃的最大许用面积与风荷载标准值成反比，与建筑玻璃厚度成正比。风荷载标准值高，玻璃的最大许用面积大；建筑玻璃厚度增加，玻璃的最大许用面积增大。实际应用玻璃的承载力应该小于建筑玻璃最大许用面积才能满足风荷载设计要求。

表 12-14　建筑玻璃的抗风压调整系数

玻璃的种类	平板玻璃	钢化玻璃	中空玻璃	标准版本
调整系数 α	1.0	1.5～3	1.5	1997
调整系数 α	1.0	2～3	1.5	2003

当玻璃厚度 $t \leqslant 6mm$ 时，采用四边支承玻璃的最大许用面积计算公式：

$$A_{max} = \frac{0.2\alpha t^{1.8}}{\omega_k} \qquad (12\text{-}2)$$

式中　A_{max}——玻璃的最大许用面积，m²；

α——玻璃的抗风压调整系数；

t——玻璃厚度，mm；

ω_k——风荷载标准值，kPa。

我们以公式(12-2)的方法计算玻璃的最大许用面积来分析，公式中涉及的抗风压调整系数见表 12-14。利用公式(12-1)、式(12-2)、表 12-14 计算三种玻璃风荷载标准值 ω_k 为 1.85 kPa 条件下，不同厚度的最大许用面积，计算结果列在表 12-15。

表 12-15 四边支承玻璃的最大许用面积

玻璃的种类		平板玻璃	钢化玻璃	中空玻璃
A_{max}/m^2	3mm	0.778	1.55	1.167
	4mm	1.3	2.61	1.959
	5mm	1.95	3.9	2.93
	6mm	2.7	5.4	4.065

这里，平板玻璃和钢化玻璃按单片玻璃厚度计算，中空玻璃为两单片玻璃中以薄片厚度计算。从表 12-14、图 12-5 可以看出，对于平板玻璃、钢化玻璃、中空玻璃，随着玻璃厚度的增加，玻璃的最大许用面积增加，提高了玻璃抗风压能力；三种玻璃随着厚度的增加，虽然增幅的最大许用面积不同，但是每增加 1mm 厚度，增加幅度的比率基本是一样的。即玻璃厚度由 3mm 增加到 4mm，最大许用面积增加 67%；由 4mm 增加到 5mm，最大许用面积增加 50%；由 5mm 增加到 6mm，最大许用面积增加 38%。三种玻璃的最大许用面积大小顺序为钢化玻璃、中空玻璃、平板玻璃，说明钢化玻璃抗风压性能最好。

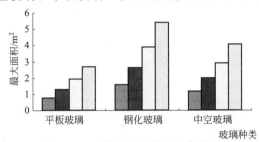

图 12-5 不同玻璃的最大许用面积

从以前两个版本标准看，满足最大许用面积的建筑玻璃，没有考虑矩形玻璃长宽比对玻璃风压的影响。因为同等面积条件下，不同的长宽比的矩形玻璃，其承载力是不同的，而且不同玻璃内应力分布不同。此外，抗风压调整系数也存在误差。因为在建筑结构设计中，要考虑使用过程中在结构上可能同时出现的荷载，应按承载能力极限状态和正常使用极限状态分别进行荷载组合，并应取各自的最不利的组合进行设计。建筑玻璃是建筑结构设计中的一部分，也是重要的部分，同样要考虑建筑玻璃使用过程中按承载能力极限状态和正常使用极限状态分别进行荷载组合，并应取各自的最不利的组合进行设计。所以，JGJ 113—2009 版《建筑玻璃应用技术规程》提出了建筑玻璃承载能力极限设计下的最大许用跨度和建筑玻璃正常使用极限设计概念，以及不同种类的建筑玻璃抗风压设计计算参数。在新的标准中，充分考虑了矩形长宽比的影响，将原来计算玻璃最大许用面积改为计算不同长宽比条件下的最大许用跨度，对于不同种类的玻璃采用不同的计算参数，中空玻璃玻璃最大许用面积改为按照风荷载分配系数各自独立计算。所以，新标准更科学、更合理、更全面、更精确。

在新的标准中，建筑玻璃风荷载设计值计算公式：

$$\omega = \gamma_w \omega_k \tag{12-3}$$

式中 ω——风荷载设计值，kPa；

　　　 γ_w——风荷载分项系数；

　　　 ω_k——风荷载标准值，kPa。

由于风荷载是可变荷载，在进行建筑玻璃风荷载计算时，根据国家标准 GB 5009《建筑结构荷载规范》中规定，将可变荷载分项系数确定为 1.4。公式(12-3)显示：风荷载设计值是风荷载标准值的 1.4 倍。当基本风压 ω_0 取 0.55kPa，风荷载体形系数 μ_s 取 1.5，风压高度变化系数 μ_z 取 1（建筑高度 30m，C 类），风荷载设计值 ω_k 为 2.59 kPa。如风压高度变化

系数 μ_z 取 1.62（建筑高度 90m，C 类），风荷载设计值 ω_k 为 4.2kPa。

在新的标准中，建筑玻璃承载能力极限状态设计采用建筑玻璃最大许用跨度，通过公式（12-4）计算。

$$L = \kappa_1 (\omega + \kappa_2)^{\kappa_3} + \kappa_4 \tag{12-4}$$

式中　　L——最大许用跨度，mm；

ω——风荷载设计值，kPa；

κ_1、κ_2、κ_3、κ_4——常数。

公式（12-4）显示：常数 κ_1、κ_2、κ_3、κ_4 与建筑玻璃种类、玻璃厚度、玻璃长宽比有关；由于常数 κ_3 为负值，玻璃的最大许用跨度与风荷载设计值成反比。在建筑玻璃厚度、长宽比不变化条件下，玻璃的最大许用跨度小，风荷载设计值高。就玻璃承载能力极限状态设计而言，实际应用玻璃的承载跨度应该小于建筑玻璃最大许用跨度才能满足风荷载设计要求。

新标准将作用在中空玻璃上的风荷载按荷载系数分配到每片玻璃上外片玻璃厚度 t_1，内片玻璃厚度 t_2，见计算公式（12-5）、计算公式（12-6）。

直接承受风荷载作用的单片玻璃系数　$\varepsilon_1 = 1.1 \times [t_1^3 / (t_1^3 + t_2^3)]$ (12-5)

不直接承受风荷载作用的单片玻璃系数　$\varepsilon_1 = [t_2^3 / (t_1^3 + t_2^3)]$ (12-6)

由于中空玻璃两片之间的传力是靠间隙层中的气体，瞬间风荷载对气体会在一定程度上被压缩，因此，新标准将中空玻璃外侧玻璃系数做大是非常合理的，符合建筑玻璃的使用要求。所以，在进行中空玻璃风荷载计算时，直接承受风荷载的外侧玻璃最大许用跨度小于不直接承受风荷载的内侧玻璃最大许用跨度，以外侧玻璃最大许用跨度为主。

在新的标准中，除了建筑玻璃承载能力极限状态设计外，还有建筑玻璃正常使用极限状态设计。建筑玻璃正常使用极限状态设计时的玻璃单位厚度跨度限值采用公式（12-7）计算。作为评价建筑玻璃正常使用极限状态挠度设计，有两种方法，一种方法是取玻璃长宽比所对应的最大许用跨度的 1/60 值作为建筑玻璃正常使用极限状态设计下的最大挠度限值，玻璃正常使用极限状态挠度设计应该小于此最大挠度限值。另一种方法是通过计算公式（12-7），比较玻璃单位厚度跨度限值与玻璃单位厚度最大许用跨度，玻璃正常使用极限状态下，玻璃单位厚度最大许用跨度应该小于玻璃单位厚度跨度限值。

$$\frac{L}{t} = \kappa_5 (\omega_k + \kappa_6)^{\kappa_7} + \kappa_8 \tag{12-7}$$

式中　ω_k——风荷载标准值，kPa；

$\dfrac{L}{t}$——玻璃单位厚度跨度限值。

公式（12-7）显示：常数 κ_5、κ_6、κ_7、κ_8 与建筑玻璃的厚度无关，与玻璃种类无关，与建筑玻璃的长宽比有关；由于常数 κ_7 为负值，玻璃单位厚度跨度限值与风荷载标准值成反比。风荷载标准值高，玻璃单位厚度跨度限值小。当基本风压 ω_0 取 0.55kPa，风荷载体形系数 μ_s 取 1.5，风压高度变化系数 μ_z 取 1（建筑高度 30m，C 类），风荷载标准值 ω_k 为 1.85kPa，窗的长宽比在 1.5 条件下，玻璃单位厚度跨度限值 276.6mm。如风压高度变化系数 μ_z 取 1.62（建筑高度 90m，C 类），风荷载标准值 ω_k 为 3.0kPa，玻璃单位厚度跨度限值 217.6mm。

表 12-16 是在风荷载标准值 ω_k 为 1.85 kPa 条件下，玻璃长宽比所对应的玻璃单位厚度跨度限值。可以看出，随着玻璃长宽比增加，玻璃单位厚度跨度限值降低，说明细长的建筑玻璃抗风荷载能力降低。如果玻璃单位厚度最大许用跨度小于玻璃单位厚度跨度限值，说明

玻璃能够满足正常使用极限状态，满足风荷载设计要求。

表 12-16　玻璃单位厚度跨度限值

常数	四边支撑　b/a					
	1.25	1.5	1.75	2.00	2.25	3.00
L/t	348.32	276.6	234.45	210.3	182.2	169.9

从目前建筑物应用看，普通玻璃、钢化玻璃、真空玻璃、中空玻璃应用较广泛。在风荷载标准值 ω_k 为 1.85kPa 条件下，利用式（12-4）～式（12-7），分别计算这四种玻璃在不同长宽比条件下，最大许用跨度及极限设计值，见表 12-17～表 12-19。

在玻璃承载能力极限状态设计的玻璃最大许用跨度满足风荷载要求条件下，还需要计算和比较玻璃正常使用极限状态的玻璃单位厚度跨度限值。如果玻璃单位厚度最大许用跨度大于玻璃单位厚度跨度限值，需要调整玻璃长宽比、玻璃厚度、降低玻璃最大许用跨度，所以，玻璃既要满足建筑玻璃承载力极限设计的最大许用跨度要求，又要满足建筑玻璃正常使用极限状态设计时的挠度要求，应取各自最不利的组合进行设计。

表 12-17　普通玻璃、钢化玻璃、真空玻璃、中空玻璃的承载力最大许用跨度

玻璃长宽比	1.25	1.5	1.75	2	2.25
4mm 平板玻璃/mm	967.5	862.2	811	768.4	722.5
4mm 钢化玻璃/mm	—	1480.3	1422.9	1365.3	1267.6
6mm 真空玻璃/mm	—	1218.2	1143	1081	1018.6
4mm＋4mm 中空玻璃/mm	1346.4	1235.·36	1181.6	1131.7	1051.8
5mm＋5mm 中空玻璃/mm	1664.9	1524.3	1456.7	1394.5	1296.7

表 12-18　普通玻璃、钢化玻璃、真空玻璃、中空玻璃的单位厚度最大许用跨度值

玻璃长宽比	1.25	1.5	1.75	2	2.25
4mm 平板玻璃/mm	241.8	215.5	202.75	192.1	180.6
4mm 钢化玻璃/mm	—	370	355.7	341.3	316.9
6mm 真空玻璃/mm	—	203	190.5	180.17	169.77
4mm＋4mm 中空玻璃/mm	336.6	308.8	295.4	282.9	262.95
5mm＋5mm 中空玻璃/mm	332.98	304.86	291.34	278.9	259.34
玻璃单位厚度跨度限值/mm	348.32	276.6	234.45	210.3	182.2

对于 4mm 厚度平板玻璃，玻璃长宽比在 1.25～2.25 范围内，玻璃单位厚度最大许用跨度小于玻璃单位厚度跨度限值，满足了平板玻璃风荷载的要求。

表 12-19　普通玻璃、钢化玻璃、真空玻璃、中空玻璃在玻璃长宽比 1.5 时的设计参数

玻璃种类	4mm 平板玻璃	4mm 钢化玻璃	6mm 真空玻璃	4＋4mm 中空玻璃
最大许用跨度 L/mm	862.2	1480.3	1218.2	1235.36
最大许用跨度下玻璃长度/mm	1293.3	2220.45	1827.3	1853
最大许用跨度下的面积/m²	1.12	3.3	2.2	2.289
玻璃单位厚度最大许用跨度/mm	215.5	370	203	308.8
玻璃单位厚度跨度限值/mm	276.6	276.6	276.6	276.6
最大许用跨度下挠度/mm	10.9	24.6	20	20.6

对于 4mm 厚度钢化玻璃，玻璃长宽比在 1.5～2.25 范围内，虽然最大许用跨度是 4mm 厚度平板玻璃的 1.7 倍，但是玻璃单位厚度最大许用跨度均大于玻璃单位厚度跨度限值，应相应地减少最大许用跨度值。如将玻璃长宽比在 1.5 的最大许用跨度值由 1480mm 调整为 1000～1100mm，玻璃单位厚度最大许用跨度就小于玻璃单位厚度跨度限值，而比 4mm 厚

度平板玻璃许用跨度值高 16%，满足了钢化玻璃正常安全使用要求。

对于 6mm 厚度真空玻璃，玻璃长宽比在 1.5～2.25 范围内，虽然最大许用跨度是 4mm 厚度平板玻璃的 1.4 倍，但是玻璃单位厚度最大许用跨度小于玻璃单位厚度跨度限值，满足了真空玻璃风荷载的要求。

对于 4mm+4mm 中空玻璃，玻璃长宽比在 1.5～2.25 范围内，虽然最大许用跨度是 4mm 厚度平板玻璃的 1.4 倍，但是玻璃单位厚度最大许用跨度大于玻璃单位厚度跨度限值，只有长宽比在 1.25 时，玻璃单位厚度最大许用跨度才小于玻璃单位厚度跨度限值。如将长宽比在 1.5 的最大许用跨度值由 1235mm 调整为 1000～1100mm，玻璃单位厚度最大许用跨度小于玻璃单位厚度跨度限值，满足了中空玻璃风荷载的正常要求。

① 从建筑玻璃厚度变化看，随着玻璃厚度的增加，玻璃承载风压的能力提高，最大许用跨度增大。同时，从建筑玻璃长宽比尺寸 b/a 变化看，随着长宽比的增加，建筑玻璃承载力极限最大许用跨度降低。

② 按照新标准计算的最大许用跨度下面积小于以前版本标准计算的最大许用面积，使玻璃正常使用安全性能提升。

③ 随着玻璃长宽比的提高，最大许用跨度减小，即玻璃短边减小、长边增大，玻璃的极限设计值降低，玻璃单位厚度最大许用跨度和最大许用跨度下挠度也降低，降低了玻璃承载风压的能力。

④ 建筑玻璃最大许用跨度值按照大小顺序为：钢化玻璃、中空玻璃、真空玻璃、平板玻璃。

⑤ 玻璃单位厚度最大许用跨度值按照大小顺序为：钢化玻璃、中空玻璃、平板玻璃、真空玻璃。

⑥ 最大许用跨度下挠度值按照大小顺序为：钢化玻璃、中空玻璃、真空玻璃、平板玻璃。

三、外窗杆件风荷载与建筑玻璃风荷载计算

前面已经对《建筑玻璃应用技术规程》不同版本标准中在玻璃风荷载有关条款与计算方面进行了比较，下面通过 2 个案例计算，分析玻璃风荷载计算在外窗风荷载计算中的重要性。

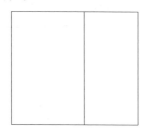

图 12-6　窗型 1

举例 1：以 PVC 塑料外窗（图 12-6）应用在多层建筑上为例，该窗型外形尺寸 1800mm×1800mm、一个分格，由一个固定扇和一个开启扇组成，固定扇玻璃尺寸是 1800mm×1200mm，面积 2.16m²，窗的长宽比为 1.5。开启扇玻璃尺寸是 1800mm×600mm，面积 1.08m²，窗的长宽比为 3。当基本风压 ω_0 取 0.55kPa，风荷载体形系数 μ_s 取 1.5，风压高度变化系数 μ_z 取 1（建筑高度 30m，C 类），风荷载标准值 ω_k 为 1.85kPa。选用 66 塑料型材（壁厚 2.5mm）与钢衬（壁厚 1.5mm）共同组成外窗杆件，计算其最长外窗杆件的挠度值 0.9cm，小于外窗杆件的允许挠度 1cm。外窗杆件满足了风荷载的要求，采用何种玻璃能够满足风荷载的要求，需要对建筑玻璃风荷载进行计算与选择。

固定扇按照《建筑玻璃应用技术规程》JGJ 113—1997 或 JGJ 113—2003 版标准，计算风荷载标准值 ω_k 为 1.85kPa 条件下玻璃厚度小于 6mm 的最大许用面积，从结果看（表 12-15），玻璃面积 2.16m² 小于 4mm 钢化玻璃最大许用面积 2.61m²，小于 5mm 中空玻璃最大

许用面积 2.93m²，此固定扇可选择 4mm 钢化玻璃或 5mm 中空玻璃，符合玻璃的风荷载使用要求。然而，按照《建筑玻璃应用技术规程》JGJ 113—2009 版本，从计算长宽比为 1.5 时玻璃承载能力最大许用跨度结果看（表 12-17），玻璃宽度 1200mm 小于 4mm 钢化玻璃最大许用跨度 1480.3mm、小于 6mm 真空玻璃玻璃最大许用跨度 1218.2mm、小于 5mm＋5mm 中空玻璃玻璃最大许用跨度 1524.3mm，按照玻璃承载能力极限状态设计，可选择 4mm 钢化玻璃或 6mm 真空玻璃、5mm＋5mm 中空玻璃。但是按照玻璃正常使用极限状态设计，4mm 钢化玻璃单位厚度最大许用跨度 370mm、5mm＋5mm 中空玻璃单位厚度最大许用跨度 332.9mm，分别大于长宽比为 1.5（风荷载标准值 ω_k 为 1.85 kPa）的玻璃单位厚度跨度限值 276.6mm 要求（表 12-18）。只有 6mm 真空玻璃单位厚度最大许用跨度 203mm 小于玻璃单位厚度跨度限值 276.6mm 要求，此固定扇只能选择 6mm 真空玻璃，符合玻璃的风荷载正常使用要求。

开启扇按照《建筑玻璃应用技术规程》JGJ 113—1997 或 JGJ 113—2003 版标准，从计算玻璃厚度小于 6mm 的最大许用面积结果看，玻璃面积 1.08m² 小于 4mm 钢化玻璃最大许用面积 2.61m²，小于 3mm 中空玻璃最大许用面积 1.167m²，此开启扇可选择 4mm 钢化玻璃或 3mm 中空玻璃，符合玻璃的风荷载使用要求。然而，按照按照《建筑玻璃应用技术规程》JGJ 113—2009 版本，计算长宽比为 3 时玻璃承载能力最大许用跨度，从结果看，玻璃宽度 600mm 小于 4mm 钢化玻璃最大许用跨度 872.8mm、小于 6mm 真空玻璃玻璃最大许用跨度 816.8mm、小于 3mm＋3mm 中空玻璃玻璃最大许用跨度 620.7mm，虽然按照玻璃承载能力极限状态设计可选择 4mm 钢化玻璃或 6mm 真空玻璃、3mm＋3mm 中空玻璃。但是按照玻璃正常使用极限状态设计，4mm 钢化玻璃单位厚度最大许用跨度 218.2mm、3mm＋3mm 中空玻璃单位厚度最大许用跨度 206.9mm，分别大于长宽比为 3 的玻璃单位厚度跨度限值 169.9mm 要求，不符合玻璃的风荷载条件下正常使用要求。只有 6mm 真空玻璃单位厚度最大许用跨度 136.1mm 小于玻璃单位厚度跨度限值 169.9mm 要求，此开启扇只能选择 6mm 真空玻璃，符合玻璃的风荷载正常使用要求。

虽然该窗型通过了杆件风荷载计算，但是该窗型固定扇和开启扇的玻璃风荷载计算，按照旧标准风荷载计算可选择 4mm 钢化玻璃或 5mm 中空玻璃，而按照新标准风荷载计算不能选择。由此可见，新标准比旧标准在玻璃风荷载上要求更加严格，更科学。如果采用钢化玻璃或中空玻璃，这种窗型不能使用，需要采取减小窗型尺寸、增加窗型分格、调整玻璃长宽比等方法解决。

举例 2：仍以 PVC 塑料外窗（图 12-6）应用在高层建筑上为例，该窗型外形尺寸 1800mm×1800mm、一个分格，由一个固定扇和一个开启扇组成，开启扇为 1800mm×600mm。当基本风压 ω_0 取 0.55kPa，风荷载体形系数 μ_s 取 1.5，风压高度变化系数 μ_z 取 1.62（建筑高度 90m，C 类），风荷载标准值 ω_k 为 3.0kPa，66 塑料型材（壁厚 2.5mm）与钢衬（壁厚 1.5mm）共同组成外窗杆件，计算其最长杆件的挠度值 1.4cm，大于外窗杆件的允许挠度 1cm，窗杆件不能满足风荷载的要求。显然，该窗型不能应用在高层建筑上。当将窗型外形尺寸调整为 1600mm×1600mm，该窗型由固定扇和开启扇组成，固定扇玻璃尺寸是 1600mm×1000mm，面积 1.6m²，窗的长宽比为 1.6。开启扇玻璃尺寸是 1600mm×600mm，面积 0.96m²，窗的长宽比为 2.7。计算其最长杆件的挠度值 0.82cm，小于外窗杆件的允许挠度 0.88cm。杆件满足了风荷载的要求，需要对建筑玻璃风荷载进行计算。

固定扇按照《建筑玻璃应用技术规程》JGJ 113—1997 或 JGJ 113—2003 版标准，利用公式（12-2）计算风荷载标准值 ω_k 3.0 kPa 条件下玻璃最大许用面积。计算结果显示，玻璃面积 1.6m² 小于 5mm 钢化玻璃最大许用面积 2.4m²，小于 5mm 中空玻璃最大许用面积

$1.8m^2$，此固定扇可选择 5mm 钢化玻璃或 5mm 中空玻璃，符合玻璃风荷载使用要求。然而，按照《建筑玻璃应用技术规程》JGJ 113—2009 版本，计算风荷载标准值 ω_k 为 3.0 kPa 条件下长宽比为 1.75 时玻璃承载能力最大许用跨度结果看，玻璃宽度 1000mm 小于 5mm 钢化玻璃最大许用跨度 1317.2mm、大于 6mm 真空玻璃玻璃最大许用跨度 825.4mm、小于 5mm+5mm 中空玻璃玻璃最大许用跨度 1075.8mm，虽然按照玻璃承载能力极限状态设计，可选择 5mm 钢化玻璃或 5mm+5mm 中空玻璃。但是按照玻璃正常使用极限状态设计，5mm 钢化玻璃单位厚度最大许用跨度 263.4mm、5+5mm 中空玻璃单位厚度最大许用跨度 215.16mm，分别大于风荷载标准值 ω_k3.0 kPa 条件下玻璃长宽比为 1.75 的单位厚度跨度限值 189.4mm 要求。此固定扇所选择的玻璃，不符合玻璃的风荷载正常使用要求。

开启扇按照《建筑玻璃应用技术规程》JGJ 113—1997 或 JGJ 113—2003 版标准，利用公式(12-2)计算风荷载标准值 ω_k3.0 kPa 条件下玻璃最大许用面积。计算结果显示，玻璃面积 $0.96m^2$ 小于 5mm 钢化玻璃最大许用面积 $2.4m^2$，小于 5mm 中空玻璃最大许用面积 $1.8m^2$，此开启扇可选择 5mm 钢化玻璃或 5mm 中空玻璃，符合玻璃风荷载使用要求。然而，按照《建筑玻璃应用技术规程》JGJ 113—2009 版本，计算风荷载标准值 ω_k 为 3.0 kPa 条件下长宽比为 3 时，玻璃承载能力最大许用跨度结果看，玻璃宽度 600mm 小于 5mm 钢化玻璃最大许用跨度 844.5mm、小于 6mm 真空玻璃玻璃最大许用跨度 628.2mm、小于 5mm+5mm 中空玻璃最大许用跨度 758.3mm，按照玻璃承载能力极限状态设计可选择 5mm 钢化玻璃、6mm 真空玻璃、5mm+5mm 中空玻璃。但是按照玻璃正常使用极限状态设计，5mm 钢化玻璃单位厚度最大许用跨度 168.9mm、5mm+5mm 中空玻璃单位厚度最大许用跨度 151.6mm 分别大于长宽比为 3 的玻璃单位厚度跨度限值 143.3mm 要求，不符合玻璃的风荷载条件下正常使用要求。只有 6mm 真空玻璃单位厚度最大许用跨度 104.7mm 小于玻璃单位厚度跨度限值 143.3mm 要求，此开启扇只能选择 6mm 真空玻璃，符合玻璃的风荷载正常使用要求。

虽然该窗型通过了杆件风荷载计算，但是该窗型固定扇和开启扇的玻璃风荷载计算，按照旧标准风荷载计算可以选择 5mm 钢化玻璃或 5mm 中空玻璃，而按照新标准风荷载计算不能选择 5mm 钢化玻璃或 5mm 中空玻璃。由此可见，新标准比旧标准在玻璃的风荷载上要求更加严格，更科学。如果采用钢化玻璃或中空玻璃，这种窗型不能使用，需要采取减小窗型尺寸、增加窗型分格、玻璃长宽比等方法解决。

因此，两个案例充分说明新的版本标准比以前版本标准的内容更加安全、更加科学。

通过以上分析，笔者认为，《建筑玻璃应用技术规程》JGJ 113—1997 或 JGJ 113—2003 版标准低，只要外窗型材杆件风荷载合格，一般情况下玻璃风荷载也能够满足。而按照《建筑玻璃应用技术规程》JGJ 113—2009 版标准，在进行外窗风荷载计算时，不能忽视建筑玻璃的风荷载的计算。特别是目前大型窗的应用，为了满足玻璃风荷载的要求，提高了窗型材杆件的强度，建筑玻璃风荷载的计算更为重要。应该注意以下问题。

① 《建筑玻璃应用技术规程》JGJ 113—2009 版标准为城市的建筑物安全性能、舒适性能提供了依据，塑料窗加工企业应该认真学习和掌握新的标准。

② 随着风荷载的增加，玻璃单位厚度跨度限值发生减小的变化。应该注意玻璃单位厚度跨度限值随着建筑物高度的增加和玻璃长宽比的变化。

③ 外窗型材杆件风荷载计算通过，不能代表窗玻璃风荷载计算通过，需要按照《建筑玻璃应用技术规程》JGJ 113—2009 版标准进行玻璃风荷载的计算。型材杆件和玻璃有一个不能满足风荷载的要求，不能应用在建筑物上。

第五节　国家标准《中空玻璃》两个版本的差异性

GB/T 11944《中空玻璃》新旧版本差异见表 12-20。

表 12-20　国家标准 GB/T 11944《中空玻璃》2002 版与 2012 版差异表

GB/T 11944—2002		GB/T 11944—2012		备注
内容	条款	内容	条款	
本标准适用于建筑、冷藏等用途的中空玻璃	1	本标准适用于建筑及建筑以外的冷藏、装饰和交通用中空玻璃	1	新标准增加了装饰和交通用中空玻璃
		中空玻璃使用寿命不少于 15 年	3	新标准规定了中空玻璃使用寿命
常用规格、最大尺寸的规定	4	4.1 按形状分类 平面和曲面 4.2 按中空腔内气体分类 普通和充气	4	删除了常用规格、最大尺寸的规定;增加了按形状分类和按中空腔内气体分类
可采用浮法玻璃、夹层玻璃、钢化玻璃、半钢化玻璃、着色玻璃、镀膜玻璃和压花玻璃等	5.1.1	可采用平板玻璃、镀膜玻璃、夹层玻璃、钢化玻璃、防火玻璃、半钢化玻璃和压花玻璃等	5.1	新标准增加了防火玻璃
密封胶应满足:弹性密封胶应符合 JC/T486 的规定;塑性密封胶应符合有关规定	5.1.2	中空玻璃边部密封材料应符合相应标准要求,应能够满足中空玻璃的水汽和气体密封性能并能保持中空玻璃的结构稳定。规定了密封胶黏结性能、边部密封材料水分渗透率	5.2	新标准增加了密封胶黏结性能、边部密封材料水分渗透率测试方法
用塑性密封胶制成的含有干燥剂和波浪形铝带的胶条应符合有关规定	5.1.3			
金属间隔框应去污或进行化学处理	5.1.4	间隔材料可为铝间隔条、不锈钢铝间隔条、复合材料间隔条、复合胶条等	5.3	新标准明确了间隔材料的种类
		$L<1000mm$ 允许叠差 2mm;$1000 \leqslant L<2000mm$ 允许叠差 3mm;$L \geqslant 2000mm$ 允许叠差 4mm	6.1.4	新标准增加了对平面中空玻璃叠差的要求
单道密封胶厚度为 10mm±2mm,双道密封外层密封层厚度为 5~7mm,胶条密封胶层厚度为 8mm±2mm	5.2.4	中空玻璃外道密封胶宽度应≥5mm,复合密封胶条胶层宽度应 8mm±2mm,内道丁基橡胶层宽度应≥3mm	6.1.5	新标准修改了胶层厚度的要求,将"厚度"改为"宽度"
外观要求:不得有妨碍透视的污迹、夹杂物及密封胶飞溅现象	5.3	外观要求 (1)边部密封:内道密封胶应连续,外道密封胶应均匀整齐,与玻璃充分黏结,且不超出玻璃边缘 (2)玻璃:宽度≤0.2mm、长度≤30mm 的划伤允许 4 条/m²,0.2mm<宽度≤1mm、长度≤50mm 划伤允许 1 条/m²;其他缺陷应符合相应原片标准要求 (3)间隔材料:无扭曲,表面平整光洁,表面无污痕、斑点及片状氧化现象 (4)中空腔:无夹杂物 (5)玻璃内表面:无妨碍透视的污迹和密封胶流淌	6.2	新标准修改了中空玻璃外观要求,补充了更具体的要求

GB/T 11944—2002		GB/T 11944—2012		备注
内容	条款	内容	条款	
20 块试样露点均≤−40℃	5.5	中空玻璃的露点应<−40℃	6.3	新标准露点取消了等于−40℃
		水分渗透指数 $I≤0.25$，平均值 $I_N≤0.2$	6.5	新标准增加了水气密封耐久性的要求
		充气中空玻璃的初始气体含量≥85%（体积比）	6.6	新标准增加了初始气体含量的要求
		充气中空玻璃经气体密封耐久性能试验后的气体含量应≥80%	6.7	新标准增加了气体密封耐久性的要求
		提出 U 值	6.8	新标准提出 U 值
		叠差用精度为 0.5mm 的钢卷尺或钢直尺测量	7.1.1	新标准提出叠差试验方法

第十三章 PVC塑料门窗应用常见问题解析

第一节 窗口渗漏与塑料窗节能

窗口渗漏主要表现为在室内塑料窗周围的墙面上常常出现水印、粉化脱皮、霉变，甚至出现发黑斑点的现象，严重破坏了室内装饰，不但影响了室内美观，而且使塑料门窗节能效果降低。对于这种现象，分析了产生该现象的原因，提出一些解决方法与建议。

一、窗口渗漏与洞口结构

窗周围墙面上产生的这种现象，应该从与窗相连部分的洞口结构找原因。洞口结构是指由窗眉、窗台组成的结构，笔者曾观察了城市一些建筑住宅的窗洞口结构大致有四种结构：第一种是洞口有凸出窗眉、没有凸出的窗台。这种结构容易使雨水在窗框下或窗台下向室内墙体渗入（见图13-1）。第二种是有凸出窗台、没有凸出的窗眉。这种结构容易使雨水在窗眉下向室内墙体渗入（见图13-2）。第三种是有凸出的窗台和凸出的窗眉。这种结构使雨水不容易在窗眉下或窗台下向室内墙体渗入（见图13-3）。第四种是不但有凸出的窗台和凸出的窗眉，并且窗口周边凸出，这种结构使雨水不容易在窗眉下或窗台下向室内墙体渗入（见图13-4）。由此看出，不同洞口结构使雨水通过窗眉下或窗台下向室内墙体渗入程度不同，这是因为洞口结构不合理，在窗框与墙体相接触的洞口处易产生裂缝，刮风下雨时，雨水便沿着缝隙进入墙体，向灰缝或墙体孔洞内渗透。这样，不仅影响墙体的美观，而且降低了塑料窗的节能效果，同时降低了窗框的耐久性和墙体的强度。

除了洞口结构外，窗眉、窗台节点、施工质量同样会影响到窗户周围墙体的渗漏，造成塑料窗的节能效果降低。

（1）从窗户的窗眉、窗台节点上看　如果窗户的窗眉没有做出滴水槽，即使窗户的窗眉凸出，在室内负压作用下，容易使雨水通过窗户的窗眉流到窗框与洞口结合处向室内渗入。如果窗台没有做流水坡度或流水坡度不合理，容易出现"倒坡"现象，致使雨水不能外排，积水后向室内墙体内渗透。

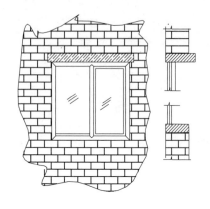

图 13-1　有凸出窗眉、没有凸出的窗台

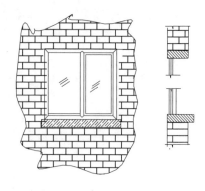

图 13-2　有凸出窗台、没有凸出的窗眉

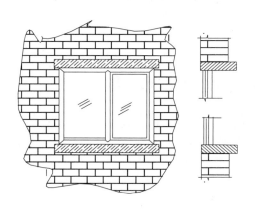

图 13-3　有凸出的窗台和窗眉

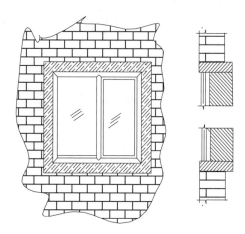

图 13-4　有凸出的窗台和凸出的窗眉

（2）从洞口的施工质量看

① 预制窗台板安装时如果凿裂墙体，板下座浆松散，会使雨水顺墙流至框内缝及窗台板渗入室内，窗下框与窗台板有缝隙，水密性差。

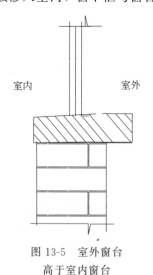

图 13-5　室外窗台高于室内窗台

② 室外窗台板开裂，雨水易从缝隙中渗透。

③ 窗框四周与墙体的间隙填嵌不密实，密封胶封堵不严实，嵌缝工艺不符合要求导致门窗框与砌体连接的不牢固、松动，采用的材料水密性差。门窗框与墙体间没有填塞柔性材料，受温差、干湿度变化以及震动产生缝隙。

④ 门窗框与墙体间在抹灰前没有浇水湿润墙体，抹灰后砂浆中的水分很快被基层吸收，影响黏结力和产生脱水干缩裂缝，形成雨水通道。

⑤ 室外窗台高于室内窗台板（图 13-5）。窗台板抹灰层没有做成顺水坡或坡向朝里等缺陷而渗水。

以上分析结果表明：窗口墙面形成的污面与墙体洞口结构不合理造成雨水渗漏有直接关系。

洞口结构不合理、洞口的施工质量不好，雨水容易渗入到墙体内，导致墙体在冬季冻胀使外墙体窗口周围胀裂形成缝隙，特别是房屋的北面更为严重，冷风通过缝隙进入室内，久而久之，窗口周围内墙面潮湿、发霉掉粉、黑色斑点而形成污面，窗洞口外墙面周围粉化脱皮。污面出现的时间少则一年，多则三年。结果是室内温度下降，浪费了能源作用又破坏了室内装饰，不仅使塑料窗节能的作用大打折扣，而且使节能墙体在窗口处的大打折扣。

二、解决窗口渗漏的一些方法

目前，从房屋围护结构施工情况来看，对墙体结构与施工质量很重视，而窗洞口结构及施工质量往往重视不足。所以，房屋围护结构节能，不仅是墙体，更重要的是窗与洞口结构处理，因为窗是围护结构节能最薄弱环节，解决窗口渗漏，不单纯是塑料窗制作与安装单位完全能够解决的，应该从房屋围护结构整个节能系统来考虑，必须是设计、土建等各方共同努力才能解决，共同解决窗口渗漏才能保证塑料窗节能作用。窗的洞口结构处理好了，才能说围护结构整个系统是节能的。就洞口结构与施工质量提出下列几点想法，期望土建施工单位重视和配合。

① 建筑住宅在建设时，除了要考虑洞口（窗口）立面造型外，应该注意窗口结构排水功能，避免雨水渗入到墙体中。所以，采用合理的窗洞口结构，从结构上解决窗口渗漏问题。图 13-3、图 13-4 带有凸出的窗眉、窗台结构比较合理。

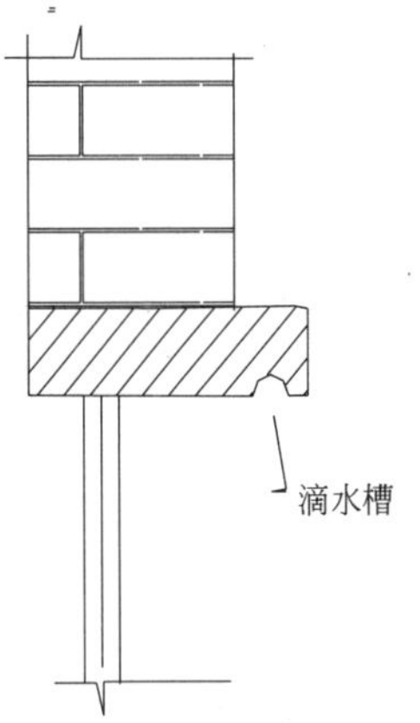

② 室外窗台应该低于室内窗台板 20mm 为宜，并设置顺水坡，雨水排放畅通。对窗框下框与窗台板间有缝隙以及墙体裂缝处的处理方法：可将缝隙清扫干净，涂刷防水胶嵌填密封材料。其颜色应与原色相同。

③ 为了避免窗台出现裂缝，除加强基础的刚性和各层增设圈梁之外，还要尽量推迟窗台抹灰时间，使结构沉降稳定后进行。窗台抹灰后应加强养护，以防止砂浆的收缩和产生裂缝。

④ 室外窗台应采用细石混凝土做垫层，浇筑的混凝土必须铺压密实结合牢固，并应加强养护防止产生收缩和塑性裂纹。室外窗台饰面层应严格控制水泥砂浆的水灰比，抹灰前要充分湿润基层，并应涂刷素浆结合层，薄层应均匀一致，抹灰应抹压密实结合牢固，下框企口嵌灰必须饱满密实、压严。

图 13-6 窗楣有滴水槽

⑤ 窗楣、窗台应做出足够的滴水槽（图 13-6）和流水坡度（图 13-7）。滴水槽的深度和宽度均不应小于 10mm，流水坡度为 10%。有的外墙贴陶瓷锦砖、条形砖对水的集聚性很强，有了滴水槽和流水坡度，可以及时将雨水分散、引导掉。对装饰层应加强养护（混凝土养生液养护），防止水泥沙浆脱水产生干缩裂缝。

⑥ 窗楣没有滴水槽应凿毛补做，窗台没有流水坡也应凿出坡度，抹上聚合物水泥砂浆，抹平压实压光，做好养护。

⑦ 安装窗台时，下部座浆要认真，板两侧入墙砂浆饱满，不能留空隙。并要求窗台板下 3 坯砖砌筑时用稀砂浆灌立缝。窗台板下第一坯砖砌筑时外部挑一整砖，台面处抹 40mm 以上的泛水。不能将抹灰层抹至窗框以上，窗台下抹灰时应嵌条做滴水槽。

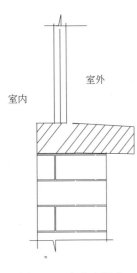

图 13-7 窗台有坡度

三、窗的密封与安装质量是达到塑料窗节能的重要环节

从房屋使用居住的舒适性、美观性等功能的整体效果来考虑，为了防止雨水通过窗口周围墙体向室内渗漏，门窗制作公司应保证塑料窗本身结构与制作质量，不会产生雨水渗漏现象的基础上，积极与建设单位、施工单位等有关部门协调，提出看法与建议，共同维护房屋整体质量的良好形象。所以，对于塑料窗的密封与安装质量建议如下。

① 窗框安装时要首先检查其平整度和垂直度，同时要待塞缝完成，牢固程度得到保证后，才能拨去安装固定的木楔。窗框下档应采取用软材料保护，以防涂抹时损坏下档。对于节能墙体最好配套附框型材，附框与洞口接触。

② 对于没有凸出的窗台，在施工前，向建设单位或施工单位提出建议，外加窗台板可以解决窗口墙体渗水问题。窗台板材料可以是铝型材、可以是塑料型材，外挂在框材上。

③ 对于需要在墙体上进行预埋件时，预埋件安装数量、规格必须符合要求，固定牢固，严禁距离过大和预埋松动在门窗框处产生空鼓、裂缝。门窗框与窗面交接处清理干净，墙面浇水湿润，保持基体湿润，然后才能抹水泥砂浆封口。防止安装不当使窗周边渗水。

④ 对于窗楣没有滴水槽、窗台没有流水坡的窗口，在施工前，向建设单位或施工单位提出进行处理的建议。滴水线粉刷应密实、顶直，不得出现爬水和排水不畅的现象。

⑤ 对于存在室外窗台高于室内窗台板的窗洞口，在施工前，向建设单位或施工单位建议在窗安装后抹灰应该保证室外窗台低于室内窗台板，或者提出在室内增加窗台板的建议。

⑥ 应该选择弹性好、耐候性好的密封胶条。如果窗扇搭接处、玻璃与窗框之间的密封条质量不好引起密封不严实，雨水容易通过窗框渗入到与墙体连接处的空隙。

⑦ 塑料门窗框与洞口的间隙进行密封时，门窗框四周内外接缝应选择聚氨酯发泡剂弹性填塞，间隙应打满、不留空隙，雨水就不会通过窗框与洞口密封渗入到墙体中。

针对窗台坡度较小、填充硅胶老化、脱落等原因，所采取的措施：将硅胶沿窗台小圆弧的顺直方向抹压，部分胶透过窗下框与小圆环处预留的缝隙挤满，以确保窗与洞口墙体的连接为弹性连接。

综合以上分析，得出如下结论：塑料门窗节能是建筑住宅围护结构节能的重要部分，洞口渗漏造成冷风向室内渗透、热气向外散失，不仅影响塑料门窗节能，也影响和破坏了墙体节能，最终导致围护结构节能的失败。

第二节　阳台塑料转角型材与门窗保温性能

目前，塑料门窗作为节能保温材料已经广泛使用在居住、公共建筑物上，特别是在寒冷、严寒地区的居住、公共建筑物基本上全部采用塑料门窗。尽管住宅的窗墙比面积在"住宅建筑设计规范"中有明确的规定，但目前多数住宅偏重于外立面的视觉、室内的通风采光，达到"通透"的意境，使窗墙面积比加大，而忽视了住宅的节能保温的居住功能。事实上，住宅建筑的外墙结构和窗体结构的保温隔热是住宅的节能保温主体。在窗体结构中，许多住宅建筑的封闭大阳台或大型凸窗都使用塑料窗，由于窗型大并且凸出建筑物墙体，大型窗角部需要通过塑料转角型材相连。由于转角处的连接方式不同、塑料转角型材的断面结构不同，对塑料转角型材的强度和保温性能有很大影响，关系到居住室内的密封及保温性能。

一、转角强度影响塑料窗使用安全

随着城市化建设的发展和人民生活水平的提高，人民期望建筑物的采光面积的增大，住宅外立面大型凸窗或封闭阳台窗应用增多，过去那种小阳台或小型窗几乎不见了，然而，随着阳台窗或大型凸窗尺寸加大，窗的外围护结构作用加大，塑料转角的角部外围护结构的作用突显出来。所以，居住建筑物阳台窗，特别是高层建筑的阳台窗在注重提高居住环境的采光面积及效果时，更要注重其使用的安全性。安全性主要表现在塑料窗本身强度、窗与窗之间连接的转角处的强度及整个阳台窗系统的强度，塑料窗本身强度与型材厚度、壁厚及断面结构有关，也与塑料型材内钢衬的断面结构及壁厚有关。这里，主要思考塑料转角的强度，因为转角的强度直接影响整个大型凸窗或阳台窗系统的安全性。

1. 转角断面结构形式与强度

转角系统由塑料转角型材与其配套的钢衬共同组成。塑料转角型材按照断面结构分为单腔结构和多腔结构。结构不同、壁厚不同其强度是不同的，根据阳台窗或大型凸窗的洞口尺寸选择转角。以与厚度65mm塑料型材相匹配的塑料转角型材为例，塑料转角型材壁厚分别为2mm、2.5mm、3mm、3.5mm，通过计算腔体结构、壁厚的惯性矩进行比较。由图13-8可知，随着塑料型材的壁厚增加，惯性矩提高，即抗弯能力增强（挠度）；型材腔体增加，抗弯能力增强。多腔结构（保温方转角型材）与单腔结构（方转角型材）比较，壁厚变化对塑料转角的惯性矩影响不是很明显。再看一下塑料转角型材内嵌钢衬，钢衬壁厚分别为1.5mm、2mm、2.5mm、3mm，通过计算不同壁厚的惯性矩，用图13-9表示。

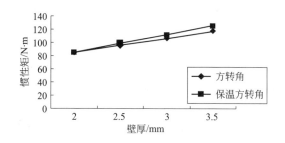

图 13-8　塑料转角型材惯性矩与壁厚

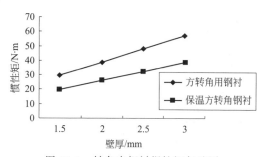

图 13-9　转角内钢衬惯性矩与壁厚

随着钢衬壁厚增加，惯性矩提高，即抗弯能力增强。塑料转角型材多腔结构由于比单腔结构空间小，钢衬尺寸小。由此看来，多腔结构的塑料转角型材内钢衬的惯性矩小于单腔结构转角。因此，大阳台窗或大型凸窗的塑料转角强度主要来自于钢衬形状和壁厚的影响，其次是塑料转角型材的影响。在转角形式不变情况下，随着大阳台窗或大型凸窗洞口尺寸增加，抗弯能力减弱。因此，应该根据阳台洞口选择相应的塑料型材或钢衬厚度，以保证转角的强度。图13-10所示的大型凸窗洞口尺寸比较大，既要满足采光面积的需求，更要保证窗的外围护结构强度的作用，显然，塑料转角型材及钢衬的选择、安装至关重要。

2. 转角的安装形式与强度

目前，塑料转角型材在应用中

塑料转角型材

图 13-10　大型凸窗洞口

的安装形式有三种，见图 13-11。

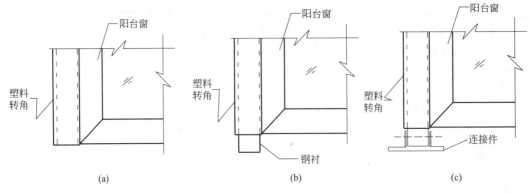

图 13-11　转角安装的几种形式

a. 转角长度与窗型高度相同，依靠窗框的固定片且发泡胶膨胀来固定，优点是安装方便；缺点是转角本身没有与墙体连接，造价低。转角的安装方式、结构影响强度，虽然发泡胶可利用其膨胀顶住以使窗与墙体固定，但是，发泡胶容易老化而降低强度。

b. 转角内钢衬比窗型高度每侧多 10～20cm，安装时嵌入墙体内。优点是塑料转角型材与角部墙体连接，成为一体，缺点是安装不方便。

c. 阳台窗或凸窗的角部有预埋件，与塑料转角型材中的钢衬相连接。优点是坚固、安全；缺点是安装复杂，需要与建筑施工单位配合，一些建筑施工单位和门窗安装厂家不愿意采纳。因为，阳台窗或大型凸窗的角部相当于墙体一个角部，应该看作外围护结构的重要组成部分，此方法应该推广。

通过对一些楼盘的观察，a 种形式比较普遍，b 种安装形式较少，c 种安装形式更少。

图 13-12　大型窗洞口

这里，转角不仅是起到窗之间连接作用，重要的是承担外围护结构作用。目前，许多阳台窗用手推就会有发抖现象，使人非常担心和害怕。一些开发商重视塑料窗安全性，在房屋使用大阳台窗或凸窗时，按照外围护结构强度设计，角部采用混凝土结构，不采用塑料转角型材。笔者认为，大尺寸阳台窗或凸窗洞口，建议采用混凝土角部结构。图 13-12 所示的大型窗洞口尺寸虽然比较大，但是采用混凝土角部结构，外围护结构的强度高值得推广。与图 13-10 角部结构比较，安全优势是显而易见的，大大优于塑料转角型材。

二、塑料窗转角保温性能的设计

根据国家建筑节能的要求，转角仅仅有强度是不够的，必须满足建筑节能的要求，也要考虑安装过程中，转角与窗连接处的缝隙密封设计。

以塑料方转角型材为例，采用传热阻计算公式，计算单腔转角型材和双腔方转角型材的传热阻，比较它们保温性能的区别。

根据建筑热工学理论，塑料型材的传热阻是多个型腔室的平均传热阻与实心材料传热阻之和。而每个型腔室的平均传热阻是由腔室传热阻与腔室中空气传热阻之和。计算公式为：

$$R = \frac{F_1 + F_2 + F_3 + \cdots}{\dfrac{F_1}{R_{0(1)}} + \dfrac{F_2}{R_{0(2)}} + \dfrac{F_3}{R_{0(3)}} + \cdots} \qquad (13\text{-}1)$$

式中　　F_1、F_2、F_3——材料与热流方向垂直的各个传热面的面积，m²；

　　　　$R_{0(1)}$、$R_{0(2)}$、$R_{0(3)}$——腔室某材料的传热阻；

　　　　R——某一个型腔室的平均传热阻。

$$总热阻\ R_总 = R_1 + R_2 + R_3 + R_4 + \cdots$$

塑料型材传热阻值越大，传热系数值越小，保温性能越好。我们假设，塑料转角型材厚度 69mm，壁厚 2.5mm。通过计算可知，单腔塑料方转角型材传热阻 R 值 0.219，二腔塑料方转角型即保温转角型材传热阻 R 值 0.397，有保温腔的传热阻 R 值比无保温腔的 R 值提高 81%。显然，带有保温腔的塑料转角型材节能保温作用明显。

有人认为塑料转角型材保温腔的设计，加大了塑料型材的重量，增加了整窗的成本。通过计算和分析加以回答。单从表面看，由于增加保温腔，增加了型材的重量，似乎成本增加了，但是保温腔的增加，减少了钢衬的尺寸，计算下来，窗的平方米价格基本提高不多。笔者曾经作过成本分析，以一个大型凸窗为例，小面窗的尺寸（高度 1.5m×宽度 1.5m），大面窗的尺寸（高度 1.5m×宽度 3.0m），采用壁厚 1.5mm 钢衬、厚度 65mm 塑料型材，只计算塑料型材和钢衬成本，分别比较四种塑料转角型材的使用成本，成本分析见表 13-1。

表 13-1　阳台大型塑料窗成本分析

名称	窗价格/(元/m²)	窗成本变化	转角占整窗价格比	转角占整窗重量比
方转角	148.29		6.38%	8.66%
保温方转角	147.24	-0.71%	5.71%	7.10%
圆转角	145.60		4.65%	5.90%
保温圆转角	145.97	0.25%	4.89%	5.79%

计算结果：方转角型材占整窗重量的 7%～9%，占整窗价格 5%～7%。普通方转角型材改为保温方转角，成本略有降低。对于圆转角型材，型材占整窗重量的 6%，占整窗价格 5%。普通圆转角型材改为保温圆转角型材，成本变化不大。因此，无论采用方转角或保温方转角、圆转角或保温圆转角，塑料窗平方米价格变化不大；转角占整窗价格比例变化不大，整窗的重量有所降低。

除了保温要求外，在严寒地区冬季大型塑料凸窗或阳台大型窗角部系统冷风渗透对室内的影响不可忽视。由于密封性不好，阳台大型窗室内容易结冰，而且多数情况下均在转角处结冰。

图 13-13 是典型的在住宅楼北侧阳台大型窗角部系统，在冬季由于冷风渗透导致室内角部结冰现象，而且随着室外温度的降低，结冰现象加重，与塑料转角型材没有与墙体生根处理、密封性不好有一定的关系。

这种现象除了安装因素外，塑料转角型材结构的设计不能忽视。所以，需要改进塑料转角型材结构的设计，在塑料转角型材室外侧设计带有密封结构，以提高角部系统塑料转角型材与塑料窗搭接处密封性能。图 13-14 是改进前的塑料转角型材结构，图 13-15 是改

图 13-13　阳台大型窗角部

进后的塑料转角型材结构。

图 13-14　改进前

图 13-15　改进后

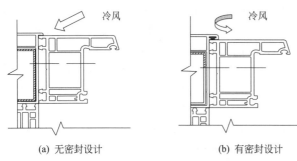

(a) 无密封设计　　　　(b) 有密封设计

图 13-16　转角型材有无搭接密封结构的应用对比

图 13-16 是塑料方转角型材有无搭接密封结构的应用对比。无搭接密封结构的塑料转角型材与塑料窗搭接处后，在冬季室内外温差较大时，冷风容易通过搭接处缝隙从室外向室内渗透。有搭接密封结构的塑料转角型材与塑料窗搭接处后，由于搭接处没有缝隙，冷风不容易在搭接处从室外向室内渗透，减少了冬季阳台窗角部结冰的现象。

三、塑料窗角部密封系统注意要点

我们知道，塑料门窗框型材或扇型材之间是通过熔融焊接的，窗框、窗扇均是一个整体，横竖型材之间不存在缝隙，杜绝了空气通过横料与竖料拼接角部的可能性。平开窗窗框与窗扇之间则是通过胶条密封的，所有的缝隙处均装配有密封胶条或密封毛条。玻璃镶嵌在压条与窗扇组合成的凹槽内，两侧均用弹性橡胶密封。此外，塑料门窗安装时，在墙体与窗框之间要求采用柔性支撑，用发泡胶进行密封。同时，在窗框、窗扇相应部位均有开气压平衡孔和排水孔，进一步提高整窗的气密性能。然而，塑料窗角部安装密封系统常常被忽视。

塑料转角型材在外围护结构上起到大型窗之间的连接作用，一方面要求具有一定的强度，满足外围护结构的要求，另一方面，满足节能保温要求。此外，塑料转角的安装及大型窗与转角的密封系统将影响到窗的使用性能、保温性能。图 13-13 结冰现象与连接处没有进行密封及保温处理导致冷风渗透有一定的关系。

塑料转角型材与塑料窗安装过程需要考虑连接处和搭接处的密封。目前，许多塑料门窗生产厂家在安装阳台窗或大型塑料凸窗时，塑料转角型材与塑料窗连接处基本上无密封处理，更谈不上转角型材与塑料窗搭接处的密封处理，他们往往在安装现场待塑料窗安装完成后在塑料窗与墙体洞口四周进行密封。显然，这种安装过程的密封处理是不完整的。图 13-17 是塑料转角型材与塑料窗连接处或搭接处最佳密封处理方式。

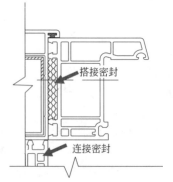

图 13-17　最佳密封处理方式

角部密封系统直接关系到渗透性。可以借鉴国外三种塑料转角型材与塑料窗连接设计方案，思考解决角部密封系统的方法，分别为图 13-18～图 13-20。三种方案中塑料转角型材内嵌钢衬壁厚均为 2.0mm，保证了角部系统的刚度。图 13-18 方案，转角不是独立的塑料方转角型材，而是由板状型材、内角型材、外角型材三部分组成方型角部系统。角部密封系统由板状型材、内角型材与塑料窗在室内侧进行卡接、外角型材与板型材在室外侧进行卡接，并用密封材料处理来完成，提高了角部密封性。

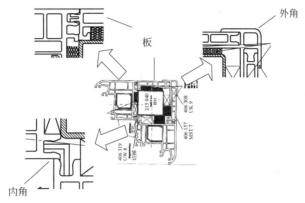

图 13-18　三部分组成方型角部系统

图 13-19 方案，塑料角部为独立的塑料转角型材与塑料窗连接，并且在室外侧配有专用塑料压条进行密封处理。塑料转角型材的设计有搭接结构，保证塑料转角型材在室内侧与塑料窗搭接，室外侧专用塑料压条与塑料窗进行卡接，并进行密封材料处理，提高了角部密封性。

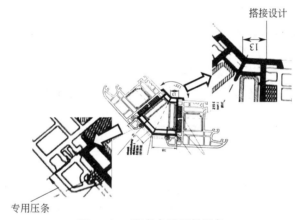

图 13-19　配有专用塑料压条

图 13-20 方案，塑料角部为独立的塑料方型转角型材与塑料窗连接，并且在室外侧配有专用塑料压条进行密封处理，并有铝板作为装饰。塑料转角型材有卡接结构的设计，保证塑料转角型材在室内与塑料窗实现卡接，室外侧专用塑料压条与塑料窗进行卡接，并进行密封材料处理，提高了角部密封性，室外侧的铝板提高了窗整体的美观性。

综上所述，笔者认为，塑料凸窗或大型阳台窗的使用必须重视塑料转角型材的设计、安装。因为在建筑外围护结构中，凸窗、阳台窗由于结构的特殊性，其传热系数比普通平塑料窗的传热系数要求高，特别是在大型塑料凸窗或阳台塑料窗中应用塑料转角型材时，传热系数要求更高。2008 年 6 月 1 日实施的黑龙江省地方标准 DB 23/1270—2008《黑龙江省居住建筑节能 65％设计标准》中"围护结构热工设计"要求："凸窗的传热系数限值应比普通平窗降低 15％"，"计算窗墙面积比和传热系数时凸窗的窗面积和凸窗所占的墙面积都按展开面积计算"。同时要求："外门、窗框与墙体之间的构造缝隙，应采用高效保温材料堵塞，并采用耐候性能好的嵌缝密封膏密封，不得采用普通水泥砂浆或其他非保温材料补缝，避免不

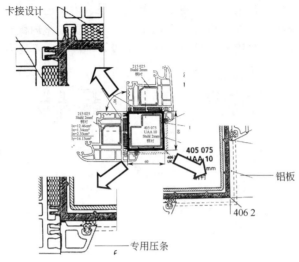

图 13-20　专用塑料压条并有铝板装饰

同材料界面开裂影响门窗的热工性能"。因此，依据相关标准和参考工程案例，在塑料转角型材过程中应作如下思考。

① 对于大型塑料凸窗或阳台塑料窗转角部分，从外围护结构强度、保温性、使用安全性等方面思考，最佳的设计方案，应采用混凝土结构且外加保温处理。该方法可以降低窗墙面积比，有利于外围护结构保温性能的提高。

② 对于大型塑料凸窗或阳台塑料窗转角部分，如果采用塑料转角型材，可以借鉴国外三种塑料转角型材与塑料窗连接设计。

③ 对于大型塑料凸窗或阳台塑料窗转角部分，如果采用塑料转角型材，从外围护结构强度和使用安全性思考，应该选择型材壁厚 2.5mm 以上、钢衬壁厚 2.0mm 以上，安装方式应选择钢衬生根方式。

④ 对于大型塑料凸窗或阳台塑料窗转角部分，如果采用塑料转角型材，从外围护结构保温角度思考，应选择带有保温腔的转角型材，安装过程中，转角与窗之间采用密封材料处理。

⑤ 对于大型塑料凸窗或阳台塑料窗转角部分，如果采用塑料转角型材，从外围护结构渗透角度思考，应选择转角型材有密封结构设计的，组装过程中用密封材料处理。在墙体与窗框之间要求采用柔性支撑，用发泡胶进行密封。

第三节　房屋住户感知与塑料门窗节能

一、门窗设计和制作不合理使房屋住户感觉不到塑料门窗节能

现在，开发商在进行商品房销售中重点宣传房屋结构、周边条件等，很少介绍门窗在房屋结构中的作用，使得房屋住户只关注他们所介绍的内容。由于没有得到开发商、建筑商的重视，使得门窗制作成本和安装成本在整个房屋立面结构占的比例较小，而对于每一个房屋住户来说，门窗既是房屋墙体的重要部分又是采光的重要部分，要求门窗在节能方面应该尽可能完美。在这种情况下，一些住宅由于门窗设计和制作不合理，房屋住户没有感觉到门窗节能效果，反而门窗透气、透风严重。这里，门窗节能在严寒地区主要指保温或保暖性。

门窗设计和制作使房屋住户感觉不到门窗节能的主要原因是一些开发商、建筑商在成本

上没有把门窗作为重要的围护结构看待，对窗一味提出低价格要求，而在实际中大型窗却充当了围护结构。而门窗制造公司只能依据开发商、建筑商低价格要求进行设计、生产、安装，导致为一些大窗型设计不合理。笔者曾经考察过两个商品房高层住宅楼盘的窗型，见图13-21、图13-22。图13-21窗的洞口大，窗的底部距室内地面仅15～20cm，窗的角部为塑料型材且没有生根，而且整个窗型没有拼樘型材增强。显然，图13-21的洞口设计不合理，窗型设计也不合理。窗型设计不合理，等于商品房的开发商将围护结构的成本转嫁到门窗制造公司，而开发商只提出窗的价格问题，没有提出窗的围护结构要求，门窗制造公司只能依照给定的价格生产窗。在风荷载的作用下，窗户的杆件发生颤抖，住户不但感觉不到塑料窗节能的作用，反而增加了使用塑料窗的危险性，住户不敢擦玻璃。这种情况往往是房屋住户入住房屋后才会发现的。所以，常常发生这样的一个场景，房屋住户入住后不久更换窗户的现象。笔者见到图13-21的窗型的房屋住户90％进行了窗型加固或更换窗户。事实上，由于洞口设计不合理，简单的更换是不能彻底解决问题的。相对而言，图13-22的洞口设计就比较合理，窗的底部距室内地面50cm，且窗的角部为混凝土结构，窗型设计比较合理，在风荷载的作用下，窗户的杆件不会发生颤抖，提高了窗的节能作用。由此对比可以看出，房屋住户在图13-22的窗型高层住宅居住既安全又能感觉到节能。

图13-21　窗的底部距室内地面15～20cm

除了开发商外，房屋的建筑设计部门，对于如何设计、安装门窗只看成一个一般事情，设计图中往往没有门窗安装详图，根据装修需要调整洞口样式的更是少见。建筑施工企业按各自习惯施工，有的洞口相差30mm、50mm都是正常的，门窗制作企业则根据实际洞口确定尺寸已逐步形成惯例。然而，对门窗制作企业而言，随着国家节能政策的推广，对门窗的质量要求在提高，根据现场洞口尺寸制作门窗的做法越来越难，存在的问题越来越明显，很难实现规模化生产门窗。在客观上，这些困难使门窗制作企业在制作、安装门窗时很难达到节

图13-22　窗的底部距地面50cm

能要求。所以，要让房屋住户感觉到国家政策，感觉到门窗节能，就应该从房屋设计、施工、门窗制作、安装等部门齐心合作才能实现。

二、门窗与墙体连接形式的差异使房屋住户感觉不到塑料门窗节能

房屋住户常常发现在暴雨情况下窗户漏水现象，往往认为是窗的质量问题。其实很大一部分是门窗与墙体连接形式的差异所致，如外窗台高于内窗台，堵住窗的排水孔，使暴雨从窗外向内渗水，这种现象大部分是洞口不规范外墙装修后高于内窗台所致。同一建筑，同一规格的洞口，其尺寸应是相同的。然而在实际工作中，同层相同规格、不同层相同位置的洞

口实际尺寸都不太一样，宽度、高度相差几厘米的现象很普遍。按洞口实际尺寸定制，门窗的规格会很多，给门窗制作企业的生产带来了很大的困难。虽然门窗安装在尺寸大小上有一定的调节能力，但在尺寸调节的极限位置，门窗很难保持最佳状态。从而造成一些窗在外墙装饰后室外窗台高于室内窗台板，而且窗台板抹灰层没有做成顺水坡或者坡向朝里等缺陷而渗水（图13-23）。所以，洞口预留时，要充分考虑窗框的高度及外墙装饰尺寸，而制作、安装塑料门窗也要考虑外墙装饰后的尺寸，要保证窗安装抹灰后室内窗台要高于室外窗台，且外墙台抹灰层应向外形成顺水坡（图13-24）。另外，窗楣、窗台应做出足够的滴水槽和流水坡度。滴水槽的深度和宽度均不应小于10mm，流水坡度为10%。有的外墙贴陶瓷锦砖、条形砖对水的集聚性很强，有了滴水槽和流水坡度，可以及时将雨水分散、引导掉。对装饰层应加强养护（混凝土养生液养护），防止水泥沙浆脱水产生干缩裂缝。

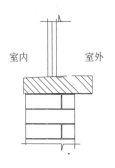

图13-23　向内形成顺水坡

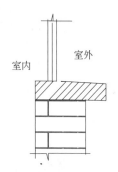

图13-24　向外形成顺水坡

　　笔者还注意到，有些没有采暖装置的房屋住宅阳台，经过2年后屋顶抹灰层发生脱落，塑料窗的窗框及发泡胶裸露，室内产生透风现象，降低了窗的节能作用（图13-25）。该现象由于窗安装在剪力墙底部并且直接抹灰，在经过2年的冷热交替后，抹灰层与剪力墙混凝土分开所致，属于洞口设计不合理，导致门窗与墙体连接形式存在问题。图13-26是不同剪力墙结构与门窗的连接形式，图13-26的左侧图剪力墙结构不合理，在门窗安装后（与图13-25相同），门窗与墙体连接处由于透风，造成室内抹灰层经过2年后易脱落，右侧图剪力墙结构较合理，在门窗安装后，门窗与墙体连接处不与室内抹灰层连接，不容易产生抹灰层脱落现象。

图13-25　抹灰层与剪力墙混凝土分开

　　在安装门窗的过程中免不了要修改洞口。从理论上讲修改洞口不属于门窗安装的工作，然而在实际工作中又不可能分得很清楚，也要承担一些这样的工作。尤其是外墙需要贴瓷砖时，为了对砖缝，门窗常要偏左装或偏右装，洞口常要修改。这样的工作对土建施工企业可能只是小事一件，但对门窗制作企业来说，人员素质、准备的工具和材料可能都不合适，完成这种工作很吃力。对于图13-25这种剪力墙洞口，塑料门窗制作企业是无可奈何的。

　　此外，有些房屋住户在冬季经常感到门窗与墙体连接处透风，该现象常常与洞口的施工方法有关。由于门窗洞口连接处间隙大小不均现象影响到门窗的安装，安装质量存在问题导致的。即洞口不规则，门窗与墙体留的缝隙过大，用发泡剂来填充，如果填充的不饱满，容易出现窗透风的现象或如果洞口与窗框间隙过大，发泡剂填充量过大，部分发泡剂与空气接触，其强度

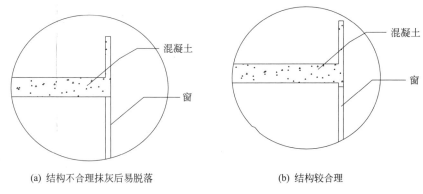

| (a) 结构不合理抹灰后易脱落 | (b) 结构较合理 |

图 13-26　不同剪力墙结构与门窗的连接形式

降低，导致窗与墙体连接处透风。洞口与窗框间隙过大最好的解决办法，是推广使用附框。采用门窗附框工艺后，土建施工可以充分填缝粉刷，防水水泥砂浆密实的填充了附框与墙体的缝隙空间，杜绝了门窗附框与墙体间的渗漏，聚硅氧烷密封胶与门窗材料和附框材料良好的相容性，保证了门窗的防水功能。然而加大了门窗的成本，需要开发商考虑。所以，要解决门窗与墙体连接形式是洞口预留和塑料门窗制作、安装提高配合才能有效，同时，要考虑塑料门窗的制作成本，应该从房屋住户的感受出发来考虑如何配合共同保证门窗安装质量。

三、缺少窗的说明书使房屋住户对于塑料门窗性能不够了解

房屋住户在购买商品房的过程中，很少有人考虑窗有使用说明书的问题。关于窗的使用，对于房屋住户来讲，由于缺少窗使用说明书，往往在使用、保养过程中缺乏正确的使用方法。常常发生不会使用或将窗的五金件拧坏的情况。一般情况下，经常开启的窗扇，通过五金件与窗框相连，五金件包括执手、传动器、铰链等。铰链分为普通铰链和角部铰链，窗扇开启形式有平开、平开下悬等。对于平开窗，在开启窗扇时，右手通过旋转执手将窗扇打开；关闭窗扇时，应左手推住窗扇传动器侧左下角将其关严后，右手通过旋转执手将窗扇关闭，这样操作有利于保护窗的传动器和锁点。对于平开下悬窗，在开闭窗扇时，应该按照执手旋转顺序操作并每步操作到位后再操作下一步，不能跨越式操作。由于没有窗的使用说明书，一些住户在使用普通铰链的窗扇，直接用右手推执手关闭，容易使窗扇变形、传动器损坏，最终造成窗扇关不严。一些住户在使用平开下悬窗时，第一步操作没有到位的情况下，进行下一步操作，结果容易损害五金件使窗扇关不严，甚至严重者，窗扇悬在窗框不能关闭窗扇，闹出笑话来。这些误操作导致了门窗性能降低。

因此，在购买房屋时，建议开发商应该向住户提供窗的使用说明书。窗的使用说明书应该标明型材、玻璃、五金件、胶条的主要性能指标；标明节能参数；标明操作方法和步骤。

四、国家相关政策不配套，住户感觉不到门窗节能带来的经济效果

建筑节能的关键是门窗节能。我国窗户能耗占整个建筑围护结构能耗 50％以上，其中空气渗透占一半，窗框和玻璃的传热占一半。我国严寒地区的情况可能有过之而无不及。可以形象地比喻，每扇不节能的窗都相当于点着一盏数十瓦的长明灯，在吞噬着成吨的石油和煤炭。所以，新建筑使用节能窗而旧建筑改装或加装节能窗是降低建筑能耗的最快速、最简便而又最有效的措施。在严寒地区，地方相关部门已规定新建、改建的房屋必须达到节能要求，对门窗提出三玻塑料窗的节能要求。可是，对房屋住户感觉不到门窗节能产品能够节约

住户的开支，如包烧费没有变化。

门窗节能主要来源于窗框腔体结构设计和玻璃结构设计及密封系统设计，而玻璃面积最大，玻璃结构设计对窗节能有很大的影响。有人曾采用热分析软件 Winlso 来模拟分析玻璃的保温性能，在玻璃总厚度相同的情况下，双层中空玻璃 9＋16A＋9，K 值 2.658W/（m² · K），三层中空玻璃 6＋8A＋6＋8A＋6，K 值 2.078W/（m² · K），相差 27.9%。空气层总厚度相同，玻璃总的厚度也相同的双层中空玻璃和三层中空玻璃的保温性能相差很大的。所以，在玻璃总厚度相同的条件下，三层中空玻璃比双层中空玻璃保温性能优异得多，具有良好的节能性。

通过计算不同地区窗的节能量和节煤量也可以看出不同结构的玻璃对门窗节能的作用。采用 JGJ 26—2010《严寒和寒冷地区居住建筑节能设计标准》中规定的采暖期、室外平均温度。如哈尔滨地区采暖期 167d、室外平均温度－8.5℃；海拉尔地区采暖期 206d、室外平均温度－12℃。以窗面积 10000 平方米为例计算两个地区窗的节能量和节煤量。

计算窗年节能量公式：

$$Q_J = F[(K_2 - K_3)(t_n - t_w) - (q_2 - q_3) \times 24 \times n]/10^3 \tag{13-2}$$

式中 Q_J——窗年节能量，kW/h；

F——窗面积，$1 \times 10^4 \, \text{m}^2$；

K_2、K_3——两个窗的传热系数，W/（m² · K）；

t_n、t_w——采暖期室内取 18℃、室外平均温度，哈尔滨地区 －8.5℃，海拉尔地区 －12℃；

q_2、q_3——采暖期日照传热量，$q_2 - q_3$ 数值小可以忽略不计；

n——采暖天数，哈尔滨地区 167d、海拉尔地区 206d。

$$G = 3.6 \times 10^3 \times Q/(\eta_1 \eta_2 \eta_\gamma \times 10^3) \tag{13-3}$$

式中 G——节煤量，t/a；

η_1——锅炉的年平均热效率，取 0.68；

η_2——热网效率，取 0.9；

η_γ——烟煤的低位发热量，取 18842kJ/kg。

在窗面积 10000m²、玻璃总厚度（34mm）相同的情况下，计算对比双层中空玻璃和三层中空玻璃窗年节能量、节煤量。双层中空玻璃结构为 9＋16A＋9，K_2 值 2.658W/（m² · K），三层中空玻璃结构为 6＋8A＋6＋8A＋6，K_3 值 2.078W/（m² · K），哈尔滨地区窗年节能量 6.16×10⁵kW、节煤量 192.3t/a。海拉尔地区窗年节能量 8.6×10⁵kW、节煤量 268.4t/a。显然，是三层中空玻璃比双层中空玻璃更节能、更节煤。从两个地区比较看，地区之间节能量相差 2.44×10⁵kW，节煤量相差 76.1t/a。说明环境温差越大，节能量、节煤量越高，减少碳排放所带来的社会效益也大。

在窗面积 10000m² 情况下，计算对比三层中空玻璃与双层 Low-E 中空玻璃的窗节能量。选择三层中空玻璃结构为 6＋9A＋6＋9A＋6（玻璃总厚度 36mm），K_2 值 2.012W/（m² · K）；而双层 Low-E 中空玻璃结构为 6＋12A＋6（玻璃总厚度 24mm），K_3 值 1.717W/（m² · K）。哈尔滨地区窗年节能量 3.133×10⁵kW、节煤量 97.8t/a。而海拉尔地区窗年节能量 4.37×10⁵kW、节煤量 136.4t/a。虽然双层 Low-E 中空玻璃总厚度小于三层中空玻璃，但是双层 Low-E 中空玻璃窗比三层中空玻璃窗更节能、更节煤。从两个地区比较看，地区之间节能量相差 1.237×10⁵kW，节煤量相差 38.6t/a。说明环境温差大，采用 Low-E 玻璃后节能量、节煤量提高，减少碳排放所带来的社会效益也大。

有人曾测试过某小区北向房约 $11m^2$，窗户面积 $1.54m^2$，外墙为 240mm 砖墙加 60mm 聚苯夹心石膏板保温层。测试见表 13-2。

表 13-2 不同框型材和玻璃结构的热量参数

窗框种类	钢框型材	PVC 塑料框型材	
窗玻璃种类	双层玻璃窗	中空玻璃窗	真空＋中空玻璃窗
玻璃 K 值/[W/($m^2 \cdot$ K)]	＞5	3.0	1.7
玻璃耗热/(W/d)	1252.5	1283.1	833.9
窗框耗热/(W/d)	1043.1	361.8	431.3
窗户总耗热/(W/d)	2295.6	1644.9	1265.2
外墙耗热/(W/d)	8568.48	8588.57	8490.39
房间单位面积耗热量/[W/(m·h)]	41.142	39.481	37.637

从表 13-2 可以看出，中空玻璃窗比双层玻璃窗房间单位面积耗热量降低 4%，真空玻璃窗又比双层玻璃窗房间单位面积耗热量降低 8.5%。

目前，哈尔滨市区的年包烧费 43 元/m^2，如果采用以单位面积耗热量方法计算包烧费，使用中空玻璃窗比双层玻璃窗可以减低 4% 的收费，可以少交 1.7243 元/m^2，$50m^2$ 房间可以少交 86 元/a。使用真空玻璃比双层玻璃窗可以减低收费 8.5%，可以少交 3.655 元/m^2，$50m^2$ 房间可以少交 182.7 元/a。

从节能量和节煤量来看，三层中空玻璃与双层 Low-E 中空玻璃的窗节能较明显，可是由于分户供暖计量方法没有出台，住户感觉不到减少包烧费的好处。事实上，住户已经感觉到了室内温度比以前明显提高，相信不久的将来会使住户感觉到给其带来的经济效果。

五、塑料门窗标准化是满足房屋住户需求的未来发展方向

建筑门窗制品过去只是一种产品，是建筑企业使用的产品。但是，将来建筑门窗则要有更多的商品概念，建筑门窗走进市场，走进定制化是发展的趋势。洞口不标准，门窗的销售只能停留在用户向生产商订做的水平，是门窗市场化发展的制约因素。所以，实现洞口标准化是实现门窗标准化的前提，洞口标准化才能有更多的销售商加入到为广大用户定制服务的行列，用户在变更门窗时才能真正享受到看什么门窗好买什么门窗的权利。国外门窗已经商品化，在商店就可以买到房屋住户所需要的窗户。

《建筑门窗洞口尺寸系列》GB/T 5824—2008 中对建筑门窗产品设计是这样规定："编制门窗产品设计文件时，应根据所设计的材质、性能、质量标准等因素，选用本标准洞口尺寸系列。应表示出门窗宽、高构造尺寸与门窗洞口定位线的关系，以及能适应的各类不同材质墙体的安装形式、方法及其安装构造缝隙尺寸，并提出相应技术措施。"然而，在实际工作中，贯彻此标准不够理想。设计单位给出的门窗产品设计文件比较简单，没有依据此标准提出详尽的构造尺寸、安装形式、方法及相应技术措施，在土建施工过程，没有严格按照标准进行施工，导致在外墙装修时，容易将窗的排水孔堵塞或外窗台高于内窗台。所以，土建施工单位在预留洞口时，应该考虑外装饰条件进行预留，而门窗制作企业设计窗型时也应该充分考虑外装饰条件。门窗的使用年限为 25 年，而建筑结构的使用年限为 50 年，如果门窗不标准化，后 25 年无法更换窗户。因此改善门窗设计、施工工艺是非常重要的。

目前，土建施工和门窗安装之间协调不畅，洞口设计不合理和洞口预留不标准是门窗产品规模化生产的瓶颈，其结果采用先进的工业化大生产的技术优势难以发挥，优质产品的推广和应用受到限制，而落后技术，质量较差的产品借助于低价格优势得以长期存在。所以，门窗标准化是满足房屋住户对门窗的需求发展方向，应该从房屋住户对塑料门窗节能的感受

出发，认真贯彻与门窗有关的标准或规范，从门窗设计开始就应提供详尽的门窗产品文件，并且提出技术保证措施，实现门窗洞口的标准化，门窗制作标准化，门窗安装标准化，门窗与洞口连接标准化，使土建施工、门窗制作企业将塑料门窗作为房屋的围护结构予以考虑。所以，塑料门窗标准化是满足房屋住户需求的未来发展方向。

第四节　外墙、屋面节能与塑料门窗节能

建筑围护结构主要包括三方面内容：外墙、屋面、门窗。在严寒地区不同地域建筑围护结构的热损失是不一样的，这种热损失是外墙、屋面、门窗三方面热损失的总和。所以，节能标准对不同区域规定了限值，见表13-3。

表13-3　严寒地区不同区域建筑围护结构传热系数限值　　单位：$W/m^2 \cdot K$

代表性城市	屋面		外墙		窗户	外门
	体形系数≤0.3	体形系数>0.3	体形系数≤0.3	体形系数>0.3		
乌鲁木齐	0.50	0.30	0.56	0.45	2.50	2.50
哈尔滨	0.50	0.30	0.52	0.40	2.50	2.50
满洲里、海拉尔	0.40	0.25	0.52	0.40	2.0	2.50

由此可见，从建筑围护结构热损失来看，塑料门窗＞外墙＞屋面。加强围护结构的保温，特别是加强窗户（包括阳台门）的保温性和气密性，是节约采暖能耗的关键环节。虽然外墙、屋面热损失比门窗热损失小，但是它们在整个建筑物中的工程造价占85%～90%以上，其施工质量、材料选择非常重要，与塑料门窗结合部的处理也是重要的和不可忽视的。所以，了解外墙、屋面的节能结构是塑料门窗节能工作不可缺少的内容，从而保证塑料门窗的设计、生产、安装，满足建筑围护结构节能的系统要求。

1. 外墙节能结构

外墙的热工性能指标包括外墙主体部位（即窗户、梁、阳台门等除外的部位）的热阻R、热惰性指标D、传热系数K，以及外墙的平均传热系数应该满足节能标准规定。

外墙的类型：按照外墙的保温层所在位置分为单一保温、内保温、外保温、夹芯保温四种；按照其主体结构所用材料分为加气混凝土、黏土空心砖、黏土（实心）砖、混凝土空心砌块、钢筋混凝土、其他非黏土砖。按照保温层材料分为聚苯乙烯发泡板、加气混凝土、黏土空心砖、高强珍珠岩板、充气石膏板、岩棉或玻璃丝棉板等。这里，采取不同的外墙节能结构其传热系数是不一样的（表13-4）。

表13-4　不同外墙节能结构的传热系数

外墙节能结构	保温层厚度 /mm	外墙总厚度 /mm	主体传热系数 /[W/(m²·K)]	平均传热系数 /[W/(m²·K)]	备注
加气混凝土	200～250	240～290	0.84～1.01	1.04	有时加50mm苯板
黏土空心砖	370～490	410～530	0.97～1.2	1.08～1.04	有时加50mm苯板
黏土砖、苯板	30～80	312～362	0.44～0.8	1.15～1.47	
混凝土空心砌块	30～80	256～306	0.47～0.88	0.48～0.89	
钢筋混凝土、苯板	30～80	246～296	0.49～0.97	049～0.97	

对于围护结构一般需要满足承重和保温要求，采用单一材料外墙既承重又保温，如砖砌墙、加气混凝土墙等。采用两种以上的材料外墙分别承担保温和承重作用，即复合围护结构，而且这种结构越来越多地使用在严寒地区，如主体（承重）是黏土砖、混凝土（陶粒）

砌块、保温层是聚苯乙烯泡沫板外墙结构经常见到。同时，严寒地区不同区域为了达到节能外墙要求，保温层厚度 d 是不一样的。见图 13-27、图 13-28。

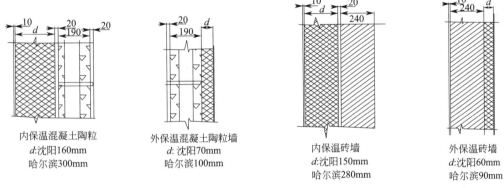

图 13-27　混凝土（陶粒）砌块结构　　　　　图 13-28　黏土砖结构

目前，严寒地区普遍采取节能效果好的外保温墙，可避免主要承重结构受到室外温度的剧烈波动影响，提高耐久性。对于旧房改造采取外保温施工过程中不影响房间的使用，节约了能源而增加了房间保温能力。

2. 屋面节能结构

屋面的热工性能指标包括热阻 R、热惰性指标 D、传热系数 K，各指标应该满足节能标准规定。

屋面的类型：按照其保温层所在位置分为单一保温屋面、内保温屋面、外保温屋面、夹芯保温屋面。目前绝大多数为外保温屋面。按照保温层所用材料分为加气混凝土保温屋面、乳化沥青珍珠岩保温屋面、聚苯乙烯泡沫板保温屋面等。不同屋面节能结构的传热系数见表13-5。

表 13-5　不同屋面节能结构的传热系数

屋面结构	保温层厚度/mm	屋面总厚度/mm	平均传热系数/[W/(m² · K)]
加气混凝土保温屋面	200～350	230～380	0.59～0.94
聚苯乙烯泡沫板保温屋面	50～100	310～360	0.48～0.76

在严寒地区的建筑物，常常出现住宅窗户附近墙角处或最高层住宅窗户附近的屋顶上有潮湿、黑色斑块现象，除了考虑窗框与墙体窗口缝隙没有填充好外，墙体与窗口附近没有处理好、屋面与墙体接口处以及墙转角没有处理好也不能排除。

3. 建筑物朝向、体形影响建筑围护结构的热损失

一般来说，平面和立面规整、体形简单的建筑物以及多层和高层建筑，其单位建筑荷载所占的外表面积较少（亦即体形系数小于 0.3），对节能较为有利；平面和立面凹凸较多、体形复杂的建筑，以及平房和低层建筑，其单位建筑荷载所占的外表面积较多（亦即体形系数较大于 0.3），对节能较为不利。当高层建筑层数达到 6 层、单元数达到 4 个以上，体形系数超过 0.30，对节能不利，可采取加强屋顶和外墙保温及保温塑料门窗的做法加以解决。围护结构中的门窗及其他缝隙越多、越大，则空气渗透损失越多，对节能不利。

从上面的介绍可以看出，外墙、屋面节能在建筑围护结构节能的作用，其设计、施工质量不仅影响到墙面、屋面的节能，而且影响到门窗的节能，最后影响到整个建筑物的节能。如果外墙、屋面结构处理的不好，特别是窗过梁、与门窗边缘结构处理不好直接影响到塑料门窗节能的实现。

4. 门窗的热损失

门窗不仅起到建筑物采光的作用，更重要起到建筑围护结构节能的一部分。从建筑围护

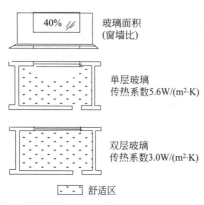

图 13-29 玻璃结构不同的门窗热损失

结构的热损失来看，门窗的热损失最大，是最薄弱的环节。据统计，居住建筑通过窗的散热量约占总散热量的 1/3，严寒地区冬季由于窗的内表面温度低，低温的内表面以辐射换热方式从位于窗口附近的人体夺走热量，使人感到很不舒服。即在窗口附近形成一个不舒适区，窗面积越大，不舒适区也越大（见图 13-29）。

由图可知，多层玻璃是减少热损失的有效方法。虽然门窗在建筑物整个工程的造价仅占 10%～15%，但是在建筑围护结构节能中的作用最重要。按照门窗的材质分为铝门窗、木门窗、塑料门窗、钢门窗等；按照窗的玻璃结构分为单玻、双玻、三玻。由表 13-6 可知塑料门窗传热系数最低，塑料门窗是最佳的节能设计首选。

表 13-6 不同类型窗户的传热系数

窗户类型	单框三玻塑料窗	单框双玻塑料窗	单层塑料窗	单框双玻铝窗	单层铝窗	单框双玻钢窗	单框双玻彩板钢窗	单层彩板钢窗
传热系数 $/[W/(m^2 \cdot K)]$	2.0	2.5	4.7	4.0	6.4	4.0	4.0	6.0

要达到节约能源的效果，必须从热力学角度去考虑。热力学中热量的交换分为对流、传导和辐射。对流是在门窗空隙间热冷气流的循环流动，导致热量交换，产生热量流失。传导则通过物体本身的一个面把热量传导至另一个相对的面，由分子运动进行热量的传递。辐射是能量以射线即红外线直接传递。如能对上述三种热交换进行最有效的阻断，则可称为最好的节能窗。对流的阻断主要从窗框断面结构设计、窗型设计、门窗安装方法等方面解决；传导、辐射的阻断主要从窗型设计、玻璃结构、密封材料与系统等方面解决。

第五节　塑料门窗在高层建筑应用分析

随着国家经济建设快速发展，人们生活水平不断改善，大中城市的高层建筑不断增多，作为新型节能门窗——塑料门窗已经广泛应用在高层建筑中，改变了塑料门窗只应用在低层或多层建筑的局面。然而，塑料门窗在高层建筑应用也暴露了一些如窗的杆件变形等不尽人意的问题，本节着重从高层建筑结构特点及塑料门窗在高层建筑应用要点进行阐述，探讨高层建筑结构与水平荷载作用下塑料门窗应用的关系。

一、　高层建筑的基本含义

一般将超过一定层数或高度的建筑称为高层建筑。1972 年国际高层建筑会议将高层建筑分为 4 类：第一类为 9～16 层（最高 50m），第二类为 17～25 层（最高 75m），第三类为 26～40 层（最高 100m），第四类为 40 层以上（高于 100m）。对于高层建筑的起点高度或层数，各国规定不一，且多无绝对、严格的标准。中国《民用建筑设计通则》（GB50352—2005）将民用建筑按照地上层数或高度划分为：一层至三层为低层住宅，四层至六层为多层住宅，七层至九层为中高层住宅，十层及十层以上为高层住宅。除住宅建筑之外的民用建筑高度不大于 24m 的为单层和多层建筑，大于 24m 的为高层建筑；建筑高度大于 100m 的民

用建筑为超高层建筑。这里,公共建筑和住宅建筑都属民用建筑。在美国,24.6m 高度或 7 层以上的建筑视为高层建筑;在日本,31m 高度或 8 层及以上的建筑视为高层建筑;在英国,把等于或大于 24.3m 高度的建筑视为高层建筑。

由此可以看出,10 层及 10 层以上或房屋高度大于 28m 的建筑物称为高层建筑,否则,为多层建筑。房屋高度指自室外地面至房屋主要屋面的高度。目前,有的地方将 15~17 层建筑物称为小高层,大于 15 层建筑物称为高层。

高层建筑是随着社会生产力提高、人们生活水平不断改善发展起来的,是商品化、工业化、城市化的结果。然而,随着建筑物高度不断增大,水平荷载对建筑结构起的作用将愈来愈大,建筑物将随着建筑物高度增大而在水平荷载作用下侧移量将加大。因此,在高层建筑设计时,不仅要求建筑结构具有足够的强度,而且还要求有足够的刚度和良好的抗震性能,以使结构在水平荷载作用下产生的总侧移量及各层间的相对侧移量控制在容许范围内,保证建筑结构的正常使用和安全性。显然,在高层建筑结构中,抗侧力的设计是关键。

另外,高层建筑正常功能所要求的基本风压(风荷载)与一般建筑是不同的。从《建筑结构荷载规范》可知,随着建筑物高度的增加,风压高度变化系数是提高的,从而引起风荷载标准值的变化,将对塑料门窗在高层建筑使用带来影响。

二、高层建筑结构与塑料门窗

由于过去我国经济比较落后,房屋建设大部分采用低层或多层建筑结构,建筑结构基本上是砖混结构且门窗洞口尺寸比较小,塑料门窗基本应用在低层或多层建筑物上,对风荷载要求也比较低。随着我国经济和城市化进程的快速发展、房屋对抗震要求的提出,使高层建筑建设兴起,建筑结构基本上采用钢筋混凝土,形成框架结构和剪力墙结构两种形式。近年来,由于住宅需求的增加和用于建筑住宅的土地供应紧张,高层住宅的建造成为众多开发商的首选,推动了剪力墙结构的应用也日益广泛。特别是采用剪力墙结构且门窗洞口尺寸比较大、采光和通风好受到许多住宅用户的青睐,与此同时,塑料门窗对水平风荷载要求更高了。这里,塑料门窗已经作为高层建筑围护结构的一部分,其强度、刚度与建筑结构有了密切关系。因此,建筑结构类型的不同决定了塑料门窗在其中的作用。

剪力墙从结构上分为三大类:普通剪力墙结构、框架-剪力墙结构、框支剪力墙结构。

普通剪力墙结构。全部由剪力墙组成的结构体系,见图 13-30。如普通高层建筑。

框架-剪力墙结构是由框架与剪力墙组合而成的结构体系,适用于需要有局部大空间的建筑,这时在局部大空间部分采用框架结构,同时又可用剪力墙来提高建筑物的抗侧能力,从而满足大空间房屋的高层建筑的要求。

框支剪力墙结构。普通剪力墙结构也有很明显的缺点和局限性,如结构自重较大,且平面布置中较难设置大空间房间。当剪力墙结构的底部需要有大空间,剪力墙无法全部落地时,就需要采用底部框架结构支撑上部剪力墙的框支剪力墙结构。如底层带商场的高层建筑,如

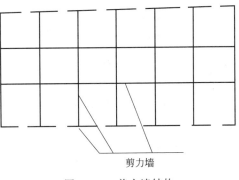

剪力墙

图 13-30　剪力墙结构

图 13-34(f)所示。由于这种结构中门窗所占的比例较大,水平风荷载对塑料门窗的影响要考虑。

从建筑结构的受力分析看,与框架结构比较,剪力墙结构受水平荷载作用侧移量较少。

从图 13-31 框架结构受重力荷载和水平荷载作用可以看出，框架结构在水平荷载作用下随着高度增加侧移变形加大。图 13-32 框架-剪力墙结构综合了框架结构和剪力墙结构各自优点，图 13-32 中（a）为框架结构在水平荷载作用下侧移变形，图 13-32 中（b）为剪力墙结构在水平荷载作用下侧移变形，图 13-32（c）为框架-剪力墙结构在水平荷载作用下侧移变形大大减弱。图 13-33 为框架-剪力墙变形曲线图，其中水平轴为变形量，垂直轴为水平荷载作用力，由曲线进一步说明，框架-剪力墙结构在水平荷载作用下随着高度增加没有发生侧移变形。

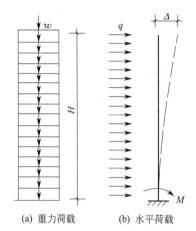

(a) 重力荷载　(b) 水平荷载

图 13-31　荷载作用和侧移

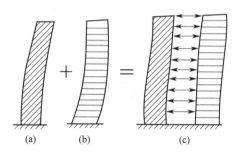

图 13-32　框架-剪力墙结构变形

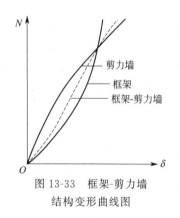

图 13-33　框架-剪力墙
结构变形曲线图

从剪力墙结构形式看，单片剪力墙可以根据其本身的开洞率对其受力特性的影响分为无洞单肢剪力墙、整体墙和小开口整体墙、联肢墙、壁式框架等几种类型。

无洞单肢剪力墙：剪力墙的立面没有任何洞口，与塑料门窗没有关系，如图 13-34（a）所示。

整体墙：只有少量很小的洞口时，可以忽略洞口的存在，这种剪力墙即为整体剪力墙，简称整体墙，如图 13-34（b）所示。一般认为，整体墙应当满足以下两个条件：剪力墙面门窗的开孔面积不超过墙面面积的 15%；开孔之间的净距及孔洞至墙边的净距大于孔洞长边的尺寸。由于这种结构中门窗洞口尺寸较小，门窗占墙面的比例较少，门窗主要起到采光通风作用，水平风荷载对门窗的影响也较小。

小开口整体墙：剪力墙上的门窗洞口规则成列布置，开洞总面积超过墙体总面积的 15%，门窗洞口尺寸比整体墙的洞口尺寸要大一些，但总的来说，洞口还没有大到破坏剪力墙的整体性的程度，如图 13-34（c）所示。开洞率的大小，对剪力墙的力学性能有很大的影响。当开洞率大到一定程度时，剪力墙的整体性已经被破坏，墙体实际上是由连梁连接起来的墙肢。洞口的大小对剪力墙力学性能的影响实际上是由连梁和墙肢的相对强弱决定的。此种类型要关注门窗采光通风作用外，要考虑水平风荷载对门窗的影响。

联肢墙：剪力墙上开有大量一列或多列且竖向排列的洞口，在外墙上，这些洞口一般是窗口且洞口尺寸相对较大，而在建筑内部，这些洞口大部分是门或走道。在设计中这些洞口将一片整墙分开为由连梁或楼板连接的墙肢，就形成了所谓的联肢墙。如果只开一列洞口，称为双肢墙，如图 13-34（d）所示；开有两列或两列以上洞口的，则称为多肢墙，如图 13-

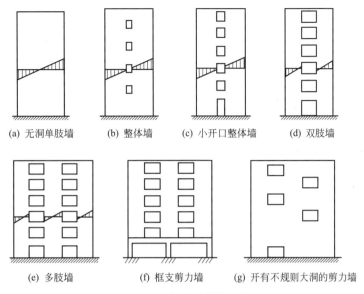

(a) 无洞单肢墙　　(b) 整体墙　　(c) 小开口整体墙　　(d) 双肢墙

(e) 多肢墙　　　　(f) 框支剪力墙　　(g) 开有不规则大洞的剪力墙

图 13-34　剪力墙结构形式

34（e）所示。由于这种结构中门窗所占的比例较大，要充分考虑水平风荷载对门窗的影响。水平荷载作用下，所有的连梁都呈现双曲率弯曲形态，而大部分的墙肢都呈现单曲率弯曲形态，墙肢变形仍以弯曲变形为主。在此种类型中，在水平荷载作用下，外墙上塑料门窗变形的问题要注意。

短肢剪力墙：是近年来在我国兴起的一种新型的抗侧构件，它既保留了异形柱不凸出墙面的优点，又克服了异形柱抗震性能不理想的缺点。与普通的剪力墙相比，短肢剪力墙的门窗洞口更大，可以较好地满足住宅建筑的采光与通风要求，增加使用面积，造价更低，且结构自重更小。有些不超过 30 层（高层在 100m 以下）、开间也不大（一般都在 3.3～4.5m 之间）的住宅，剪力墙的竖向荷载和水平荷载都不太大，采用这种结构体系。这种结构体系通常都是利用中部的竖向交通区设置较多的剪力墙，组成一个较为完整的或基本完整的筒体。也可以将由竖向交通区所构成的混凝土筒设置在结构外边，而靠中间的楼梯间可以用混凝土剪力墙构成一个相对完整的半开放的筒体。这一部分的结构布置与建筑平面的划分较容易达成一致，易于实现。至于外围部分，可以根据建筑的要求而定。因为住宅建筑对平面的划分要求比一般的商业建筑、办公建筑以及旅馆建筑的要求更高，房间的顶板不宜有梁，墙角不宜有柱子突出，所以住宅建筑通常都在核心筒的外围布置剪力墙。这种墙在建筑上起到对建筑平面的分隔作用，在结构上，既可以承受竖向荷载，又可以抵抗水平地震作用。这种结构情况下，门窗所占的比例较大，水平风荷载对塑料门窗刚度的影响显然很重要。

壁式框架：在联肢墙中，如果洞口开的再大一些，使得墙肢刚度较弱、连梁刚度相对较强时，剪力墙的受力特性已接近框架。由于剪力墙的厚度较框架结构梁柱的宽度要小一些，故称壁式框架。由于该墙肢刚度较弱、且门窗所占的比例较大这种结构情况下，水平风荷载对门窗刚度的影响也很重要。

通过剪力墙结构和剪力墙洞口大小分析可以看出，除了剪力墙结构无洞单肢剪力墙和整体墙外，其他结构中由于门窗洞口尺寸比较大，水平荷载将作用在门窗上，塑料门窗起到了普通剪力墙的围护结构作用。从剪力墙结构中由钢筋混凝土墙承受全部竖向荷载和水平荷载来看，剪力墙应沿平面主要轴线方向布置。剪力墙结构设计应考虑是，剪力墙以处于受弯工作状态时，才能有足够的延性，故剪力墙应当是高细的，如果剪力墙太长时，将形成低而宽的剪力墙，会导致结构刚度迅速增大，使结构自振周期过短，地震作用力加大；另一方面，低而宽的剪力墙墙肢易发生脆性的剪切破坏，使结构的抗震不利。因为单片剪力墙的长度不宜过大，故同一轴线上的连续剪力墙过长时，应用楼板或小连梁分成若干个墙段，每个墙段的高宽比应不小于2。每个墙段可以是单片墙，小开口墙或联肢墙。每个墙肢的宽度不宜大于8m，以保证墙肢是由受弯承载力控制和充分发挥竖向分布筋的作用，以降低结构的侧移刚度，减少水平地震作用，同时也可以增加结构的延性。

借鉴剪力墙结构设计思想，对于高层建筑预留大洞口窗的设计，也应该考虑细高设计。如果洞口大尺寸、低而宽，窗型设计必须考虑进行拼接并且拼接件生根处理，进行有效的窗型竖向分割，达到每樘窗为细高，同时，每樘窗进行有效的横向分格，这种窗型的分割、分格，竖向杆件类似于纵向钢筋、横向杆件类似于横向钢筋，以达到承受水平荷载的剪切力破坏。目前，一些高层建筑采用框架-剪力墙结构，剪力墙结构多数为联肢墙或短肢剪力墙，低而宽的大洞口窗比较多，如果采用低而宽没有拼樘的大型塑料窗，窗的杆件变形比较普遍，其原因是没有考虑采用与该结构相适应的窗型拼樘并且没有进行拼接件生根处理的结果，这种在水平风荷载作用下发生窗变形颤抖是非常危险的。显然，高层建筑能不能使用塑料门窗往往与塑料门窗的设计、制作有关，影响到高层建筑围护结构安全问题。钢筋混凝土剪力墙设计要求之一是在正常使用荷载作用下，结构应当处于弹性工作阶段，留有一定的伸缩缝。塑料门窗设计分格、制作、安装应该考虑与墙体的弹性工作阶段相适应，在门窗与洞口之间要有充分的安装预留和弹性体注入空间，拼接连接处要用弹性体注满。

三、 塑料门窗在高层建筑应用要点

通过以上高层建筑剪力墙结构的分析，塑料门窗如果要在高层建筑低而宽的洞口上应用，并且在水平风荷载作用下起到建筑围护结构作用，重要是从塑料型材设计、型钢设计、窗型设计等方面进行考虑大型窗杆件变形问题，提高窗杆件的惯性矩和抗弯能力。

（一）门窗框材选择

1. 选择型材厚度及壁厚

一般来说，建筑物高度不同，水平风荷载对塑料门窗作用不同，对门窗杆件的型材惯性矩要求是不同的。影响型材惯性矩主要有型材的壁厚、型材厚度。以PVC型材三腔室断面结构、厚度60mm为例，将型材壁厚设计为2.0mm、2.3mm、2.5mm、2.8mm、3.0mm、3.5mm、4.0mm等7个变量，计算型材不同壁厚变量下的惯性矩。图13-35说明，随着壁厚的增加，型材惯性矩增加；当壁厚由2mm增加到4.0mm，即增加100%时，型材惯性矩增加46.2%。从型材惯性矩增幅来看，不是型材壁厚变量越大其惯性矩越大。由型材壁厚变量与壁厚变化百分比、惯性矩变化百分比的曲线可以看出（图13-36），当型材壁厚超过2.8mm时，虽然型材壁厚增加幅度变化百分比较大，但型材惯性矩增加幅度变化百分比不是很明显。再以PVC型材断面四腔结构、壁厚2.5mm为例，将型材厚度设计为58mm、60mm、65mm、70mm、75mm等5个变量，计算型材不同厚度变量下的惯性矩。图13-37说明随着型材厚度变量的增加，型材惯性矩增加；当型材厚度为75mm变量，相对厚度58mm增加了29%时，型材惯性矩却增加91%。从型材惯性矩增幅来看，型材惯性矩与厚度变量不是线性关系。由型材厚度变量与厚度变化百分比、惯性矩变化百分比的曲线可以看出（图13-38），当型材厚度超过65mm时，虽然型材厚度增加幅度变化百分比不是很大，但型材惯性矩增加幅度变化百分比非常明显。显然，与型材壁厚相比，型材厚度变化对型材惯性矩影响最大。所以，普通低层建筑用塑料门窗的PVC型材厚度58~65mm，其型材壁厚一般在2.0~2.5mm之间，而对于高层建筑应采用塑料门窗的PVC型材厚度65~70mm，其壁厚一般在2.5~3.0mm之间，这样可以很大程度上增加型材的截面积，进而增加型材的焊接强度。

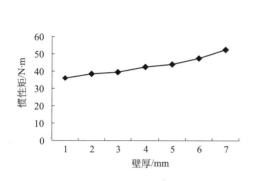

图 13-35　型材壁厚与惯性矩

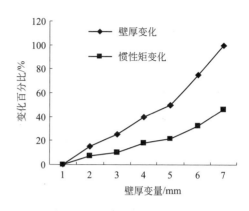

图 13-36　惯性矩变化百分比的曲线

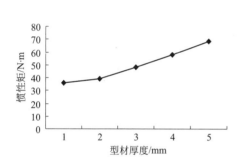

图 13-37　型材厚度与惯性矩

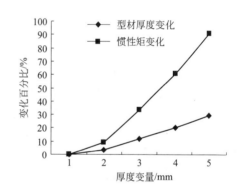

图 13-38　型材厚度与惯性矩变化率

2. 选择合适的型钢（钢衬）形状与壁厚

型钢在门窗杆件中起到骨架作用，能够承载水平风荷载对塑料门窗的作用，其形状与壁厚对门窗杆件的惯性矩有很大的影响。

我们以型材四腔室断面结构、厚度66mm、壁厚2.5mm制作1500mm×1500mm窗为例，采用U形型钢的不同壁厚或矩形型钢的不同壁厚，分别嵌入在中梃型材型钢腔内，计算窗杆件的挠度变化。图13-39为U形型钢壁厚1.2mm、1.5mm、2.0mm、2.5mm、3.0mm、3.5mm、4.0mm、4.5mm，8个变量与型钢惯性矩的关系；图13-40为矩形型钢壁厚2.0mm、2.5mm、3.0mm、3.5mm、4.0mm、4.5mm，6个变量与型钢惯性矩的关系。由图13-41看出，无论U形或矩形型钢，随着型钢壁厚变量的增加，杆件的挠度变化值大幅度降低。其中U形型钢壁厚由1.2mm变化到3.0mm，杆件挠度变化非常明显，U形型钢壁厚3.0mm与壁厚为1.2mm相比，增加了150%，窗杆件的挠度变化降低了44%。矩形型钢壁厚由2.0mm变化到4.0mm，杆件挠度变化也非常明显，矩形型钢壁厚4.0mm与壁厚为2.0mm相比，增加了100%，窗杆件的挠度变化降低了32.8%，即型钢壁厚增加提高了窗的抗风压性能。同时，由图13-41可以看出，矩形型钢比U形型钢对杆件的挠度变化贡献是不一样的，型钢壁厚由1.2mm到4.5mm变量与杆件的挠度变化值，矩形型钢挠度变化值比U形型钢低。同样壁厚条件下，对于同样的窗杆件，采用矩形型钢比采用U

形型钢的挠度变化值降低 10% 左右，有利于提高窗的抗风压性能。

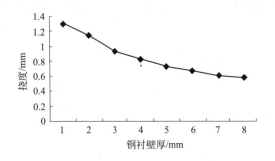

图 13-39 U 钢衬壁厚与杆件挠度

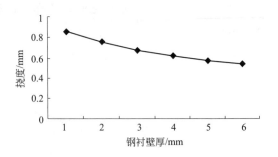

图 13-40 矩形钢衬壁厚与杆件挠度

因此，应根据不同的抗风压强度选择不同断面形状及厚度的增强型钢。在高层建筑门窗应用中，较高的楼层可选用形状复杂、厚度大的增强型钢来满足抗风压强度要求，较低的楼层可选用形状简单、厚度较小的增强型钢来满足抗风压强度要求。这样既能满足使用要求，又经济实用。

另外，合理的型材内腔结构设计可以提高型材成窗后抗风压性能。合理的型材内腔结构主要是指在型材内筋分布合理的基础上，尽可

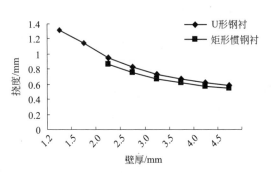

图 13-41 不同型钢壁厚与挠度变化

能增大增强型钢腔室的尺寸，从而提高型材使用的增强型钢尺寸，进一步提高型材成窗后的强度，使型材成窗后能承受更大的风压。

（二）窗型合理设计

塑料门窗分格不同，对其抗风压性能影响很大，设计时要考虑既满足使用要求，又美观大方的塑料门窗分格形式。应认真选择合适的材料来满足抗风压强度的要求，同时与建筑结构的特征相匹配。

（1）应根据不同地区风压、建筑物的高度，选择不同的型材厚度来满足不同的抗风压强度要求。

一般来说，对于高层建筑框架-剪力墙结构，抗风压要求比较高，可选塑料型材断面大些、强度高的 66mm 厚度以上、壁厚 2.8～3.0mm 的型材。对于多层建筑，抗风压要求比较低，可选择断面小些的 60mm 厚度以上型材。

（2）应根据不同的门窗设计风格，选择不同拼接结构、制作方法来满足不同的抗风压强度。

一般来说，对于高层建筑的大型窗或超大型窗，抗风压要求比较高，在选择大断面结构、强度高型材和型钢同时，采用拼接方式且拼管或钢板等拼接件生根处理的制作和安装方法。所以，高层建筑的合理窗型设计，应该充分考虑水平风荷载对大型窗或超大型窗的作用，采用拼接结构的设计，提高窗的抗风压性能。

在拼接件安装方面，拼接件方式与结构决定窗的抗风压性能。有些大型窗只是用塑料拼管内嵌入钢衬作为窗型分割的杆件，拼管内嵌入钢衬没有生根，没有起到拼接的真正作用，不能起到围护结构作用。有些大型窗拼樘后，将塑料拼管内嵌钢衬或钢板件等拼接件直接埋入墙体或连梁内（图 13-42）。有些大型窗拼樘后，将塑料拼管内嵌入钢衬或钢板件等拼接

件通过埋入墙体或连梁内的预埋件连接。从水平荷载的作用看，有预埋件的连接比较好（图13-43），其中钢板通过埋入墙体或连梁内的预埋件连接效果最好。

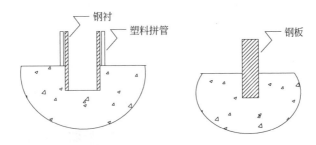

图13-42　拼接处理与墙体为直埋

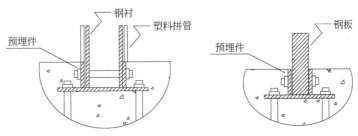

图13-43　拼接处理通过预埋件与墙体连接

（3）在门窗与洞口之间要有充分的安装预留和弹性体注入空间，填充弹性体和发泡胶；在拼樘连接处要用足够的弹性体和注满发泡胶，以增加窗杆件及整窗的延性，与高层建筑剪力墙结构相适应，避免窗杆件的变形。

（4）对于高层建筑使用塑料门窗，特别是大型窗或超大型窗，建议采用中梃与框螺接结构、窗扇角部焊接部位应用增强块等。

螺接结构是将中梃型材与框型材连接方式由杆件通过焊机热熔焊接的结构改为杆件通过连接件螺接的结构。因为中梃型材与框型材连接，采用焊接结构是杆件的PVC塑料柔性连接，采用螺接结构是杆件的刚性连接，采用螺接结构要比焊接的强度高出许多，特别是平开窗，根据设计要求，大部分都应用中梃型材螺接结构，优势更为突出。一般来说，对于窗的杆件（中梃），与焊接结构连接方式比较，采用螺接方式挠度变化降低5倍，提高了高层建筑塑料门窗抗风压强度。

角部焊接部位应用增强块是在窗扇的角部焊接前将增强块嵌入到窗扇型腔内，使增强块与窗框型腔内的型钢紧密配合，然后通过焊机将增强块与窗框热熔焊接在一起。对于大型窗扇，在角部焊接部位应用增强块，不但增强了窗扇的强度，而且避免窗扇过大产生变形。因为在高层建筑中，塑料门窗角部强度单靠PVC塑料型材焊接强度一般是不够的，在型材焊接的基础上加以增焊块来提高角部强度，进而满足了高层建筑塑料门窗抗风压强度的需要。笔者曾经做过这方面试验，在角部焊接部位应用增强块可以提高焊角强度40％左右。

因此，要保证塑料门窗在高层建筑上安全使用，不能忽视以上三方面内容，同时要进行适合的型材配方设计，增加型材的焊接强度，提高抗弯能力等性能，进而满足使用要求。当然，门窗制作设备的精度、五金件的选择、玻璃的选择和密封材料的选择也不能忽视。

四、高层建筑塑料门窗应用案例分析

我们可以通过甲、乙两幢高层建筑塑料窗不同设计方式的案例比较进行分析。从建筑结构看，甲幢高层建筑是框支剪力墙结构，底部为商服、上部为住宅，墙体为壁式框架剪力墙结构（图 13-44）。乙幢高层建筑是框架-剪力墙结构，墙体为联肢墙-剪力墙结构（图 13-45）。观察甲、乙两幢高层建筑中大型窗杆件在水平风荷载作用下变形情况，甲幢的窗型比较大，属于低而宽大型窗，该窗型只进行了分格，没有采取拼接分割，更谈不上拼接件的生根处理，当用力一推，窗杆件就产生变形发颤现象，在水平风荷载作用下，窗杆件抖动变形更加严重，非常不安全。乙幢的窗型虽然也比较大，也属于低而宽大型窗，但采取拼樘且钢板拼接件生根处理，当用力一推，窗杆件没有发生变形现象，在水平风荷载作用下，窗杆件不发生抖动变形，非常安全。

图 13-44　甲幢

图 13-45　乙幢

　　再从两幢高层建筑的门窗洞口尺寸分析。甲幢 1 号洞口窗长高尺寸为 4.3m×2.4m（图 13-46 左侧），没有采用拼樘处理，在水平风荷载作用下，窗杆件变形较大。乙幢 1 号洞口窗长高尺寸为 2.4m×2.4m（图 13-46 右侧），采用拼樘生根处理，在水平风荷载作用下窗杆件没有变形。甲幢 2 号洞口剖面图见图 13-47，由长高尺寸为 3.7m×2.6m 和 1.5m×2.6m 的两个窗组成（图 13-46 左侧），窗型没有采用拼樘与生根处理，并且转角也没有生根处理，在水平风荷载作用下窗杆件变形较大。乙幢 2 号洞口窗长高尺寸为 5.0m×2.6m（图 13-46 右侧），采用拼樘且拼接件生根处理，在水平风荷载作用下窗杆件没有变形。

图 13-46　两幢高层建筑的门窗洞口尺寸

　　下面分析一下甲幢中 2 号窗和乙幢中 2 号窗的转角结构，探讨墙体结构与门窗应用效果。图 13-46 左侧甲幢 2 号窗转角处的结构采用塑料型材（转角），塑料转角腔内嵌入的钢衬没有进行生根处理。图 13-46 右侧乙幢 2 号窗转角处采用墙体结构。实际上，许多情况下窗转角处采用塑料型材结构，其腔内嵌入的钢衬基本上都不进行生根处理。从结构要求，无论窗型大与小，采用塑料转角都应该进行其腔内嵌入的钢衬生根处理，与墙体连接。对于图 13-46 左侧甲幢 2 号窗来看，从墙体结构来看，对楼的安全性能没有较大的影响，但从洞口安装大型窗承受水平荷载、居住者舒适度来看，大型窗转角处的结构处理和分格处理非常重要。转角处不是简单地

图 13-47　2 号洞口剖面图

用塑料型材及型钢将两个大型窗连接作用，而是承载竖向和水平两个荷载的作用，所以对已经形成的这种墙体结构，塑料转角腔内嵌入的型钢应采用壁厚 3～4mm 方管，并且在洞口上下进行生根处理。所以，最优方案是在高层建筑设计大型窗时，建筑转角处应采用混凝土柱、剪力墙来承载竖向和水平荷载，承载效果显然要好于型钢生根处理，同时改善了居住者的舒适度。希望高层建筑设计者、施工者多从房屋使用者角度考虑，在高层建筑剪力墙结构设计时要充分考虑塑料门窗的特点，也希望塑料门窗制作、安装企业掌握建筑结构的特点。

通过高层建筑剪力墙结构的分析，塑料门窗在高层建筑应用要点的讨论以及高层建筑门窗应用的案例分析可以看出，塑料门窗设计、制作、安装与高层建筑结构的设计、施工、洞口尺寸大小有着密切的关系。对购房者（居住者）来说，许多人是积蓄了一生资金才买了一套住房，对房屋整体的居住条件有很大的期待，这个期待包括房屋墙体、门窗、采暖、上下水设施等质量和性能，所以，房地产开发企业、建筑施工企业、门窗制作企业等应该本着对居住者负责的态度，从居住者购买房屋使用、安全需要出发进行设计、施工。一方面，房地产开发企业在设计高层建筑结构与洞口尺寸时，要充分考虑塑料门窗性能，从墙体结构加以考虑，充分考虑剪力墙结构与塑料门窗的关系，不能简单认为洞口窗就是门窗制作企业的事，或单纯追求低价格门窗，结果影响整体高层建筑的质量效果。另一方面，门窗制作企业在窗型设计、生产、安装要做细致工作，充分考虑墙体结构与门窗的影响，不能简单地迎合房地产开发企业低价格门窗需求，不考虑门窗使用安全就进行制作，应该从窗型设计、生产、安装各个环节来保证窗的安全性、可靠性。

就目前国内房地产开发企业开发高层建筑建设的模式而言，塑料门窗应根据高层建筑剪力墙结构形式和洞口尺寸，设计能够满足水平风荷载的窗型，确定制作、安装方案。那种不问高层建筑剪力墙结构形式、不计算窗的水平风荷载，盲目地制作和安装塑料门窗，其结果是为今后业主居住带来安全隐患。所以，无论开发公司、建筑公司、门窗制作公司应该充分认识到不同剪力墙结构和洞口尺寸对塑料门窗设计、制作的不同，不但要体现塑料门窗在高层建筑安全应用效果，而且为整个高层建筑提高了知名度。值得高兴的是，现在很多房地产开发企业已经重视塑料门窗设计、制作、安装与高层建筑结构的设计、施工、洞口尺寸的关系，根据高层建筑不同剪力墙结构设计合理的洞口尺寸，要求大型窗必须拼樘，采用型材断面大、强度高的 66mm 厚度以上型材、型钢壁厚 2.5mm 以上，拼接连接处采用拼管或钢板拼接件生根处理的制作和安装方法，取得了非常好的效果，受到了购房者的赞誉，树立了房地产开发企业及开发的楼盘品牌。

综合以上讨论有如下想法。

① 塑料门窗具有节能、保温、降低能耗的独特优点，符合国家节能减排的要求，可以应用在高层建筑。

② 塑料门窗在高层建筑应用必须进行水平风压计算，大型窗必须采用拼樘分割、拼樘处采用拼接件生根处理。

③ 高层建筑剪力墙结构洞口设计、施工要考虑塑料门窗杆件柔性连接的特点，对于大

洞口窗，其转角处最好采用混凝土方式处理，不要让塑料窗承受竖向荷载。

④ 塑料门窗窗型设计、安装要充分考虑高层建筑不同剪力墙结构的特点。窗型设计充分考虑在高层建筑中的围护作用，采用大型塑料门窗，型材的厚度应在 70mm 以上、壁厚应在 2.8～3.5mm 之间，型钢壁厚在 2.0～3.0mm 之间，才能保证塑料门窗使用的安全性。

五、塑料门窗在高层建筑围护结构中的荷载分析

塑料窗以其美观的外型、良好的使用性能、合理的性价比，被广泛地应用在普通建筑及高层建筑中。随着国家惠民政策的陆续出台，人民生活水平不断提高，越来越多的高层建筑林立在繁华都市，而且作为高层建筑的眼睛——窗也就越来越大、越来越亮了。这里，塑料窗外形尺寸变大，提高了窗的采光效果。本节通过案例荷载分析，强调塑料窗在高层建筑使用过程不能只注重采光效果和节约窗的制作成本，更重要的是注重塑料窗的使用安全及在围护结构中的作用。

围护结构是指建筑物及房间各面的围护物，分为透明和不透明两种类型：不透明围护结构有墙、屋面、地板、顶棚等；透明围护结构有窗户、天窗、阳台门、玻璃隔断等。显然，塑料窗是围护结构中重要的部分不能忽视。

目前，一些高层建筑的塑料窗设计单纯追求窗型大、采光面积大。虽然《严寒和寒冷地区居住建筑节能设计标准》JGJ 26—2010 中提出强制性条文，规定"严寒地区北向窗墙比不大于 0.25，南向不大于 0.45"的规定，比较已废止的《民用建筑节能设计标准（采暖居住建筑部分）》JGJ 26—95 中的规定，严寒地区南向窗墙面积比由 0.35 放大至 0.45。但是事实上，超过标准的现象仍然存在。图 13-48、图 13-49 是单纯追求窗型大、采光面积大的典型窗型一种，尺寸为宽 370mm、高 260mm，整个窗面积占所在墙体面积的 70％～80％以上。这种窗型在使用过程中杆件颤抖变形，在水平风荷载作用这种颤抖变形更为突出，非常不安全，而且这种窗型在某些城市高层建筑中占有一定的比例，给许多房屋购买者或居住者带来困惑、没有安全感，产生这种现象是忽视了窗型过大已经承担了围护结构作用，已不是单纯的采光作用。我们可以通过围护结构的风荷载计算公式来计算高层建筑与多层建筑的风荷载值，其风荷载值影响到窗的杆件挠度变形。表 13-7 为高层建筑与多层建筑主要承重结构和围护结构计算的风荷载值。

表 13-7　不同高度风压值

高度	结构形式	μ_s	μ_z	β_z	β_{gz}	W_k
30m	承重结构	1	0.8	1.84	—	0.809
	围护结构	1	0.8	—	1.83	0.805
100m	承重结构	1.7	0.8	1.495	—	2
	围护结构	1.7	0.8	—	1.6	1.197

注：C 类地区，哈尔滨地区基本风压 $W_o=0.55$。

计算主要承重结构风荷载公式：

$$W_k=\beta_z\mu_s\mu_zW_o \tag{13-4}$$

计算围护结构风荷载公式：

$$W_k=\beta_{gz}\mu_s\mu_zW_o \tag{13-5}$$

式中　W_k——风荷载标准值，kN/m^2；

　　　β_z——高度 Z 处的风振系数；

　　　β_{gz}——高度 Z 处的阵风系数；

　　　μ_s——风荷载体形系数；

μ_z——风压高度变化系数；

W_0——基本风压，kN/m^2。

对于风压高度变化系数，多层或高层建筑且房屋比较密集的大城市市区，一般称为 C 类地区，通过查表可获得 β_z、β_{gz}、μ_s、μ_z、W_0。

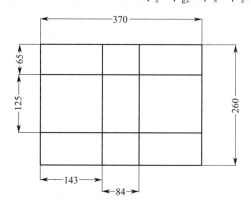

图 13-48　含有中梃较少的窗型

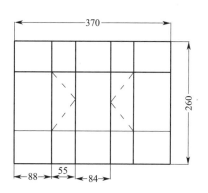

图 13-49　含有中梃较多的窗型

从表 13-7 可以看出，建筑物高度不同，风压高度变化系数和阵风系数不同，高层建筑比多层建筑风荷载值高 48.7%。同样的窗型，高层建筑比多层建筑风压大。因此，风荷载值不同，造成窗的杆件挠度变形是不同的，并且窗的杆件在水平荷载作用下发生颤抖变形，高层建筑要比多层建筑严重。图 13-48、图 13-49 的窗杆件（中梃）为焊接方式，它可以简化为两端铰接简支梁承受均布荷载产生的挠度变形，按照矩形挠度公式进行窗的杆件挠度计算。以 PVC 塑料型材 2.5mm 壁厚、66 系列，中梃分别采用内嵌 U 形钢衬或方钢衬，计算窗杆件（中梃）的挠度变形（见表 13-8）。杆件的挠度变形计算公式如下：

$$f = \frac{5QL^3}{384EI} \tag{13-6}$$

式中　f——杆件的挠度变形值，cm；

　　　Q——主要受力杆件的总荷载，kN；

　　　E——材料弹性模量，kN/cm^2；

　　　I——截面惯性矩，cm^4；

　　　L——主要受力杆件长度，cm。

表 13-8　中梃内嵌不同钢衬的窗杆件挠度变形　　　　　　　　　　单位：cm

钢衬型号	中梃内嵌 U 形钢衬		中梃内嵌方形钢衬	
窗型	图 13-48	图 13-49	图 13-48	图 13-49
30m 高度 C 类	76.1	74.5	57.4	56.27
100m 高度 C 类	113.1	110.7	85.4	83.6
$[f] = 370/180 = 2.05$				

图 13-48、图 13-49 窗型最长的杆件为 370cm，主要是计算该杆件的挠度变形。从表 13-8 对比可以看出，在同一地区，同样的窗型应用在高层其挠度变形要比多层高 48%，图 13-49 比图 13-48 其挠度变形要降低 2%，采用方管钢衬比采用 U 形钢衬的挠度变形要降低 24%。可见采用图 13-49 窗型设计，对杆件挠度变形影响小于图 13-48 所示窗型设计；采用塑料拼管内嵌方形钢衬对杆件挠度的影响小于塑料拼管内嵌 U 形钢衬；多层建筑对杆件影响小于高层建筑。显然，窗型设计影响杆件的挠度变形，钢衬形状不同影响杆件的挠度变形，而且影响较大。但

是，不管采用何种形式的钢衬，两个窗型杆件挠度变形都大大超过了允许挠度。

从居住安全角度看，这两个窗型是不安全的，即使这样的窗型已经应用在高层建筑好像没有发生重大问题，通过计算可以知道，仍然存在重大的安全隐患不能忽视。

从两个窗型分析来看，如果高层建筑必须采用这两个超过窗墙比的窗型，必须将窗作为建筑结构的围护结构一部分加以考虑。

什么是建筑结构？建筑物中承受和传递作用的部分称为建筑结构，它是建筑物的骨架，组成这个骨架的各部分构件称为建筑结构的构件，如房屋建筑中的楼（屋）面板、梁、屋架、墙或柱、基础等就是建筑结构构件，由这些构件组成的房屋结构就是建筑结构，它是房屋的承重体系，可分为水平承重部分（梁板）、竖向承重部分（墙或柱）和基础三部分。

所谓杆件，是指长度远大于其他两个方向尺寸的构件。如房屋中的梁、柱，屋架中的各杆。

构件必须满足以下三个要求。

① 构件在荷载作用下不会发生破坏，具有足够的抵抗破坏的能力，构件必须具有足够的强度。

② 构件在荷载作用下的变形必须在许可范围内，使构件在荷载的作用下不会发生过大的变形而影响使用，具有足够的抵抗变形的能力。即构件必须具有足够的刚度。

③ 构件在荷载作用下必须保持其原有平衡状态的确定性，即构件必须具有足够的确定性。构件满足强度、刚度和确定性要求的能力，称为构件的承载能力。

所以，强度是构件在荷载作用下抵抗破坏的能力。刚度是构件在荷载作用下抵抗变形的能力。稳定性是构件在荷载作用下保持原有平稳状态的能力。

因此，将图 13-48、图 13-49 的窗型作为建筑结构中围护结构一部分进行窗型设计，将窗型横向杆件断开，进行竖向拼接，拼接件进行生根处理，竖向拼接分割方法分别表示为图 13-50、图 13-51。拼接窗的最长杆件为 260cm，计算该杆件的挠度变形。竖向拼接有两种方式，即采用塑料拼管内嵌方形钢衬拼接或采用钢板拼接（图 13-52），这里，拼接方形钢衬壁厚和钢板厚直接影响到窗杆件的挠度变形。下面是 C 类地区 100m 高度的高层建筑窗的方型钢衬壁厚与窗的杆件挠度变形、钢板厚度与挠度变形的关系，并且与窗的杆件允许挠度对比。这里，挠度变形值的计算没有考虑拼接处的塑料框材内嵌钢衬和集中荷载。

由表 13-9、表 13-10 可知，方形钢衬壁厚从 2mm 增加到 4mm（即增加一倍），挠度变形降低 39%；铁板厚度从 4mm 增加到 10mm（即增加 1.5 倍），挠度变形降低 60%；铁板厚度从 4mm 增加到 12mm（即增加三倍），挠度变形降低 66%，小于允许挠度变形。说明方形钢衬壁厚和铁板厚度直接影响到窗的杆件挠度。对于图 13-50、图 13-51 窗型，采用塑料拼管内嵌壁厚 2.0mm 方型钢衬拼接或采用厚度 6mm 钢板拼接，分别计算窗的杆件挠度进行对比。

表 13-9 方型钢衬壁厚与窗的杆件挠度变形值

壁厚/mm	2	3	4
惯性矩/cm⁴	4.44	6.08	7.39
挠度/cm	8.1	5.9	4.9

注：$[f] = 260/180 = 1.44$。

表 13-10 钢板厚度与窗的杆件挠度变形值

壁厚/mm	4	6	10	12
惯性矩/cm⁴	7.2	10.8	18	21.6
挠度/cm	5	3.36	2	1.68

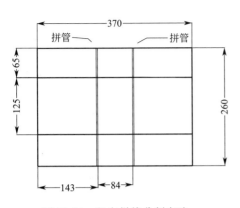

图 13-50　竖向拼接分割方法一

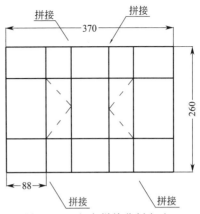

图 13-51　竖向拼接分割方法二

采用塑料拼管内嵌方形钢衬拼接，将表 13-11 与表 13-8 对比看出，同一地区、同样窗型，图 13-50 比图 13-48 窗杆件挠度变形减少了 97.4%；图 13-51 比图 13-49 窗杆件挠度变形减少了 98.5%。图 13-48 窗型虽然经过塑料拼管内嵌方形钢衬拼变为图 13-50，无论多层建筑窗和高层建筑窗挠度变形均超过允许挠度变形值，多层建筑窗挠度变形超过 37.5%，高层建筑的窗挠度变形超过较多，超过 104%。图 13-49 窗型经过塑料拼管内嵌方形钢衬拼变为图 13-51，多层建筑窗的挠度变形均小于允许挠度变形值，窗型比较安全；而高层建筑窗的挠度变形仍超过允许挠度变形值。

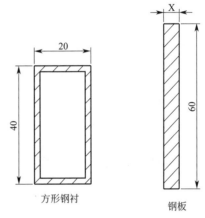

图 13-52　内嵌入方型钢衬与钢板

表 13-11　不同钢衬拼接窗的杆件挠度变形值　　　　　　单位：cm

挠度值　拼接材料 建筑高度	塑料拼管内嵌方型钢衬拼接 钢衬尺寸 20mm×40mm×2.0mm		钢板拼接 钢板尺寸 60mm×6mm	
	图 13-50 窗型	图 13-51 窗型	图 13-50 窗型	图 13-51 窗型
30m 高度 C 类	1.98	1.06	1.5	0.8
100m 高度 C 类	2.95	1.58	2.3	1.23
$[f] = 260/180 = 1.44$				

采用钢板拼接，将表 13-11 与表 13-8 对比看出，同一地区、同样窗型，图 13-50 比图 13-48 窗杆件挠度变形减少了 98%；图 13-51 比图 13-49 窗杆件挠度变形减少了 98.5%。图 13-48 窗型经过钢板拼接成为图 13-50 窗型，无论多层建筑窗和高层建筑窗挠度变形均超过允许挠度变形值，多层建筑窗挠度变形超过允许挠度 4%，高层建筑的窗挠度变形超过允许挠度 59.7%。图 13-49 窗型经过钢板拼接成为图 13-51 窗型，多层建筑的窗和高层建筑的窗挠度变形均小于允许挠度变形，该拼接方法的窗型比较安全。

通过上述分析并总结，对于图 13-48 窗型，采用塑料拼管内嵌方形钢衬拼接或采用钢板拼接应用在多层建筑或高层建筑上（图 13-50），窗杆件的挠度变形都大于允许挠度变形值，非常不安全。所以，图 13-48、图 13-50 窗型设计不合理，不能在多层建筑和高层建筑上应用。

对于图 13-49 窗型拼接后成为图 13-51 窗型，采用塑料拼管内嵌方形钢衬拼接，只能应用在多层建筑上比较安全，因为窗杆件的挠度变形都小于允许挠度变形值。应用在高层建筑上，由于窗杆件的挠度变形都大于允许挠度变形值，不安全。当采用钢板拼接时，窗杆件小于允许挠度值，应用在多层建筑和高层建筑上，窗具有较好的安全性。所以，对于图 13-51 窗型，从采光面积看，采用钢板拼接，由于没有塑料拼管，与采用塑料拼管内嵌方型钢衬拼接比较，此窗型采光面积多 1m²。显然，对于高层建筑的窗型设计如果兼顾采光面积大及围护结构的作用、安全性能，图 13-49 窗型设计不合理，应该采用钢板拼接的图 13-51 所示窗型。

通过对塑料窗在高层建筑围护结构中荷载分析，使我们充分认识到在高层建筑住宅中采用超大窗型，如果单纯追求门窗制作的低成本，在使用过程中就会出现杆件颤抖变形，房屋购买者或居住者没有安全感，势必影响到塑料门窗在高层建筑上的应用，产生一定的负面影响，希望引起有关部门的重视。所以，在高层建筑住宅中采用超大窗型，窗不单纯是采光问题，更重要的是围护结构问题，窗围护结构第一重要的，必须按照围护结构进行考虑，窗必须进行钢衬拼接处理，而且钢衬拼接要进行生根处理，才能保证居住者安全，才能使塑料门窗在高层建筑上的应用得到健康发展。

第六节　玻璃炸裂导致中空玻璃失效现象的分析

在节能塑料门窗中起到非常重要的作用。门窗在占围护结构面积的 30%，而玻璃占门窗面积的 70%。有关资料介绍，玻璃的热损失占整个门窗热损失的 75%。由此可见中空玻璃质量在塑料门窗中的重要作用。中空玻璃的质量涉及制作中空玻璃所需原材料的选择、加工工艺、存放及安装规程等诸多方面，某一方面出现失误都会导致中空玻璃的失效。本节针对玻璃炸裂导致中空玻璃失效现象，从中空玻璃的制作、密封质量、玻璃厚度三方面进行分析，从而提出减少这种现象的方法。

一、玻璃炸裂与中空玻璃制作过程有关

谈到中空玻璃，首先要谈到玻璃。玻璃是制作中空玻璃的主要原材料，玻璃是无机氧化物的熔融物，又称为"熔融产物"，主要有三大类型：钠钙硅、硼硅酸盐以及铅硅酸盐玻璃。其中钠钙硅玻璃产量最大、应用最广，大量使用在窗户上。玻璃的分子呈无序排列，在转变温度范围以下，分子极难移动。在热的作用下，玻璃的单个分子只能在其平均距离的位置周围产生振动，实际上玻璃的结构就像无序叠积的球堆。这种结构决定了玻璃在其软化温度下始终呈脆性，而且在商品玻璃表面上容易产生两种最严重的、有损于强度（容易产生裂纹）的缺陷，一种是搬运造成的玻璃摩擦损伤，另一种是玻璃表面有夹杂物。有实验表明，玻璃表面摩擦损伤使强度降低 $50 \ MN/m^2$；玻璃表面有夹杂物使强度降低 $400 \ MN/m^2$。虽然玻璃摩擦损伤的原理被应用在切割玻璃上是一大优点，但是非切割的时候避免玻璃摩擦损伤是非常重要的。显然，充分认识玻璃材料的基本特征是保证中空玻璃质量的前提。

在中空玻璃制作过程中，难免要对玻璃进行搬运、切割、制作，由于玻璃表面对磨损非常敏感，稍有不注意时容易受到擦伤，表面就有些小的裂纹形成，这些裂纹聚集在表面的一些微小区域上，当施加有较小的负载就会造成高的、局部的应力，形成裂纹，进一步发展成玻璃炸裂，导致中空玻璃失效现象产生。所以，应该对制作中空玻璃的工作环境有严格的要求，避免玻璃表面擦伤，减少中空玻璃失效现象的产生。

对于玻璃表面内部有夹杂物的玻璃，不能应用到中空玻璃上。因为在玻璃表面内部夹杂

物本身已经伴随有微裂纹，微裂纹的无规则分布使施加的应力得到放大，即在施加应力下更容易使裂纹引发，在中空玻璃搬运、制作或使用过程中容易产生玻璃炸裂导致中空玻璃失效现象。因此，购买商品玻璃时一定要注意玻璃表面的质量。

此外，玻璃炸裂导致中空玻璃失效现象与玻璃的边部是否进行磨边处理有关。众所周知，玻璃的切割加工是制作中空玻璃的第一道工序，然而在玻璃切割后的边部处理工序往往被忽视。因为玻璃的边部是缺陷与裂纹的富集区，切割过程中由于刀具的嵌挤而存在大量的横向微裂纹（与边线垂直），在边部拉应力作用下，这些微裂纹会扩展形成玻璃裂纹破坏，在冷热作用下更为突出，进而产生玻璃炸裂导致中空玻璃失效现象。只要通过磨边工序才能消除切割后的玻璃划痕处产生的微裂纹。所以，在制作中空玻璃时，玻璃的切割加工后磨边工序很重要。

二、玻璃炸裂与中空玻璃边缘的密封质量有关

为了说明这个问题，笔者做了中空玻璃边缘密封质量影响中空玻璃性能的对比试验，采用冷热循环试验方法观察是否有玻璃炸裂导致中空玻璃失效的现象。分别制作了两个试样，试样尺寸为300mm×270mm三层中空玻璃，玻璃厚度3mm，铝隔条厚度12mm，采用聚硫胶单层密封，一个试样聚硫胶打得好，另一个试样聚硫胶打得不好（有意识在玻璃边缘几处没有涂好）。

冷热循环试验方法如下所述。

① 高温：将样品放入烘箱加热，当温度达到（52±2）℃ 时，保持恒温，90min 后取出。

② 冷却：自烘箱中将样品取出，用（24±3）℃ 的水冲洗样品5min，停放风冷85min。

③ 低温：将冷却后的样品放入（-10±2）℃冰箱内，90min 后取出。这三个步骤为一个循环，每个循环后观察样品。

两个试样经过四个冷热循环后发现，同样单道密封的中空玻璃，打胶质量不同，经过冷热循环后产生裂纹导致中空玻璃失效的结果也不同。由图 13-53、图 13-54、表 13-12 可以看出，密封好的试样经过 3 个循环后有一面玻璃无裂纹，而且中间的玻璃经过 4 个循环后仍无裂纹；密封不好的试样一个循环后三层玻璃全部有裂纹产生。边部密封不好的中空玻璃的玻璃裂纹数量比边部密封好的中空玻璃多 2.13 倍。

表 13-12　四次冷热循环试验玻璃裂纹数量统计

中空玻璃密封效果	三层玻璃的位置及每次裂纹数						合计
	上层	小计	中层	小计	下层	小计	
密封好的	1,2,2,1	6	0,0,0,0	0	0,0,0,2	2	8
密封不好的	1,0,3,4	8	1,0,0,0	1	2,2,2,2	8	17
数量比		1:1.33		0:1		1:4	1:2.13

注："上层1，2，2，1"表示三层中空玻璃中上层玻璃，第一次冷热循环裂纹数1个；第二次冷热循环裂纹数2个；第三次冷热循环裂纹数2个；第四次冷热循环裂纹数1个。

从试验结果分析：三层中空玻璃的边缘密封效果不好，玻璃炸裂的机会大，中空玻璃失效的机会就大，从而导致门窗的节能效果就差。这是因为边缘密封好的中空玻璃，玻璃之间形成静止干燥气体隔热空间层的整体玻璃结构，静止干燥气体隔热层传热系数比玻璃小得多，边缘密封好的三层中空玻璃的传热系数 2.11W/(m²·K)。密封效果不好的中空玻璃，隔热层中的气体是流动潮湿的，冷热空气直接与单片玻璃接触，单层玻璃的传热系数 6.84 W/(m²·K)，是三层中空玻璃的3.14倍。在进行冷热循环时，冷或热空气通过没有涂好的玻璃边缘处进入隔热空气层，加快了与单片玻璃的对流、传导的速度，使单片玻璃在冷、热循环作用下的环境中形成较大的温度梯度，玻璃内部无规则结构网络原子膨胀应力释放导致裂

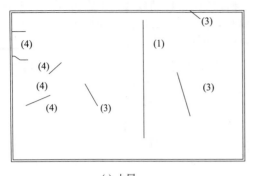

(a) 上层

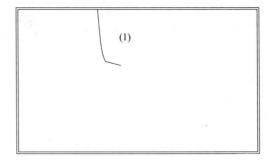

(b) 中层

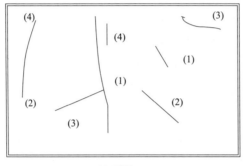

(c) 下层

图 13-53　密封不好的试样冷热循环试验结果

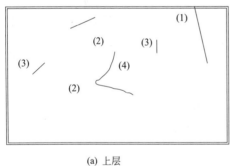

(a) 上层

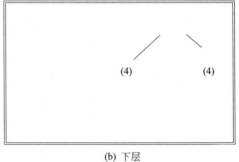

(b) 下层

图 13-54　密封好的试样冷热循环试验结果

纹的产生，而且裂纹大多数产生在玻璃边缘的垂直方向。随着循环次数增加，裂纹扩大、增多。密封好的中空玻璃在进行冷热循环时，冷或热空气只在玻璃的表面上进行，冷、热循环作用的环境下形成的温度梯度较小，玻璃炸裂现象少。

　　经验告诉我们：玻璃炸裂常常发生在冬季朝南、朝东的玻璃且发生在早晨、上午，因为此时冷热温度梯度较大。

　　这个试验说明，中空玻璃边缘密封效果对玻璃炸裂导致中空玻璃失效现象有很大影响。虽然密封好的中空玻璃也有玻璃炸裂现象，但密封好的中空玻璃裂纹数量少于密封不好的中空玻璃的裂纹数量已经说明了密封质量的重要性。所以，密封胶的涂覆质量是制作中空玻璃的第一步，也是减少玻璃炸裂导致中空玻璃失效现象的关键环节，它决定着中空玻璃制品的综合质量性能。

三、玻璃炸裂与玻璃的厚度有关

玻璃炸裂导致中空玻璃失效现象与玻璃厚度有关系。笔者选择厚度为 3mm、5mm 的玻璃，采用冷热循环试验方法观察玻璃是否有炸裂现象。分别制作试样 5 块：3mm 厚度，尺寸 300mm×250mm 玻璃三块；5mm 厚度，尺寸 260mm×210mm 玻璃两块。经过四个冷热循环后发现：玻璃厚度不同，经过冷热循环后结果不同。由图 13-55、图 13-56、表 13-13 可以看出，厚度 3mm 的玻璃冷热循环效果不如厚度 5mm 的玻璃，第一个循环后 3mm 厚度的三块玻璃出现裂纹，而且 3mm 厚度玻璃裂纹较多、较长，5mm 厚度的玻璃裂纹较少、较短。经过 4 个循环，3mm 厚度玻璃裂纹数量是 5mm 厚度玻璃的近 2 倍。

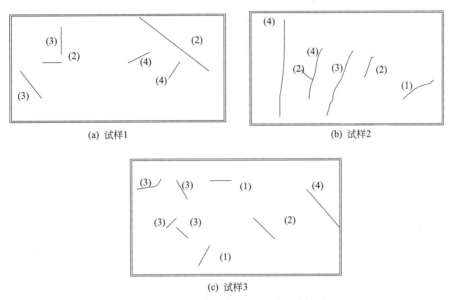

(a) 试样1　　　　　　　　　　　(b) 试样2

(c) 试样3

图 13-55　3mm 玻璃冷热循环试验结果

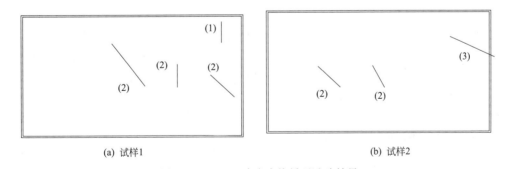

(a) 试样1　　　　　　　　　　　(b) 试样2

图 13-56　5mm 玻璃冷热循环试验结果

表 13-13　四次冷热循环试验玻璃裂纹数量统计

玻璃厚度	玻璃个数及每次裂纹数						平均每块裂纹数量
	第1块玻璃	计	第2块玻璃	计	第3块玻璃	计	
3mm	0,2,2,2	6	1,2,1,2	6	2,1,4,1	8	6.7
5mm	1,3,0,0	4	0,2,1,0	3			3.5
数量比	1.5∶1		2∶1				1.9∶1

从玻璃厚度的试验结果知道，薄的玻璃炸裂的机会大，导致中空玻璃失效的可能性就

大，导致门窗的节能效果差。3mm 厚度的玻璃传热系数 6.84W/（m²·K），而 5mm 厚度玻璃 6.72W/（m²·K），相差 0.12W/（m²·K）。对于玻璃的保温性能，3mm 厚度的玻璃与 5mm 厚度玻璃没有太大的区别，但是对于玻璃的冷热循环过程来看，该试验说明玻璃厚度不同产生的裂纹数量是不同的，3mm 厚度玻璃比 5mm 厚度玻璃的传导速度快，在进行冷热循环变化中玻璃的温度梯度大，由于玻璃内部分子在热环境膨胀快，产生的应力没有来得及释放就进入冷却状态，容易产生裂纹。所以，某些厂家为了追求低成本竞争，忽视中空玻璃质量，不考虑玻璃厚度在冷热循环的表现，选择 3mm 厚度玻璃代替 5mm 厚度玻璃是不可取的。

值得指出的是，制作中空玻璃的玻璃原片应该采用浮法玻璃，不应该采用普通平板玻璃，这是因为普通平板玻璃的平整度较差，在进行冷热循环时，冷或热空气在与单片玻璃接触时不均匀，玻璃表面分子应力不一致会造成玻璃炸裂。浮法玻璃热膨胀系数 $8.5 \times 10^{-6}℃^{-1}$，平板玻璃 $10 \times 10^{-6}℃^{-1}$，由于热膨胀系数不同，在冷热循环过程中，平板玻璃裂纹的数量比浮法玻璃多。除此之外，中空玻璃的使用温湿度、中空玻璃安装方式等也是影响玻璃炸裂，导致中空玻璃失效现象的因素。

四、减少玻璃炸裂导致的中空玻璃失效现象的方法

通过以上的分析可以看出，玻璃炸裂导致中空玻璃失效现象与中空玻璃制作过程、中空玻璃的边缘密封质量、玻璃的厚度、玻璃的边部加工处理等有关。玻璃在购买、搬运、切割时，表面没有擦伤、没有夹杂物等，在冷热环境变化下玻璃炸裂导致中空玻璃失效现象少；玻璃边部处理的好，在冷热环境变化下玻璃炸裂导致中空玻璃失效现象少；边部密封好的中空玻璃在冷热环境变化的条件下，玻璃炸裂导致中空玻璃失效现象少；在相同的冷热环境变化条件下，5mm 厚度的玻璃比 3mm 厚度玻璃炸裂现象少。

所以，可以减少玻璃炸裂导致中空玻璃失效现象的方法如下。

① 采用双道密封的中空玻璃。实际上，双道密封的中空玻璃保温效果比单道中空玻璃的保温效果好，本文仅以单层密封试验为例说明密封效果不同对中空玻璃的性能有影响。因为单层密封只能防止外界冷或热空气进入中空玻璃的空气层内，而双道密封除了单层密封的作用外，还有抵御外界的温度变化及高湿度和紫外线照射对中空玻璃结构的影响。

② 重视玻璃加工过程中的磨边工序，重视玻璃、中空玻璃的搬运、贮存工作。

国家行业标准 JGJ113—2009《建筑玻璃的应用技术规程》中规定："玻璃在裁剪、运输、搬运过程中都容易在边部造成裂纹，这将极大地影响玻璃的端面设计强度。所以在安装时应注意玻璃周边无伤痕"。可见玻璃的磨边工序是多么重要。

③ 在制造塑料门窗的时候不能忽视中空玻璃的制造质量，特别是加强玻璃边缘密封质量的检查、指导工作。如果中空玻璃失效，等于节能效果只有 30%～40% 起作用。

④ 在制造中空玻璃的时候，要充分考虑玻璃的质量、厚度。在严寒地区使用三玻塑料门窗，采用 5mm 厚度的浮法玻璃作为中空玻璃的材料最好；也可以采用室外玻璃为 5mm 厚度的浮法玻璃，其他两层玻璃为 3mm 厚度的中空玻璃。

⑤ 在制作中空玻璃的时候，选择密封胶、分子筛，确保中空玻璃隔热层中是干燥静止的气体是非常重要的。如果密封胶质量不好等于边部密封没有作好，在冷热循环下容易产生玻璃炸裂导致中空玻璃失效现象。如果分子筛质量不好或失效后使用在中空玻璃中，空气层中的水汽不能吸收使气体不是干燥的，相当于密封不好，同样会在冷热循环下产生玻璃炸裂导致中空玻璃失效现象。

⑥ 中空玻璃的内层玻璃采用低辐射玻璃（Low-E 玻璃）或采用钢化玻璃。

附录 相关标准

一、塑料型材方面

1. GB/T 5761—2006《悬浮法通用型聚氯乙烯树脂》

2. GB/T 3401—2007《用毛细管黏度计测定聚氯乙烯树脂稀溶液的黏度》

3. GB/T 15595—2008《聚氯乙烯树脂 热稳定性试验方法 白度法》

4. GB/T 2914—2008《塑料 氯乙烯均聚和共聚树脂 挥发物（包括水）的测定》

5. 杂质与外来物粒子数按照 GB/T 9348—2008《塑料 聚氯乙烯树脂 杂质与外来粒子数的测定》

6. GB/T 20022—2005《塑料 氯乙烯均聚和共聚树脂表观密度的测定》

7. GB/T 2916—2007《塑料 氯乙烯均聚和共聚树脂 用空气喷射筛装置的筛分析》

8. GB/T 23653—2009《塑料 通用型聚氯乙烯树脂 热增塑剂吸收量的测定》

9. GB/T 2917.1—2002（2004）《以氯乙烯均聚和共聚物为主的共混物及制品在高温时放出氯化氢和任何其它酸性产物的测定 刚果红法》

10. HG/T 20704—2010《氯化聚乙烯》

11. GB/T 7139—2002（2004）《塑料 氯乙烯均聚物和共聚物 氯含量的测定》

12. GB/T 19466.3—2004《塑料 差示扫描量热法（DSC）第 3 部分：熔融和结晶温度及热焓的测定》

13. GB/T 2914—2008《塑料 氯乙烯均聚和共聚树脂 挥发物（包括水）的测定》

14. GB/T 2916—2007《塑料 氯乙烯均聚和共聚树脂 用空气喷射筛装置的筛分析》

15. GB/T 9345.1—2008《塑料 灰分的测定 第 1 部分：通用方法》

16. GB/T 528—2009《硫化橡胶或热塑性橡胶 拉伸应力应变性能的测定》

17. GB/T 531.1—2008《硫化橡胶或热塑性橡胶 压入硬度试验方法 第 1 部分：邵氏硬度计法（邵尔硬度）》

18. HG/T 2340—2005 三盐基硫酸铅（三盐）

19. HG/T 2339—2005 二盐基亚磷酸铅（二盐）

20. GB/T 9103—2013《工业硬脂酸》

21. HG/T 2424—2012 硬脂酸钙

22. HG/T 3667—2012 硬脂酸锌

23. HG/T 3249.3—2013《塑料工业用重质碳酸钙》

24. HG/T 2226—2010《普通工业沉淀碳酸钙》

25. HG/T 2776—2010 工业微细沉淀碳酸钙和工业微细活性沉淀碳酸钙

26. HG/T 2567—2006《工业活性沉淀碳酸钙》

27. GB/T 19281—2014《碳酸钙分析方法》

28. GB/T 19590—2011《纳米碳酸钙》

29. GB/T 1706—2006《二氧化钛颜料》

30. HS/T 3—2006《硅铝处理的金红石型钛白粉的鉴定方法》

31. GB/T 8814—2004《门窗用未增塑聚氯乙烯（PVC-U）型材》

32. BS EN 514—2000（2000）《制作门窗用未增塑聚氯乙烯（PVC-U）型材．胶结角和 T 接头的强度测定》

33. GB 5237.1—2008《铝合金建筑型材第 1 部分：基材》

34. GB 5237.3—2008《铝合金建筑型材第 3 部分：电泳涂漆型材》

35. GB 5237.4—2008《铝合金建筑型材第 4 部分：粉末喷涂型材》

36. GB 5237.5—2008《铝合金建筑型材第 5 部分：氟碳漆喷涂型材》

37. QB/T 2976—2008《门．窗用未增塑聚氯乙烯（PVC-U）彩色型材》

38. JG/T 263—2010《建筑门窗用未增塑聚氯乙烯彩色型材》

二、玻璃方面

39. GB 11614—2009《平板玻璃》

40. GB 15763.1—2009《建筑用安全玻璃 防火玻璃》

41. GB 15763.2—2005《建筑用安全玻璃第 2 部分：钢化玻璃》

42. GB 15763.3—2009《建筑用安全玻璃 第 3 部分：夹层玻璃》

43. GB/T 18915.1—2013《镀膜玻璃第 1 部分：阳光控制镀膜玻璃》

44. GB/T 18915.2—2013《镀膜玻璃第 2 部分：低辐射镀膜玻璃》

45. JC/T 1079—2008《真空玻璃》

46. JGJ 113—2009《建筑玻璃应用技术规程》

47. GB/T 11944—2012《中空玻璃》

48. GB/T 22476—2008《中空玻璃稳态 U 值（传热系数）的计算及测定》

49. GB 24266—2009《中空玻璃用硅酮结构密封胶》

50. GB/T 29755—2013《中空玻璃用弹性密封胶》

51. CSC/T 28—2004《中空玻璃节能产品认证技术要求》

52. JC/T 914—2014《中空玻璃用丁基热熔密封胶》

53. JC/T 2072—2011《中空玻璃用干燥剂》

54. JC/T 2069—2011《中空玻璃间隔条 第 1 部分：铝间隔条》

55. JC/T 1022—2007（2014）《中空玻璃用复合密封胶条》

56. JC/T 2071—2011《中空玻璃生产技术规程》

三、门窗方面

57. GB 50176—93《民用建筑热工设计规范》

58. JGJ 26—2010《严寒和寒冷地区居住建筑节能设计标准》

59. DB 23/1270—2008《黑龙江省居住建筑节能 65％设计标准》

60. JGJ/T 205—2010《建筑门窗工程检测技术规程》

61. GB/T 5823—2008《建筑门窗术语》

62. GB/T 5824—2008《建筑门窗洞口尺寸系列 》

63. GB/T 11793—2008 未增塑聚氯乙烯（PVC-U）塑料门窗力学性能及耐候性试验方法

64. GB/T 12003—2008 未增塑聚氯乙烯（PVC-U）塑料窗 外形尺寸的测定

65. JG/T 176—2005 塑料门窗及型材功能结构尺寸

66. GB/T 28886—2012《建筑用塑料门》

67. GB/T 28887—2012《建筑用塑料窗》

68. JG/T 124—2007《建筑门窗五金件 传动机构用执手》

69. JG/T 125—2007《建筑门窗五金件合页（铰链）》

70. JG/T 126—2007《建筑门窗五金件传动锁闭器》

71. JG/T 127—2007《建筑门窗五金件滑撑》

72. JG/T 128—2007《建筑门窗五金件撑挡》

73. JG/T 129—2007《建筑门窗五金件滑轮》

74. JG/T 130—2007《建筑门窗五金件单点锁闭器》

75. JG/T 132—2000《PVC 门窗固定片》

76. GB/T 24601—2009《建筑窗用内平开下悬五金系统》

77. GB/T 24498—2009《建筑门窗．幕墙用密封胶条》

78. GB/T 7106—2008《建筑外门窗气密．水密．抗风压性能分级及检测方法》

79. GB/T 8484—2008《建筑外门窗保温性能分级及检测方法》

80. GB/T 8485—2008《建筑门窗空气声隔声性能分级及检测方法》

81. GB/T 9158—1988（2004）《建筑用窗承受机械力的检测方法》

82. GB/T 11976—2002（2004）《建筑外窗采光性能分级及检测方法》，

83. GB/T 11976—2015《建筑外窗采光性能分级及检测方法》将在 2015 年 12 月 1 日实施

84. GB 50176—93《民用建筑热工设计规范》

85. GB 50352—2005《民用建筑设计通则》

86. GB 50009—2012 建筑结构荷载规范

87. JGJ/T 151—2008《建筑门窗玻璃幕墙热工计算规范》

88. GB 50210—2001《建筑装饰装修工程质量验收规范》

89. JGJ 103—2008《塑料门窗工程技术规程（附条文说明》

90. GB 50300—2013《建筑工程施工质量验收统一标准》

91. GB/T 30591—2014《建筑门窗洞口尺寸协调要求》

92. GB 50411—2007《建筑节能工程施工质量验收规范》

参 考 文 献

[1] 中国氯碱工业协会. 聚氯乙烯工艺学. 北京：化学工业出版社，1990.

[2] [美] 塔英尔 Z. 塑化挤出工程原理. 北京：轻工业出版社，1984.

[3] 郑石子，颜才南，胡志宏，曾建华编著. 聚氯乙烯生产与操作. 北京：化学工业出版社，2008 年 1 月.

[4] 段予忠，徐凌秀. 常用塑料原料与加工助剂. 北京：科学技术出版社，1991.

[5] 成都科技大学等. 高分子化学及物理学. 北京：轻工业出版社，1981.

[6] 成都科技大学主编. 塑料成型工艺学. 北京：轻工业出版社，1984.

[7] 林师沛. 塑料配制与成型. 北京：化学工业出版社，1997.

[8] 林永兰，李文杰，周正安. 硬聚氯乙烯塑料成型加工. 上海：上海科学技术出版社，1983.

[9] [苏联] 明斯格尔 KC，费多谢耶娃著. 聚氯乙烯的降解与稳定. 马文杰，黄子铮译. 北京：轻工业出版社，1985.

[10] 胡强升. 高分子化学及工艺学. 北京：化学工业出版社，1985.

[11] 杨善勤. 民用建筑节能设计标准（采暖居住建筑部分）简介. 北京：工程建设标准化，1996.

[12] 杨善勤编. 民用建筑节能设计手册. 北京：中国建筑工业出版社，1997 年 8 月.

[13] 叶歆. 建筑热环境. 北京：清华大学出版社，1996.

[14] 无机化学编写组. 无机化学. 北京：人民教育出版社，1978.

[15] 张红鸣，徐捷. 工业产品着色与配色. 北京：轻工业出版社，1999.

[16] 天津大学有机化学教研室著. 有机化学. 北京：人民教育出版社，1979.

[17] 张红鸣，徐捷著. 工业产品着色与配色. 北京：轻工业出版社，1999.

[18] 李杰，刘芳等主编. 塑料润滑及表面助剂原理与应用. 北京：中国石化出版社，2006.

[19] 钟世运. 聚合物降解与稳定化. 北京：化学工业出版社，2002.

[20] 邢玉清. 热塑性塑料及复合材料. 哈尔滨：哈尔滨工业大学出版社，1990.

[21] 吕世光. 塑料助剂手册. 北京：轻工业出版社，1986.

[22] 蓝凤祥等. 聚氯乙烯生产与加工应用手册. 北京：化学工业出版社，1996.

[23] 邓云祥等. 聚氯乙烯生产原理. 北京：科学出版社，1982.

[24] 房志勇. 建筑节能技术. 北京：中国建材工业出版社，1998.

[25] 杨天佑主编. 建筑节能装饰门窗、卫浴产品. 广州：广东科技出版社，2003.

[26] 雍传德等. 房屋渗漏通病与防治. 北京：中国建筑工业出版社，1998.

[27] 杜绍堂、赵萍主编. 工程力学与建筑结构. 北京：科学出版社，2006.

[28] 叶韵著. 建筑热环境. 北京：清华大学出版社，1996 年 4 月.

[29] 黄东升，艾军. 建筑结构设计. 北京：科学出版社，2006.

[30] 刘静安，谢水生编著. 铝合金材料的应用与技术开发. 北京：冶金工业出版社，2004.

[31] 李杰，刘芳等主编. 塑料润滑及表面助剂原理与应用. 北京：中国石化出版社，2006.

[32] 北京新立基真空玻璃有限公司编写组. 新立基文集. 北京，2003.

[33] 张锐编著. 无机复合材料. 北京：化学工业出版社，2008.

[34] 房志勇. 建筑节能技术. 北京：中国建材工业出版社，1998，8.

[35] 尹东学，王营等. 节能政策与门窗隔热性能相关因子分析. 塑料异型材，2008，(1)：44～48.

[36] 刘志海，李超编著. 低辐射玻璃及其应用. 北京：化学工业出版社，2006.

[37] 刘志海，庞世红编著. 节能玻璃与环保玻璃. 北京：化学工业出版社，2009.

[38] 王国庆，崔英德编著. 轻质碳酸钙生产工艺. 北京：化学工业出版社，1999.

[39] 颜鑫，卢云峰编著. 轻质及纳米碳酸钙关键技术. 北京：化学工业出版社，2012.

[40] 刘英俊，陆伯元主编. 塑料填充改性. 北京：中国轻工业出版社，1998.

[41] 大连工学院教研室编. 无机化学. 北京：人民教育出版社，1978.

[42] 朱淮武编著. 有机分子结构波谱解析. 北京：化学工业出版社，2005.

[43] 钟世云等编著. 聚合物降解与稳定化. 北京：化学工业出版社，2002.

[44] 夏笃玮，张肇熙编译. 高聚物结构分析. 北京：化学工业出版社，1990.

[45] 钟世云等编著. 聚合物降解与稳定化. 北京：化学工业出版社，2002.

[46] 吴人洁等著. 高聚物的表面与界面. 北京：科学出版社，1998 年 2 月.

[47] 王荣伟，杨为民等编著. ABS 树脂及其应用. 北京：化学工业出版社，2011.

[48] 胡皆汉，郑学仿编著. 实用红外光谱学. 北京：科学出版社，2011.

[49] 邢玉清 编著. 热塑性塑料及其复合材料. 哈尔滨：哈尔滨工业出版社，1990.

[50] 樊新民，车剑飞. 工程塑料及其应用. 北京：机械工业出版社，2006.

[51] 吴郁. ASA/PVC 共混改性技术在 PVC 彩色共挤型材加工中应用研究. 宁波化工，2007，(12)：

[52] 王文广主编. 塑料改性实用技术. 北京：中国轻工业出版社，2000.

[53] 焦剑，雷渭媛主编. 高聚物结构、性能与测试. 第 1 版. 北京：化学工业出版社，2003 年 5 月.

[54] 张治华编. 塑料收缩性. 北京：中国石化出版社，1999.

[55] 吴立峰等编著. 塑料着色配方设计. 北京：化学工业出版社，2002.

[56] 张红鸣，徐捷编著. 工业产品着色与配色. 北京：中国轻工业出版社. 1999.

[57] 钟世云，许乾蔚，王公善编著. 聚合物降解与稳定化. 北京：化学工业出版社，2002.

[58] 严一丰，李杰，胡行俊主编. 塑料稳定剂及其应用. 北京：化学工业出版社，2008.

[59] 朱元吉编著. 塑料异型材挤出模具. 北京：化学工业出版社，2010.